电力系统综合仿真与实验

主 编 江 军 陈鹏伟 张卓然
副主编 徐华娟 陈文明

科 学 出 版 社
北 京

内 容 简 介

本书全面介绍了电力系统仿真分析的理论和实验方法。全书共 7 章，从电力系统基本原理出发，介绍电力系统元件等效模型和电气系统数字仿真的基本原理。同时，结合实际电力系统自动化教学平台，构建电路级仿真模型，利用实验与仿真结合帮助读者掌握核心原理。本书内容还涵盖了相关领域复杂模型应用，构建了新能源电力系统和特种供电系统的仿真模型，拓展了传统电力系统分析的架构。

本书可作为电气工程相关专业的本科生和研究生的教材，也可供相关领域的科研人员和工程技术人员，以及希望提高电力系统分析及其仿真能力的读者参考。

图书在版编目（CIP）数据

电力系统综合仿真与实验 / 江军，陈鹏伟，张卓然主编. —北京：科学出版社，2023.12

ISBN 978-7-03-077650-1

Ⅰ. ①电… Ⅱ. ①江… ②陈… ③张… Ⅲ. ①电力系统-系统仿真 Ⅳ. ①TM7

中国国家版本馆 CIP 数据核字（2023）第 252739 号

责任编辑：余　江 / 责任校对：王　瑞

责任印制：师艳茹 / 封面设计：马晓敏

科学出版社 出版

北京东黄城根北街 16 号

邮政编码：100717

http://www.sciencep.com

北京中科印刷有限公司 印刷

科学出版社发行　各地新华书店经销

*

2023 年 12 月第　一　版　开本：787×1092　1/16

2023 年 12 月第一次印刷　印张：14 1/4

字数：343 000

定价：59.00 元

（如有印装质量问题，我社负责调换）

前　言

党的二十大报告提出，“积极稳妥推进碳达峰碳中和”，“加快规划建设新型能源体系”。实现“双碳”目标，能源是主战场，电力是主力军，新型电力系统则是其中的关键载体。随着智能化绿色电能、尖端通信和数字技术的发展，打造一个“脱碳”的“全电社会”不再遥不可及。“全电社会”就是通过电网把各种能源所发电力，输送到用电负荷中心，在所有的能源消费末端，以及所有行业实现全面电气化、电动化、联网化、智能化。“全电社会”是智能社会的基础，是中国实现碳中和的过程，是实现第四次工业革命的抓手，其核心要素主要有三个，分别为充足的电力供应、高效的电力调度和充裕的储能系统。在构建“全电社会”的进程中，电力系统的复杂性也随之升级。如何确保这个日益复杂的系统保持稳定、可靠且高效地运行，对设备和系统的正常运作，乃至我们社会的正常运转，都具有深远的影响。在这个背景之下，电力系统仿真技术应运而生，为我们研究、设计及优化电力系统提供了强大的工具和支持。

实验教学是高等教育结构中的重要组成部分，服务于科学研究、知识创新、教学改革和教书育人等工作，对于学生综合素质的培养不可或缺。本书秉持着实验教学的理念，首先系统地阐述了电力系统仿真的理论基础。然后结合实际的电力系统自动化教学平台和电路级仿真实验，引导读者由浅入深，逐步深化理解，旨在助力他们掌握核心知识。此外，为了提升本书的深度与广度，作者精心加入了新能源电力系统以及特种供电系统(特别是在航空领域)的仿真实验，希望通过这种方式，拓宽读者的视野，进一步增强他们的专业素养。总体而言，本书内容广泛，从电力系统仿真的基本原理和建模方法，到各类电力系统(包括新能源电力系统)的仿真实验与分析应用，体系完整，知识点丰富，有助于读者全面掌握电力系统仿真分析的相关理论和技能。

本书共 7 章，具体安排如下：

第 1 章绪论，通过阐述电力系统仿真的发展和现实意义，引出电力系统仿真的研究内容和发展方向，为读者提供一个总体的认识。

第 2 章电力系统元件等效建模，详细介绍电力系统各种元件的等效建模方法，包括发电机、变压器、输配电线路等。通过对元件建模的深入研究，为电力系统仿真提供了基本的模型支持。

第 3 章电力系统数字仿真基本原理，阐述经典电力系统数字仿真算法的概念和计算流程。通过对潮流计算、机电暂态和电磁暂态原理的介绍，有助于读者更好地理解和掌握电力系统仿真技术。

第 4 章电力系统综合自动化实验，根据实际需求设计电力系统综合自动化实验，包括同步发电机准同期并列、励磁控制、无穷大系统稳态运行方式等实验，为读者提供了一套完整的实验和仿真操作流程。

第 5 章供配电实验，主要介绍供配电系统的仿真实验，从基础的供电倒闸操作到不同的电流保护和备自投自恢复等内容，旨在帮助读者掌握供配电系统仿真分析的方法和技巧。

第 6 章新能源电力系统仿真，重点讨论了新能源电力系统仿真的相关问题，包括光伏发电、风力发电等新能源电力系统的建模和仿真分析，为新能源电力系统的研究和实际应用提供参考。

第 7 章特种供电系统，结合航空航天领域的特点，深入探讨特种供电系统的仿真方法和技术，为航空航天领域的电力系统设计和运行提供支持。

总之，本书力求为电力系统仿真的学习者和从业者提供一份全面、系统的指南。同时为了增强本书的可读性和可操作性，针对部分概念和仿真过程进行了视频讲解，可通过扫描二维码观看。希望通过本书的学习，读者能够更好地理解和掌握电力系统仿真技术，为航空航天等高新技术领域的电力系统研究和应用做出贡献。

在本书撰写过程中得到了南京航空航天大学自动化学院王晓琳教授、魏佳丹教授等的支持和关心，也得到了南京航空航天大学“十四五”规划教材项目的资助与支持，大量图文的组织得到了研究生张文乾同学的全力协助。在此，一并表示感谢！

虽然作者在本书的编写过程中力求叙述准确、完善，但限于水平，疏漏之处在所难免，希望广大读者和同仁不吝指正，共同促进本书质量的提高。

作　者

2023 年 6 月于南京航空航天大学

目录

第 1 章　绪　　论

1.1　电力系统仿真的分类及发展趋势

现代电力系统是集发电、输电、配电和用电于一体的复杂非线性网络系统。对其物理本质的研究涉及短至微秒级、长至小时级的动态过程。为了保证实际运行的电力系统的安全稳定性，电力系统仿真是对电力系统稳态和暂态过程深入研究的一种有效手段。

电力系统的发展已经有 100 多年的历史，但电力系统仿真却只有几十年的历史。现代电力系统是一个强非线性、高维数的系统，对其进行严格的仿真计算分析十分困难。近几十年来，随着电力系统自动化技术和计算机技术的飞速发展，电力系统仿真技术也取得了巨大的进步，解决了电力系统规划、生产、运行、实验、研究和培训等方面的很多实际问题，在电力系统的发展过程中发挥了独特的作用；另外，随着现代电力系统的快速发展，电力系统仿真将发挥更加重要的作用，同时对电力系统仿真也提出了更高的要求。

1.1.1　电力系统仿真的分类

根据不同的标准，电力系统的仿真可以分成不同的类型。

1. 物理仿真、数字仿真和数字物理混合仿真

根据仿真模型性质的不同，电力系统仿真可分为物理仿真、数字仿真和数字物理混合仿真。

物理仿真也叫动态模拟，按相似理论，物理仿真系统通常由若干台按比例缩小的电机、一定数量的Π形线路模型、电源、负荷、开关模型以及相应的监测、控制系统组成，通常用来进行电力系统机电暂态以及动态过程的实时仿真研究。其优点是可以较真实地反映被研究系统的全动态过程，现象直观明了，物理意义明确；缺点是仿真的规模受实验室设备和场地限制，而且每一次不同类型的实验都要重新进行电气接线，耗力耗时，可扩展性和兼容性差。

建立电力系统的数学模型并在计算机上做实验的仿真系统称为电力系统的数字仿真系统。全数字实时仿真系统是基于多 CPU 并行处理技术，由系统仿真时下载到该 CPU 的软件来决定该 CPU 模拟对应电力系统元件，因此，在时间步长和 I/O 设备的频宽满足要求的情况下，系统的一次元件模型只取决于软件，而与硬件无关。其优点是：经济、快捷、参数调整方便。随着所研究的电力系统规模的增大，只需增加各并行处理模块即可保持原有步长，这无疑大大增加了其使用的灵活性。其缺点是：在全数字电力系统实时仿真系统中，由于各并行处理器间的通信、数据交换及模型算法等各方面因素的影响，数值不稳定、不收敛成了限制仿真规模的重要问题，而且在高比例新能源和电力电子装置下，现有水平的数字仿真器无法满足要求。

数字物理混合仿真(又称为数模混合仿真)采用的是数字仿真模型和基于相似理论的物

理模型。在数模混合式实时仿真系统中，一般来说，除电机、动态负荷等旋转元件用基于微处理器或DSP芯片等数字仿真技术模拟，其余元件仍采用基于相似理论的物理模型进行模拟。混合仿真的优点在于综合了数字仿真和物理仿真的优势，能够较真实地模拟一些系统电气元件，准确地反映系统的动态过程，且其数值稳定性较全数字仿真好；缺点是接口多、实验接线工作量大和仿真规模受限，并且其部分结构仍是基于相似理论的物理模型，数模联合装置也存在物理模型的一些缺点。基于不同性质模型的仿真系统具体分类如图 1-1 所示。

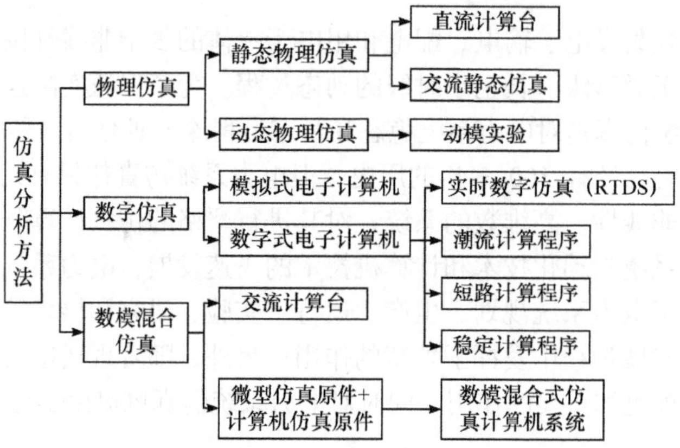

图 1-1　电力系统仿真分类

2. 实时仿真和非实时仿真

根据实际电力系统动态过程响应时间与系统仿真时间的关系，电力系统仿真可分为实时仿真和非实时仿真。

实时仿真是指实时模拟电力系统的各类过程，并能接入实际物理装置进行实验的电力系统仿真方式。也就是说，实时仿真能在一个计算步长时间内计算完成实际电力系统在该段时间内的动态过程响应情况，并完成数据转换。目前，电力系统的实时仿真在一定程度上能够做到模拟电力系统的电磁暂态过程、机电暂态过程以及后续的动态过程。

而在电力系统非实时仿真中，系统仿真计算所需的时间往往要比实际电力系统动态过程响应的时间长得多，实际电力系统几毫秒的动态过程响应往往需要几秒甚至几分钟才能仿真计算完成。

3. 电磁暂态仿真、机电暂态仿真

1)电磁暂态仿真

电磁暂态过程是指电力系统各个元件中电场和磁场以及相应的电压与电流的变化过程，其时间为电力系统受扰动后从数微秒至数秒之间的电磁暂态过程。电磁暂态仿真考虑直流及其控制系统的电磁暂态特性、输电线路分布参数特性、频率特性、发电机的电磁和机电暂态过程以及一系列元件(避雷器、变压器、电抗器等)的非线性特性。因此，电力系统电磁暂态仿真的数学模型必须建立起这些元件和系统的代数、微分或偏微分方程。电磁暂态仿真程序一般应用 Dommel 算法，通过隐式梯形积分法来描述电力系统的微分方程，并将偏微分方程化为差分方程。

电磁暂态仿真模式下，通过代数方程、微分方程和偏微分方程对电力系统进行完整描述，系统参数可以分相输入并可独立修改。电磁暂态仿真模式采用瞬时值方式进行计算，可以精确地模拟含有高压直流输电(High Voltage Direct Current,HVDC)和柔性交流输电系统(Flexible Alternative Current Transmission Systems，FACTS)装置的复杂系统中的各种元件，如常规晶闸管、低频门极可关断晶闸管(Gate-Turn-Off Thyristor，GTO)、高频绝缘栅双极晶闸管(Insulate-Gate Bipolar Transistor，IGBT)。因此，电磁暂态仿真模式能比较准确地分析交直流电力系统的各种暂态(包括电磁暂态和机电暂态)问题。但是，由于电磁暂态仿真是建立在解微分方程基础上的，其求解速度慢，所能够描述的系统规模也相对较小，所以，采用这种仿真模式进行大规模交直流电力系统仿真分析或研究 HVDC 和 FACTS 装置的特性时，应根据所研究的重点和研究目的进行系统等值。

2) 机电暂态仿真

机电暂态过程是指电力系统中发电机和电动机电磁转矩的变化引起电机转子机械运动变化的过程，其时间为电力系统扰动后几秒到十几秒的暂态过程。机电暂态仿真主要研究电力系统受到大扰动后的暂态稳定和受到小扰动后的静态稳定性能。其中，暂态稳定仿真分析是研究电力系统受到诸如短路故障、切除线路、发电机失去励磁或者冲击性负荷等大扰动作用下，电力系统的动态行为和系统保持同步稳定运行的能力。

电力系统机电暂态仿真需要联立求解电力系统的微分代数方程组，以获得物理量的时域解。代数方程组的求解方法主要有进行迭代求解的牛顿-拉弗森法、基于导纳矩阵形式的高斯-赛德尔法和基于稀疏三角分解的直接解法。微分方程的求解方法可采用显式积分法或隐式积分法，其中，隐式梯形积分法由于数值稳定性好而得到越来越多的应用。按照微分方程和代数方程的求解顺序，微分方程的求解方法也可分为交替解法和联立解法。

机电暂态仿真模式下，可采用有效值方式进行计算，电力网络用基于复阻抗的代数方程描述，因此，机电暂态仿真模式下的系统是一个纯基波模型。同时，在这一仿真模式下，发电机和其他电机可以用完整的或降阶的微分方程来表示。由于引入了对称分量法(正序、负序和零序系统)，机电暂态仿真模式也可以计算系统的不对称故障。这种仿真模式采用代数方程描述电力网络，对所描述系统的大小没有限制。因此，在实际工程中，特别是在对大型电力系统的稳定研究中，机电暂态仿真程序(如 PSS/E 及 BPA 程序)，得到了广泛的应用。但是，由于这些程序采用纯基波模型，在使用上也有一定的局限性。

1.1.2 电力系统仿真技术的发展趋势

电力系统的发展对其运行的安全可靠性提出了更高的要求。同时，随着 HVDC、FACTS、安全稳定装置等大量先进技术的应用，对电力系统仿真技术也提出了新的要求，电力系统仿真技术必须随着电力系统的发展而发展。目前，电力系统仿真正在向以下几个方向发展。

1. 电磁暂态和机电暂态混合仿真

电力系统机电暂态仿真程序无法准确模拟 HVDC、FACTS 和压敏电阻(Metal Oxide Varistors，MOV)等设备的快速暂态特性和波形畸变特性，一般采用准稳态模型对 HVDC 和 FACTS 进行模拟，无法真实反映其动态特性，并且受限于模型和算法，仿真规模有限，常需要对电力系统进行简化，可能丢失固有特性。因此，混合电磁暂态和机电暂态仿真是必要的。

目前，电磁暂态和机电暂态混合仿真有三种发展趋势。①由成熟的电磁暂态程序向机电暂态方向发展，以弥补电磁暂态程序仿真规模小的问题。②由成熟的机电暂态程序向具有电磁暂态仿真功能的方向发展，以提高仿真精度。③电磁暂态程序与机电暂态程序进行接口。

2. 电力系统的全过程动态仿真

在电力系统的远距离输送容量不断增加、输电网络重载问题日益突出的情况下，电力系统的暂态稳定及在暂态稳定之后的长过程动态稳定性(包括电压稳定性)将逐步成为影响电力系统安全稳定运行的重要因素。分析电力系统的长过程动态稳定性问题，避免发生大面积的停电事故，以便研究防止事故扩大的有效措施，必将成为电力系统计算分析的一项重要内容。因此，对电力系统长过程动态仿真程序的开发是非常必要的。

电力系统全过程动态仿真就是要把电力系统的机电暂态过程、中期过程和长期过程，甚至电磁暂态过程有机地统一起来进行仿真，其特点是要实现快速的机电暂态过程和慢速的中长期动态过程的统一。考虑到电力系统是典型的刚性系统，可采用具有自动变阶、变步长的刚性数值积分方法。

3. 大规模分布式电力系统的实时数字仿真系统

电力系统中存在大量先进的控制和测量装置，如FACTS控制装置、直流输电控制装置、继电保护装置、安全稳定监控装置等都要经过实时仿真实验才能投入实际电力系统使用。因此，发展数字式或数模混合式电力系统实时仿真装置是必要的。目前，数模混合式实时仿真系统主要用于直流输电控制保护系统试验。RTDS等全数字实时仿真限于仿真算法和计算能力，只能进行小规模系统的实时仿真，主要用于继电保护装置、安全自动装置验证试验。随着特高压直流、灵活交流输电和电压源直流输电、储能等技术和设备在电力系统中的应用，日益复杂的拓扑结构、为数众多的电力电子开断器件和高速开断频率等因素使得现有的实时数字仿真技术已经无法满足实际应用的需求。特别是在进行大电网的仿真实验时，都要进行大规模的等值简化，因此实时仿真装置的应用，特别是在大电网机电暂态和动态特性仿真研究方面的应用受到了很大的限制。

然而，随着计算机软硬件技术的快速发展、计算机技术的不断提高、数字仿真技术的日益完善，在今后一段时间内，电力系统数字实时仿真装置对大规模复杂电力系统的实时仿真能力将会不断增强，主要发展趋势为：①采用新的并行仿真方法，结合计算机软硬件技术的发展，实现新能源和新设备的电磁暂态实时仿真。②通过多个实时仿真装置的配合和高速通信网络，实现分布式仿真试验，解决异地试验设备的同步测试和控制器协调问题。③建立真实电力系统的数字孪生系统，通过实时信息采集与传递系统，实时跟踪大电网运行状态，尤其是在灾害情况下的快速变化。④随着微处理器技术、现代数字信号处理技术、并行处理技术和电力系统数字计算并行算法的发展，数字仿真计算速度将大大加快，使得电力系统数字仿真能够得到更广泛的应用。⑤利用灵敏度技术进行电网在线实时分析和预决策，在参数空间中确定稳定域的边界。同时，利用可视化技术将传统的信息表达为动态图像信息，通过先进的图形技术和显示技术，将传统的数字和表格信息转换为实时图形信息，以直观方式表达电力系统的潮流、电压稳定性、不稳定域和暂态稳定域等特性。

4. 基于先进计算机技术的仿真技术发展

面对智能电网建设的要求，需不断引入先进的计算机和数学方法等，推动电力系统仿真技术在仿真的准确性、快速性、灵活性等方面的发展，主要包括三个方面：①计算机及网络。未来的计算机和网络的发展趋势将是通信技术、网络与计算机技术的进一步融合，朝着超高速、超小型、高性能、平行处理和智能化方向发展。②相关计算数学方法。数值计算方法未来的发展主要集中在提高算法效率、计算结果精度和非线性方程求解的收敛性等方面。人工智能方法、概率类算法及模糊数学等算法都将与仿真环境更加紧密结合，降低对参数的要求，提高仿真自动化程度和仿真精度。③计算模式。未来高性能计算的发展将是并行计算和分布式计算两种形态共存并互相结合、相互补充；计算模式从高性能计算走向高效能计算，提高计算性能、可编程性、可移植性和鲁棒性，降低系统的开发、运行及维护成本。

1.1.3　未来电力系统的仿真软件开发要求

新型电力系统在结构上呈现出明显的“双高”特征，即新能源发电高渗透和电力电子设备高渗透。为满足新型电力系统发展需求，电力系统仿真分析平台需要在模型完备性、建模精准性、计算高效性、场景覆盖全面性、接口开放性、服务灵活性等方面获得显著提升，才能支撑新型电力系统规划设计、测试验证、安全分析和优化决策等关键业务，如图 1-2 所示。

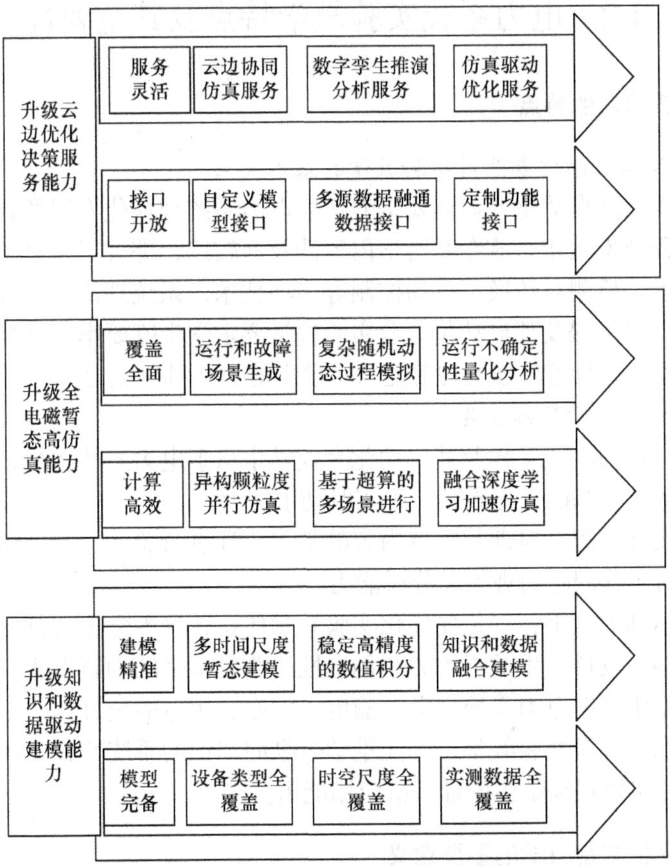

图 1-2　面向新型电力系统的仿真应用软件设计理念

未来新型电力系统仿真软件的开发具有以下要求：①构建完备稳定的模型。新型电力系统中的电气设备类型更多、时间尺度更加宽泛。②提高建模精准性。多时间尺度融合暂态精确建模，能够精确刻画微秒到数十秒的系统动态，适用于不同步长参数，消除由于建模假设引发的仿真结果失真；高稳定和高精度的数值积分模型，适用于连续和离散动态过程积分，无数值振荡问题，保持高阶精度。③采用更加高效的计算系统。采用图形处理器、现场可编程逻辑门阵列、ARM 等异构计算芯片，建立电力仿真流水线式计算图模型，实现高性能的细粒度并行仿真；面向超算的海量场景并行仿真，设计批量仿真并行处理方法，优化调度计算和数据资源，实现海量复杂场景的高效分析。④仿真场景覆盖面更加广泛。区别于传统电力系统，新型电力系统运行环境不确定因素更多，运行场景更加复杂多变。相应地，仿真分析工具应该具备复杂场景生成和随机动态模拟的能力，方可准确量化分析设备和系统安全风险。⑤设置更丰富和开放的接口。新型电力系统仿真分析工具应具备较高的开放性，能够以多种形式更新和拓展设备模型、仿真算法和应用功能，并对接设备和系统运行数据，支撑跨行业、跨领域、跨部门的知识分享和协同分析业务。⑥具有更加灵活的服务形式。面向新型电力系统的仿真分析需求广泛存在，形式多样，不仅要支撑常规设计、测试和分析任务，还需集成于数字孪生之中，应用于不同电力设施的场景分析和模拟推演，更要融入云边调控体系，服务于人工智能和优化决策。

1.2　电力系统实验教学特点及其重要性

1.2.1　电力系统实验课的特点

1. 电气工程及其自动化专业对实验教学的基本要求

高校电气工程及其自动化专业是要培养适应电力系统现代化发展的具有创新精神的复合型、应用型工程技术人才。该专业所学内容涉及面较广，综合了微电子、电力电子、计算机、传感器技术、检测与转换、自动控制等多项技术，系统理论发展很快，知识结构综合程度也很高。电气工程及其自动化专业实验教学要求学生既要牢固掌握基础理论，又要掌握研究问题的方法，具备较强的理解能力、动手能力和科研能力。

2. 电力系统实验教学目标和要求

实验教学目标：为电气工程及其自动化专业学生从事电力系统运行、工程、设计和理论研究建立必要的实践基础，提高其工程实践动手能力。

实践教学的设计思想：对课程重点内容的基本原理进行验证，帮助学生理解课程重点内容，培养学生对工程问题的观察和分析能力。

实验教学要达到的效果：一是要优化实验教学体系，培养学生的创新能力，激发学生对科学实验的兴趣，发挥学生的想象力和创造性，激发学生的创新潜能。二是通过做综合性实验项目，让学生了解电力系统发电、输电、配电、用电的全过程，对电力系统有全局认识、强工程概念。三是实验教学，既注重学生纵向知识的系统性，又注重学生横向知识的相互渗透，同时可以提高学生的计算机应用能力。

1.2.2　仿真与实验相结合教学的重要意义

电力系统实验结合仿真教学是在新时代高等教育内涵式发展背景下，实验教学主动适应新技术的革命性变化，能够提升新时代大学生的创新精神、实践能力和社会责任感，培养卓越拔尖人才的重要举措，是中国高等教育人才培养推进“智能+教育”的积极探索，是推动人才培养质量提升的新举措，对高等教育发展具有重要的全局性意义。

仿真与实验结合主要有以下优势：①仿真可以提供相对低成本和安全的实验环境。某些实验可能需要昂贵的设备或涉及潜在的风险，而通过仿真，可以在虚拟环境下进行各种实验，减少成本和风险。②仿真可以对设备进行调试和优化。在实验前，可以使用仿真模型对设备进行预测试，识别潜在问题并进行改进。这可以减少实验中的错误和故障，并提高实验效率。③仿真可以帮助系统设计和验证。通过建立模型和运行仿真，可以评估不同设计方案的性能和可行性，从而指导系统设计过程。同时，仿真还可以用于验证系统在不同情况下的工作状态，确保系统的稳定性和可靠性。④仿真是教育和培训领域中的重要工具。通过仿真，学生和从业人员可以在虚拟环境中进行实践，掌握理论知识并获得实际操作经验。这有助于提高学习效果和工作能力。⑤仿真可以用于模拟各种场景和情况，预测系统的行为和性能。例如，在电力系统中，可以通过仿真模拟各种负载变化、故障情况和灾害事件，评估系统的响应和稳定性，从而指导运营和管理决策。

综上所述，仿真与实验结合可以提供高效、安全、经济和可控的实验环境，用于设备调试、系统设计验证、教育培训以及场景模拟和预测。通过充分发挥仿真和实验的优势，可以提高工作效率、降低成本、减少风险，并推动科学技术的进步和应用。

第 2 章　电力系统元件等效建模

2.1　基本理论与方法

现实生活中，正弦交流电得到广泛的使用，正弦交流电的振幅、初相位、角频率为其三要素。对于复杂的电力系统网络，当直接用正弦量进行运算时，其三角函数的计算是极其复杂的。因此可以利用正弦量和复数之间能够互换的特点，通过将正弦量用复数表示，然后用复数计算代替正弦量计算，降低计算的复杂性，最后可将复数形式的计算结果反变换为正弦量。上述方法便称为相量法。

2.1.1　复数

复数一般有代数形、三角形、指数形和极坐标形共 4 种表示形式。设复数 A，若写成：

$$A = a_1 + \mathrm{j}a_2 \tag{2-1}$$

这样的表达式称为复数的代数形式，其中，a_1 和 a_2 分别表示复数的实部和虚部；$\mathrm{j} = \sqrt{-1}$，是虚数单位，复数的实部和虚部可以这样表示：

$$\begin{aligned} \mathrm{Re}[A] &= \mathrm{Re}[a_1 + \mathrm{j}a_2] = a_1 \\ \mathrm{Im}[A] &= \mathrm{Im}[a_1 + \mathrm{j}a_2] = a_2 \end{aligned} \tag{2-2}$$

式中，$\mathrm{Re}[A]$ 是取复数实部的符号表示；$\mathrm{Im}[A]$ 是取复数虚部的符号表示。

复数 A 可在复平面上表示，直角坐标系的横轴表示复数的实部，纵轴表示虚部，如图 2-1 所示。每一个复数都和复数平面上的一个点对应，如图 2-1(a)中 $3+\mathrm{j}4$ 和 $-3-\mathrm{j}4$ 两个复数分别对应复数平面上的 a、b 两点。

复数的基本概念及相量法

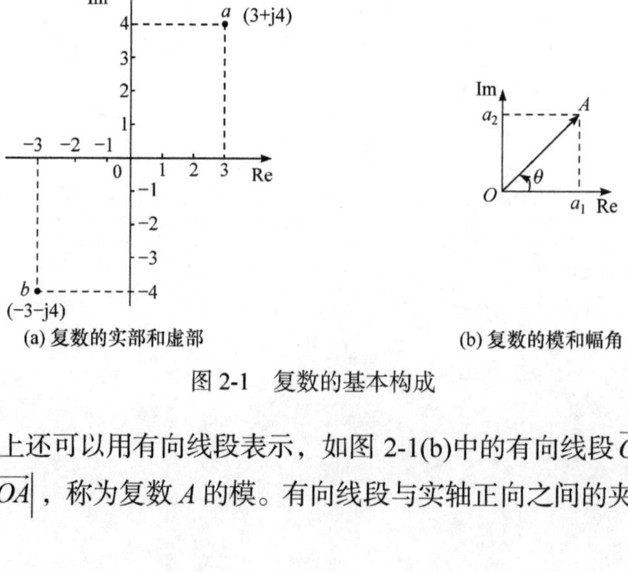

(a) 复数的实部和虚部　　(b) 复数的模和幅角

图 2-1　复数的基本构成

复数在复平面上还可以用有向线段表示，如图 2-1(b)中的有向线段 $\overline{OA}$ 表示复数 A。有向线段的长度 $a = \left|\overline{OA}\right|$，称为复数 A 的模。有向线段与实轴正向之间的夹角 θ，称为复数 A

的幅角。

$$\begin{cases} a_1 = a\cos\theta, & a_2 = a\sin\theta \\ a = \sqrt{a_1^2 + a_2^2}, & \tan\theta = a_2 / a_1 \end{cases} \tag{2-3}$$

将式(2-3)代入式(2-1)，可得到复数的三角形式：

$$A = a\cos\theta + \mathrm{j}a\sin\theta \tag{2-4}$$

根据欧拉公式 $\mathrm{e}^{\mathrm{j}\theta} = \cos\theta + \mathrm{j}\sin\theta$，复数还可以表示为指数形式。进一步，为了书写方便，复数的指数形式还可用极坐标形式表示：

$$A = a(\cos\theta + \mathrm{j}\sin\theta) = a\mathrm{e}^{\mathrm{j}\theta} = a\angle\theta \tag{2-5}$$

对于复数的加减运算，一般采用代数形式；而对于复数的乘除运算，指数形式或极坐标形式则更为方便。

若复数 $B = b_1 + \mathrm{j}b_2$，复数 $C = C_1 + \mathrm{j}C_2$，复数 D 等于复数 B 和复数 C 的和，那么计算方法为

$$D = B + C = b_1 + \mathrm{j}b_2 + c_1 + \mathrm{j}c_2 = (b_1 + c_1) + \mathrm{j}(b_2 + c_2) \tag{2-6}$$

若复数 E 为复数 B 和复数 C 的乘积，那么计算方法为

$$E = BC = b\angle\theta_b \cdot c\angle\theta_c = bc\angle(\theta_b + \theta_c) \tag{2-7}$$

另外，复数 $\mathrm{e}^{\mathrm{j}\theta} = 1\angle\theta$ 是模等于 1 而辐角为 θ 的复数。复数 A 乘以 $\mathrm{e}^{\mathrm{j}\theta}$ 等于把复数 A 向逆时针方向旋转一个角度 θ，而 A 的模 a 不变。所以 $\mathrm{e}^{\mathrm{j}\theta}$ 称为旋转因子。

2.1.2　相量法

相量法是分析研究正弦电源电路稳定状态的一种简单易行的方法。它是在数学理论和电路理论的基础上建立起来的一种系统方法，以图 2-2 所示的 RLC 串联电路为例，简述相量法分析电路的过程。

根据电路的基本定律 VCR、KCL 和 KVL，获得电路的 KVL 方程为

$$u_R + u_L + u_C = u_S \tag{2-8}$$

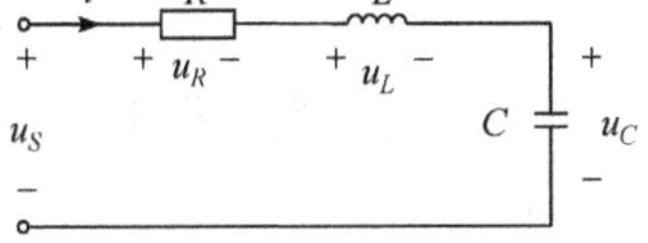

图 2-2　RLC 串联电路

其中，电阻、电感和电容元件的 VCR 方程满足下述关系：

$$u_R = Ri, \quad u_L = L\frac{\mathrm{d}i}{\mathrm{d}t}, \quad u_C = \frac{1}{C}\int i\mathrm{d}t \tag{2-9}$$

将上述元件的 VCR 方程代入 KVL 方程有

$$Ri + L\frac{\mathrm{d}i}{\mathrm{d}t} + \frac{1}{C}\int i\mathrm{d}t = u_S \tag{2-10}$$

由数学理论可知，当 u_S(激励)为正弦量时，上述微分方程中的电流变量 i 的特解(响应的强制分量)也一定是与 u_S 同一频率的正弦量，反之亦然。因此，线性非时变电路在正弦电源激励下，各支路电压、电流的特解都是与激励同频率的正弦量，当电路中存在多个同频率的正弦激励时，该结论也成立。

若已知式(2-10)中的正弦电源u_S为

$$u_S = \sqrt{2}U_S\cos(\omega t+\varphi_u) \tag{2-11}$$

式中，U_S为电源电压有效值；φ_u为电源电压初始相位。由上述分析可知，电流i的特解将是与u_S同一频率的正弦量，可设为

$$i = \sqrt{2}I\cos(\omega t+\varphi_i) \tag{2-12}$$

式中，I为电流i的有效值；φ_i为电流i的初始相位。将上述正弦量代入式(2-10)后，则可将微分方程式变换为

$$\begin{aligned} &R\sqrt{2}I\cos(\omega t+\varphi_i)-\omega L\sqrt{2}I\sin(\omega t+\varphi_i)+\frac{1}{\omega C}\sqrt{2}I\sin(\omega t+\varphi_i) \\ &=\sqrt{2}U_S\cos(\omega t+\varphi_u) \end{aligned} \tag{2-13}$$

可以看出，各同频正弦电压、电流之间，在有效值(振幅)与初相上的“差异和联系”寓于正弦函数描述的电压、电流表达式及电路方程中。那么，求解和分析同频正弦函数所描述的电路方程，将能获得正确的结果或结论，但这一方法对于复杂电路将显得非常烦琐，使分析求解相当困难。根据欧拉公式，可将正弦函数用复指数函数表示，如前所述的正弦量u_S和i可表示为

$$\begin{aligned} u_S &= \frac{1}{2}[U_{Sm}\mathrm{e}^{\mathrm{j}(\omega t+\varphi_u)}+U_{Sm}\mathrm{e}^{-\mathrm{j}(\omega t+\varphi_u)}] \\ i &= \frac{1}{2}[I_m\mathrm{e}^{\mathrm{j}(\omega t+\varphi_i)}+I_m\mathrm{e}^{-\mathrm{j}(\omega t+\varphi_i)}] \end{aligned} \tag{2-14}$$

上述变换表明，一个正弦量可以分解为一对共轭的复指数函数。根据叠加定理和数学理论，只要对其中一个分量进行分析求解，就能写出全部结果。如取分量$U_{Sm}\mathrm{e}^{\mathrm{j}(\omega t+\varphi_u)}$(激励)，则对应的响应分量为$I_m\mathrm{e}^{\mathrm{j}(\omega t+\varphi_i)}$，代入式(2-10)，注意到$I_m=\sqrt{2}I$和$U_{Sm}=\sqrt{2}U_S$，经整理后有

$$RI\mathrm{e}^{\mathrm{j}\varphi_i}+\mathrm{j}\omega LI\mathrm{e}^{\mathrm{j}\varphi_i}-\mathrm{j}\frac{1}{\omega C}I\mathrm{e}^{\mathrm{j}\varphi_i}=U_S\mathrm{e}^{\mathrm{j}\varphi_u} \tag{2-15}$$

由上述代数方程求得

$$I\mathrm{e}^{\mathrm{j}\varphi_i}=\frac{U_S\mathrm{e}^{\mathrm{j}\varphi_u}}{R+\mathrm{j}\omega L-\mathrm{j}\dfrac{1}{\omega C}} \tag{2-16}$$

该结果用复数形式表述了正弦量i除频率ω外的另两个要素I(有效值)和φ_i(初相)，因此，根据正弦量的3个要素就可以直接写出正弦量的表达式。

上述变换只是数学形式的变换，与式(2-13)相比，并无实质性的区别，但在形式上实现了转换，它将与时间有关的同频正弦函数电路方程转换为与时间无关的复代数形式电路方程。更重要的是，它将正弦稳态中全部同频的正弦电压、电流转换为由各正弦量的有效值和初相组合成的复数表示，如$I\mathrm{e}^{\mathrm{j}\varphi_i}$、$U_S\mathrm{e}^{\mathrm{j}\varphi_u}$，使同频的各正弦量在有效值、初相上的“差异和联系”在电路方程中表述得更清晰、更直观和更简单，这将大大简化对正弦稳态的表述和分析求解的过程。

电路理论中将与正弦 u_S、i 关联的复数 $U_S\mathrm{e}^{\mathrm{j}\varphi_u}$ 和 $I\mathrm{e}^{\mathrm{j}\varphi_i}$ 定义为正弦量 u_S、i 对应的相量，并用对应的带“·”符号的大写字母表示，如上述的正弦电压 u_S 和正弦电流 i 对应的相量表示分别为

$$\begin{aligned}\dot{U}_S &\overset{\text{def}}{=} U_S\mathrm{e}^{\mathrm{j}\varphi_u} = U_S\angle\varphi_u \\ \dot{I} &\overset{\text{def}}{=} I\mathrm{e}^{\mathrm{j}\varphi_i} = I\angle\varphi_i\end{aligned} \tag{2-17}$$

正弦量的对应相量是一个复数，它的模为正弦量的有效值，它的辐角为正弦量的初相。式中，$\dot{U}_S$、$\dot{I}$ 中的“·”号，既表示这一复数与正弦量关联的特殊身份，以区别于一般的复数，同时也表示区别于正弦量的有效值。正弦量对应的相量可直接根据上述定义写出。相量在复平面上表示的图形称为相量图，如图 2-3 所示为正弦电压 u_S 对应的相量 $\dot{U}_S$ 的相量图。

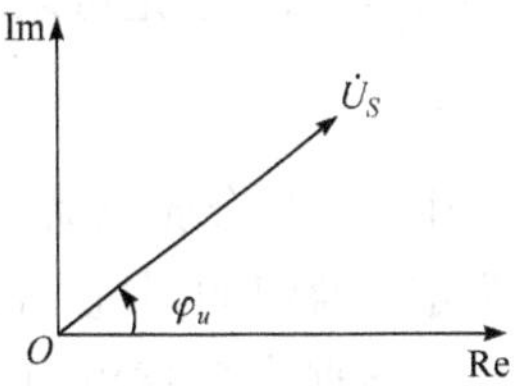

图 2-3　正弦电压相量图

仿真流程及等值元件介绍

2.2　同步发电机等效电路与仿真模型

同步电机是指电机转子的转速与旋转磁场转速相同的交流电机，原理如图 2-4 所示。其特点是转子转速为固定的同步转速，最主要的用途是作为发电机，将机械能转换为电能，现在工农业所用的交流电能几乎全由同步发电机供给。同步电机亦可作为电动机应用，但远不如异步电动机广泛。一般只在不需要调速的低速大功率机械中，为了改善功率因数，才采用同步电动机。

同步电机定子铁心上有齿和槽，槽内设置三相绕组(图 2-4 中只画出了一相)。转子上装有磁极和励磁绕组。当励磁绕组通以直流电流后，电机内就产生转子磁场。同步电机的磁极通常装在转子上，而电枢绕组放在定子上，通常称为旋转磁极式电机。因为电枢绕组往往是高电压、大电流的绕组，装在定子上便于直接向外引出；而励磁绕组的电流较小，放在转子上可以通过装在转轴上的集电环和电刷引入，比较方便。

旋转磁极式同步电机的转子有隐极和凸极两种结构，如图 2-5 所示。隐极电机的气隙均匀，转子呈圆柱形；凸极电机的气隙不均匀，极弧下较小，而极间较大。一般，隐极电机多应用于汽轮机等高速电机；而凸极电机多应用于水轮机等低速电机。

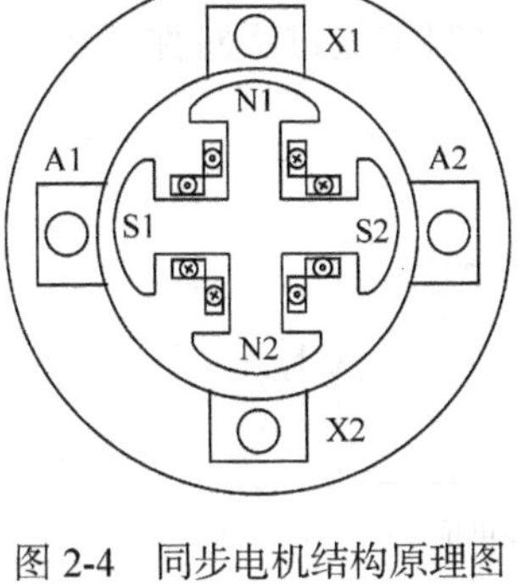

图 2-4　同步电机结构原理图

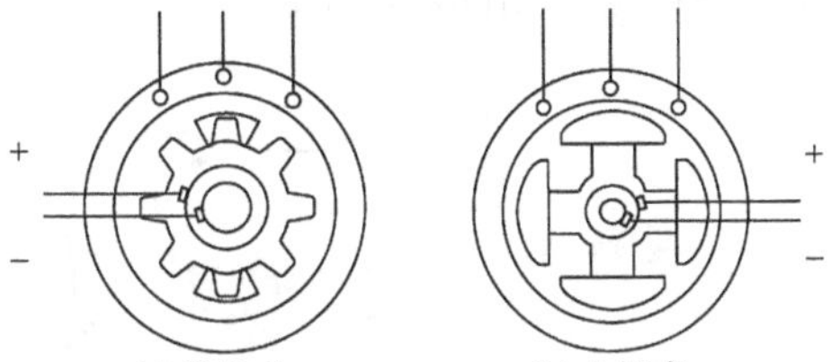

(a) 隐极式　(b) 凸极式

图 2-5　旋转磁极式同步电机

2.2.1 隐极同步发电机等效电路

同步发电机在稳态对称运行时，无论是电枢磁场还是转子磁场都是以同步转速旋转的，与转子绕组没有相对运动，因而都不会在转子绕组中感应电动势。当不考虑磁路饱和现象时，便可应用叠加原理，认为转子磁场与电枢磁场分别在定子绕组中感应电动势。转子磁场感应的电动势称为空载电动势，用$\dot{E}_0$表示；电枢磁场感应的电动势称为电枢反应电动势，用$\dot{E}_a$表示。于是可以写成定子回路电压平衡式，即

$$\dot{E} = \dot{E}_a + \dot{E}_0 = \dot{U} + \dot{I}(r_a + \mathrm{j}x_\sigma) \tag{2-18}$$

式中，$\dot{E}$为合成电动势；$\dot{U}$为定子绕组的端电压；$\dot{I}$为定子电流；r_a为定子绕组的电阻；x_σ为定子绕组的漏抗。以上均为每相的数值。

根据式(2-18)可作出隐极同步发电机的等效电路，如图 2-6 所示。由此可见，隐极同步发电机在稳态运行时的等效电路是简单的独立回路，没有二次回路和其他耦合，求解时也无须联立方程，计算简单。

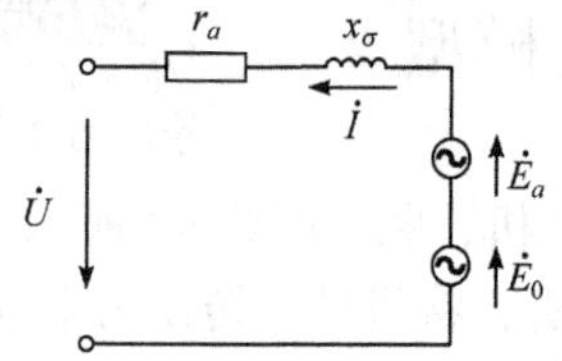

图 2-6 隐极同步发电机的等效电路

同步电机空载时，气隙磁场就是由励磁磁动势所产生的同步旋转磁场，在定子绕组中只感应有空载电动势$\dot{E}_0$，因为定子电流$\dot{I}_0 = 0$，所以端电压$\dot{U} = \dot{E}_0$。带上对称负载以后，定子绕组流过负载电流时，电枢绕组就会产生电枢磁动势以及相应的电枢磁场，若仅考虑其基波，则它与转子同向、同速旋转，它的存在使空气隙磁动势分布发生变化，从而使空气隙磁场以及绕组中的感应电动势发生变化，构成电枢反应。

仅考虑电枢磁动势的基波分量，得到电枢反应电抗x_a，其物理意义为：电枢反应磁场在定子每相绕组中所感应的电枢反应磁动势$\dot{E}_a$，可以将它看作相电流所产生的一个电抗电压降。

$$\dot{E}_a = -\mathrm{j}x_a I \tag{2-19}$$

x_a与x_σ分开时，为电枢反应电抗等效电路，如图 2-7(a)所示；进一步将x_a与x_σ合并成一个电抗x_s，称其为同步电抗，等效电路如图 2-7(b)所示。最终式(2-18)可写为

$$\dot{E}_0 = \dot{U} + \dot{I}[r_a + \mathrm{j}(x_\sigma + x_a)] = \dot{U} + \dot{I}(r_a + \mathrm{j}x_s) = \dot{U} + \dot{I}Z_s \tag{2-20}$$

式中，$Z_s = r_a + \mathrm{j}x_s$称为同步阻抗。需要注意的是，只有当定子流过对称电流时，即当空气隙磁场为圆形旋转磁场时，同步电抗才有意义。当定子绕组中流过不对称三相电流时，便不能无条件地应用同步电抗。

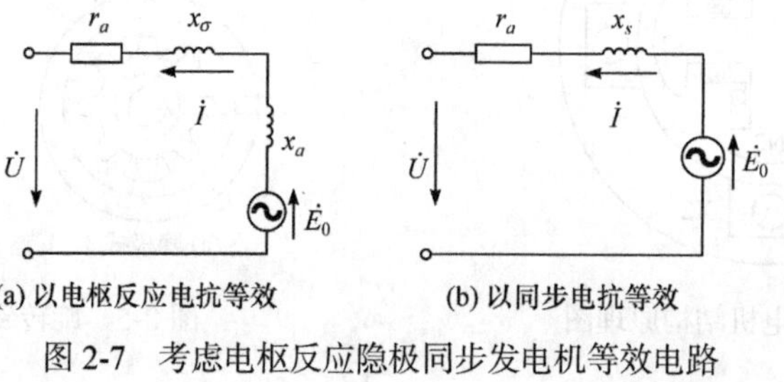

(a) 以电枢反应电抗等效　　(b) 以同步电抗等效

图 2-7 考虑电枢反应隐极同步发电机等效电路

2.2.2　凸极发电机等效电路

凸极同步电机的电枢磁动势和隐极电机的一样，其基波振幅表达式相同。但是凸极同步电机的气隙不均匀，气隙各处的磁阻不相同，在极面下的磁导大，两极之间的磁导小，二者相差甚大。由于这一特点，分析凸极同步电机电枢反应时，从电枢磁动势波求电枢磁通就会存在很大的困难。同一电枢磁动势波作用在气隙不同处，会遇到不同的磁阻。因此，在分析电枢反应时，不仅要知道电枢磁动势的大小和空间位置，还必须找出该空间位置处的磁路，才能求出电枢磁通密度分布波。当电机气隙不均匀时求空气隙各点处的磁阻十分困难。

为了解决这个困难，一般在分析中都采用双反应法，将电枢基波磁动势分解为作用在直轴上的直轴电枢反应磁动势 $\dot{F}_{ad}$ 和作用在交轴上的交轴电枢反应磁动势 $\dot{F}_{aq}$，如图 2-8 所示。直轴磁导和交轴磁导虽不相等，但它们本身却都有固定的数值。这种将电枢反应 $\dot{F}_a$ 用两个电枢反应分量来替代的方法称为双反应法，只要找出直轴和交轴相应的磁导，便可分别求出直轴和交轴的磁通密度波及相应的磁通。最后，可求出直轴电枢反应磁通和交轴电枢反应磁通在每相定子绕组中感应的直轴电枢反应电动势 $\dot{E}_{ad}$ 和交轴电枢反应电动势 $\dot{E}_{aq}$。这样，就避免了要找出气隙各不同处磁阻的难度。

当不计磁路饱和现象时，同样可利用叠加原理，即认为 $\dot{F}_{ad}$ 和 $\dot{F}_{aq}$ 分别建立直轴电枢反应磁场和交轴电枢反应磁场。在定子绕组中分别建立直轴电枢反应电动势和交轴电枢反应电动势。其基波分量分别记作 $\dot{E}_{ad}$ 和 $\dot{E}_{aq}$，凸极同步电机的定子绕组的电压平衡式为

$$\dot{E} = \dot{E}_0 + \dot{E}_{ad} + \dot{E}_{aq} = \dot{U} + \dot{I}(r_a + \mathrm{j}x_\sigma) \tag{2-21}$$

式中，除 $\dot{E}_{ad}$ 和 $\dot{E}_{aq}$ 之外，其他符号的定义同隐极电机，其等效电路如图 2-9 所示。

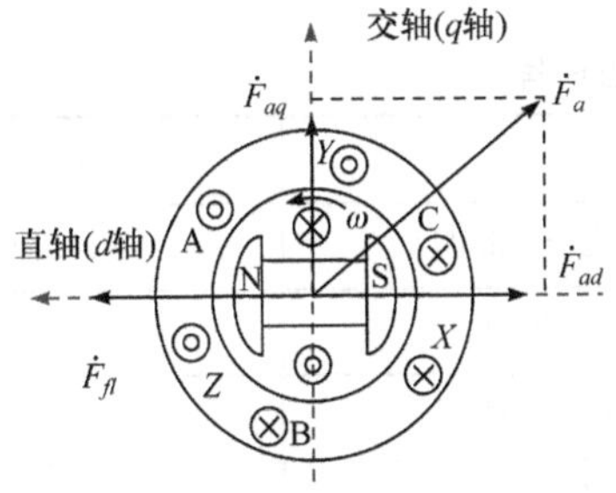

图 2-8　同步电机电枢反应

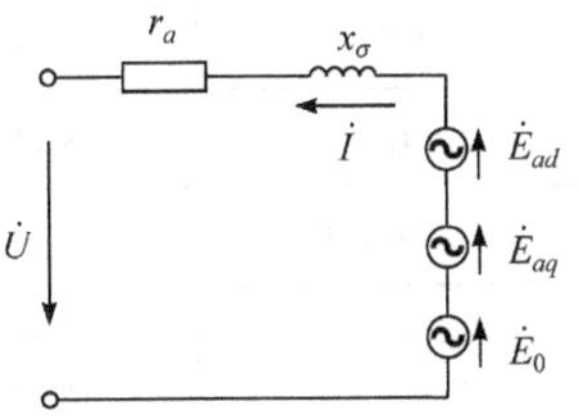

图 2-9　凸极电机等效电路

直轴电枢反应电抗 x_{ad}、交轴电枢反应电抗 x_{aq} 与直轴电枢反应电动势、交轴电枢反应电动势的关系为

$$\begin{aligned} \dot{E}_{ad} &= -\mathrm{j}\dot{I}_d x_{ad} \\ \dot{E}_{aq} &= -\mathrm{j}\dot{I}_q x_{aq} \end{aligned} \tag{2-22}$$

式中，电枢电流 $\dot{I}$ 直轴分量为 $\dot{I}_d$，交流分量为 $\dot{I}_q$，将漏抗和电枢反应电抗合并为直轴同步电抗 x_d 和交轴同步电抗 x_q：

$$x_d = x_\sigma + x_{ad}$$
$$x_q = x_\sigma + x_{aq} \tag{2-23}$$

最终凸极电机等效方程为

$$\begin{aligned}\dot{E} &= \dot{U} + \dot{I}r_a + \mathrm{j}\dot{I}_d(x_\sigma + x_{ad}) + \mathrm{j}\dot{I}_q(x_\sigma + x_{aq}) \\ &= \dot{U} + \dot{I}r_a + \mathrm{j}\dot{I}_d x_d + \mathrm{j}\dot{I}_q x_q\end{aligned} \tag{2-24}$$

2.2.3 同步发电机仿真模型

1. 简化同步电机模块

简化同步电机模块忽略电枢反应电感、励磁和阻尼绕组的漏感，仅由理想电压源串联 *RL* 元件构成，其中 *R* 值和 *L* 值为电机的内部阻抗。

MATLAB/Simulink/Simscape 库中提供了两种简化同步电机模块，其图标如图 2-10 所示。其分为标幺制单位(p.u.)下的简化同步电机模块和国际单位制(SI)下的简化同步电机模块。简化同步电机的两种模块本质上是一致的，唯一的不同在于参数所选用的单位。

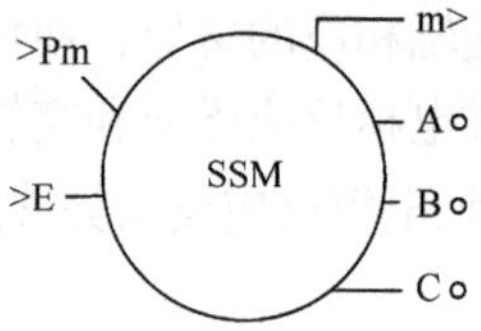

图 2-10 简化同步电机模块图标

简化同步电机模块有 2 个输入端子、1 个输出端子和 3 个电气连接端子。模块的第 1 个输入端子(Pm)输入电机的机械功率，可以是常数，或者是水轮机和调节器模块的输出。模块的第 2 个输入端子(E)为电机内部电压源的电压，可以是常数，也可以直接与电压调节器的输出相连。

注意：如果模型为 SI 型，则输入的机械功率和内电压的单位为 W 和 V(相电压有效值)；如果使用 p.u.型，则输入为标幺值。

模块的 3 个电气连接端子(A、B、C)为定子输出电压。输出端子(m)输出一系列电机的内部信号，共由 12 路信号组成，如表 2-1 所示。

表 2-1 简化同步电机输出信号

输出	符号	端口	定义	单位
1～3	i_{aa}，i_{ab}，i_{ac}	is_abc	流出电机的定子三相电流	A 或者 p.u.
4～6	V_a，V_b，V_c	vs_abc	定子三相输出电压	V 或者 p.u.
7～9	E_a，E_b，E_c	e_abc	电机内部电源电压	V 或者 p.u.
10	θ	Thetam	机械角度	rad
11	ω_N	wm	转子转速	rad/s 或者 p.u.
12	P_e	Pe	电磁功率	W

双击简化同步电机模块，将弹出该模块的参数对话框，主要电机参数设置如下。

(1)“额定参数”(Nominal Power，Line-to-line Voltage，and Frequency)：三相视在功率 P_n(V·A)、额定线电压有效值 V_n(V)、额定频率 f_n(Hz)。

(2)“机械参数”(Inertia，Damping Factor and Pair of Poles)：转动惯量 J(kg · m^2)或惯性时间常数 H(s)、阻尼系数 K_d(转矩的标幺值/转速的标幺值)和极对数 p。

(3) “内部阻抗”：单相电阻 R(Ω 或 p.u.)和电感 L(H 或 p.u.)。R 和 L 是电机内部阻抗，允许 R 等于 0，但 L 必须大于 0。

(4) “初始条件” (Initial Conditions)：初始角速度偏移 $\Delta\omega$(单位：%)，转子初始角位移 θ_e(单位：(°))，线电流幅值 i_a、i_b、i_c(单位：A 或 p.u.)，相角 ph_a、ph_b、ph_c(单位：(°))。

(5) “采样时间” (Sample Time)：设置为−1 时，表示采样时间与上一个模块相同。

2. 同步电机模块

MATLAB/Simulink/Simscape 库中提供了三种同步电机模块，用于对三相隐极和凸极同步电机进行动态建模，其图标如图 2-11 所示。图 2-11 分为标幺制(p.u.)下的基本同步电机模块和国际单位制(SI)下的基本同步电机模块。

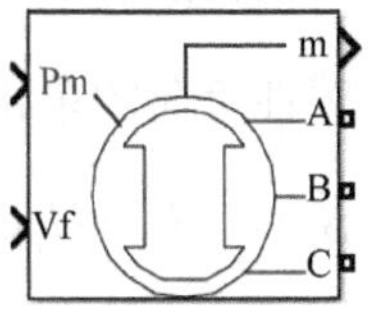

图 2-11　同步电机模块图标

同步电机模块有 2 个输入端子、1 个输出端子和 3 个电气连接端子。

模块的第 1 个输入端子(Pm)为电机的机械功率。当机械功率为正时，表示同步电机运行方式为发电机模式；当机械功率为负时，表示同步电机运行方式为电动机模式。在发电机模式下，输入可以是一个正的常数，也可以是一个函数或者是原动机模块的输出；在电动机模式下，输入通常是一个负的常数或者函数。

模块的第 2 个输入端子(Vf)为励磁电压，在发电机模式下可以由励磁模块提供，在电动机模式下为一常数。

模块的 3 个电气连接端子(A、B、C)为定子电压输出；输出端子(m)输出一系列电机的内部信号，共由 22 路信号组成，如表 2-2 所示。

表 2-2　同步电机输出信号

输出	符号	端口	定义	单位
1～3	i_{aa}，i_{ab}，i_{ac}	is_abc	定子三相电流	A 或 p.u.
4, 5	i_{sq}，i_{sd}	is_qd	q 轴和 d 轴定子电流	A 或 p.u.
6～9	i_{fd}，i_{kq1}，i_{kq2}，i_{kd}	ik_qd	励磁电流，q 轴和 d 轴阻尼绕组电流	A 或 p.u.
10, 11	φ_{md}，φ_{mq}	phim_qd	q 轴和 d 轴磁通量	Wb 或 p.u.
12, 13	V_q，V_d	vs_qd	q 轴和 d 轴定子电压	V 或 p.u.
14	$\Delta\theta$	d_theta	转子角偏移量	rad
15	ω_m	wm	转子角速度	rad/s
16	P_e	Pe	电磁功率	V·A 或 p.u.
17	$\Delta\omega$	dw	转子角速度偏移	rad/s
18	θ	theta	转子机械角	rad
19	T_e	Te	电磁转矩	N·m 或 p.u.
20	f'	Delta	功率角	deg
21，22	P_{eo}，Q_{eo}	Peo，Qeo	输出有功和无功功率	p.u.

同步电机输入和输出参数的单位与选用的同步电机模块有关。如果选用 SI 制下的同步电机模块，则输入和输出为国际单位制下的有名值(除了转子角速度偏移量 $\Delta\omega$ 以标幺值、转子角位移 θ 以弧度表示外)。如果选用 p.u.制下的同步电机模块，输入和输出为标幺值。

2.3 负荷等效电路与仿真模型

2.3.1 负荷的功率

感性负荷的单相复数功率为

$$\tilde{S} = \dot{U}_L \overset{*}{I}_L = U_L \mathrm{e}^{\mathrm{j}\delta_u} I_L \mathrm{e}^{-\mathrm{j}\delta_i} = U_L I_L \mathrm{e}^{\mathrm{j}(\delta_u - \delta_i)} = S_L \mathrm{e}^{\mathrm{j}\varphi_L} = S_L(\cos\varphi_L + \mathrm{j}\cos\varphi_L) = P_L + \mathrm{j}Q_L \quad (2\text{-}25)$$

式中，S_L 为单相负荷的视在功率(MV·A)；$\dot{U}_L = U_L \mathrm{e}^{\mathrm{j}\delta_u}$ 为负荷相电压相量(kV)；$\overset{*}{I}_L = I_L \mathrm{e}^{\mathrm{j}\delta_i}$ 为负荷相电流的共轭值(kA)，“*”表示共轭；δ_u、δ_i 为负荷相电压、相电流的相位角(°)；$\varphi_L = \delta_u - \delta_i$ 为负荷相电压超前相电流的相位角，也称负荷的功率因数角(°)；P_L、Q_L 为单相负荷的有功功率(MW)、无功功率(Mvar)。

容性负荷的单相复数功率为

$$\tilde{S}_L = \dot{U}_L \overset{*}{I}_L = U_L \mathrm{e}^{\mathrm{j}\delta_u} I_L \mathrm{e}^{-\mathrm{j}\delta_i} = U_L I_L \mathrm{e}^{\mathrm{j}(\delta_u - \delta_i)} = S_L \mathrm{e}^{-\mathrm{j}\varphi_L} = S_L(\cos\varphi_L - \mathrm{j}\sin\varphi_L) = P_L - \mathrm{j}Q_L \quad (2\text{-}26)$$

由于为容性负荷，$-\varphi_L = \delta_u - \delta_i$，其中 $\varphi_L > 0$，也就是电压滞后电流相位角 φ_L。其他符号的意义同式(2-25)。

2.3.2 负荷的阻抗和导纳

由单相负荷复数功率的表达式 $\tilde{S}_L = \dot{U}_L \overset{*}{I}_L$，有 $\overset{*}{I}_L = \tilde{S}_L / \dot{U}_L$，根据欧姆定律 $\overset{*}{I}_L = \dot{U}_L / Z_L$，可得感性负荷的阻抗表达式为

$$Z_L = \frac{\dot{U}_L \overset{*}{U}_L}{\overset{*}{S}_L} = \frac{U_L^2}{S_L}\mathrm{e}^{\mathrm{j}\varphi_L} = \frac{U_L^2}{S_L}(\cos\varphi_L + \mathrm{j}\sin\varphi_L) = \frac{U_L^2}{S_L^2}(P_L + \mathrm{j}Q_L) = R_L + \mathrm{j}X_L \quad (2\text{-}27)$$

可见

$$\begin{aligned} R_L &= \frac{U_L^2}{S_L}\cos\varphi_L = \frac{U_L^2}{S_L^2}P_L \\ X_L &= \frac{U_L^2}{S_L}\sin\varphi_L = \frac{U_L^2}{S_L^2}Q_L \end{aligned} \quad (2\text{-}28)$$

以阻抗表示感性负荷的等效电路，如图 2-12(a)所示。

又由于 $\dot{I} = \dot{S}_L / \overset{*}{U}_L = \dot{U}_L Y_L$，所以感性负荷的导纳表达式为

$$Y_L = \frac{\overset{*}{S}_L}{\dot{U}_L \overset{*}{U}_L} = \frac{S_L}{U_L^2}\mathrm{e}^{-\mathrm{j}\varphi_L} = \frac{S_L}{U_L^2}(\cos\varphi_L - \mathrm{j}\sin\varphi_L) = \frac{1}{U_L^2}(P_L - \mathrm{j}Q_L) = G_L - \mathrm{j}B_L \quad (2\text{-}29)$$

于是可以作出以导纳表示的感性负荷的等效电路，如图 2-12(b)所示。

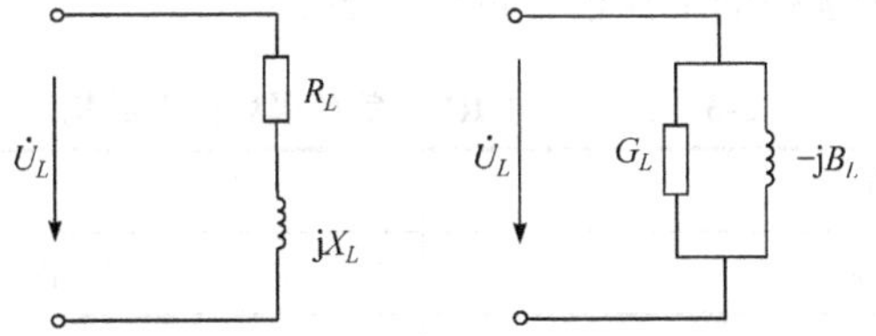

(a) 以阻抗表示　(b) 以导纳表示

图 2-12　感性负荷等效电路

2.3.3　负荷仿真模块

电力系统的负荷相当复杂，不但数量大、分布广、种类多，而且其工作状态带有很大的随机性和时变性，连接各类用电设备的配电网结构也可能发生变化。因此，如何建立一个既准确又实用的负荷模型，是非常关键的。

负荷模型分为静态模型和动态模型，其中，静态模型表示稳态下负荷功率与电压和频率的关系；动态模型反映电压和频率急剧变化时负荷功率随时间的变化。常用的负荷等效电路有：含源等效阻抗支路、恒定阻抗支路和异步电动机等效电路。负荷模型的选择对分析电力系统动态过程和稳定问题都有很大的影响。在潮流计算中，负荷常用恒定功率表示，必要时也可以采用线性化的静态特性。在短路计算中，负荷可表示为：含源阻抗支路或恒定阻抗支路。稳定计算中，综合负荷可表示为：恒定阻抗或不同比例的恒定阻抗和异步电动机的组合。

1. 三相静态负荷仿真模块

MATLAB/Simulink/Simscape/Specialized Power Systems/Elements 中提供了四种静态负荷模块，分别为“单相串联 RLC 负荷”(Series RLC Load)、“单相并联 RLC 负荷”(Parallel RLC Load)、“三相串联 RLC 负荷”(Three-Phase Series RLC Load)和“三相并联 RLC 负荷”(Three-Phase Parallel RLC Load)，其图标如图 2-13 所示。

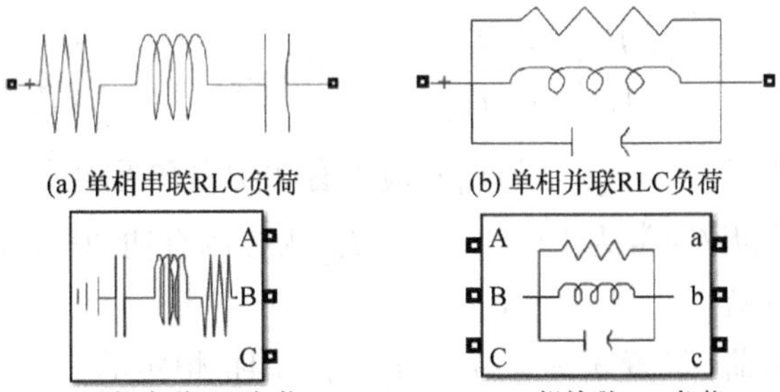

(a) 单相串联RLC负荷　(b) 单相并联RLC负荷
(c) 三相串联RLC负荷　(d) 三相并联RLC负荷

图 2-13　静态负荷模块图标

单相串联和并联 RLC 负荷模块分别对串联和并联的线性 RLC 负荷进行模拟。在指定的频率下，负荷阻抗为常数，负荷吸收的有功功率和无功功率与电压的平方成正比。

三相串联和并联 RLC 负荷模块分别对串联和并联的三相平衡 RLC 负荷进行模拟。在指定的频率下，负荷阻抗为常数，负荷吸收的有功功率和无功功率与电压的平方成正比。

静态负荷模块的参数对话框比较简单，需要注意的是，在三相串联 RLC 负荷模块中，有一个用于三相负荷结构选择的下拉框，说明见表 2-3。

表 2-3　三相串联 RLC 负荷模块内部结构

结构	解释
Y(grounded)	Y 型连接，中性点内部接地
Y(floating)	Y 型连接，中性点内部悬空
Y(neutral)	Y 型连接，中性点可见
Delta	△型连接

2. 三相动态负荷仿真模块

MATLAB/Simulink/Simscape/Specialized Power Systems 中提供的“三相动态负荷”(Three-Phase Dynamic Load)模块，其图标如图 2-14 所示。

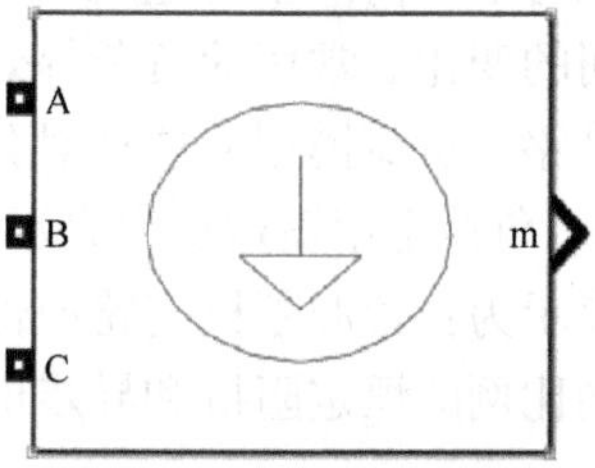

图 2-14　三相动态负荷模块图标

三相动态负荷模块是对三相动态负荷的建模，其中有功功率和无功功率可以表示为正序电压的函数或者直接受外部信号的控制。由于不考虑负序电流和零序电流，因此即使在负荷电压不平衡的条件下，三相负荷电流仍然是平衡的。

三相动态负荷模块有 3 个电气连接端子和 1 个输出端子，其中 3 个电气连接端子(A、B、C)分别与外电路的三相相连。如果该模块的功率受外部信号控制，该模块上还将出现第 4 个输入端子，用于外部控制有功功率和无功功率。输出端子(m)输出 3 个内部信号，分别是正序电压 V(单位：p.u.)、有功功率 P(单位：W)和无功功率 Q(单位：var)。

当负荷电压小于某一指定值 $V_{\min}$ 时，负荷阻抗为常数；如果负荷电压大于该指定值 $V_{\min}$，有功功率和无功功率按以下公式计算：

$$P(s)=P_0\left(\frac{V}{V_0}\right)^{n_p}\frac{1+T_{p1}s}{1+T_{p2}s},\quad Q(s)=Q_0\left(\frac{V}{V_0}\right)^{n_q}\frac{1+T_{q1}s}{1+T_{q2}s} \tag{2-30}$$

式中，V_0 为初始正序电压；P_0、Q_0 是与 V_0 对应的有功功率和无功功率；V 为正序电压；n_p、n_q 为控制负荷特性的指数(通常为 1～3)；T_{p1}、T_{p2} 为控制有功功率的时间常数；T_{q1}、T_{q2} 为控制无功功率的时间常数。

对于电流恒定的负荷，设置 $n_p=1$，$n_q=1$；对于阻抗恒定的负荷，设置 $n_p=2$，$n_q=2$。初始值 V_0、P_0 和 Q_0 可以通过 powergui 模块计算得到。

2.4　变压器等效电路及仿真模型

2.4.1　T 形等效电路

变压器二次侧接负载运行时为一个绕组接至电源，另一个绕组接负载时的运行方式。

线路示意图如图 2-15 所示。

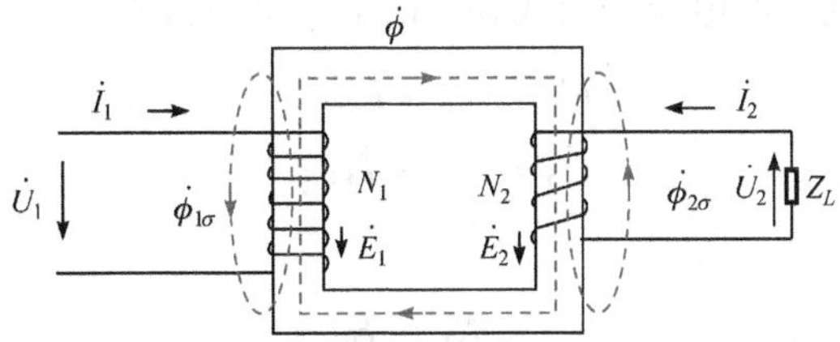

图 2-15　单相双绕组变压器负载运行电路示意图

变压器接通负载后，二次绕组便流通电流，二次电流的存在，建立起二次磁动势。它也作用在铁心磁路上，因此改变了原有的磁动势平衡状态，迫使主磁通变化，导致电动势也随之改变。电动势的改变又破坏了已建立的电压平衡，迫使原电流随之改变，直到电路和磁路又达到新的平衡为止。设在新的平衡条件下，二次电流为 $\dot{I}_2$，由二次电流所建立的磁动势为 $\dot{I}_2N_2$，一次电流为 $\dot{I}_1$，由一次电流所建立的磁动势为 $\dot{I}_1N_1$，负载后作用在磁路上的总磁动势为 $\dot{I}_1N_1+\dot{I}_2N_2$，依据全电流定律应满足：

$$\dot{I}_1N_1+\dot{I}_2N_2=\dot{I}_mN_1 \tag{2-31}$$

变压器负载运行时，作用在主磁路上的全部磁动势应等于产生磁通所需的励磁磁动势，达到磁动势平衡。由磁动势平衡式可求得一、二次电流间的约束关系：

$$\dot{I}_1=\dot{I}_m+\left(-\dot{I}_2\frac{N_2}{N_1}\right)=\dot{I}_m+\dot{I}_{1L} \tag{2-32}$$

式中，$\dot{I}_{1L}$ 为一次电流的负载分量，$\dot{I}_{1L}=-\dot{I}_2N_2/N_1$。式(2-32)具有明确的物理意义。它表明当有负载电流时，一次电流 $\dot{I}_1$ 应包含有两个分量。其中，$\dot{I}_m$ 用以激励主磁通，而 $\dot{I}_{1L}$ 所产生的负载分量磁动势 $\dot{I}_{1L}N_1$，用以抵消二次磁动势 $\dot{I}_2N_2$ 对主磁路的影响，即有

$$\begin{gathered}\dot{I}_{1L}N_1=\left(-\dot{I}_2\frac{N_2}{N_1}\right)N_1=-\dot{I}_2N_2\\ \dot{I}_{1L}N_1+\dot{I}_2N_2=0\end{gathered} \tag{2-33}$$

换言之，当二次绕组流通电流 $\dot{I}_2$ 时，一次绕组便自动流入负载分量电流 $\dot{I}_{1L}$，以满足 $\dot{I}_{1L}N_1+\dot{I}_2N_2=0$。故励磁电流的值仍取决于主磁通 $\dot{\Phi}$，或者说取决于 $\dot{E}_1$，因此，仍然可用参数 Z_m 将励磁电流 $\dot{I}_m$ 和电动势 $\dot{E}_1$ 联系起来，即

$$-\dot{E}_1=\dot{I}_mZ_m \tag{2-34}$$

式中，$Z_m=r_m+\mathrm{j}x_m$ 称为励磁阻抗。

变压器一、二次电流在各自绕组中还产生漏磁通和感应漏磁电动势。通常将漏磁电动势写成漏抗压降形式，即有

$$\begin{gathered}-\dot{E}_{1\sigma}=\mathrm{j}X_1\dot{I}_1\\ -\dot{E}_{2\sigma}=\mathrm{j}X_2\dot{I}_2\end{gathered} \tag{2-35}$$

式中，$\dot{E}_{1\sigma}$、X_1 为一次绕组的漏磁电动势和漏抗；$\dot{E}_{2\sigma}$、X_2 为二次绕组的漏磁电动势和漏抗；

变压器一、二次电流还在各自绕组中产生电阻压降 $\dot{I}_1 r_1$ 及 $\dot{I}_2 r_2$。

由上述分析，可得到一次电压平衡式和二次电压平衡式为

$$\begin{aligned}\dot{U}_1 &= -\dot{E}_1 + \dot{I}_1 Z_1 \\ \dot{U}_2 &= -\dot{E}_2 - \dot{I}_2 Z_2\end{aligned} \tag{2-36}$$

电压变比为

$$k = \frac{N_1}{N_2} = \frac{E_1}{E_2} \tag{2-37}$$

负载电压平衡式为

$$\dot{U}_2 = \dot{I}_2 Z_L \tag{2-38}$$

式中，$Z_1 = r_1 + \mathrm{j}x_1$ 为一次绕组漏阻抗；$Z_2 = r_2 + \mathrm{j}x_2$ 为二次绕组漏阻抗；$Z_L = r_L + \mathrm{j}x_L$ 为负载阻抗。

方程(2-31)～方程(2-38)完整地表达了变压器负载时的电磁现象，但要求解这组方程是相当烦琐的。其原因是 $N_1 \neq N_2$ 使得 $k \neq 1$。试设想，如果 $k = 1$，求解变得非常方便。但实际变压器 $k \neq 1$，为了求解方便，常用一假想的绕组替代其中一个绕组使之成为 $k = 1$ 的变压器，这种方法称为绕组归算或绕组折算。归算后的量在原来的符号加上一个上标号“′”以示区别，归算后的值称为归算值或折算值。

绕组的归算有两种方法：一种方法是保持一次绕组匝数 N_1 不变，设想有一个匝数为 N_2 的二次绕组，用它来取代原有匝数为 N_2 的二次绕组，令 N_2'=N_1 就满足了变比 $k = N_1 / N_2' = 1$，这种方法称为二次归算到一次；另一种方法是保持二次绕组匝数 N_2 不变，设想有一个匝数为 N_1' 的一次绕组，用它来取代原有匝数为 N_1 的一次绕组，令 N_1'=N_2 也就满足了变比 $k = N_1' / N_2 = 1$，这种方法称为一次归算到二次。

归算的目的纯粹是计算方便。因此，归算不应改变实际变压器内部的电磁平衡关系。对绕组进行归算时，该绕组的一切物理量均应作相应归算。现以二次归算到一次为例说明各物理量的归算关系。

1) 二次电流的归算值

根据归算前后磁动势应保持不变，可求得二次电流的归算值，它应满足：

$$I_2' N_2' = I_2 N_2 \tag{2-39}$$

即

$$I_2' = I_2 \frac{N_2}{N_2'} = I_2 \frac{N_2}{N_1} = \frac{I_2}{k} \tag{2-40}$$

其物理意义也很清楚，当用 N_2' 替代 N_2 后，二次绕组匝数增加到原来的 k 倍。为保持磁动势不变，二次电流归算值减小到原来的 $1/k$。

2) 二次电动势的归算值

根据归算前后二次电磁功率应维持不变，可求得二次电动势归算值，它应满足：

$$E_2' I_2' = E_2 I_2 \Rightarrow E_2' = \frac{I_2}{I_2'} E_2 = kE_2 \tag{2-41}$$

其物理意义也很清楚，当用 N_2' 替代 N_2 后，二次绕组匝数增加到原来的 k 倍。而主磁通

Φ 及频率 f 均保持不变，归算后的二次电动势应增加到原来的 k 倍。

3) 电阻的归算值

根据归算前后铜耗应保持不变，可求得电阻的归算值，它应满足：

$$I_2'^2 r_2' = I_2{}^2 r_2 \tag{2-42}$$

即

$$r_2' = \left(\frac{I_2}{I_2'}\right)^2 r_2 = k^2 r_2 \tag{2-43}$$

其物理意义可解释为：由于二次绕组匝数增加到原来的 k 倍，其绕组长度相应也增加到原来的 k 倍；二次电流归算值减少到原来的 $1/k$，相应地，归算后的二次绕组截面积应减少到原来的 $1/k$，故二次电阻应增加到原来的 k^2 倍。

4) 漏抗的归算值

根据归算前后二次漏磁无功损耗应保持不变，可求得漏抗的归算值，它应满足：

$$I_2'^2 x_2' = I_2{}^2 x_2 \Rightarrow x_2' = \left(\frac{I_2}{I_2'}\right)^2 x_2 = k^2 x_2 \tag{2-44}$$

其物理意义可解释为：绕组的电抗和绕组的匝数的平方成正比。由于归算后二次绕组匝数增加到原来的 k 倍，故漏抗应增加到原来的 k^2 倍。

变压器二次绕组匝数进行归算后，负载的端电压以及负载阻抗也可进行相应计算，即二次电压应乘以 k，负载阻抗应乘以 k^2。

综上，归算后的基本方程组可以写为

$$\begin{cases} \dot{I}_1 = \dot{I}_m + (-\dot{I}_2') \\ -\dot{E}_1 = \dot{I}_m Z_m \\ \dot{U}_1 = -\dot{E}_1 + \dot{I}_1 Z_1 \\ \dot{U}_2' = \dot{E}_2' + \dot{I}_2' Z_2' \\ \dot{U}_2' = \dot{I}_2' Z_L' \\ \dot{E}_1 = \dot{E}_2' \end{cases} \tag{2-45}$$

由式(2-45)构成的变压器等效电路称为 T 形等效电路，如图 2-16 所示。

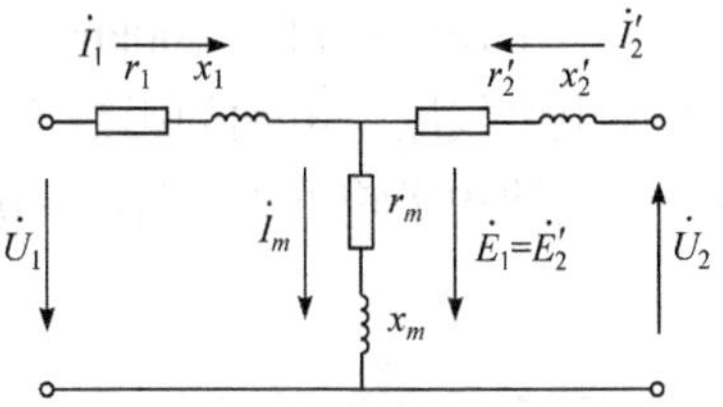

图 2-16　变压器 T 形等效电路

2.4.2　变压器仿真模型

MATLAB/Simulink/Simscape/Specialized Power Systems 库中提供的双绕组三相变压器模块可以对线性和铁心变压器进行仿真。

变压器一、二次绕组的连接方法有以下五种。

(1) Y 型连接：3 个电气连接端口(A、B、C 或 a、b、c)；

(2) Yn 型连接：4 个电气连接端口(A、B、C、N 或 a、b、c、n)，绕组中线可见；

(3) Yg 型连接：3 个电气连接端口(A、B、C 或 a、b、c)，模块内部绕组接地；

(4) △(D11)型连接：3 个电气连接端口(A、B、C 或 a、b、c)，△绕组超前 Y 绕组 30°；

(5) △(D1)型连接：3 个电气连接端口(A、B、C 或 a、b、c)，△绕组滞后 Y 绕组 30°。

不同的连接方式对应不同的图标。图 2-17 为四种典型连接方式的双绕组三相变压器图标，分别为 D1-D1、D1-Yg、Yg-Yn 和 Yn-D1 型连接。

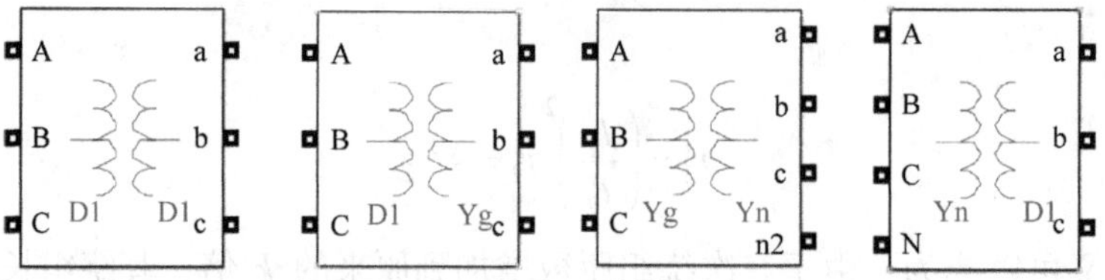

图 2-17　四种典型接线方式下双绕组三相变压器图标

点开变压器对话框，可设置变压器参数，具体参数含义介绍如下：

(1) 一次绕组连接方式(Winding 1(ABC)Connection)：一次绕组的连接方式。

(2) 二次绕组连接方式(Winding 2(abc)Connection)：二次绕组的连接方式。

(3) 额定功率和频率(Nominal Power and Frequency)：额定功率 P_n(V·A)和额定频率 f_n(Hz)。

(4) 一次绕组参数(Winding Parameters)：额定线电压有效值(V)、电阻(p.u.)和漏感(p.u.)。

(5) 二次绕组参数(Winding Parameters)：额定线电压有效值(V)、电阻(p.u.)和漏感(p.u.)。

(6) 磁化电阻(Magnetization Resistance)：R_m(p.u.)。

(7) 磁化电感(Magnetization Inductance)：L_m(p.u.)。

2.5　输配电线路等效电路及仿真模型

由于正常运行的电力系统三相是对称的，三相参数完全相同，三相电压、电流的有效值相同，所以可用单相等效电路代表三相。因此，对电力线路只作单相等效电路即可。严格地说，电力线路的参数是均匀分布的，但对于中等长度以下的电力线路可按集中参数来考虑。这样，可使其等效电路大为简化。对于长线路则要考虑分布参数的特性。

1. 短电力线路

对于长度不超过 100km 的架空电力线路，线路额定电压为 60kV 及以下；以及不长的电缆电力线路，电纳的影响不大时，可认为是短电力线路。短电力线路由于电压不高，电导、电纳的影响可以不计($G=0$，$B=0$)，那么，短电力线路的阻抗则为

$$Z = R + \mathrm{j}X = r_1 l + \mathrm{j}x_1 l \tag{2-46}$$

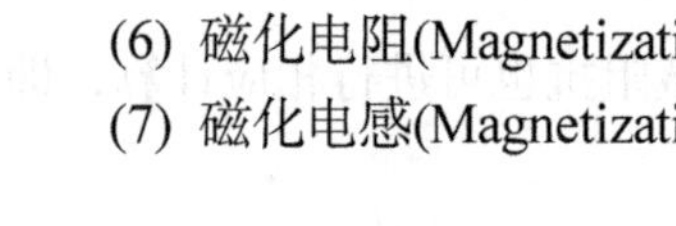

图 2-18　短电力线路的等效电路

式中，l 为电力线路长度(km)。短电力线路的等效电路，如图 2-18 所示。从图中直接可得出线路首末端电压、电流方程式：

$$\begin{cases} \dot{U}_1 = \dot{U}_2 + \dot{I}_2 Z \\ \dot{I}_1 = \dot{I}_2 \end{cases} \tag{2-47}$$

写成矩阵形式后与两端口网络相比较：

$$\begin{bmatrix} \dot{U}_1 \\ \dot{I}_1 \end{bmatrix} = \begin{bmatrix} A & B \\ C & D \end{bmatrix} \begin{bmatrix} \dot{U}_2 \\ \dot{I}_2 \end{bmatrix} \tag{2-48}$$

得到其数值为 $A=1$、$B=Z$、$C=0$、$D=1$。

在电力系统中，对于电压等级不高的短线路(长度不超过 100km 的架空线路)，通常忽略线路电容的影响，用 RLC 串联支路来等效。MATLAB/Simulink/Simscape/Specialized Power Systems 库提供的 RLC 串联支路如图 2-19 所示。

图 2-19　RLC 串联支路图标

2. 中等长度电力线路

线路电压为 110～220kV，架空电力线路长度为 100～300km，电缆电力线路长度不超过 100km 的电力线路，可视为中等长度的电力线路。此种电力线路由于电压高，线路电纳的影响不可忽略，正常情况下可按无电晕考虑，电晕影响可不计，$G=0$。于是有

$$\begin{cases} Z = R + \mathrm{j}X = r_1 l + x_1 l \\ Y = G + \mathrm{j}B = \mathrm{j}B = \mathrm{j}b_1 l \end{cases} \tag{2-49}$$

式中，l 为电力线路长度。

这种线路可作出 Π(PI)形或 T 形等效电路，如图 2-20 所示，Π 形较为常用。

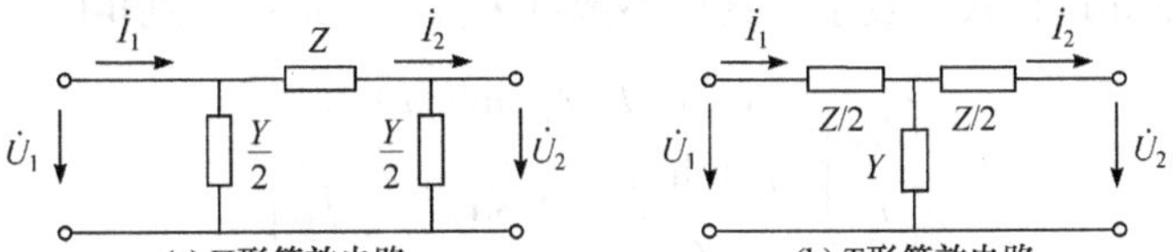

(a) Π形等效电路　　(b) T形等效电路

图 2-20　中等长度电力线路的等效电路

由 Π 形等效电路可得电力线路首末端的电压、电流方程为

$$\dot{U}_1 = \left(\dot{I}_2 + \frac{Y}{2}\dot{U}_2\right)Z + \dot{U}_2 = \left(\frac{YZ}{2}+1\right)\dot{U}_2 + Z\dot{I}_2 \tag{2-50}$$

$$\dot{I}_1 = \frac{Y}{2}\dot{U}_1 + \frac{Y}{2}\dot{U}_2 + \dot{I}_2 = Y\left(\frac{ZY}{4}+1\right)\dot{U}_2 + \left(\frac{ZY}{2}+1\right)\dot{I}_2 \tag{2-51}$$

写成矩阵方程形式，与二端口网络方程相比较，可得其四个常数为

$$\begin{gathered} A = \frac{ZY}{2}+1, \quad B = Z \\ C = Y\left(\frac{ZY}{4}+1\right), \quad D = \frac{ZY}{2}+1 \end{gathered} \tag{2-52}$$

在电力系统中，对于长度大于 100km 的架空线路以及较长的电缆线路，电容的影响一般是不能忽略的。因此，潮流计算、暂态稳定分析等计算中常使用 Π 形电路等效模块，库中提供的单相和三相 Π 形等效电路模块图标如图 2-21 所示。

3. 长电力线路等效电路

一般长度超过 300km 的架空电力线路和长度超过 100km 的电缆电力线路称为长线路。对这种电力线路，就需要考虑它们的分布参数特性。图 2-22 为这种长线路的均匀分布参数电路图。

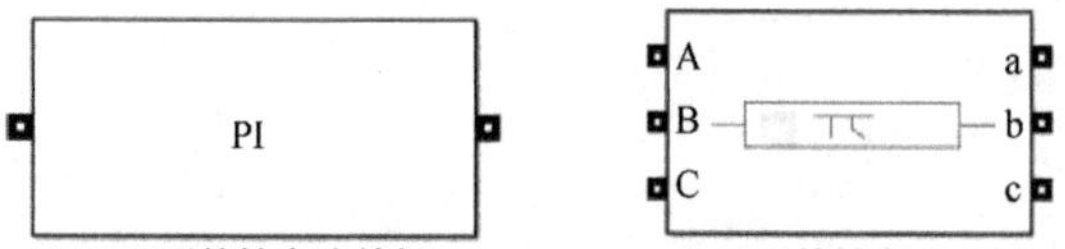

(a) Π形等效电路单相　　(b) Π形等效电路三相

图 2-21　Π 形等效电路及其图标

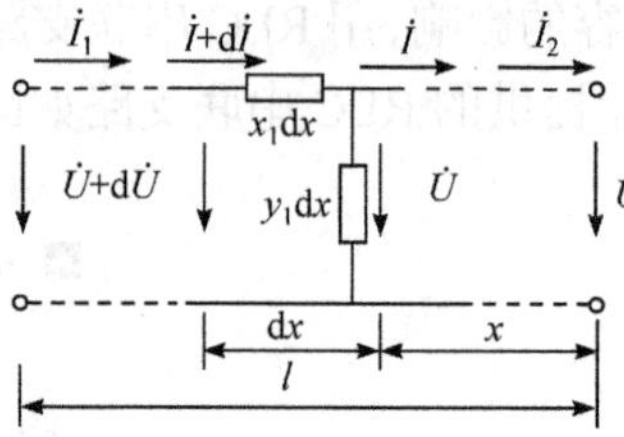

图 2-22　长线路均匀分布参数电路

$z = r_1 + jx_1$、$y_1 = g_1 + jb_1$ 分别为单位长度线路的阻抗和导纳；U、I 分别表示距线路末端长度为 x 处的电压、电流；$\dot{U}+d\dot{U}$ 、$\dot{I}+d\dot{I}$ 分别表示距线路末端长度为 x + dx 处的电压、电流；dx 为长度微元。

由图 2-22 可见，长度为 dx 的线路，考虑串联阻抗中的电压降落以及并联导纳中的支路电流为 $\dot{I}$ ，从而可列出：

$$\begin{aligned} d\dot{U} &= \dot{I} \cdot z_1 dx \\ d\dot{I} &= \dot{U} \cdot y_1 dx \end{aligned} \tag{2-53}$$

长电力线路推导过程较为复杂，这里不做过多推导，最终得到矩阵方程式：

$$\begin{bmatrix} \dot{U}_1 \\ \dot{I}_1 \end{bmatrix} = \begin{bmatrix} \cosh \gamma l & Z_c \sinh \gamma l \\ \dfrac{\sinh \gamma l}{Z_c} & \cosh \gamma l \end{bmatrix} \begin{bmatrix} \dot{U}_2 \\ \dot{I}_2 \end{bmatrix} \tag{2-54}$$

与二端口网络方程相比较，可得其四个常数为

$$\begin{aligned} &A = \cosh \gamma l, \quad B = Z_c \sinh \gamma l \\ &C = \frac{\sinh \gamma l}{Z_c}, \quad D = \cosh \gamma l \end{aligned} \tag{2-55}$$

可作出其 Π 形和 T 形等效电路，如图 2-23 所示。

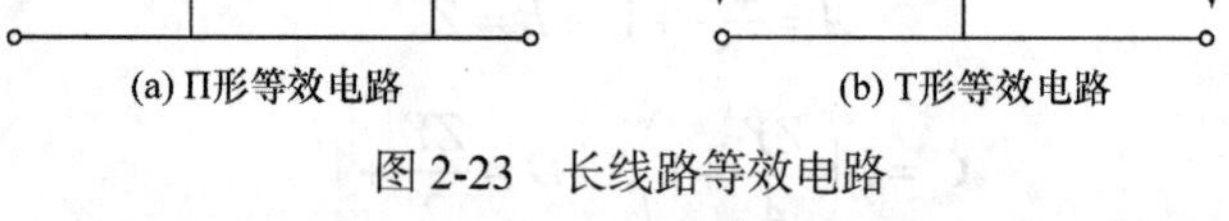

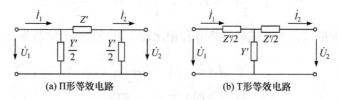

(a) Π形等效电路　　(b) T形等效电路

图 2-23　长线路等效电路

当分析线路的波过程以及进行更精确的分析时，通常使用线路的分布参数模块。Simulink 库中的分布参数线路模块基于 Bergeron 波传输方法。单相和三相分布参数线路模块图标如图 2-24 所示。

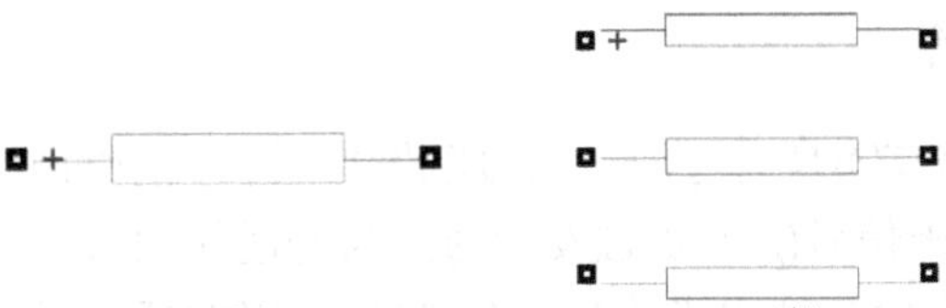

(a) 单相　　(b) 三相

图 2-24　单相和三相分布参数线路模块

2.6　电力电子元件等效电路及仿真模型

2.6.1　二极管

图 2-25 为二极管模块的电路符号和静态伏安特性。当二极管正向电压 V_{ak} 大于门槛电压 V_f 时，二极管导通，正向电流明显增加；当二极管两端加以反向电压或流过管子的电流降到 0 时，二极管关断。

Simulink 库提供的二极管模块图标如图 2-26 所示。

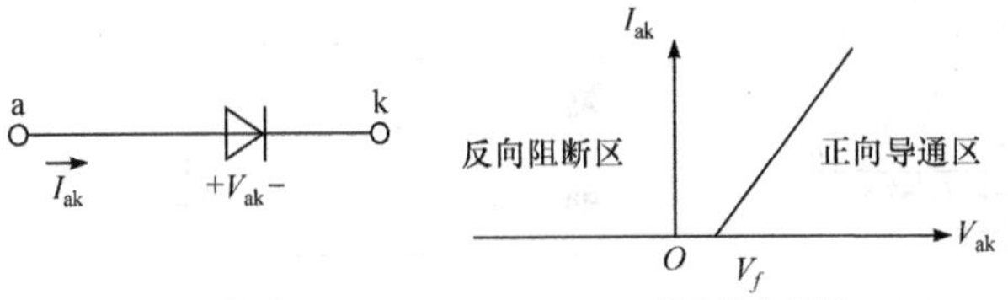

(a) 电路符号　　(b) 静态伏安特性

图 2-25　二极管模块的电路符号和静态伏安特性

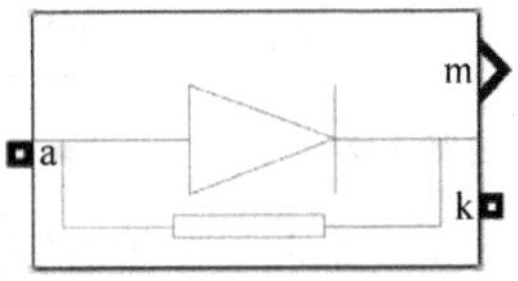

图 2-26　二极管模块图标

2.6.2　晶闸管

晶闸管是一种由门极信号触发导通的半导体器件，图 2-27 为晶闸管模块的电路符号和静态伏安特性。当晶闸管承受正向电压($V_{ak} > 0$)且门极有正的触发脉冲($g > 0$)时，晶闸管导通。触发脉冲必须足够宽，才能使阳极电流 I_{ak} 大于设定的晶闸管擎住电流 I_1，否则晶闸管仍要转向关断。导通的晶闸管在阳极电流下降到 0(I_{ak} = 0)或者承受反向电压时关断，同样晶闸管承受反向电压的时间应大于设置的关断时间，否则，尽管门极信号为 0，晶闸管也可能导通。这是因为关断时间是表示晶闸管内载流子复合的时间，是晶闸管阳极电流降到 0 到晶闸管能重新施加正向电压而不会误导通的时间。

Simulink 库提供的晶闸管模块一共有两种：一种是详细的晶闸管(Detailed Thyristor)模块，需要设置的参数较多；另一种是简化的晶闸管(Thyristor)模块，参数设置较简单，两者图标相同，如图 2-28 所示。

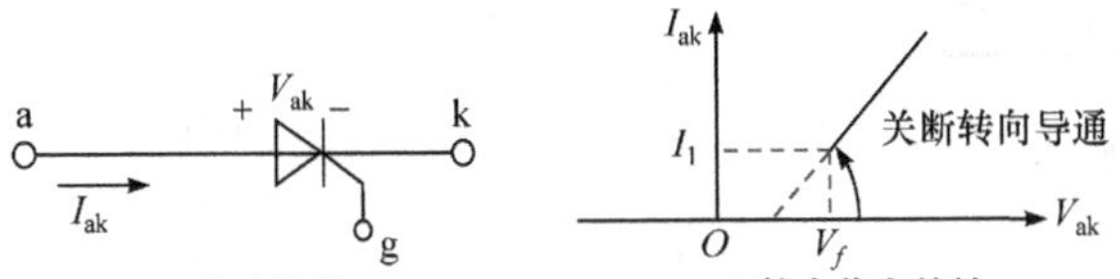

(a) 电路符号　　(b) 静态伏安特性

图 2-27　晶闸管模块的电路符号和静态伏安特性

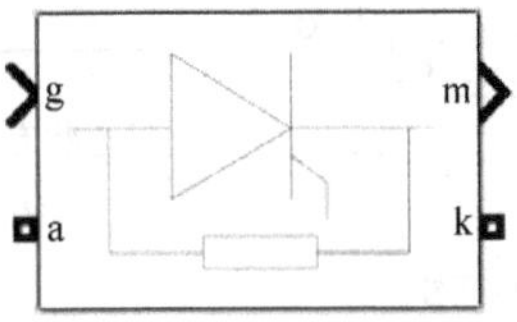

图 2-28　晶闸管模块图标

2.6.3　门极可关断晶闸管

门极可关断晶闸管(GTO)是通过门极信号触发导通和关断的半导体器件。与普通晶闸管一样，GTO 可被正的门极信号($g > 0$)触发导通。与普通晶闸管的区别是，普通的晶闸管导通后，只有等到阳极电流过 0 时才能关断，而 GTO 可以在任何时刻通过施加等于 0 或负的门极信号实现关断。图 2-29 所示为 GTO 模块的电路符号和开关特性。

Simulink 提供的 GTO 模块在端口电压大于门槛电压 V_f 且门极信号大于 0($g > 0$)时导通，在门极信号小于或等于 0($g \leqslant 0$)时关断。但它的电流并不立即衰减为 0，因为 GTO 的电流衰减过程需要时间。GTO 的电流衰减过程对晶闸管的关断损耗有很大影响，所以在模块中考虑了关断特性。电流衰减过程被近似分为两段：当门极信号变为 0 后，电流从 I_{max} 下降到 $0.1I_{max}$ 所用的下降时间 T_f；从 $0.1I_{max}$ 降到 0 的拖尾时间 T_c。当电流 I_{ak} 降为 0 时，GTO 彻底关断。电流的下降时间和拖尾时间可以在参数对话框中设置。GTO 模块的开关特性如图 2-29(b)所示。

Simulink 库提供的 GTO 模块图标如图 2-30 所示。

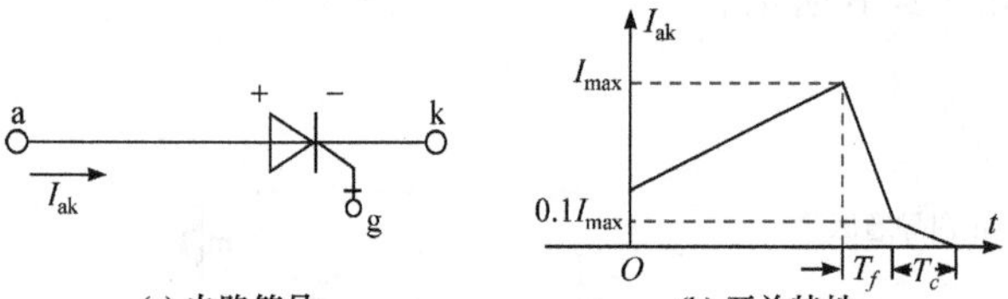

(a) 电路符号　　(b) 开关特性

图 2-29　可关断晶闸管模块的电路符号和开关特性

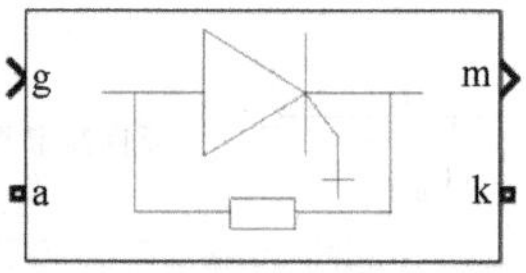

图 2-30　可关断晶闸管模块的图标

2.6.4　电力场效应晶体管

电力场效应晶体管(MOSFET)是一种在漏极电流大于 0 时，受栅极信号($g > 0$)控制的半导体器件。它具有开关频率高、导通压降小等特点，在电力电子电路中使用广泛。

MOSFET 一般有结型和绝缘栅型两种结构，但 Simulink 库中的 MOSFET 模块并不区分这两种模块，也没有 P 沟道和 N 沟道之分，仅反映了 MOSFET 的开关特性。MOSFET 模块在门极信号为正($g > 0$)且漏极电流大于 0 时导通，在门极信号为 0 时关断。如果漏极电流为负且门极信号为 0，则 MOSFET 模块在电流过 0 时关断。MOSFET 模块上反向并联了一个二极管模块，当 MOSFET 模块反向偏置时，二极管模块导通，因此在外特性上，正向导通时，导通电阻是 R_{on}，反向导通时，导通电阻是二极管模块的内电阻 R_d。MOSFET 模块的电路符号及外特性如图 2-31 所示。Simulink 库提供的 MOSFET 模块的图标如图 2-32 所示。

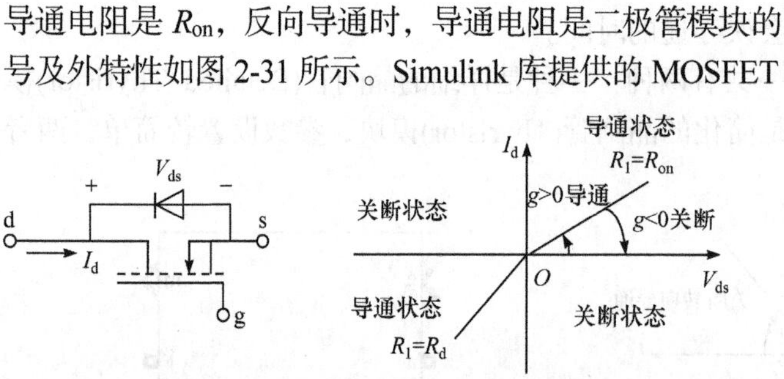

(a) 电路符号　　(b) 外特性

图 2-31　电力场效应晶体管模块的电路符号及外特性

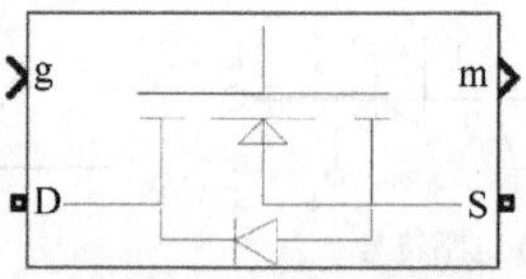

图 2-32　电力场效应晶体管模块的图标

2.6.5　绝缘栅极双极型晶体管

绝缘栅极双极型晶体管(Insulted Gate Bipolar Transistor，IGBT)是一种受栅极信号控制的半导体器件。由于结合了场效应晶体管和电力晶体管的优点，因此具有驱动功率小、开关速度快、通流能力强的特点，目前已经成为中小功率电力电子设备的主导器件。IGBT 模块的电路符号及外特性图 2-33 所示。

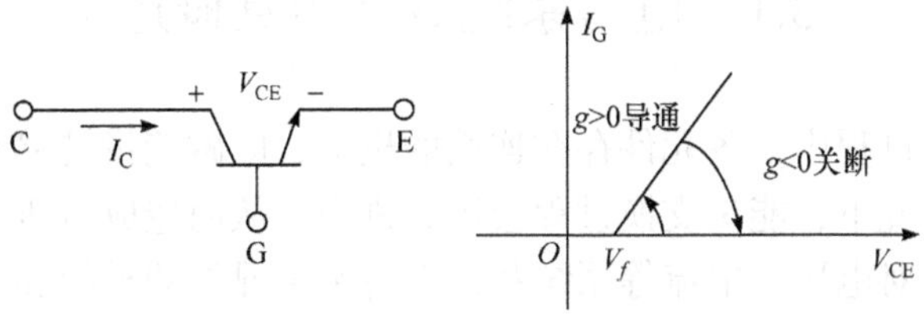

(a) 电路符号　(b) 外特性

图 2-33　绝缘栅极双极型晶体管模块的电路符号及外特性

IGBT 模块在集电极-发射极间电压 V_{CE} 为正($g > 0$)且大于 V_f 门极信号时开关导通。即使集电极-发射极间电压为正，但门极信号为 0($g = 0$)，IGBT 也要关断。如果 IGBT 集电极-发射极间电压为负($V_{CE} < 0$)，则 IGBT 关断。但对于商品 IGBT 来说，因为其内部已并联了反向二极管，所以 IGBT 并没有反向阻断能力。

IGBT 模块的开关特性如图 2-34 所示。IGBT 在关断时，有电流下降和电流拖尾两段时间，下降时间内电流减小到最大电流的 10%，经过拖尾时间后，IGBT 完全关断。IGBT 的电流下降时间和拖尾时间可以在参数对话框中设置。

IGBT 模块上并联了 RC 缓冲电路，缓冲电阻和电容的设置与其他器件相同。

Simulink 库提供的 IGBT 模块的图标如图 2-35 所示。

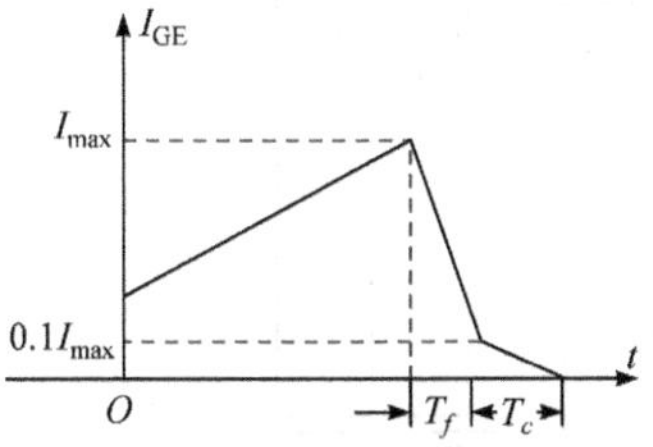

图 2-34　绝缘栅极双极型晶体管模块的开关特性

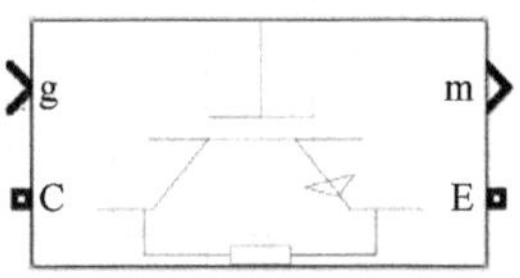

图 2-35　绝缘栅极双极型晶体管模块的图标

第 3 章　电力系统数字仿真基本原理

3.1　电力系统数字仿真概述

在电力系统运行过程中，各元件存在连续的机电、电磁能量转移和分配，尤其是在操作事件和系统故障情况下，能量交换过程会极为剧烈，从而造成电压或电流的大范围波动甚至是越限。因此，对电压、电流等系统状态在各类工况下的模拟和准确预测是电力系统数字仿真的最主要目标，已被广泛应用于电力系统研究的各个领域，大到对含有高压直流输电和灵活交流输电系统的大规模实际电力系统的暂态、动态行为进行仿真，小到快速、准确地对某一具体控制和保护设备的行为进行校验。

由于电力系统构成包含一次系统的发输配用和二次系统的辅助控制及保护，规模庞大，构成复杂，所包含的暂态过程以及动态过程可能从几微秒、几分钟直至数小时，以至于很难在一次仿真中实现对如此宽广时域范围的暂态、动态过程进行完整模拟，往往需要根据实际研究需要，对所关心的暂态、动态过程加以模拟，而对其他过程予以简化和近似处理。图 3-1 给出了电力系统各种暂态过程的典型时间范围。除最右侧部分对应生产调度的运行操作外，右侧部分主要受存储在旋转设备中的机械能量与存储在电网中的电能量之间相互作

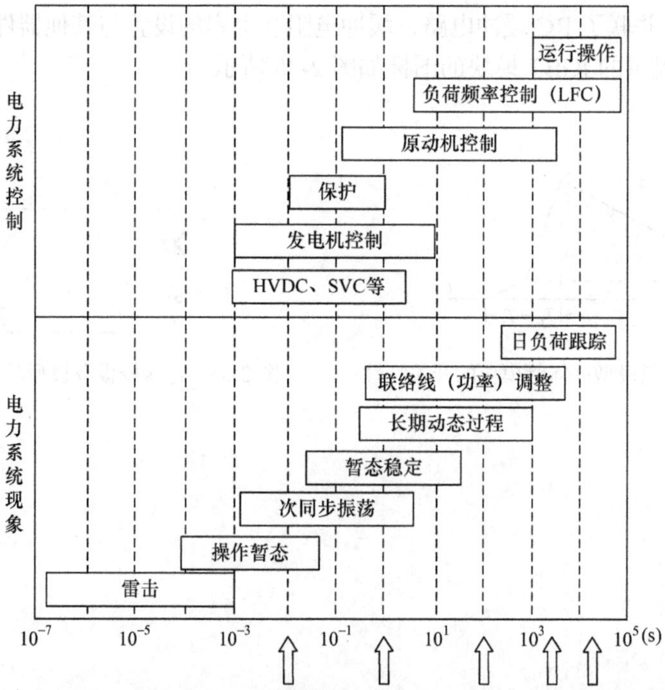

图 3-1　电力系统各种暂态过程的典型时间范围

用的影响，称为机电暂态；左侧部分主要涉及电感磁场和电容电场之间的相互作用，因而称为电磁暂态。

以电磁暂态过程为例，为了模拟各元件中的电场、磁场及相应的电压、电流变化过程，其一次系统电气量通常采用瞬时值表示，可以详细描述系统三相不对称、波形畸变、谐波等过程。对于动态元件模型多采用微分方程、偏微分方程描述，发电机多采用 $dq0$ 坐标或 abc 三相电压、磁链方程或暂态阻抗后电压模型描述；对于 FACTS 装置和 HVDC 系统，采用开关模型描述换流器各桥臂，并考虑缓冲吸收电路的影响，可以详细模拟各种工况下的开关器件状态。由于数学模型及求解复杂度高，仿真规模较为受限，常用的电磁暂态仿真分析软件有 EMTP、PSCAD/EMTDC、NETOMAC、MATLAB/Simulink 等。

对于机电暂态过程的仿真，一次系统电气量一般采用相量表示，并通常将三相网络经过线性变换转化为相互解耦的正序、负序、零序网络分别计算。相对于电磁暂态模型，系统动态元件、FACTS 装置和 HVDC 系统都做了一定程度的简化，常忽略开关暂态过程，多以准稳态模型模拟。因此具备大步长仿真的能力，常取 5～10ms，对大规模电力系统具有很好的适用性。常用的机电暂态仿真分析软件有 PSS/E、SIMPOW、PSASP、NETOMAC 机电暂态仿真部分和中国版 BPA 等。

除上述电磁和机电暂态仿真外，针对系统扰动以及由此引发的有功和无功、发电量和消耗量之间的不平衡等持续时间较长、动态行为较缓慢的现象，还发展出了中长期动态仿真软件，如 EUROSTAG、EXSTAB、SIMPOW 等。

3.2　潮流计算基本原理

3.2.1　节点功率方程

潮流计算属于电力系统稳态分析的范畴，不涉及系统元件的动态属性和过渡过程，因而其数学模型不包含微分方程，是一组高阶数的非线性方程。虽然潮流计算得到的是一个系统的平衡状态，但它是各类暂态、动态仿真分析算法的基础，因此熟悉潮流计算的原理和算法是掌握电力系统数字仿真分析的关键。

潮流计算可概略地归结为由系统各节点给定的复功率求解各节点电压相量以及支路功率问题。节点电压相量可以采用极坐标表示，也可以用直角坐标表示，与之相应，潮流计算中为追求功率平衡所列出的节点功率方程也有两种形式。两种形式严格对应，以下主要以极坐标形式为例展示潮流计算的基本原理和主要过程。

对于线性网络，节点注入电流与电压之间的关系可以表示为

$$\dot{\boldsymbol{I}} = \boldsymbol{Y}\dot{\boldsymbol{V}} \tag{3-1}$$

展开可表示为

$$\dot{I}_i = \sum_{j=1}^{n} Y_{ij}\dot{V}_j \tag{3-2}$$

式中，$\dot{I}_i$ 和 $\dot{V}_j$ 分别为节点 i 注入电流相量和节点 j 的电压相量；$Y_{ij} = G_{ij} + B_{ij}$ 为导纳矩阵元素；n 为系统节点数。

引入节点功率表示节点注入电流后，即 $P_i + \mathrm{j}Q_i = \dot{V}_i \cdot \overset{*}{I}_i$，参考式(3-2)可改写为

$$\frac{P_i + \mathrm{j}Q_i}{\dot{V}_i} = \overset{*}{I}_i = \sum_{j=1}^{n} \overset{*}{Y}_{ij} \overset{*}{V}_j \tag{3-3}$$

将电压相量表示为极坐标形式 $\dot{V}_i = V_i \mathrm{e}^{\mathrm{j}\theta_i}$，其中，$V_i$ 和 θ_i 分别为电压相量的幅值与相角，并假定 $j \in i$ 表示与节点 i 相邻的节点，包括 $j = i$，从而式(3-3)可扩展为

$$P_i + \mathrm{j}Q_i = V_i \mathrm{e}^{\mathrm{j}\theta_i} \sum_{j\in i} (G_{ij} - B_{ij}) V_j \mathrm{e}^{-\mathrm{j}\theta_j} \tag{3-4}$$

进一步地，可以得到

$$P_i + \mathrm{j}Q_i = V_i \sum_{j\in i} V_j (G_{ij} - B_{ij})(\cos\theta_{ij} - \sin\theta_{ij}) \tag{3-5}$$

式中，$\theta_{ij} = \theta_i - \theta_j$ 为节点 i 和节点 j 之间的相角差。

将式(3-5)实部和虚部分解后，有

$$\begin{cases} P_i = V_i \sum\limits_{j\in i} V_j (G_{ij}\cos\theta_{ij} + B_{ij}\sin\theta_{ij}), \\ Q_i = V_i \sum\limits_{j\in i} V_j (G_{ij}\sin\theta_{ij} - B_{ij}\cos\theta_{ij}), \end{cases} \quad i = 1,2,\cdots,n \tag{3-6}$$

与式(3-6)的推导过程类似，直角坐标与极坐标下均是节点电压相量的非线性方程组。在潮流计算中，一般也写为

$$\begin{cases} \Delta P_i = P_{is} - V_i \sum\limits_{j\in i} V_j (G_{ij}\cos\theta_{ij} + B_{ij}\sin\theta_{ij}), \\ \Delta Q_i = Q_{is} - V_i \sum\limits_{j\in i} V_j (G_{ij}\sin\theta_{ij} - B_{ij}\cos\theta_{ij}), \end{cases} \quad i = 1,2,\cdots,n \tag{3-7}$$

式中，P_{is} 和 Q_{is} 为节点 i 给定的有功功率和无功功率。因此，潮流计算可以进一步地概括为：对于给定的 P_{is} 和 Q_{is}（$i = 1,2,\cdots,n$）寻求一组电压相量的幅值 V_i 和相角 θ_i（$i = 1,2,\cdots,n$），使式(3-7)所得功率误差 ΔP_i 和 ΔQ_i （$i = 1,2,\cdots,n$）在容许范围内。

3.2.2 牛顿-拉弗森法

牛顿-拉弗森法是求解非线性方程最为典型的方法之一，核心在于将非线性方程的求解过程变成反复对相应的线性方程的求解。以非线性方程 $f(x) = 0$ 为例，设 $x^{(0)}$ 为初值，其真解 x 位于 $x^{(0)}$ 附近，且有

$$x = x^{(0)} - \Delta x^{(0)} \tag{3-8}$$

式中，$\Delta x^{(0)}$ 为初值 $x^{(0)}$ 的修正量。代入 $f(x) = 0$，则有

$$f(x^{(0)} - \Delta x^{(0)}) = 0 \tag{3-9}$$

按泰勒级数展开：

$$\begin{aligned} f(x^{(0)} - \Delta x^{(0)}) &= f(x^{(0)}) - f'(x^{(0)})\Delta x^{(0)} + f''(x^{(0)})\frac{(\Delta x^{(0)})^2}{2!} \\ &\quad - \cdots + (-1)^k f^{(k)}(x^{(0)})\frac{(\Delta x^{(0)})^k}{k!} + \cdots = 0 \end{aligned} \tag{3-10}$$

式中，$f'(x^{(0)}),\cdots,f^{(k)}(x^{(0)})$ 分别为函数 $f(x)$ 在 $x^{(0)}$ 处的 1 次导数至 k 次导数。当初值选择较为合适时，即 $\Delta x^{(0)}$ 很小时，式(3-10)可近似为

$$f(x^{(0)}-\Delta x^{(0)})=f(x^{(0)})-f'(x^{(0)})\Delta x^{(0)}\approx 0 \tag{3-11}$$

则修正量可估算为 $\Delta x^{(0)}=f(x^{(0)})/f'(x^{(0)})$。式(3-11)是式(3-10)的简化结果，$\Delta x^{(0)}$ 还不能作为真解。用 $\Delta x^{(0)}$ 对 $x^{(0)}$ 进行修正可得 $x^{(1)}=x^{(0)}-\Delta x^{(0)}$，向真解逼近一些，从而再以 $x^{(1)}$ 为初值，代入式(3-11)可得

$$f(x^{(1)}-\Delta x^{(1)})=f(x^{(1)})-f'(x^{(1)})\Delta x^{(1)}\approx 0 \tag{3-12}$$

进而能得到更趋近于真解的 $x^{(2)}=x^{(1)}-\Delta x^{(1)}$，如此循环往复直至 $f(x^{(n)})\to 0$，便可以满足方程的解。将上述方法推广到多变量非线性方程组。设有变量 $x_1,x_2,\cdots,x_n$ 的联立方程组：

$$\begin{cases} f_1(x_1,x_2,\cdots,x_n)=0 \\ f_2(x_1,x_2,\cdots,x_n)=0 \\ \quad\vdots \\ f_n(x_1,x_2,\cdots,x_n)=0 \end{cases} \tag{3-13}$$

给定各变量初值 $x_1^{(0)},x_2^{(0)},\cdots,x_n^{(0)}$，同时假设修正量为 $\Delta x_1^{(0)},\Delta x_2^{(0)},\cdots,\Delta x_n^{(0)}$，并满足：

$$\begin{cases} f_1(x_1^{(0)}-\Delta x_1^{(0)},x_2^{(0)}-\Delta x_2^{(0)},\cdots,x_n^{(0)}-\Delta x_n^{(0)})=0 \\ f_2(x_1^{(0)}-\Delta x_1^{(0)},x_2^{(0)}-\Delta x_2^{(0)},\cdots,x_n^{(0)}-\Delta x_n^{(0)})=0 \\ \quad\vdots \\ f_n(x_1^{(0)}-\Delta x_1^{(0)},x_2^{(0)}-\Delta x_2^{(0)},\cdots,x_n^{(0)}-\Delta x_n^{(0)})=0 \end{cases} \tag{3-14}$$

对以上 n 个方程分别进行泰勒级数展开，忽略高阶项后，得到

$$\begin{cases} f_1(x_1^{(0)},x_2^{(0)},\cdots,x_n^{(0)})-\left[\left.\dfrac{\partial f_1}{\partial x_1}\right|_0\Delta x_1^{(0)}+\left.\dfrac{\partial f_1}{\partial x_2}\right|_0\Delta x_2^{(0)}+\cdots+\left.\dfrac{\partial f_1}{\partial x_n}\right|_0\Delta x_n^{(0)}\right]=0 \\ f_2(x_1^{(0)},x_2^{(0)},\cdots,x_n^{(0)})-\left[\left.\dfrac{\partial f_2}{\partial x_1}\right|_0\Delta x_1^{(0)}+\left.\dfrac{\partial f_2}{\partial x_2}\right|_0\Delta x_2^{(0)}+\cdots+\left.\dfrac{\partial f_2}{\partial x_n}\right|_0\Delta x_n^{(0)}\right]=0 \\ \quad\vdots \\ f_n(x_1^{(0)},x_2^{(0)},\cdots,x_n^{(0)})-\left[\left.\dfrac{\partial f_n}{\partial x_1}\right|_0\Delta x_1^{(0)}+\left.\dfrac{\partial f_n}{\partial x_2}\right|_0\Delta x_2^{(0)}+\cdots+\left.\dfrac{\partial f_n}{\partial x_n}\right|_0\Delta x_n^{(0)}\right]=0 \end{cases} \tag{3-15}$$

写成矩阵形式，则有

$$\begin{bmatrix} f_1(x_1^{(0)},x_2^{(0)},\cdots,x_n^{(0)}) \\ f_2(x_1^{(0)},x_2^{(0)},\cdots,x_n^{(0)}) \\ \vdots \\ f_n(x_1^{(0)},x_2^{(0)},\cdots,x_n^{(0)}) \end{bmatrix}=\begin{bmatrix} \left.\dfrac{\partial f_1}{\partial x_1}\right|_0 & \left.\dfrac{\partial f_1}{\partial x_2}\right|_0 & \cdots & \left.\dfrac{\partial f_1}{\partial x_n}\right|_0 \\ \left.\dfrac{\partial f_2}{\partial x_1}\right|_0 & \left.\dfrac{\partial f_2}{\partial x_2}\right|_0 & \cdots & \left.\dfrac{\partial f_2}{\partial x_n}\right|_0 \\ \vdots & \vdots & & \vdots \\ \left.\dfrac{\partial f_n}{\partial x_1}\right|_0 & \left.\dfrac{\partial f_n}{\partial x_2}\right|_0 & \cdots & \left.\dfrac{\partial f_n}{\partial x_n}\right|_0 \end{bmatrix}\begin{bmatrix} \Delta x_1^{(0)} \\ \Delta x_2^{(0)} \\ \vdots \\ \Delta x_n^{(0)} \end{bmatrix} \tag{3-16}$$

由式(3-16)可解出修正量$\Delta x_1^{(0)},\Delta x_2^{(0)},\cdots,\Delta x_n^{(0)}$，进而初值可修正为

$$\begin{cases} x_1^{(1)} = x_1^{(0)} - \Delta x_1^{(0)} \\ x_2^{(1)} = x_2^{(0)} - \Delta x_2^{(0)} \\ \vdots \\ x_n^{(1)} = x_n^{(0)} - \Delta x_n^{(0)} \end{cases} \tag{3-17}$$

式(3-16)与式(3-17)反映了多变量非线性方程组的迭代求解过程，第k次迭代的修正方程为

$$\boldsymbol{F}(\boldsymbol{X}^{(k-1)}) = \begin{bmatrix} f_1(x_1^{(k-1)},x_2^{(k-1)},\cdots,x_n^{(k-1)}) \\ f_2(x_1^{(k-1)},x_2^{(k-1)},\cdots,x_n^{(k-1)}) \\ \vdots \\ f_n(x_1^{(k-1)},x_2^{(k-1)},\cdots,x_n^{(k-1)}) \end{bmatrix} = \begin{bmatrix} \left.\dfrac{\partial f_1}{\partial x_1}\right|_{k-1} & \left.\dfrac{\partial f_1}{\partial x_2}\right|_{k-1} & \cdots & \left.\dfrac{\partial f_1}{\partial x_n}\right|_{k-1} \\ \left.\dfrac{\partial f_2}{\partial x_1}\right|_{k-1} & \left.\dfrac{\partial f_2}{\partial x_2}\right|_{k-1} & \cdots & \left.\dfrac{\partial f_2}{\partial x_n}\right|_{k-1} \\ \vdots & \vdots & & \vdots \\ \left.\dfrac{\partial f_n}{\partial x_1}\right|_{k-1} & \left.\dfrac{\partial f_n}{\partial x_2}\right|_{k-1} & \cdots & \left.\dfrac{\partial f_n}{\partial x_n}\right|_{k-1} \end{bmatrix} \begin{bmatrix} \Delta x_1^{(k-1)} \\ \Delta x_2^{(k-1)} \\ \vdots \\ \Delta x_n^{(k-1)} \end{bmatrix} = \boldsymbol{J}^{(k-1)}\Delta\boldsymbol{X}^{(k-1)} \tag{3-18}$$

式中，$\boldsymbol{F}(\boldsymbol{X}^{(k-1)})$为$k$次迭代时的误差相量；$\boldsymbol{J}^{(k-1)}$称$k$次迭代时的雅可比矩阵；$\Delta\boldsymbol{X}^{(k-1)}$为$\Delta x_1^{(k-1)},\Delta x_2^{(k-1)},\cdots,\Delta x_n^{(k-1)}$构成的修正量相量。

类似于式(3-17)，$\boldsymbol{X}^{(k-1)}$可统一地修正为

$$\boldsymbol{X}^{(k)} = \boldsymbol{X}^{(k-1)} - \Delta\boldsymbol{X}^{(k-1)} \tag{3-19}$$

重复上述过程，当$\|\Delta\boldsymbol{X}^{(k-1)}\| < \varepsilon_1$或$\|\boldsymbol{F}(\boldsymbol{X}^{(k-1)})\| < \varepsilon_2$满足时，可停止迭代，其中，$\varepsilon_1$和$\varepsilon_2$为预设的阈值。

3.2.3　潮流计算过程

电力系统潮流计算，节点一般处理为PQ、PV和平衡节点，其中，PQ节点的注入功率给定，PV 节点的注入有功和电压幅值给定，平衡节点的电压幅值和相角给定。因此，PV节点的无功功率方程应该取消，而与平衡节点有关的节点功率方程不参与迭代，迭代结束后确定其有功功率和无功功率。设系统节点总数为n，PV节点为r个，平衡节点置于最后，则节点功率方程包括n–1个有功功率方程与n–r–1个无功功率方程，即

$$\begin{aligned} &\Delta P_1 = P_{1s} - V_1\sum_{j\in 1} V_j(G_{1j}\cos\theta_{1j} + B_{1j}\sin\theta_{1j}) \\ &\Delta P_2 = P_{2s} - V_2\sum_{j\in 2} V_j(G_{2j}\cos\theta_{2j} + B_{2j}\sin\theta_{2j}) \\ &\qquad\vdots \\ &\Delta P_{n-1} = P_{n-1,s} - V_{n-1}\sum_{j\in n-1} V_j(G_{n-1,j}\cos\theta_{n-1,j} + B_{n-1,j}\sin\theta_{n-1,j}) \\ &\Delta Q_1 = Q_{1s} - V_1\sum_{j\in 1} V_j(G_{1j}\sin\theta_{1j} - B_{1j}\cos\theta_{1j}) \\ &\Delta Q_2 = Q_{2s} - V_2\sum_{j\in 2} V_j(G_{2j}\sin\theta_{2j} - B_{2j}\cos\theta_{2j}) \end{aligned} \tag{3-20}$$

$$\vdots$$

$$\Delta Q_{n-r-1} = Q_{n-r-1,s} - V_{n-r-1} \sum_{j\in n-r-1} V_j (G_{n-r-1,j} \sin\theta_{n-r-1,j} - B_{n-r-1,j} \cos\theta_{n-r-1,j})$$

将式(3-20)按泰勒级数展开，忽略高阶项后可得修正方程为

$$\begin{bmatrix} \Delta P_1 \\ \Delta P_2 \\ \vdots \\ \Delta P_{n-1} \\ \Delta Q_1 \\ \Delta Q_2 \\ \vdots \\ \Delta Q_{n-r-1} \end{bmatrix} = \begin{bmatrix} H_{11} & H_{12} & \cdots & H_{1,n-1} & N_{11} & N_{12} & \cdots & N_{1,n-r-1} \\ H_{21} & H_{22} & \cdots & H_{2,n-1} & N_{21} & N_{22} & \cdots & N_{2,n-r-1} \\ \vdots & \vdots & & \vdots & \vdots & \vdots & & \vdots \\ H_{n-1,1} & H_{n-1,2} & \cdots & H_{n-1,n-1} & N_{n-1,1} & N_{n-1,2} & \cdots & N_{n-1,n-r-1} \\ J_{11} & J_{12} & \cdots & J_{1,n-1} & L_{11} & L_{12} & \cdots & L_{1,n-r-1} \\ J_{21} & J_{22} & \cdots & J_{2,n-1} & L_{21} & L_{22} & \cdots & L_{2,n-r-1} \\ \vdots & \vdots & & \vdots & \vdots & \vdots & & \vdots \\ J_{n-r-1,1} & J_{n-r-1,2} & \cdots & J_{n-r-1,n-1} & L_{n-r-1,1} & L_{n-r-1,2} & \cdots & L_{n-r-1,n-r-1} \end{bmatrix} \begin{bmatrix} \Delta\theta_1 \\ \Delta\theta_1 \\ \vdots \\ \Delta\theta_{n-1} \\ \Delta V_1/V_1 \\ \Delta V_2/V_2 \\ \vdots \\ \Delta V_{n-r-1}/V_{n-r-1} \end{bmatrix} \tag{3-21}$$

式中，雅可比矩阵元素可由式(3-20)取偏导数获得，其中，P_{is} 与 Q_{is} 等均可视为常数，各元素具体表达式如下：

$$H_{ij} = \frac{\partial \Delta P_i}{\partial \theta_j} = -V_i \sum_{j\in i} V_j (G_{ij} \sin\theta_{ij} - B_{ij} \cos\theta_{ij}), \quad j \neq i \tag{3-22}$$

$$H_{ii} = \frac{\partial \Delta P_i}{\partial \theta_i} = V_i \sum_{j\in i} V_j (G_{ij} \sin\theta_{ij} - B_{1j} \cos\theta_{ij}) \tag{3-23}$$

$$N_{ij} = \frac{\partial \Delta P_i}{\partial V_j} V_j = -V_i V_j (G_{ij} \cos\theta_{ij} + B_{ij} \cos\theta_{ij}), \quad j \neq i \tag{3-24}$$

$$N_{ii} = \frac{\partial \Delta P_i}{\partial V_i} V_i = -V_i \sum_{\substack{j\in i \\ j\neq i}} V_j (G_{ij} \cos\theta_{ij} + B_{ij} \cos\theta_{ij}) - 2V_i^2 G_{ii} \tag{3-25}$$

$$J_{ij} = \frac{\partial \Delta Q_i}{\partial \theta_j} = V_i V_j (G_{ij} \cos\theta_{ij} + B_{ij} \sin\theta_{ij}), \quad j \neq i \tag{3-26}$$

$$J_{ii} = \frac{\partial \Delta Q_i}{\partial \theta_i} = -V_i \sum_{\substack{j\in i \\ j\neq i}} V_j (G_{ij} \cos\theta_{ij} + B_{ij} \sin\theta_{ij}) \tag{3-27}$$

$$L_{ij} = \frac{\partial \Delta Q_i}{\partial V_j} V_j = -V_i V_j (G_{ij} \sin\theta_{ij} - B_{ij} \cos\theta_{ij}), \quad j \neq i \tag{3-28}$$

$$J_{ii} = \frac{\partial \Delta Q_i}{\partial V_i} V_i = -V_i \sum_{\substack{j\in i \\ j\neq i}} V_j (G_{ij} \sin\theta_{ij} - B_{ij} \cos\theta_{ij}) + 2V_i^2 B_{ii} \tag{3-29}$$

写成分块矩阵形式，可得

$$\begin{bmatrix} \boldsymbol{\Delta P} \\ \boldsymbol{\Delta Q} \end{bmatrix} = \begin{bmatrix} \boldsymbol{H} & \boldsymbol{N} \\ \boldsymbol{J} & \boldsymbol{L} \end{bmatrix} \begin{bmatrix} \boldsymbol{\Delta\theta} \\ \boldsymbol{\Delta V/V} \end{bmatrix} \tag{3-30}$$

需要强调的是，雅可比矩阵中各元素都是节点电压相量的函数，因此在迭代过程中需

要不断更新。直角坐标的节点功率方程、修正方程及相应迭代过程类似。当采用直角坐标时，在迭代过程中避免了三角函数的运算，因而每次迭代速度略快一些，但一般而言，这种差异并不显著。

3.2.4 连续潮流计算过程

连续潮流又称为延拓潮流，是电力系统电压稳定性分析的有力工具之一。其核心在于从当前工作点出发，将负荷视为可变参数，不断用预测/校准算子来连续求解潮流(系统的运行点)，直至求得电压崩溃点。因此，连续潮流方程可以表示为

$$\boldsymbol{F}\left(\boldsymbol{\theta},\boldsymbol{V}\right)=\lambda\boldsymbol{K} \tag{3-31}$$

式中，λ 为负荷参数；$\boldsymbol{K}$ 为表示节点负荷变化方向的相量。

为了求解式(3-31)，要给定 λ 值，其满足：

$$0\leqslant\lambda\leqslant\lambda_{\mathrm{cr}} \tag{3-32}$$

式中，$\lambda=0$ 为初始负荷状态；$\lambda=\lambda_{\mathrm{cr}}$ 为临界负荷状态。

将 λ 纳入式(3-31)，得到

$$\boldsymbol{F}\left(\boldsymbol{\theta},\boldsymbol{V},\lambda\right)=\boldsymbol{0} \tag{3-33}$$

1. 预报步

通过线性近似来估计某一个状态变量 $\left(\boldsymbol{\theta},\boldsymbol{V},\lambda\right)$ 变化后的解。对式(3-33)取全微分：

$$\left[\boldsymbol{F}_{\theta},\boldsymbol{F}_{V},\boldsymbol{F}_{\lambda}\right]\begin{bmatrix}\mathrm{d}\boldsymbol{\theta}\\ \mathrm{d}\boldsymbol{V}\\ \mathrm{d}\lambda\end{bmatrix}=0 \tag{3-34}$$

式中，$\left[\boldsymbol{F}_{\theta},\boldsymbol{F}_{V}\right]$ 为传统潮流方程雅可比矩阵；$\left[\mathrm{d}\boldsymbol{\theta},\mathrm{d}\boldsymbol{V},\mathrm{d}\lambda\right]^{\mathrm{T}}$ 为需要求解的切向量。因为负荷参数 λ 为额外的一个状态变量，所以需要多增加一个方程才能求解方程组。设切向量的一个分量为+1 或者−1，从而增加一个方程，这个切向量分量即为连续参数。式(3-34)变为

$$\begin{bmatrix}\boldsymbol{F}_{\theta},\boldsymbol{F}_{V},\boldsymbol{F}_{\lambda}\\ \boldsymbol{e}_{k}\end{bmatrix}\begin{bmatrix}\mathrm{d}\boldsymbol{\theta}\\ \mathrm{d}\boldsymbol{V}\\ \mathrm{d}\lambda\end{bmatrix}=\begin{bmatrix}\boldsymbol{0}\\ \pm1\end{bmatrix} \tag{3-35}$$

式中，$\boldsymbol{e}_k$ 为行向量，其第 k 个元素等于 1，其他元素等于 0。

当确定连续参数及其切向量的值后，就可以通过式(3-36)进行预报：

$$\begin{bmatrix}\boldsymbol{\theta}\\ \boldsymbol{V}\\ \lambda\end{bmatrix}=\begin{bmatrix}\boldsymbol{\theta}_0\\ \boldsymbol{V}_0\\ \lambda_0\end{bmatrix}+\sigma\begin{bmatrix}\mathrm{d}\boldsymbol{\theta}\\ \mathrm{d}\boldsymbol{V}\\ \mathrm{d}\lambda\end{bmatrix} \tag{3-36}$$

式中，下标带“0”的状态量为前一工作点准确解；σ 为步长，需实时调整以使方程有解。

2. 校正步

x_k 为状态变量的第 k 个分量，η 为 x_k 的预测值，并增加一个方程，从而可得到扩展潮流方程：

$$\begin{bmatrix} \boldsymbol{F}(\boldsymbol{\theta},\boldsymbol{V},\lambda) \\ x_k-\eta \end{bmatrix}=0 \tag{3-37}$$

将预测值$[\boldsymbol{\theta}',\boldsymbol{V}',\lambda']$作为初值代入方程组(3-34)，方程组的求解可采用牛顿-拉弗森迭代。由于增加了一个方程，极限点附近的雅可比矩阵非奇异。

校正计算时选取的连续参数将直接影响潮流方程的收敛性，如果选择了不合适的连续参数会造成解的发散。就 PV 曲线而言，在初始运行点附近，电压下降较慢，可以选择负荷参数 λ 作为连续参数。而靠近崩溃点时，某个节点的电压幅值会很快下降，所以可将其作为连续参数。

3.2.5　潮流计算案例分析

如图 3-2 所示的网络接线，各支路阻抗和各节点功率均已以标幺值标于图中，其中节点 2 连接的实际是发电厂，设节点 1 电压保持为$\dot{U}_1=1.06$，为定值，试运用牛顿-拉弗森法和 PQ 分解法计算潮流分布，计算精度要求各节点电压修正量不大于 10^{-5}。

按题意，该系统中，节点 1 为平衡节点，保持$\dot{U}_1=1.06+\text{j}0$为定值；其他四个节点都是 PQ 节点，给定的注入功率分别为$\tilde{S}_2=0.20+\text{j}0.2$，$\tilde{S}_3=-0.45-\text{j}0.15$，$\tilde{S}_4=-0.45-\text{j}0.05$，$\tilde{S}_5=0.60-\text{j}0.1$。

1. 牛顿-拉弗森法

1) 形成节点导纳矩阵 $\boldsymbol{Y}_{\mathrm{B}}$

由图 3-2 可得该系统以导纳表示的等效网络如图 3-3 所示，可得相应的节点导纳矩阵，通过牛顿-拉弗森法计算潮流分析的详细过程如图 3-4 所示，其中 s 表示平衡节点的节点编号。

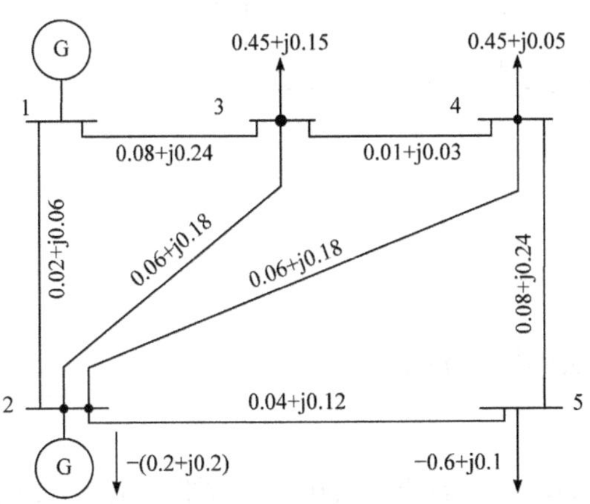

图 3-2　网络接线图

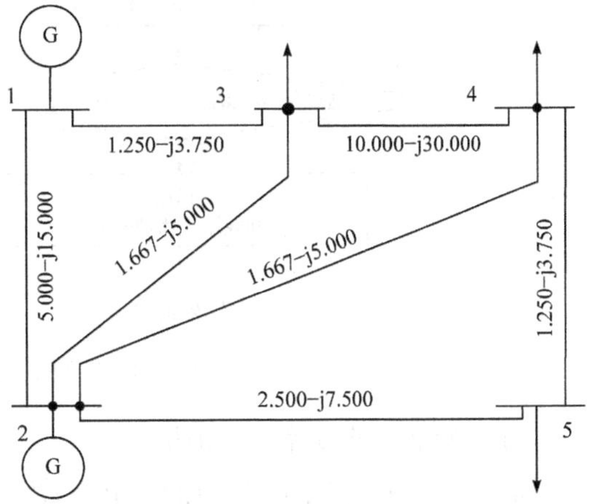

图 3-3　以导纳表示的等效网络

$$\boldsymbol{Y}_B=\begin{bmatrix} 6.250-\text{j}18.750 & -5.000-\text{j}15.000 & -1.250+\text{j}3.750 & & \\ -5.000-\text{j}15.000 & 10.834-\text{j}32.500 & -1.667-\text{j}5.000 & -1.667-\text{j}5.000 & -2.500-\text{j}7.500 \\ -1.250+\text{j}3.750 & -1.667-\text{j}5.000 & 12.917-\text{j}38.750 & -10.000-\text{j}30.000 & \\ & -1.667-\text{j}5.000 & -10.000-\text{j}30.000 & 12.917-\text{j}38.750 & -1.250+\text{j}3.750 \\ & -2.500-\text{j}7.500 & & -1.250+\text{j}3.750 & 3.750-\text{j}11.250 \end{bmatrix} \tag{3-38}$$

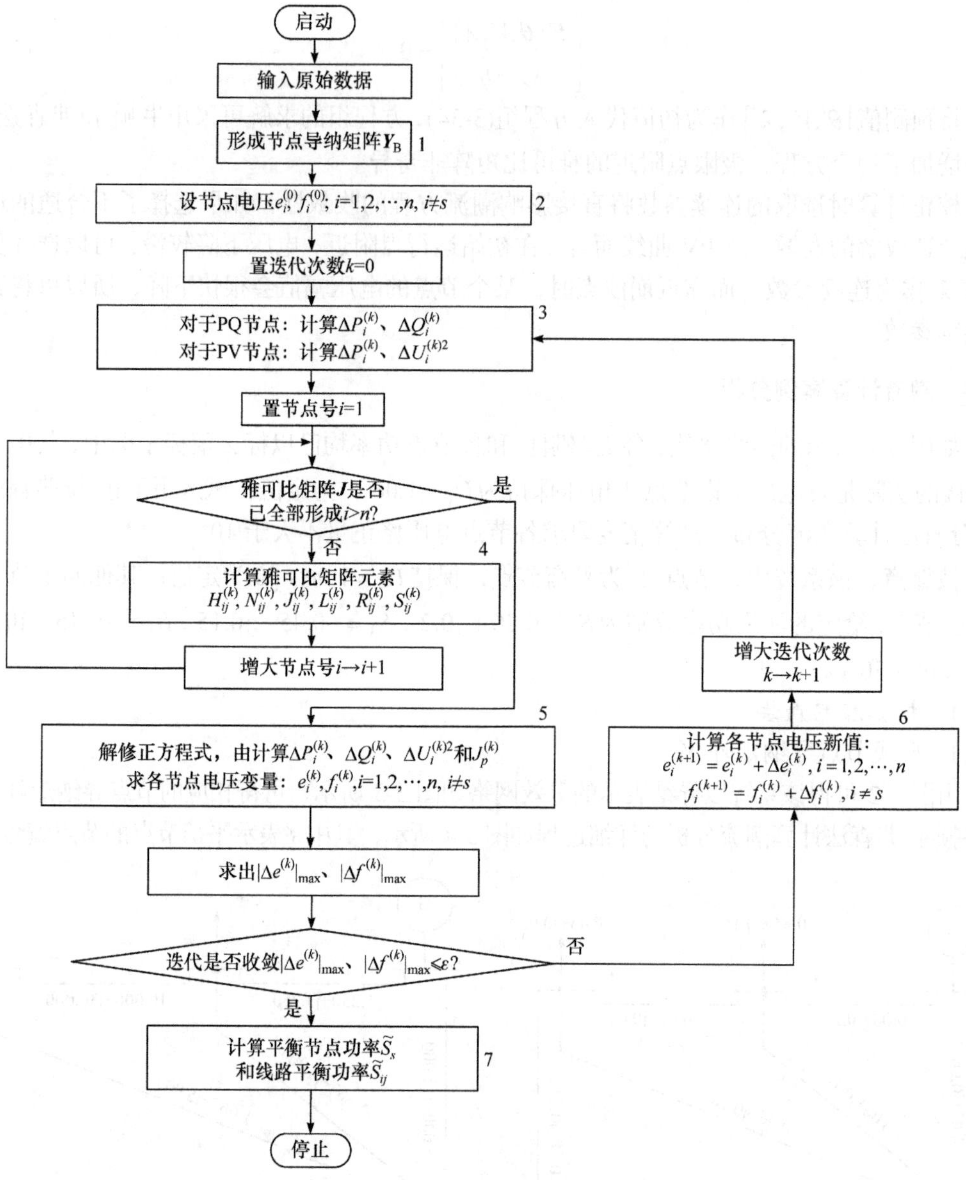

图 3-4　牛顿-拉弗森法潮流计算流程

2) 计算各节点功率不平衡量

取$\dot{U}_1=1.06+\mathrm{j}0$，$\dot{U}_2^{(0)}=1.00+\mathrm{j}0$，$\dot{U}_3^{(0)}=1.00+\mathrm{j}0$，$\dot{U}_4^{(0)}=1.00+\mathrm{j}0$，$\dot{U}_5^{(0)}=1.00+\mathrm{j}0$，计算各节点功率$P_i^{(0)}$、$Q_i^{(0)}$：

$$P_i^{(0)}=\sum_{j=1}^{j=n}[e_i^{(0)}(G_{ij}e_j^{(0)}-B_{ij}f_j^{(0)})+f_i^{(0)}(G_{ij}f_j^{(0)}-B_{ij}e_j^{(0)})] \tag{3-39}$$

$$Q_i^{(0)}=\sum_{j=1}^{j=n}[f_i^{(0)}(G_{ij}e_j^{(0)}-B_{ij}f_j^{(0)})+e_i^{(0)}(G_{ij}f_j^{(0)}+B_{ij}e_j^{(0)})] \tag{3-40}$$

$$\begin{aligned}P_2^{(0)}&=1.0\times(-5.000\times1.06-15.000\times0.0)+1.0\times(-5.000\times0.0-15.000\times1.06)\\&\quad+1.0\times(10.834\times1.0-32.500\times0.0)+0.0\times(10.834\times0.0-32.500\times1.0)\\&\quad+1.0\times(-1.667\times1.0-5.000\times0.0)+0.0\times(-1.667\times0.0+5.000\times1.0)\\&\quad+1.0\times(-1.667\times1.0-5.000\times0.0)+0.0\times(-1.667\times0.0+5.000\times1.0)\\&\quad+1.0\times(-2.500\times1.0-7.500\times0.0)+0.0\times(-2.500\times0.0-7.500\times1.0)\\&=-0.3000\end{aligned}\tag{3-41}$$

$$\begin{aligned}Q_2^{(0)}&=0.0\times(-5.000\times1.06-15.000\times0.0)-1.0\times(-5.000\times0.0+15.000\times1.06)\\&\quad+0.0\times(10.834\times1.0+32.500\times0.0)-1.0\times(10.834\times0.0-32.500\times1.0)\\&\quad+0.0\times(-1.667\times1.0-5.000\times0.0)-1.0\times(-1.667\times0.0+5.000\times1.0)\\&\quad+0.0\times(-1.667\times1.0-5.000\times0.0)-1.0\times(-1.667\times0.0+5.000\times1.0)\\&\quad+0.0\times(-2.500\times1.0-7.500\times0.0)-1.0\times(-2.500\times0.0+7.500\times1.0)\\&=-0.9000\end{aligned}\tag{3-42}$$

相似地，可得到

$$\begin{aligned}&P_3^{(0)}=-0.0750,\quad P_4^{(0)}=0.0,\quad P_5^{(0)}=0.0\\&Q_3^{(0)}=-0.2250,\quad Q_4^{(0)}=0.0,\quad Q_5^{(0)}=0.0\end{aligned}\tag{3-43}$$

于是，有

$$\begin{aligned}&\Delta P_i^{(0)}=P_i-P_i^{(0)},\quad \Delta Q_i^{(0)}=Q_i-Q_i^{(0)}\\&\Delta P_2^{(0)}=P_i-P_i^{(0)}=0.2-(-0.3000)=0.5000\\&\Delta Q_2^{(0)}=Q_2-Q_2^{(0)}=0.2-(-0.9000)=1.1000\end{aligned}\tag{3-44}$$

相似地，可得到

$$\begin{aligned}&\Delta P_3^{(0)}=-0.3750,\quad \Delta P_4^{(0)}=-0.4000,\quad \Delta P_5^{(0)}=-0.6000\\&\Delta Q_3^{(0)}=-0.3750,\quad \Delta Q_4^{(0)}=-0.0500,\quad \Delta Q_5^{(0)}=-0.1000\end{aligned}\tag{3-45}$$

3) 计算雅可比矩阵中各元素

先计算节点注入电流：

$$\dot{I}_i^{(0)}=\frac{P_i^{(0)}-\mathrm{j}Q_i^{(0)}}{\dot{U}_i^{(0)}}=a_{ii}^{(0)}+\mathrm{j}b_{ii}^{(0)}\tag{3-46}$$

$$\dot{I}_2^{(0)}=\frac{P_2^{(0)}-\mathrm{j}Q_2^{(0)}}{\dot{U}_2^{(0)}}=\frac{-0.3000-\mathrm{j}(-0.9000)}{1.0-\mathrm{j}0}=-0.3000+\mathrm{j}0.9000=a_{22}^{(0)}+\mathrm{j}b_{22}^{(0)}\tag{3-47}$$

相似地，可得到

$$\begin{aligned}&a_{33}^{(0)}=-0.0750,\quad a_{44}^{(0)}=0.0,\quad a_{55}^{(0)}=0.0\\&b_{33}^{(0)}=0.2250,\quad b_{44}^{(0)}=0.0,\quad b_{55}^{(0)}=0.0\end{aligned}\tag{3-48}$$

然后计算雅可比矩阵：

$$
\begin{aligned}
&H_{22}^{(0)}=-B_{22}e_2^{(0)}+G_{22}f_2^{(0)}+b_{22}^{(0)}=32.500\times1.0+10.834\times0.0+0.9000=33.400\\
&N_{22}^{(0)}=G_{22}e_2^{(0)}+B_{22}f_2^{(0)}+a_{22}^{(0)}=10.834\times1.0-32.500\times0.0-0.3000=10.534\\
&J_{22}^{(0)}=-G_{22}e_2^{(0)}-B_{22}f_2^{(0)}+a_{22}^{(0)}=-10.834\times1.0+32.500\times0.0-0.3000=-11.134\\
&L_{22}^{(0)}=-B_{22}e_2^{(0)}+G_{22}f_2^{(0)}-b_{22}^{(0)}=32.500\times1.0+10.834\times0.0-0.9000=31.600\\
&H_{23}^{(0)}=-B_{23}e_2^{(0)}+G_{23}f_2^{(0)}=-5.000\times1.0-1.667\times0.0=-5.000\\
&H_{24}^{(0)}=-B_{24}e_2^{(0)}+G_{24}f_2^{(0)}=-5.000\times1.0-1.667\times0.0=-5.000\\
&H_{25}^{(0)}=-B_{25}e_2^{(0)}+G_{25}f_2^{(0)}=-7.500\times1.0-2.500\times0.0=-7.500\\
&N_{23}^{(0)}=G_{23}e_2^{(0)}+B_{23}f_2^{(0)}=-1.667\times1.0+5.000\times0.0=-1.667\\
&N_{24}^{(0)}=G_{24}e_2^{(0)}+B_{24}f_2^{(0)}=-1.667\times1.0+5.000\times0.0=-1.667\\
&N_{25}^{(0)}=G_{25}e_2^{(0)}+B_{25}f_2^{(0)}=-2.500\times1.0+7.500\times0.0=-2.500\\
&J_{23}^{(0)}=-B_{23}f_2^{(0)}-G_{23}e_2^{(0)}=-5.000\times0.0+1.667\times1.0=1.667\\
&J_{24}^{(0)}=-B_{24}f_2^{(0)}-G_{24}e_2^{(0)}=-5.000\times0.0+1.667\times1.0=1.667\\
&J_{23}^{(0)}=-B_{25}f_2^{(0)}-G_{25}e_2^{(0)}=-7.500\times0.0+2.500\times1.0=2.500\\
&L_{23}^{(0)}=G_{23}f_2^{(0)}-B_{23}e_2^{(0)}=-1.667\times0.0-5.000\times1.0=-5.000\\
&L_{24}^{(0)}=G_{24}f_2^{(0)}-B_{24}e_2^{(0)}=-1.667\times0.0-5.000\times1.0=-5.000\\
&L_{23}^{(0)}=G_{25}f_2^{(0)}-B_{25}e_2^{(0)}=-2.500\times0.0-7.500\times1.0=-7.500
\end{aligned}
\tag{3-49}
$$

相似地，可得雅可比矩阵其他元素，可得到 $k=0$ 时的雅可比矩阵：

$$
\boldsymbol{J}^{(0)}=\begin{bmatrix}
33.400 & 10.534 & -5.000 & -1.667 & -5.000 & -1.667 & -7.500 & -2.500\\
-11.134 & 31.600 & 1.667 & -5.000 & 1.667 & -5.000 & 2.500 & -7.500\\
-5.000 & -1.667 & 38.975 & 12.842 & -30.000 & -10.000 & 0.0 & 0.0\\
1.667 & -5.000 & -12.992 & 38.525 & 10.000 & -30.000 & 0.0 & 0.0\\
-5.000 & -1.667 & -30.000 & -10.000 & 38.750 & 12.917 & -3.750 & 1.250\\
1.667 & -5.000 & 10.000 & -30.000 & -12.917 & 38.750 & 1.250 & -3.750\\
-7.500 & -2.500 & 0.0 & 0.0 & -3.750 & -1.250 & 11.250 & 3.750\\
2.500 & -7.500 & 0.0 & 0.0 & 1.250 & -3.750 & -3.750 & 11.250
\end{bmatrix}
\tag{3-50}
$$

4) 解修正方程求各节点电压

采用矩阵求逆、求积运算求各节点电压的修正量，求得的雅可比矩阵的逆阵、节点功率不平衡量、节点电压修正量，从而求得节点电压新值的列向量如下：

$$
(\boldsymbol{J}^{(0)})^{-1}=\begin{bmatrix}
0.04782 & -0.01594 & 0.03513 & 0.01171 & 0.03767 & -0.01256 & 0.04444 & -0.01481\\
0.01789 & 0.05367 & 0.01355 & 0.04064 & 0.01442 & 0.04325 & 0.01673 & 0.05020\\
0.03513 & -0.01171 & 0.08590 & -0.02864 & 0.07575 & -0.02525 & 0.04867 & -0.01622\\
0.01355 & 0.04064 & 0.03092 & 0.09274 & 0.02744 & 0.08232 & 0.01818 & 0.05454\\
0.03767 & -0.01256 & 0.07575 & -0.02525 & 0.09213 & -0.03071 & 0.05582 & -0.01861\\
0.01442 & 0.04325 & 0.02744 & 0.08232 & 0.03284 & 0.09851 & 0.02056 & 0.06167\\
0.04444 & -0.01481 & 0.04867 & -0.01622 & 0.05582 & -0.01861 & 0.12823 & -0.04274\\
0.01673 & 0.05020 & 0.01818 & 0.05454 & 0.02056 & 0.06167 & 0.04467 & 0.13402
\end{bmatrix}
\tag{3-51}
$$

$$
\begin{bmatrix} \Delta P_2^{(0)} \\ \Delta Q_2^{(0)} \\ \Delta P_3^{(0)} \\ \Delta Q_3^{(0)} \\ \Delta P_4^{(0)} \\ \Delta Q_4^{(0)} \\ \Delta P_5^{(0)} \\ \Delta Q_5^{(0)} \end{bmatrix} = \begin{bmatrix} 0.50000 \\ 1.10000 \\ -0.37500 \\ 0.07500 \\ -0.40000 \\ -0.05000 \\ -0.60000 \\ -0.10000 \end{bmatrix}, \quad
\begin{bmatrix} \Delta f_2^{(0)} \\ \Delta e_2^{(0)} \\ \Delta f_3^{(0)} \\ \Delta e_3^{(0)} \\ \Delta f_4^{(0)} \\ \Delta e_4^{(0)} \\ \Delta f_5^{(0)} \\ \Delta e_5^{(0)} \end{bmatrix} = \begin{bmatrix} -0.04729 \\ 0.04296 \\ -0.08629 \\ 0.01539 \\ -0.09223 \\ 0.01410 \\ -0.10761 \\ 0.00934 \end{bmatrix}, \quad
\begin{bmatrix} \Delta f_2^{(1)} \\ \Delta e_2^{(1)} \\ \Delta f_3^{(1)} \\ \Delta e_3^{(1)} \\ \Delta f_4^{(1)} \\ \Delta e_4^{(1)} \\ \Delta f_5^{(1)} \\ \Delta e_5^{(1)} \end{bmatrix} = \begin{bmatrix} -0.04729 \\ 1.04296 \\ -0.08629 \\ 1.01539 \\ -0.09223 \\ 1.01410 \\ -0.10761 \\ 1.00934 \end{bmatrix} \tag{3-52}
$$

求得各节点电压的新值后，就可开始第二次迭代。每次迭代所得示于表 3-1～表 3-5。由表 3-3 可见，经三次迭代就可满足 $\varepsilon \leqslant 10^{-5}$ 的要求。

表 3-1　迭代过程中各节点功率的不平衡量

k	$\Delta P_2^{(k)} + \mathrm{j}\Delta Q_2^{(k)}$	$\Delta P_3^{(k)} + \mathrm{j}\Delta Q_3^{(k)}$	$\Delta P_4^{(k)} + \mathrm{j}\Delta Q_4^{(k)}$	$\Delta P_5^{(k)} + \mathrm{j}\Delta Q_5^{(k)}$
0	0.50000 + j1.11000	−0.37500 + j0.07500	−0.40000 − j0.05000	−0.60000 − j0.10000
1	−0.07704 + j0.02204	−0.00076 − j0.03159	0.01025 − j0.03618	0.01637 − j0.06363
2	−0.00052 − j0.00020	−0.00008 − j0.00032	0.00002 − j0.00039	0.00000 − j0.00084
3	0.00000 + j0.00000	0.00000 + j0.00000	0.00000 + 0.00000	0.00000 + j0.00000

表 3-2　迭代过程中雅可比矩阵的对角元

k	H_{22}^k	L_{22}^k	H_{33}^k	L_{33}^k	H_{44}^k	L_{44}^k	H_{55}^k	L_{55}^k
0	33.4000	31.6000	38.9750	38.5250	38.7500	38.7500	11.2500	11.2500
1	33.1594	33.6083	38.3848	38.0788	38.1553	38.0553	11.0516	10.8516
2	32.9334	33.3371	38.0494	38.6790	37.7997	37.6305	10.9774	10.6556
3	32.9307	33.3340	38.0451	38.6740	37.7951	37.6252	10.9764	10.6529

表 3-3　迭代过程中各节点电压修正量

k	$\Delta e_2^{(k)} + \mathrm{j}\Delta f_2^{(k)}$	$\Delta e_3^{(k)} + \mathrm{j}\Delta f_3^{(k)}$	$\Delta e_4^{(k)} + \mathrm{j}\Delta f_4^{(k)}$	$\Delta e_5^{(k)} + \mathrm{j}\Delta f_5^{(k)}$
0	0.04296 − j0.04729	0.01539 − j0.08629	0.01410 − j0.09223	0.00934 − j0.10761
1	−0.00750 − j0.00044	−0.01007 + j0.00174	−0.010761 + j0.00208	−0.01307 + j0.00319
2	−0.00009 − j0.00000	−0.000121 − j0.00001	−0.00013 + j0.00001	−0.00017 + j0.00002
3	−0.00000 − j0.00000	−0.00000 − j0.00000	−0. 00000 − j0.00000	−0.00000 − j0.00000

表 3-4　迭代过程中各节点电压

k	$e_2^{(k)} + \mathrm{j}f_2^{(k)}$	$e_3^{(k)} + \mathrm{j}f_3^{(k)}$	$e_4^{(k)} + \mathrm{j}f_4^{(k)}$	$e_5^{(k)} + \mathrm{j}f_5^{(k)}$
0	1.00000 + j0.00000	1.00000 + j0.00000	1.00000 + j0.00000	1.00000 + j0.00000
1	1.04296 − j0.04729	1.01539 − j0.08629	1.01410 − j0.09223	1.00934 − j0.10761
2	1.03546 − j0.04773	1.00532 − j0.08455	1.00334 − j0.09015	0.99627 − j0.10441
3	1.03537 − j0.04773	1.00520 − j0.08454	1.00321 − j0.09014	0.99610 − j0.10439

5) 计算平衡节点功率 $\tilde{S}_1$ 和线路功率 $\tilde{S}_{ij}$

迭代收敛后，就可计算平衡节点功率和线路功率。平衡节点功率为

$$\begin{aligned}\tilde{S}_1 &= \dot{U}_1\sum_{j=1}^{n}\overset{*}{Y}_{1j}\overset{*}{U}_j \\ &= (1.06+\mathrm{j}0)[(6.250+\mathrm{j}18.750)(1.06-\mathrm{j}0)+(-5.000-\mathrm{j}15.000) \\ &\quad\cdot(1.03537+\mathrm{j}0.04773)+(-1.250-\mathrm{j}3.750)(1.00520+\mathrm{j}0.08454)] \\ &= 1.29816+\mathrm{j}0.24447\end{aligned} \tag{3-53}$$

线路功率，以 $\tilde{S}_{12}$ 、$\tilde{S}_{21}$ 为例:

$$\begin{aligned}\tilde{S}_{12} &= \dot{U}_1[\overset{*}{U}_1\overset{*}{y}_{10}+(\overset{*}{U}_1-\overset{*}{U}_2)\overset{*}{y}_{12}] \\ &= (1.06+\mathrm{j}0)\{(1.06-\mathrm{j}0)(0+\mathrm{j}0)+[(1.06-\mathrm{j}0) \\ &\quad-(1.03537+\mathrm{j}0.04773)](5+\mathrm{j}15)\} \\ &= 0.88950+\mathrm{j}0.13866\end{aligned} \tag{3-54}$$

$$\begin{aligned}\tilde{S}_{21} &= \dot{U}_2[\overset{*}{U}_2\overset{*}{y}_{20}+(\overset{*}{U}_2-\overset{*}{U}_1)\overset{*}{y}_{21}] \\ &= (1.03537+\mathrm{j}0.04773)\{(1.03537+\mathrm{j}0.04773)(0+\mathrm{j}0) \\ &\quad+[(1.03537+\mathrm{j}0.04773)-(1.06-\mathrm{j}0)](5+\mathrm{j}15)\} \\ &= -0.87508+\mathrm{j}0.09538\end{aligned} \tag{3-55}$$

其他结果列于表 3-5。

表 3-5　牛顿-拉弗森法计算得到的各线路功率 $\tilde{S}_{ij}$

i	j				
	1	2	3	4	5
1		0.88950 + j0.13866	0.40866 + j0.10581		
2	−0.87508 − j0.09538		0.24688 + j0.08146	0.27932 + j0.08061	0.54887 + j0.13332
3	−0.39597 − j0.06775	−0.24311 − j0.07013		0.18908 − j0.01212	
4		−0.27460 − j0.06645	−0.18873 + j0.01318		0.06332 + j0.00327
5		−0.53699 − j0.09768		−0.06301 − j0.00232	

求得平衡节点功率后，就可求得网络总损耗：

$$\begin{aligned}\Delta\tilde{S}_{\Sigma} &= \sum_{i=1}^{n}\tilde{S}_i = (1.29816+\mathrm{j}0.24447)+(0.20+\mathrm{j}0.20)-(0.45+\mathrm{j}0.15) \\ &\quad-(0.40+\mathrm{j}0.05)-(0.60+\mathrm{j}0.10) \\ &= 0.04816+\mathrm{j}0.14447\end{aligned} \tag{3-56}$$

以及这一网络的输电效率：

$$\frac{P_3+P_4+P_5}{P_1+P_2}\times 100\% = \frac{0.45+0.40+0.60}{1.29816+0.20}\times 100\% = 96.785\% \tag{3-57}$$

以极坐标表示的各节点电压为

$$
\begin{aligned}
&\dot{U}_1 = 1.06\angle 0°,\quad \dot{U}_2 = 1.03647\angle(-2.63960°) \\
&\dot{U}_3 = 1.00875\angle(-4.80742°),\quad \dot{U}_4 = 1.00725\angle(-5.13412°) \\
&\dot{U}_5 = 1.00155\angle(-5.98247°)
\end{aligned} \tag{3-58}
$$

2. PQ 分解法

1) 形成系数矩阵 $\boldsymbol{B}'$、$\boldsymbol{B}''$，并求它们的逆阵

PQ 分解法流程如图 3-5 所示。由于系统的等效网络中除节点 1 为平衡节点外，其他节点均为 PQ 节点，系数矩阵 $\boldsymbol{B}'$、$\boldsymbol{B}''$ 阶数相同。又因对该网络，不存在去除与有功功率和电压相位或无功功率和电压大小关系较小因素的可能性，这两个矩阵 $\boldsymbol{B}'$、$\boldsymbol{B}''$ 完全相同。它们由导纳矩阵的虚数部分中除第一行和第一列外的各个元素所组成，即

$$
\boldsymbol{B}' = \boldsymbol{B}'' = \begin{bmatrix} -32.500 & 5.000 & 5.000 & 7.500 \\ 5.000 & -38.750 & 30.000 & 0 \\ 5.000 & 30.000 & -38.750 & 3.750 \\ 7.500 & 0 & 3.750 & -11.250 \end{bmatrix} \tag{3-59}
$$

$$
(\boldsymbol{B}')^{-1} = (\boldsymbol{B}'')^{-1} = \begin{bmatrix} -0.056190 & -0.041905 & -0.044762 & -0.052381 \\ -0.041905 & -0.099048 & 0.087619 & 0.057143 \\ -0.044762 & -0.087619 & -0.105714 & -0.065079 \\ -0.052381 & -0.057143 & -0.065079 & -0.145503 \end{bmatrix} \tag{3-60}
$$

计算各节点有功功率不平衡量 ΔP_i。

取 $U_1 = 1.06$，$\delta = 0$，$U_2^{(0)} = U_3^{(0)} = U_4^{(0)} = U_5^{(0)} = 1.0$；$\delta_2^{(0)} = \delta_3^{(0)} = \delta_4^{(0)} = \delta_5^{(0)} = 0$，按式(3-61)计算各节点有功功率不平衡量：

$$
\Delta P_i^{(0)} = P_i - \sum_{j=1}^{n} U_i^{(0)} U_j^{(0)} (G_{ij}\cos\delta_{ij}^{(0)} + B_{ij}\sin\delta_{ij}^{(0)}) \tag{3-61}
$$

$$
\begin{aligned}
\Delta P_2^{(0)} &= 0.20 - 1.0\times 1.06(-5.000\cos 0 + 15.000\sin 0) - 1.0\times 1.0(-5.000\cos 0 + 15.000\sin 0) \\
&\quad - 1.0\times 1.0(-1.667\cos 0 + 5.000\sin 0) - 1.0\times 1.0(-1.667\cos 0 + 5.000\sin 0) \\
&\quad - 1.0\times 1.0(-2.600\cos 0 + 7.500\sin 0) = 0.500000
\end{aligned} \tag{3-62}
$$

相似地，可得

$$
\Delta P_3^{(0)} = -0.375000,\quad \Delta P_4^{(0)} = -0.400000,\quad \Delta P_5^{(0)} = -0.600000 \tag{3-63}
$$

2) 计算各节点电压的相位角 δ_i

由下列矩阵方程式

$$
-(\boldsymbol{B}')^{-1}(\Delta P^{(0)} / U^{(0)}) = U^{(0)}\Delta\delta^{(0)}
$$

$$
= -\begin{bmatrix} -0.056190 & -0.041905 & -0.044762 & -0.052381 \\ -0.041905 & -0.099048 & -0.087619 & -0.057143 \\ -0.044762 & -0.087619 & -0.105714 & -0.065079 \\ -0.052381 & -0.057143 & -0.065079 & -0.145503 \end{bmatrix} \begin{bmatrix} 0.500000/1.0 \\ -0.375000/1.0 \\ -0.400000/1.0 \\ -0.600000/1.0 \end{bmatrix} = \begin{bmatrix} 1.0\times\Delta\delta_2^{(0)} \\ 1.0\times\Delta\delta_3^{(0)} \\ 1.0\times\Delta\delta_4^{(0)} \\ 1.0\times\Delta\delta_5^{(0)} \end{bmatrix} \tag{3-64}
$$

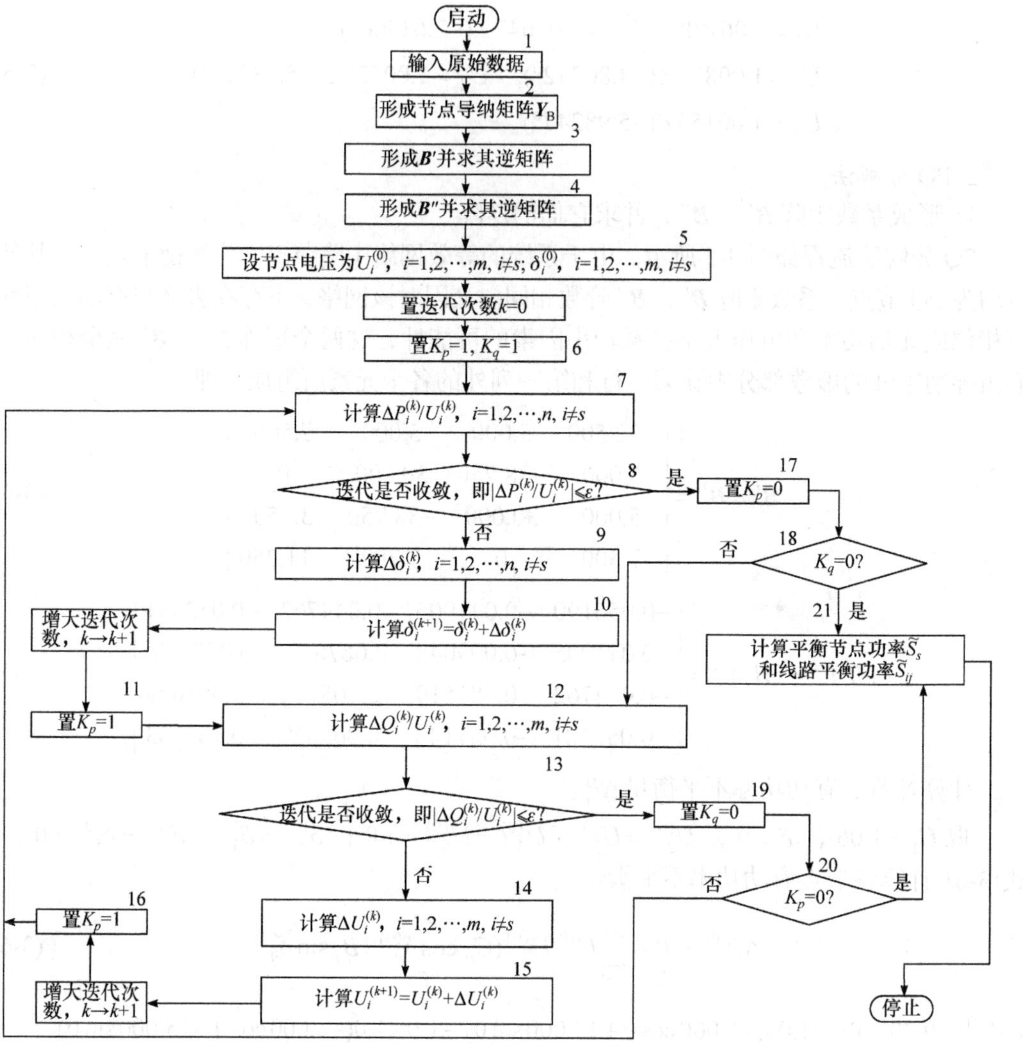

图 3-5 PQ 分解法流程

可得

$$\begin{bmatrix}\Delta\delta_2^{(0)}\\ \Delta\delta_3^{(0)}\\ \Delta\delta_4^{(0)}\\ \Delta\delta_5^{(0)}\end{bmatrix}=\begin{bmatrix}-0.3036952\\ -0.085524\\ -0.91810\\ -0.108571\end{bmatrix},\quad \begin{bmatrix}\Delta\delta_2^{(1)}\\ \Delta\delta_3^{(1)}\\ \Delta\delta_4^{(1)}\\ \Delta\delta_5^{(1)}\end{bmatrix}=\begin{bmatrix}\delta_2^{(0)}\\ \delta_3^{(0)}\\ \delta_4^{(0)}\\ \delta_5^{(0)}\end{bmatrix}+\begin{bmatrix}\Delta\delta_2^{(0)}\\ \Delta\delta_3^{(0)}\\ \Delta\delta_4^{(0)}\\ \Delta\delta_5^{(0)}\end{bmatrix}=\begin{bmatrix}-0.036952\\ -0.085524\\ -0.091810\\ -0.108571\end{bmatrix} \tag{3-65}$$

3) 计算各点无功功率不平衡量ΔQ

按式(3-66)计算各节点无功功率不平衡量：

$$\Delta Q_i^{(0)}=Q_i-\sum_{j=1}^{n}U_i^{(0)}U_j^{(0)}(G_{ij}\cos\delta_{ij}^{(1)}+B_{ij}\sin\delta_{ij}^{(1)}) \tag{3-66}$$

$$\begin{aligned}\Delta Q_2^{(0)}=&0.20-1.0\times1.06[-5.00\sin(-0.036952-0)-15.000\cos(-0.036952-0)]\\&-1.0\times1.0(10.834\sin0+32.5\cos0)-1.0\times1.0[-1.667\sin(0.036952+0.085524)\end{aligned}$$

$$-5.000\cos(-0.036952+0.085524)-1.0\times1.0[-2.500\sin(0.036952+0.108571)$$
$$-7.500\cos(-0.036952+0.108571)=1.211930 \tag{3-67}$$

相似地，可得

$$\Delta Q_3^{(0)}=-0.077279,\quad \Delta Q_4^{(0)}=-0.191947,\quad \Delta Q_5^{(0)}=-0.319599 \tag{3-68}$$

4) 计算各节点电压的大小 U_i

由下列矩阵方程式

$$-(B'')^{-1}(\Delta Q^{(0)}/U^{(0)})$$
$$=\Delta U^{(0)}-\begin{bmatrix}-0.056190 & -0.041905 & -0.044762 & -0.052381\\ -0.041905 & -0.099048 & -0.087619 & -0.057143\\ -0.044762 & -0.087619 & -0.105714 & -0.065079\\ -0.052381 & -0.057143 & -0.065079 & -0.145503\end{bmatrix}\begin{bmatrix}1.211980/1.0\\ -0.077279/1.0\\ -0.191947/1.0\\ -0.319599/1.0\end{bmatrix}=\begin{bmatrix}\Delta U_2^{(0)}\\ \Delta U_3^{(0)}\\ \Delta U_4^{(0)}\\ \Delta U_5^{(0)}\end{bmatrix} \tag{3-69}$$

可得

$$\begin{bmatrix}\Delta U_2^{(0)}\\ \Delta U_3^{(0)}\\ \Delta U_4^{(0)}\\ \Delta U_5^{(0)}\end{bmatrix}=\begin{bmatrix}0.039528\\ 0.008050\\ 0.006386\\ 0.000072\end{bmatrix},\quad \begin{bmatrix}\Delta U_2^{(1)}\\ \Delta U_3^{(1)}\\ \Delta U_4^{(1)}\\ \Delta U_5^{(1)}\end{bmatrix}=\begin{bmatrix}U_2^{(0)}\\ U_3^{(0)}\\ U_4^{(0)}\\ U_5^{(0)}\end{bmatrix}+\begin{bmatrix}\Delta U_2^{(0)}\\ \Delta U_3^{(0)}\\ \Delta U_4^{(0)}\\ \Delta U_5^{(0)}\end{bmatrix}=\begin{bmatrix}1.039528\\ 1.008050\\ 1.006386\\ 1.000072\end{bmatrix} \tag{3-70}$$

求得各节点电压的新值后，就可开始第二次迭代。每次迭代所得示于表 3-6～表 3-8。由表 3-7 可见，经六次迭代就可满足 $\varepsilon\leqslant10^{-5}$ 的要求。

表 3-6 迭代过程中各节点功率的不平衡量

k	$\Delta P_2^{(k)}$	$\Delta Q_2^{(k)}$	$\Delta P_3^{(k)}$	$\Delta Q_3^{(k)}$	$\Delta P_4^{(k)}$	$\Delta Q_4^{(k)}$	$\Delta P_5^{(k)}$	$\Delta Q_5^{(k)}$
0	0.500000	1.211930	−0.375000	−0.077270	−0.400000	−0.191947	−0.600000	−0.319599
1	−0.411720	−0.136497	0.049802	0.018300	0.076248	0.024849	0.120899	0.040218
2	0.043223	0.014875	−0.005899	−0.001936	−0.007856	−0.002664	−0.012588	−0.004265
3	−0.004833	−0.001658	0.000650	0.000215	0.000872	0.000295	0.001376	0.000466
4	0.000537	0.000184	−0.000072	−0.000024	−0.000096	−0.000033	−0.000150	−0.000051
5	−0.000060	−0.000021	0.000008	0.000003	0.000011	0.000004	0.000016	0.000006
6	0.000007	0.000000	−0.000001	0.000000	−0.000001	0.000000	−0.000002	0.000000

表 3-7 迭代过程中各节点电压的修正量

k	$\Delta\delta_2^{(k)}$	$\Delta U_2^{(k)}$	$\Delta\delta_3^{(k)}$	$\Delta U_3^{(k)}$	$\Delta\delta_4^{(k)}$	$\Delta U_4^{(k)}$	$\Delta\delta_5^{(k)}$	$\Delta U_5^{(k)}$
0	−0.036952	0.039528	−0.085524	0.008050	−0.091810	0.006386	−0.108571	0.000072
1	−0.010063	−0.003406	0.001828	0.000757	0.002461	0.000941	0.004597	0.001618
2	0.001054	0.000385	−0.000230	−0.000054	−0.0000285	−0.000082	−0.000484	−0.000149
3	−0.000120	−0.000043	0.000023	0.000006	−0.000028	0.000008	0.000049	0.000015

续表

k	$\Delta\delta_2^{(k)}$	$\Delta U_2^{(k)}$	$\Delta\delta_3^{(k)}$	$\Delta U_3^{(k)}$	$\Delta\delta_4^{(k)}$	$\Delta U_4^{(k)}$	$\Delta\delta_5^{(k)}$	$\Delta U_5^{(k)}$
4	0.000013	0.000005	−0.000002	−0.000001	−0.000003	−0.000001	−0.000005	−0.000002
5	−0.000002	−0.000001	0.000000	0.000000	0.000000	0.000000	0.000001	0.000000

表 3-8　迭代过程中各节点电压

k	$\delta_2^{(k)}$	$U_2^{(k)}$	$\delta_3^{(k)}$	$U_3^{(k)}$	$\delta_4^{(k)}$	$U_4^{(k)}$	$\delta_5^{(k)}$	$U_5^{(k)}$
0	0.000000	0.000000	0.000000	0.000000	0.000000	0.000000	0.000000	0.000000
1	−0.036952	1.039528	−0.085524	1.008050	−0.091810	1.006386	−0.108571	1.000072
2	−0.047016	1.036122	−0.083696	1,008808	−0.089348	1.007327	−0.103974	1.001690
3	−0.045962	1.036507	−0.083926	1. 008744	−0.089633	1.007245	−0.104458	1.001540
4	−0.046082	1.036463	−0.083903	1.008750	−0.089605	1.007253	−0.104410	1.001555
5	−0.046068	1.036468	−0.083906	1.008750	−0.089608	1 .007252	−0.104415	1.001554
6	−0.046070	1.036468	−0.083906	1.008750	−0.089608	1.007252	−0.104414	1.001554

$$
\begin{aligned}
&\dot{U}_2 = 1.036468\angle(-2.639610°),\quad \dot{U}_3 = 1.008750\angle(-4.807433°)\\
&\dot{U}_4 = 1.007252\angle(-5.134133°),\quad \dot{U}_5 = 1.001554\angle(-5.982486°)
\end{aligned}
\tag{3-71}
$$

5) 计算平衡节点功率 $\tilde{S}_1$ 和线路功率 $\tilde{S}_{ij}$

将结果列于表 3-9。显然，这些计算结果与运用牛顿-拉弗森法计算的结果完全一致。

表 3-9　PQ 分解法计算的各线路功率 $\tilde{S}_{ij}$

i	j=1	2	3	4	5
1		0.889505 +j0.138662	0.408657 +j0.105810		
2	−0.875079 −j0.095385		0.246884 +j0.081457	0.279319 +j0.080606	0.548870 +j0.133321
3		−0.243108 −j0.070133		0.189079 −j0.012120	
4		−0.274598 −j0.066445	−0.188726 +j0.013178		0.063325 +j0.003267
5		−0.536990 −j0.097684		−0.063008 −j0.002316	

3.3　机电暂态仿真基本原理

3.3.1　基本模型

如前所述，电力系统机电暂态过程的仿真主要用于分析电力系统的稳定性，即分析当电力系统在某一正常运行状态下受到某种干扰后，能否经过一定的时间后回到原来的运行状态或过渡到一个新的稳定运行状态的问题，包括系统受到大扰动后的暂态稳定和受到小扰动后的静态稳定。相应机电暂态仿真模型包括两大部分：网络和源-荷元件部分。

1. 网络部分

网络部分包括各电压等级的输电线路和变压器，主要采用集中参数元件进行等效。在忽略电磁暂态过程情况下，对于电感为 L 的感性支路，两端电压 $\dot{V}_L$ 与流过该电感的电流 $\dot{I}_L$ 之间的关系为

$$\dot{V}_L = \dot{I}_L \cdot \mathrm{j}\omega L \tag{3-72}$$

对于电容为 C 的容性支路，两端电压 V_C 与流过该电容的电流 I_C 之间的关系为

$$\dot{V}_C = \dot{I}_C \cdot \frac{1}{\mathrm{j}\omega C} \tag{3-73}$$

从而，网络部分可集成用节点电压方程表示：

$$\boldsymbol{Y}\dot{\boldsymbol{V}} = \dot{\boldsymbol{I}} \tag{3-74}$$

2. 源-荷元件部分

负荷的数学模型可用负荷的动态特性或负荷的静态特性描述，同步发电机模型则一般选择由四组方程构成：

(1) 发电机暂态过程方程，描述发电机内电动势和电流的暂态变化过程；

(2) 机械暂态过程方程，描述转子角度与转速随原动机与发电机间不平衡功率的暂态变化过程；

(3) 励磁调节系统方程，描述励磁调节系统的输出电压随发电机端电压的暂态变化过程；

(4) 原动机调速器方程，描述原动机输出的机械功率随发电机转速的暂态变化过程。

对于直流系统/换流器模型，换流器(包括整流器和逆变器)本身的暂态过程忽略不计，以稳态方程式表示；考虑直流输电调节系统的作用，调节器动态特性用微分方程描述；若考虑直流输电线路电流变化的动态过程，可列出直流线路的微分方程，具体如图 3-6 所示。由于直流系统中换流过程十分复杂快速，而机电暂态仿真所考虑的时间范围(0.01s 左右)内不可能详细模拟那些快速变化的电磁暂态过程，因此存在一定局限性。

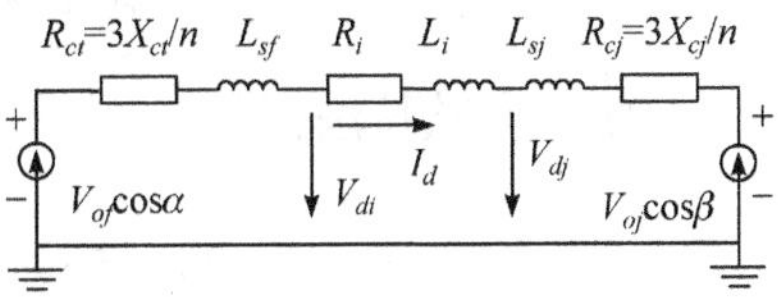

图 3-6　直流系统暂态等效电路

综上，机电暂态仿真模型一般形式可写为

$$\begin{cases} \dfrac{\mathrm{d}\boldsymbol{x}}{\mathrm{d}t} = \boldsymbol{\Phi}(\boldsymbol{x}, \boldsymbol{y}) \\ \boldsymbol{0} = \boldsymbol{F}(\boldsymbol{x}, \boldsymbol{y}) \end{cases} \tag{3-75}$$

式中，第一个方程表示描述电力系统有关元件动态特性的微分方程，微分方程阶数由同步发电机的台数及其他需计及动态特性元件(如静态无功补偿元件、直流输电元件)的台数和对每个元件描述的深度决定；第二个方程表示电力网络的代数方程，代数方程组(即网络方程)的维数决定于计算系统的节点数。其中，$\boldsymbol{x}$ 表示元件的状态变量，即具有机械惯性或电磁惯性的变量，如 ω、δ 等，$\boldsymbol{y}$ 表示电力系统的运行参量，如 V、I、P、Q 等。

3.3.2 数值解法

由于含网络方程，式(3-37)是非线性的，且由于故障和操作等，其中有些方程中的函数还是不连续的，因此，只能用某种数值解法离散地求出与某一时间序列 $t_0, t_1, t_2, \cdots, t_m$ 相对应的状态变量和运行参数(x_0, y_0)、(x_1, y_1)、(x_2, y_2)、…、(x_m, y_m)。时间间隔$\Delta t = t_{n+1} - t_n$为 t_n 时刻的步长，各时刻的步长一般取为相等的，也可取为不相等的，由选用的积分方法而定。

应用数值解法计算暂态稳定时，在每一个积分步长内必须同时求解微分方程和代数方程，目前有两种不同的方法：交替求解法和联立求解法。其中，交替求解法是目前暂态稳定分析所采用的主要方法。交替求解时，微分方程的数值积分方法和代数方程的求解方法原则上可以分别进行选择。以 PSASP 中的机电暂态仿真求解方法为例进行介绍。

1. *微分方程数值积分方法*

微分方程组 $\mathrm{d}\boldsymbol{x}/\mathrm{d}t = \boldsymbol{\Phi}(\boldsymbol{x}, \boldsymbol{y})$ 的求解原理，与下面的单变量微分方程式的求解方法是一致的，设微分方程

$$\frac{\mathrm{d}x}{\mathrm{d}t} = f(x,t) \tag{3-76}$$

当 t_n 处函数值 x_n 已知时，可按式(3-77)求出 $t_{n+1} = t_n + \Delta t$ 的值：

$$x_{n+1} = x_n + \int_{t_n}^{t_{n+1}} f(x,t)\mathrm{d}t \tag{3-77}$$

当步长Δt 足够小时，函数 $f(x,t)$ 在 t_n 到 t_{n+1} 之间的曲线可采用不同方式近似，并由此产生了多种积分求解方法。以阴影部分为例。

(1) 前向欧拉法：

$$x_{n+1} = x_n + \int_{t_n}^{t_{n+1}} f(x,t)\mathrm{d}t \approx x_n + f(x_n, t_n)\Delta t \tag{3-78}$$

(2) 后向欧拉法：

$$x_{n+1} = x_n + \int_{t_n}^{t_{n+1}} f(x,t)\mathrm{d}t \approx x_n + f(x_{n+1}, t_{n+1})\Delta t \tag{3-79}$$

(3) 隐式梯形法：

$$x_{n+1} = x_n + \int_{t_n}^{t_{n+1}} f(x,t)\mathrm{d}t \approx x_n + \frac{\Delta t}{2}\left[f(x_n, t_n) + f(x_{n+1}, t_{n+1})\right] \tag{3-80}$$

前向欧拉法为显式求解方法，求解精度相对较低，而后向欧拉法与隐式梯形法均为隐式求解方法，右侧均含有待求量 x_{n+1}，尤其对非线性微分方程很难直接求解，通常采用如下的迭代方法：

$$\begin{cases} x_{n+1}^{(K+1)} = x_n + f(x_{n+1}^{(K)}, t_{n+1})\Delta t \\ x_{n+1}^{(K+1)} = x_n + \dfrac{\Delta t}{2}\left[f(x_n, t_n) + f(x_{n+1}^{(K)}, t_{n+1})\right] \end{cases} \tag{3-81}$$

式中，K 为迭代次数，并设 $x_{n+1}^{(0)} = x_n$。由 $x_{n+1}^{(0)}$ 求 $x_{n+1}^{(1)}$，再由 $x_{n+1}^{(1)}$ 求 $x_{n+1}^{(2)}$，以此类推，直至收敛到某一阈值内。

$$\left|x_{n+1}^{(K+1)} - x_{n+1}^{(K)}\right| < \varepsilon \tag{3-82}$$

实际使用中，可根据函数 f 的具体表达式对式(3-81)进行整理，使之更有利于收敛。为了简化叙述，可设迭代方程如下：

$$x_{n+1}^{(K+1)} = G(x_{n+1}^{(K)}, y) \tag{3-83}$$

2. 微分方程和代数方程交替迭代

当微分方程的解 x 确定之后，节点电压方程可能会引入功率表示的节点注入电流，从而构成非线性方程组。常规求解方法有牛顿-拉弗森法、高斯-赛德尔法等，此外还可引入矩阵稀疏处理、定常迭代等技巧。为了简化叙述，现设网络迭代方程如下：

$$y^{(K+1)} = G(x, y^{(K)}) \tag{3-84}$$

元件部分的微分方程和网络部分的代数方程均采用迭代法，具体的做法是交替迭代，同时收敛。

3.4　电磁暂态仿真基本原理

3.4.1　基本算法

从算法结构上看，电磁暂态仿真数值算法主要有两类：一类以 SimPowerSystems 为代表，采用状态变量分析法；另一类以 EMTP(Electro-magnetic Transients Program)为代表，采用节点分析法。

1. 状态变量分析法

针对常规线性系统，可以用一阶代数微分方程来表征，因而在元件模型的基础上，可形成标准形式的状态-输出方程为

$$\begin{cases} \dot{\boldsymbol{x}} = \boldsymbol{A}\boldsymbol{x} + \boldsymbol{B}\boldsymbol{u} \\ \boldsymbol{y} = \boldsymbol{C}\boldsymbol{x} + \boldsymbol{D}\boldsymbol{u} \end{cases} \tag{3-85}$$

状态方程的形成过程涉及较多的矩阵运算，在确定状态变量个数时，为了保证方法的一般性需要考虑各元件之间可能存在的隐含依赖关系。一旦形成了式(3-85)所示的方程，则可选择很多标准化的算法，包括变步长算法，相关方程求解部分的程序开发比较方便，可以直接调用成熟的算法进行求解，其基本流程如图 3-7 所示。对于非线性微分方程，采用隐式梯形法，通过预测-校正的方法迭代求解各状态量，若仿真步长选择合适，一般迭代三步或四步即可收敛。

2. 节点分析法

采用节点分析法：其基本特点是对系统元件进行离散化，即给定一个仿真步长，构造元件的差分方程，并将其等效为诺顿等效电路，然后形成整个系统的电导矩阵和，求解相应节点电压方程即可得到各节点电压乃至各支路的电流。对于含开关的网络，需检查开关的状态变化，建立与之对应的节点电压方程。这样的设计使得仿真软件将所描述问题的数学模型与求解方法在结构上高度耦合，方便了程序设计，但同时也在一定程度上牺牲了程序的扩展性，可选择的算法相对较少。

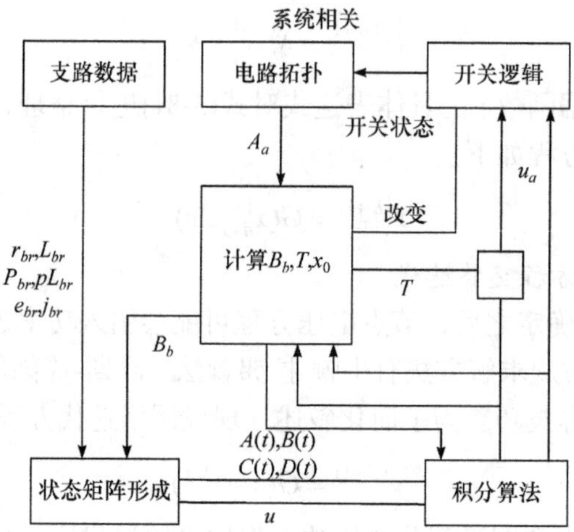

图 3-7 基于状态变量分析的电磁暂态仿真过程

与状态变量分析法相比较，节点分析法具有相对较小的计算量和可预计的计算耗时，逐渐成为电力系统电磁暂态离线和实时仿真的基础，ATP/EMTP、PSCAD/EMTDC、RTDS 等仿真平台均采用了 EMTP 算法框架。

3.4.2 节点分析基本原理

对于电磁暂态仿真，积分方法稳定性比精度差异更为重要。隐式数值积分法中，梯形积分由于相对精度较高、稳定性好的原因而被传统 EMTP 仿真程序作为电磁暂态仿真的主流数值积分。以 RLC 电气元件为例，进行节点分析法建模与求解过程的介绍。

1. 电阻

节点 i 和节点 j 的电阻方程可以表示为

$$i_R(t) = \frac{1}{R}\left[v_i(t) - v_j(t)\right] = G_R\left[v_i(t) - v_j(t)\right] \tag{3-86}$$

电阻的特性方程中不含有微分项，因而不需要利用数值积分法进行元件差分化。

2. 电感

$$u_L(t) = v_i(t) - v_j(t) = L\frac{\mathrm{d}i_L(t)}{\mathrm{d}t} \Rightarrow \frac{\mathrm{d}i_L(t)}{\mathrm{d}t} = \frac{v_i(t) - v_j(t)}{L} \tag{3-87}$$

利用梯形积分公式求解，将电感元件表示为导纳与历史电流项的并联(诺顿等效电路形式，也称伴随电路)，并进行整理可以得到

$$\begin{aligned} i_L(t) &= i_L(t-\Delta t) + \frac{\Delta t}{2}\left[\frac{v_i(t-\Delta t) - v_j(t-\Delta t)}{L} + \frac{v_i(t) - v_j(t)}{L}\right] \\ &= \frac{\Delta t}{2L}\left[v_i(t) - v_j(t)\right] + i_L(t-\Delta t) + \frac{\Delta t}{2L}\left[v_i(t-\Delta t) - v_j(t-\Delta t)\right] \\ &= G_L\left[v_i(t) - v_j(t)\right] + I_{\text{history}}(t-\Delta t) \end{aligned} \tag{3-88}$$

式中，G_L 为等效电导；$I_{\text{history}}(t-\Delta t)$ 为历史电流项。

$$\begin{cases} G_L = \dfrac{\Delta t}{2L} \\ I_{\text{history}}(t-\Delta t) = i_L(t-\Delta t) + \dfrac{\Delta t}{2L}\left[v_i(t-\Delta t) - v_j(t-\Delta t)\right] \end{cases} \tag{3-89}$$

3. 电容

$$i_C(t) = C\frac{\mathrm{d}\left[v_i(t)-v_j(t)\right]}{\mathrm{d}t} \Rightarrow \frac{\mathrm{d}\left[v_i(t)-v_j(t)\right]}{\mathrm{d}t} = \frac{i_C(t)}{C} \tag{3-90}$$

利用梯形积分公式求解：

$$v_i(t)-v_j(t) = v_i(t-\Delta t) - v_j(t-\Delta t) + \frac{\Delta t}{2}\left[\frac{i_C(t)}{C} + \frac{i_C(t-\Delta t)}{C}\right] \tag{3-91}$$

写成诺顿等效电路形式(即伴随电路)有

$$\begin{aligned} i_C(t) &= \frac{2C}{\Delta t}\left\{v_i(t)-v_j(t)-\left[v_i(t-\Delta t)-v_j(t-\Delta t)\right]\right\} - i_C(t-\Delta t) \\ &= G_C\left(v_i(t)-v_j(t)\right) + I_{\text{history}}(t-\Delta t) \end{aligned} \tag{3-92}$$

式中，G_C 为等效电导；$I_{\text{history}}(t-\Delta t)$ 为历史电流项。

$$\begin{cases} G_C = \dfrac{2C}{\Delta t} \\ I_{\text{history}}(t-\Delta t) = -\dfrac{2C}{\Delta t}\left[v_i(t-\Delta t) - v_j(t-\Delta t)\right] - i_C(t-\Delta t) \end{cases} \tag{3-93}$$

4. 交流电压源

$$U_S = A\sin(\omega t + \varphi) \tag{3-94}$$

式中，A 为电压源幅值；ω 与 φ 分别为角速度与初始相位。转化成诺顿等效电路可以表示为

$$I_S = \frac{A}{R_S}\sin(\omega t + \varphi) \tag{3-95}$$

综上，基本电气元件及其伴随电路模型如图 3-8 所示，标号代表电压节点。对某一具体电路，可分别对各元件进行伴随电路建模和集成，进而列写节点电压方程进行当前时刻节

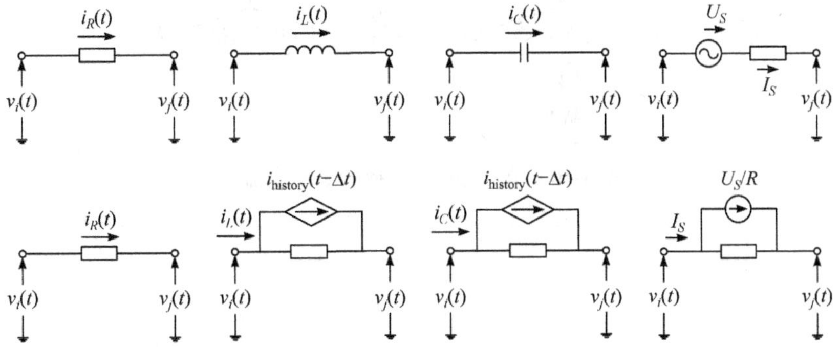

图 3-8　基本电气元件及其伴随电路模型

点电压的求解。以图 3-9(a)所示的简单电路为例，其伴随电路集成后如图 3-9(b)所示，列写的节点电导矩阵及电压方程如式(3-96)所示。对于式(3-96)的求解，需要对各元件伴随电路中的历史电流源进行节点注入电流集成，从而联立求解当前时刻节点电压。当存在开关器件动作时，则需修正电导矩阵，完整的节点分析法电磁暂态仿真流程如图 3-10 所示。

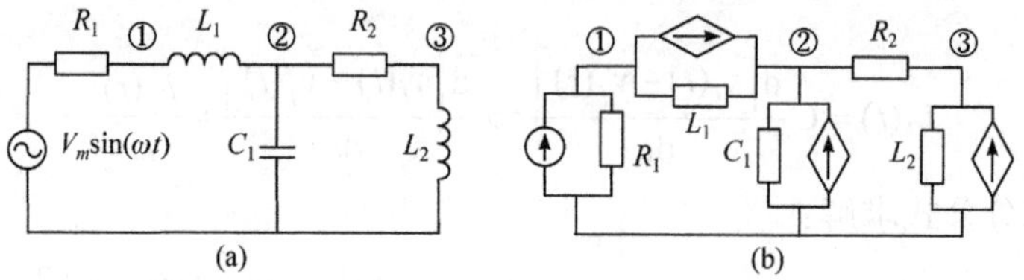

图 3-9 仿真电路示意

$$\begin{bmatrix} \dfrac{1}{R_1}+\dfrac{\Delta t}{2L_1} & -\dfrac{\Delta t}{2L_1} & 0 \\ -\dfrac{\Delta t}{2L_1} & \dfrac{\Delta t}{2L_1}+\dfrac{1}{R_2}+\dfrac{2C_1}{\Delta t} & -\dfrac{1}{R_2} \\ 0 & -\dfrac{1}{R_2} & \dfrac{1}{R_2}+\dfrac{\Delta t}{2L_2} \end{bmatrix} \begin{bmatrix} v_1 \\ v_2 \\ v_3 \end{bmatrix} = \begin{bmatrix} V_m \sin(\omega t)/R_1 - I_{hL1} \\ I_{hL1}+I_{hC1} \\ I_{hL2} \end{bmatrix} \tag{3-96}$$

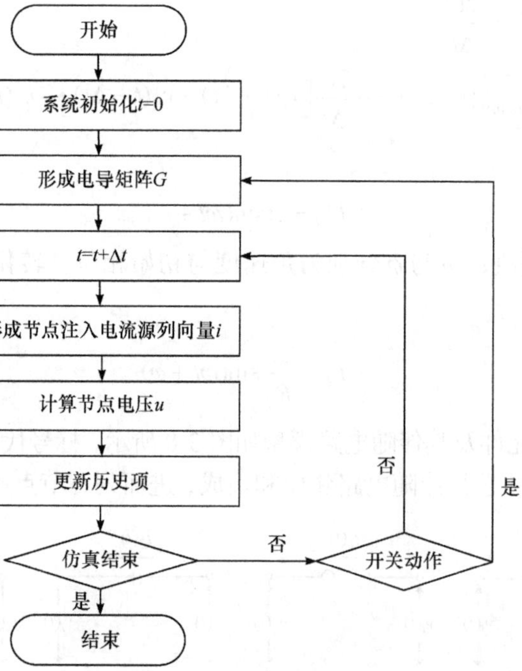

图 3-10 节点分析法电磁暂态仿真流程

第 4 章　电力系统综合自动化实验

4.1　同步发电机准同期并列实验

同步发电机
准同期并列

1. 实验背景

同步发电机单机运行时，如果负载发生变化，发电机的频率和端电压将随之改变，导致可靠性降低和供电质量变差。如果组成较大的电力系统，当电网的容量远大于发电机的容量时，发电机单机的功率调节、个别负载的变动或其他扰动对整个电网的电压、频率影响甚微，可以提高供电的质量。这样的电网可以认为是恒频、恒压的“无穷大电网”，尤其是装有调压、调频装置的电网。同步发电机并联到无穷大电网之后，其频率和端电压将受到电网的约束而与电网相一致，这是并列运行的特点。

现代电网的容量都很大，通常都是由许多不同类型的发电厂并联组成的，每个电厂内有多台发电机在一起并列运行。这样既能经济合理地利用各种动力资源和发电设备，也便于统一调度、轮流检修，提高供电的可靠性。同步发电机投入电力系统并列运行的操作或电力系统的部分进行并列运行的操作，称为并列或者同期操作。随着负荷的变动，电力系统中的同步发电机运行台数也经常需要变动。不成功的同期操作，既要延长并列时间，又要影响电力系统稳定性，还可能会因为故障而使频率降低，不能很快恢复正常频率，有时会损坏重要设备。因此，不但在发电厂中需要自动准同期装置，在电力系统中也需要它。

至今，电力系统中广泛使用自动准同期装置进行并列，必须满足准同期装置同期操作各项要求，准确掌握同期时的各项技术而更进一步提高同期控制技术的性能指标，找到更好的同期控制方法。随着电力系统自动化水平的不断提高，对更先进、更方便的同期装置的研制和推广应用提出了更高的要求。

2. 实验目的

(1) 理解同步发电机准同期并列原理和准同期并列条件。

(2) 掌握微机自动准同期装置的使用方法。

3. 实验原理

在电力系统中，根据电网运行的需要，同步发电机、同步补偿机、同步电动机经常投入或退出电网。同步发电机投入电力系统并列运行的操作，或者电力系统解列的两部分进行并列运行的操作，称为并列或同期操作。并列操作是一项基本的操作，极为频繁。同步发电机并网模型如图 4-1 所示。

将发电机投入电网并列运行需要满足一定条件才能避免在发电机和电网中产生瞬态冲击电流，确保发电机和电网的安全。并列运行条件包括：发电机端电压与电网端电压大小相等、相位相同；发电机的频率和电网频率相等；发电机相序和电网相序一致。

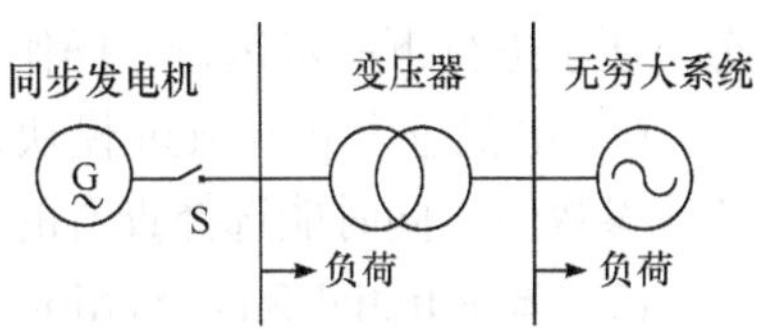

图 4-1　同步发电机并网模型图

本实验台使用“微机自动准同期装置”进行发电机的并网，通过“微机调速装置”调节原动机的转速来控制发电机的频率，通过“微机励磁调节装置”调节励磁电流来控制发电机的机端电压，当“微机自动准同期装置”自动调节发电机的电压、频率和相位与电网相同时，发出合闸命令使得开关 S 合上，完成并网。

本实验台“微机自动准同期装置”具有自动准同期并列、半自动准同期并列和手动同期并列三种方式。

(1) 自动准同期并列具有自动调节频差和压差功能，当频率和电压都满足并列条件时，微机自动准同期装置在设定的导前时间发出合闸信号。

(2) 半自动准同期并列没有频差调节和压差调节功能。并列时，待并列发电机的频率和电压由运行人员监视和调整，当频率和电压都满足并列条件时，微机自动准同期装置就在设定的导前时间发出合闸信号。

(3) 手动同期并列由运行人员调整待并发电机的频率和电压，同时观测面板上同期表的指针偏转情况，当条件满足后，由运行人员手动按下面板上的“手动同期”按钮，进行并列。

要求：系统电压、频率与待并 PT 电压、频率差值满足压差 3%，频差 0.2Hz。

注意事项：

手动准同期并列，应在正弦整步电压的最低点(同相点)时合闸，考虑到断路器的固有合闸时间，实际发出合闸命令的时刻应提前相应的时间或角度。

4. 实验仿真

为了研究同步发电机并网过程及条件，在 MATLAB/Simulink 中设置仿真模型，系统组成包括：

(1) 同步发电机，选用 Synchronous Machines。参数：$P_n = 200\text{MW}$；$V_n = 13.8\text{kV}$；$f_n = 50\text{Hz}$，其余参数为默认数值；同时选用同步发电机的调速系统模型 Hydraulic Turbine and Governor 和同步发电机的励磁调节器 Excitation System，便于对发电机的各参数进行设定和检查。

(2) 变压器模型选择 Three-Phase Transformer，接法为 Y-Y。参数：$P_n = 200\text{MW}$；$V_1/V_2 = 13.8\text{kV}/230\text{kV}$；$f_n = 50\text{Hz}$；$R_1 = R_2 = 0.0027\Omega$；$L_1 = L_2 = 0.08\text{H}$；$R_m = 500\Omega$；$L_m = 0.053\text{H}$。

(3) 无穷大系统选择三相电源(Three-Phase Source)代替。参数：$V = 230\text{kV}$；$f_n = 50\text{Hz}$。

(4) 变压器两端负载选择三相 RLC 负载，即 Three-Phase Series RLC Load。系统负荷分别为 50MW 和 100MW。

(5) 选用三相断路器(Three-Phase Breaker)来设定同步发电机与三相电源并网开关。

(6) 采用一个多路选择器(Bus Selector)从发电机的 m 端口引出其各项参数接回其励磁及调速模型。

(7) 在仿真中放入一个 powergui 模块来进行仿真模型初始工作状态各项参数的设定。

将发电机设为 PU 节点，建立同步发电机并网仿真模型如图 4-2 所示。

仿真模型确定后，首先对仿真模型进行潮流计算和初始状态设置，使其工作在稳定状态，便于进行下一步运行，操作如下：

(1) 电机进入 powergui 模块，在其选项中单击 Steady-State 按钮，从而能看到当前时刻各项参数值，同时能选择查看的还有状态变量、电压电流值等。

(2) 选择 Initial State Setting 选项可完成模型运行初始状态的设定，可以将状态变量参数全部设为零或设为稳定状态或者手动输入给定值，从而可以针对不同初始条件来进行仿真分析。

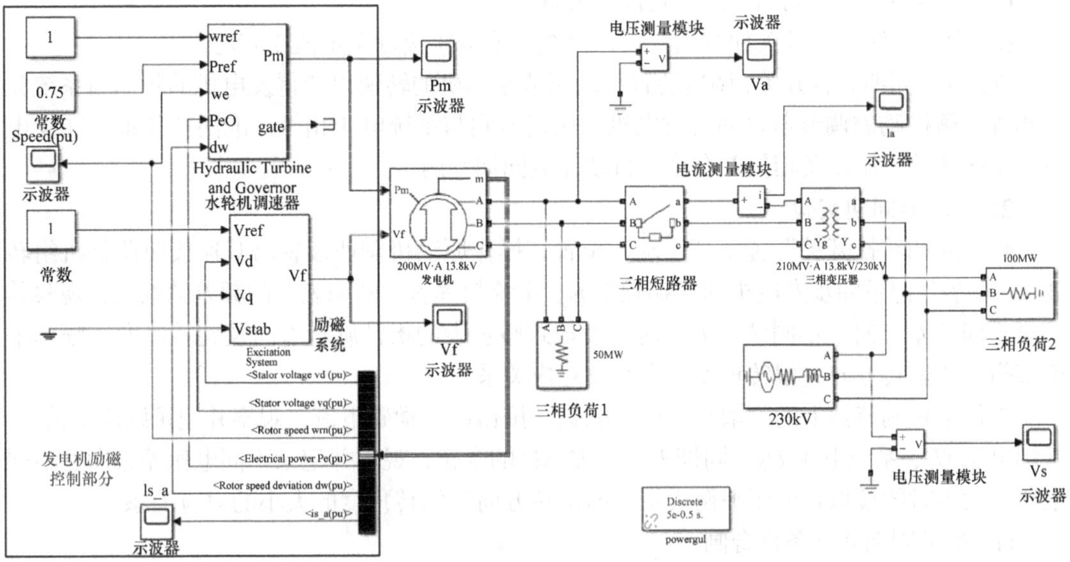

图 4-2 同步发电机并网仿真模型

(3) 通过 Machine Load Flow 选项来进行三相同步发电机节点的设置，此处节点设为 P&V Generator，同时还可对三相同步发电机的功率和电压进行设定，在窗口中可查看三相同步发电机的各项参数。

设置仿真时间为 100s，将发电机频率修改为 55Hz，断路器于 1s 后闭合。由图 4-3 可知，断路器闭合后，由于两端电压频率不同，电路上电压开始振荡，最终并网成功，进入稳定状态。还可改变压差和相位，观察不同参数下并网后线路上电压的变化情况。

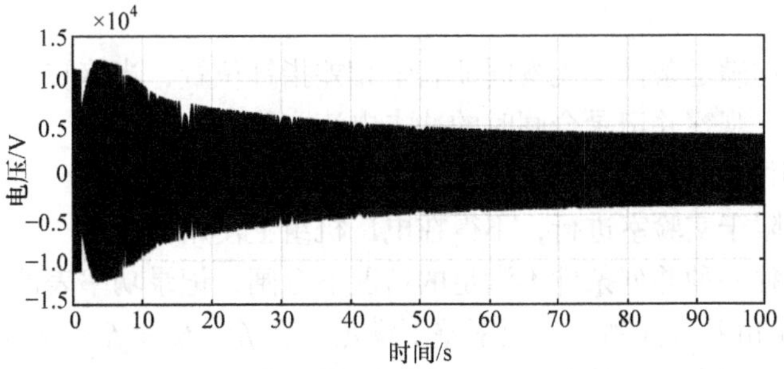

图 4-3 断路器闭合前后线路电压

5. 实验内容

1) 自动准同期实验

(1) 检查自耦调压器指针是否指在 0 位置，若不在则应调到 0 位置。

(2) 合上电源开关并按下启动按钮，检查实验台上各开关状态：各开关信号灯应绿灯亮、红灯熄，调节调压器至 380V。

(3) 按下调速控制器按键，选择恒电压或恒转速方式，然后按下启动按钮，原动机启动。

(4) 励磁方式为他励转自励、恒电压运行方式，按下触摸屏“起励建压”按钮 3s 后松开，发电机随即建励成功。

(5) 把实验台上“同期方式”转换开关置“自动”挡。

(6) 合上系统电压开关和线路开关，检查系统电压接近额定值380V。

(7) 打开同期装置开关，调速装置自动调节原动机的转速以使得发电机的频率与系统频率相等，微机励磁调节器自动将发电机电压建压到与系统电压相等，准同期装置将在发电机和系统频差、压差及相位差合格后自动完成同期并网。

2) 手动准同期实验

将“同期转换开关”置于“手动”位置，操作原动机调速装置增减速按钮调整机组转速 n，观察并记录同步发电机的机端频率 f_F、系统频率 f_X、同期表上的频差的变化，观察并记录不同频差方向、不同频差大小时的模拟式整步表的指针旋转方向及旋转速度，频率平衡表指针的偏转方向、偏转角度的大小及对应关系。

操作励磁调节器上的“增磁”或“减磁”按钮调节励磁电流，观察并记录励磁电流 I_f、机端电压 U_F、系统电压 U_X、同期表上压差 ΔU 的变化，观察并记录不同电压差方向、不同电压差大小时的模拟式电压平衡表指针的偏转方向和偏转角度的大小的对应关系。

(1) 按准同期并列条件合闸。

将“同期转换开关”置于“手动”位置。在这种情况下，要满足并列条件，需要手动调节发电机电压、频率，直至电压差、频差在允许范围内，相角差在零度前某一合适位置时，手动操作合闸按钮进行合闸。

观察同期表上显示的发电机电压和系统电压，相应操作微机励磁调节器上的增磁或减磁按钮进行调压，直至同期表上电压差指针指在中间位置。此时发电机电压和系统电压几乎相等，满足并列条件。

观察同期表上显示的发电机频率和系统频率，相应操作原动机调速上的旋钮进行调速，直至同期表上频差指针指在中间位置，此时发电机频率和系统频率相等，满足并列条件。

当压差、频差均满足条件，观察同期表上相差指针位置，当旋转至 0°位置前某一合适时刻时，即可合闸。观察并记录合闸时的冲击电流。

(2) 按准同期并列条件合闸。

本实验项目仅限于实验室进行，不得在电厂机组上使用!

实验分别在单独一种并列条件不满足的情况下合闸，记录功率表冲击情况：

① 电压差、相角差条件满足，频率差不满足，在 $f_F > f_X$ 和 $f_F < f_X$ 时手动合闸，观察并记录实验台上有功功率表P和无功功率表Q指针偏转方向及偏转角度大小，分别填入表4-1；注意：频率差不要大于0.5Hz。

② 频率差、相角差条件满足，电压差不满足，$V_F > V_X$ 和 $V_F < V_X$ 时手动合闸，观察并记录实验台上有功功率表P和无功功率表Q指针偏转方向及偏转角度大小，分别填入表4-1；注意：电压差不要大于额定电压的10%。

③ 频率差、电压差条件满足，相角差不满足，顺时针旋转和逆时针旋转时手动合闸，观察并记录实验台上有功功率表P和无功功率表Q指针偏转方向及偏转角度大小，分别填入表4-1。注意：相角差不要大于30°。

表 4-1　偏离准同期并列条件合闸实验记录表

	$f_F>f_X$	$f_F<f_X$	$V_F>V_X$	$V_F<V_X$	顺时针	逆时针
P/kW						
Q/kvar						

注：有功功率 P 和无功功率 Q 也可以通过微机励磁调节器的显示观察。

3) 停机

当同步发电机与系统解列之后，在励磁控制器触摸屏上进行灭磁操作，灭磁成功后按下调速装置“停止”按钮，待机组停稳后断开线路和无穷大电源开关。最后按下停止按钮并切断操作电源开关。

注意事项：

① 手动合闸时，仔细观察表上的旋转指针，在旋转灯接近 0°位置之前某一时刻合闸；

② 微机自动励磁调节器触摸屏上的增减磁按钮只持续 1s 内有效，超过 1s 后如还需调节则松开按钮，重新按下；

③ 在做完准同期并列实验之后，应将同期转换开关选择为“停止”档位。

4.2　同步发电机励磁控制实验

1. 实验背景

同步发电机是把旋转形式的机械功率转换成三相交流电功率的设备，为了完成这一转换并满足运行的需求，除了需要原动机——汽轮机或水轮机供给动能外，同步发电机本身还需要有可调节的直流磁场作为机电能量转换的媒介，同时借以调节同步发电机运行工况以适应电力系统运行的需要。用来产生这个直流磁场的直流电流，称为同步发电机的励磁电流，为同步发电机提供可调励磁电流的设备总体，称为同步发电机的励磁系统，如图 4-4 所示。

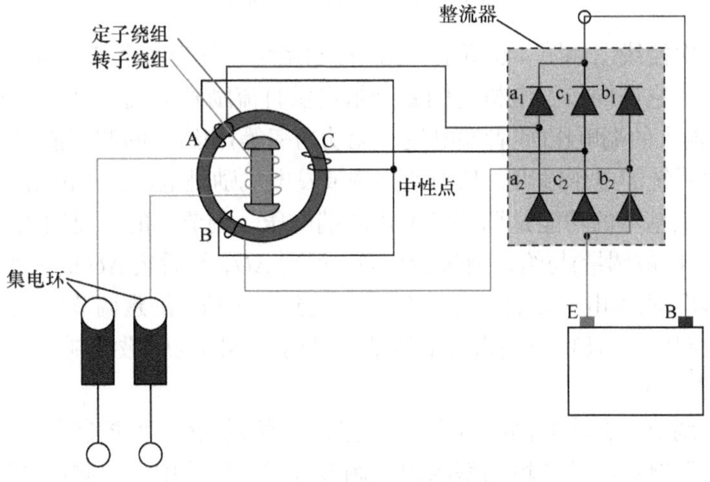

图 4-4　同步发电机励磁系统

同步发电机励磁控制系统在保证电能质量、无功功率合理分配和提高电力系统稳定性等方面都起着十分重要的作用。同步发电机的运行特性与它的空载电动势有关，而空载电动势是励磁电流的函数，因此对同步发电机励磁电流的正确控制，是电力系统自动化的重要内容。

励磁调节器是励磁控制系统中的智能设备，它检测和综合励磁控制系统运行状态及调度指令，并产生相应的控制信号作用于励磁功率单元，用以调节励磁电流大小，满足同步发电机各种运行工况的需要。

通过空载特性实验，可以检查发电机励磁系统的工作情况，观察发电机磁路的饱和程度，而且可以检查发电机定子和转子的接线是否正确，并通过它求得发电机的有关参数。所以在实际工程实践中，发电机空载特性实验是必须开展的测试项目。

强励是励磁控制系统基本功能之一，当电力系统由于某种原因出现短时低压时，励磁系统应以足够快的速度提供足够高的励磁电流，借以提高电力系统暂态稳定性和改善电力系统运行条件。在并网时，模拟单相接地和两相间短路故障可以观察强励过程。

2. 实验目的

(1) 理解同步发电机励磁调节的原理及其作用。

(2) 掌握同步发电机在并网条件下的几种励磁调节方式。

3. 实验原理

1) 励磁控制系统

同步发电机为将机械能转化成电能，需要励磁电流来提供直流磁场。由励磁功率单元、励磁调节器和发电机共同构成的闭环反馈控制系统，称为励磁控制系统，如图 4-5 所示。

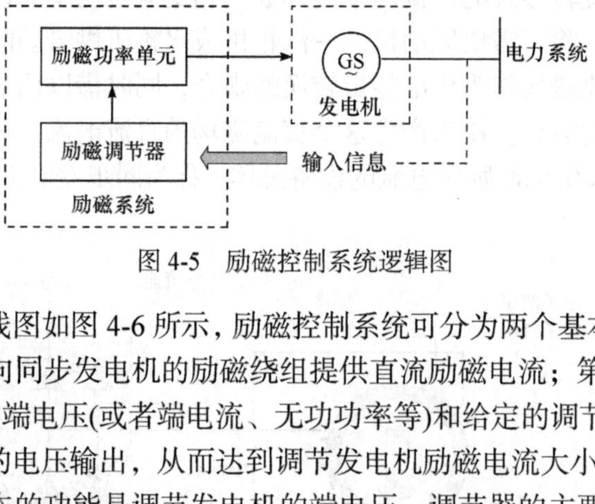

图 4-5　励磁控制系统逻辑图

励磁系统一次接线图如图 4-6 所示，励磁控制系统可分为两个基本组成部分：第一部分是励磁功率单元，它向同步发电机的励磁绕组提供直流励磁电流；第二部分是励磁调节器(AVR)，它依据输入的端电压(或者端电流、无功功率等)和给定的调节值与控制准则，实时地控制励磁功率系统的电压输出，从而达到调节发电机励磁电流大小的目的。

励磁调节器最基本的功能是调节发电机的端电压。调节器的主要输入量是发电机的端电压 U_g，将端电压(被调量)与给定值进行比较，得到 ΔU，然后按 ΔU 的大小控制输出信号，改变励磁机的输出(励磁电流)，使发电机端电压达到给定值。励磁调节器除输入发电机端电压 U_g 进行反馈控制外，还可以输入其他调节信号构成不同的励磁控制方式。

2) 励磁调节方式

本微机励磁调节器在非并网时具有“恒电压”“恒励流”“恒控制角”调节方式，并网时具有“恒电压”“恒无功”“恒功率因数”调节方式。实验中主要测试并网条件下的几种调节方式。

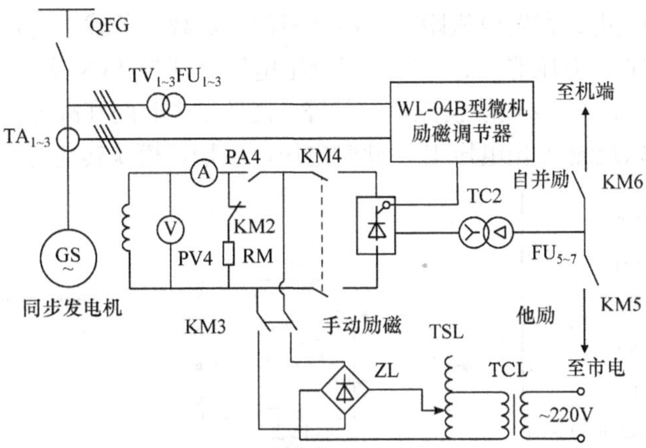

图 4-6　励磁系统一次接线图

(1) 恒电压调节：调节器上电时默认为恒电压运行，在运行过程中可通过窗口中的“恒电压”按钮来进行切换。

在恒电压调节方式下，当发电机未并网(空载)时，调整给定电压值将改变发电机的端电压 U_g。当发电机端电压高于给定电压值时，调节器将增大可控硅的触发控制角以降低励磁电流；反之，当发电机端电压低于给定值时，调节器将减小可控硅的触发控制角以增大励磁电流，从而达到控制机端电压为给定值的目的。

当外接电网且系统电压跟踪打开时，调节器会自动将系统电压作为给定值，使发电机端电压与系统电压相等，从而加快并网过程。

当发电机与系统并网时，为维持机端电压与系统电压相等，调整给定电压值将主要导致发电机的无功变化。

(2) 恒无功调节：当发电机并网后可通过切换窗口中的“恒无功”按钮来进行切换。

在无功调节模式下，调节器自动维持发电机的无功功率为给定值。在此方式下，通过对实时检测到的发电机无功功率和给定的无功功率进行比较：当发电机输出的无功功率高于给定的无功功率时，调节器将减小电压给定值，从而增大可控硅的触发控制角以降低励磁电流；反之，当发电机输出的无功功率低于给定的无功功率时，调节器将减小可控硅的触发控制角以增大励磁电流，从而达到控制发电机的无功功率为给定值的目的。

在恒无功方式下发电机解列跳闸，将自动切换为恒电压运行。

(3) 恒功率因数调节：并网后可通过切换窗口中的“恒 $\cos\varphi$”按钮来进行切换。

在功率因数调节方式下，调节器自动维持发电机的功率因数为给定值。在此方式下，通过对实时检测到的发电机功率因数和给定的功率因数进行比较：当发电机的功率因数高于给定的功率因数时，调节器将增大电压给定值，从而减小可控硅的触发控制角以增大励磁电流；反之，当发电机的功率因数低于给定的功率因数时，调节器将增大可控硅的触发控制角以减小励磁电流，从而达到控制发电机功率因数为给定水平的目的。

4. 实验仿真

本仿真模拟 PID 调节励磁控制系统，从而丰富和增强励磁控制功能，改善发动机运行状态。

如图 4-7 所示，由 Simulink 模拟了同步发电机励磁控制系统。发电机经升压变压器向无穷大系统(图 4-8)送电，在发电机跟变压器之间带一负载。负载 1 与负载 2 的额定功率分别为 5MW 和 10MW，变压器一、二次绕组额定电压分别为 13.8kV、230kV，变压器额定功率设置为 210MV·A。Fault 模块模拟接地故障，接地发生时间和故障排除时间可按需要设置。通过示波器可以观测 A 相电压 V_a，此时电压已由增益模块转化为标幺值。

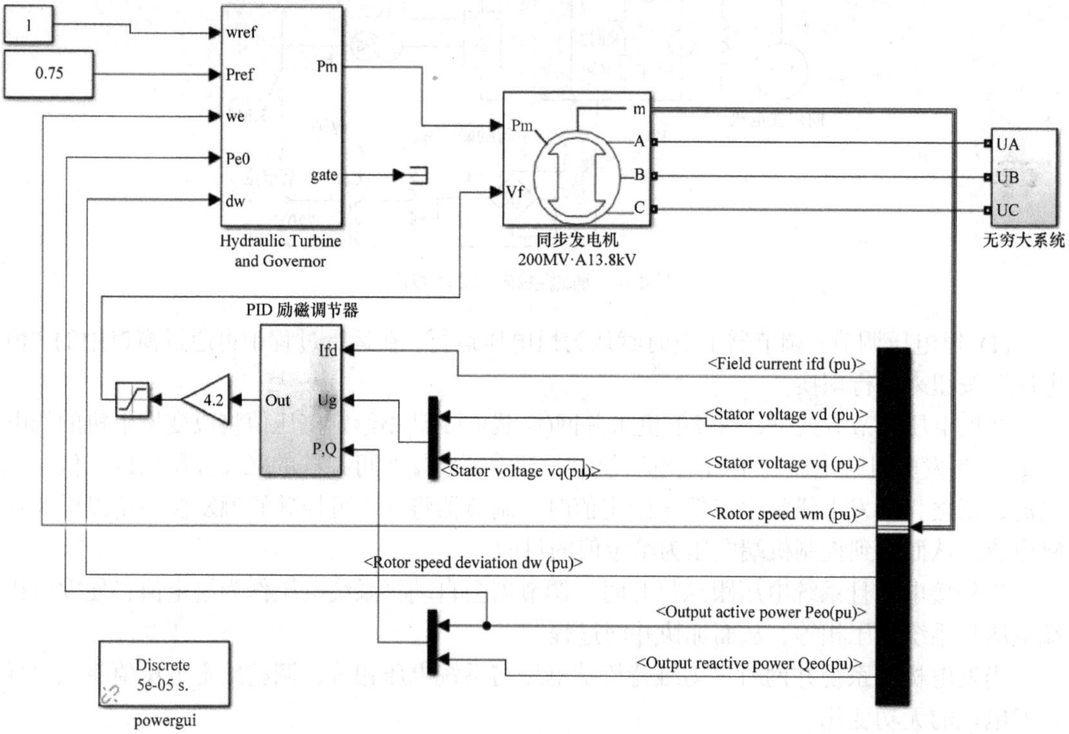

图 4-7　PID 控制励磁系统

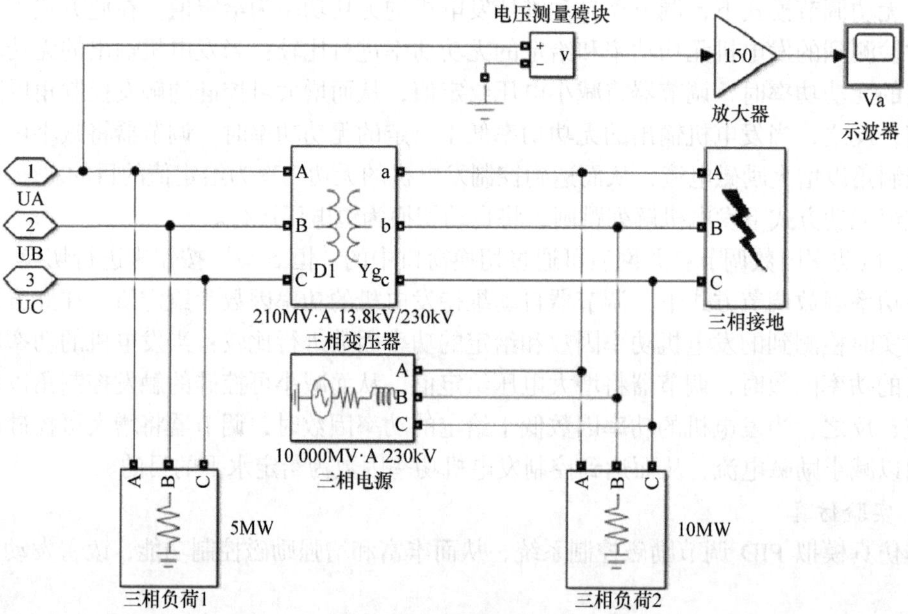

图 4-8　无穷大系统

三相同步发电机采用 Simulink 中的 Synchronous Machine pu Fundamental 模块。额定功率为 200MV·A，输出线电压为 13.8kV；原动机采用 HTG(Hydraulic Turbine and Governor) 模块；电机测量模块(Demux)得到发电机的各个参数提供给 HTG 与 PID 调节器(各个参数均为标幺值)；晶闸管整流器的增益为 4.2，饱和器的上限和下限分别为 5.6 和 0.2。

PID 励磁调节模块为励磁控制的核心，仿真内部结构如图 4-9 所示。

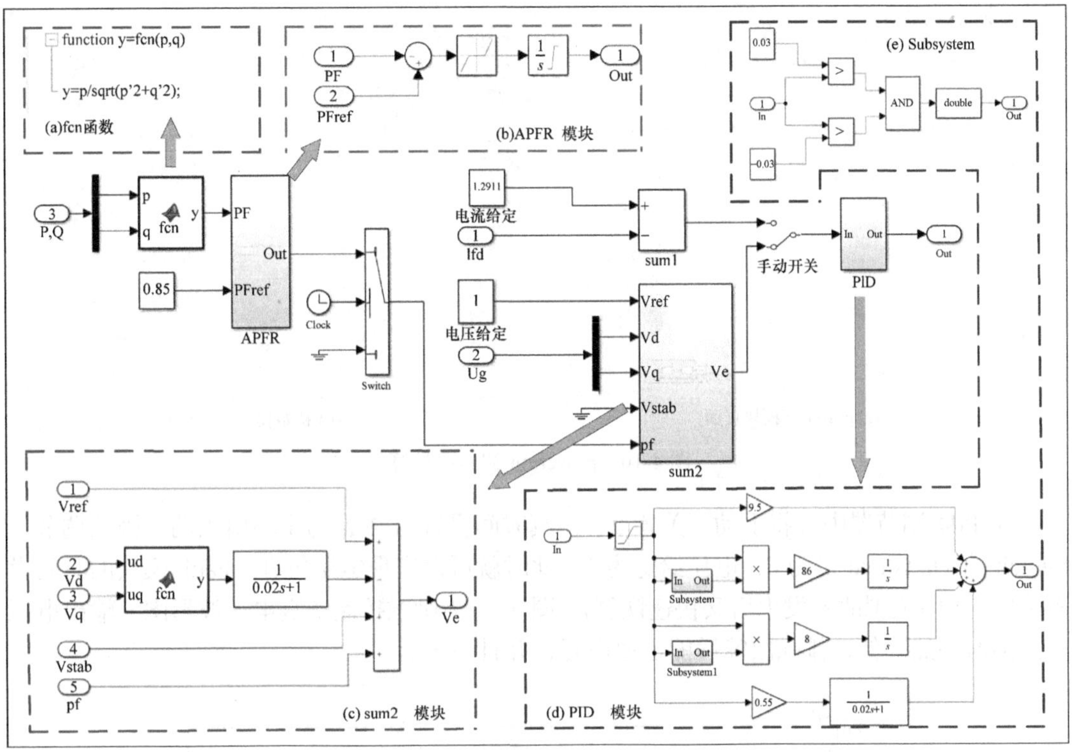

图 4-9　PID 励磁调节器仿真内部结构

1) PID 模块

图 4-9(d)所示的 PID 模块实现了 PID 控制方式。偏差输入经过饱和器，其上限和下限分别设置为 1、–1。比例常数 P 取 9.5。PID 的积分部分采用变积分的方式，Subsystem 模块(图 4-9(e))与乘积模块组合，使得偏差在–0.03～0.03 范围内，积分常数为 86，Subsysteml 模块与乘积模块组合，使得偏差在–0.03～0.03 范围外，积分常数为 8。这样实现了系统偏差大时积分作用减弱，而在系统偏差小时积分作用加强的作用，大大地减小了超调量，使系统很快地稳定下来。PID 的微分部分则采用了不完全微分，加入不完全微分后，第一次采样输出幅度比完全微分输出小得多，弥补了完全微分作用在第一个控制周期的作用太强、容易溢出的缺点。

2) sum2 模块

如图 4-9(c)所示，ud 和 uq 是发电机端电压的 d 轴和 q 轴分量标幺值，由函数功能模块将其转换为端电压标幺值，再通过低通滤波器与参考电压值相减。

3) APFR(自动功率因数调节器)模块

发电机输出的有功功率 P、无功功率 Q 由函数模块(内部函数为 u[1]/sqrt(u[1]^2+u[2]^2))

转换为功率因数，输入到 APFR 的 PF 端，与给定功率因数相减。

4) 仿真结果

如图 4-10 所示，双击打开 powergui 模块，在 Tools 中选择 Machine Initialization，接着就会打开一个新的窗口，在 Bus Type 下拉列表选择 PV generator，Terminal voltage UAB: 13800 (Vrms)，Active Power:1.5e8，点击 Compute and Apply，然后就可以进行仿真。

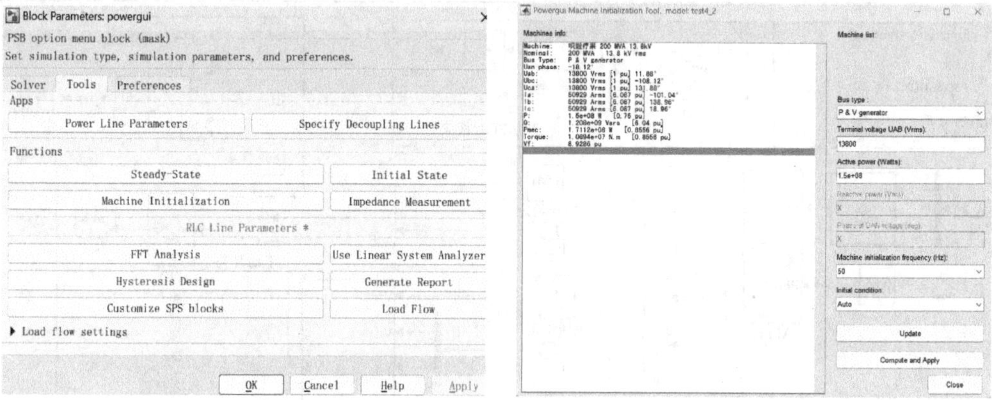

(a) powergui模块页面　　(b) 初始化页面

图 4-10　powergui 初始值计算

在 PID 调节器中，将手动开关置 2，仿真时间设置为 2s，为了不引入功率因数调节，Switch 的 Threshold 设为 6，电压给定为 1，此时就可以实现恒压仿真。Fault 模块的时间设置为[2，2.1](模拟故障发生后又快速恢复)，图 4-11 为励磁控制仿真电压波形图，输出电压在故障时突然降低，排除故障后能迅速恢复，并且稳定。

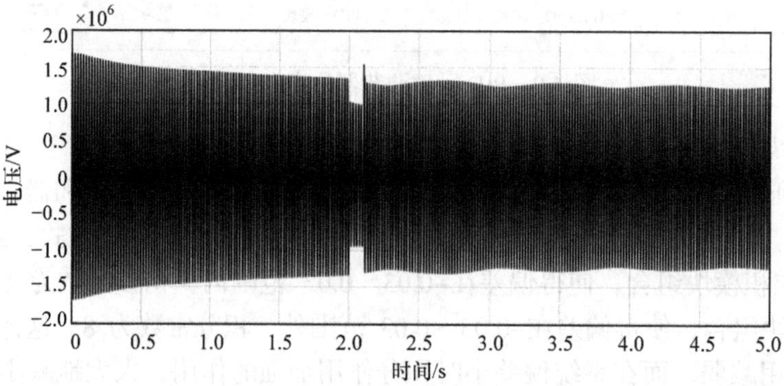

图 4-11　励磁控制仿真电压波形

5. 实验内容

1) 恒 Q 调节方式

开机建压，并网后选择“恒无功”调节方式，调节系统电压，记录发电机机端电压、定子电流、励磁电流、控制角度、有功功率、无功功率的数值，将数值记录至表 4-2。

表 4-2　恒 Q 调节参数记录表

系统电压/V	机端电压	定子电流	励磁电流	控制角度	有功功率	无功功率
360						
370						
380						
390						
400						

2) 恒 V 调节方式

开机建压，并网后选择“恒电压”调节方式，改变机组频率 45～55Hz，记录发电机机端电压、定子电流、励磁电流、控制角度、有功功率、无功功率的数值，将数值记录至表 4-3。

表 4-3　恒 V 调节记录表

发电机频率/Hz	机端电压	定子电流	励磁电流	控制角度	有功功率	无功功率
45						
47						
49						
51						
53						
55						

3) 恒 $\cos\varphi$ 调节方式

开机建压，并网后选择“恒 $\cos\varphi$”调节方式，调节给定功率因数值，记录发电机机端电压、定子电流、励磁电流、控制角度、有功功率、无功功率、功率因素的数值，将数值记录至表 4-4。

表 4-4　恒 $\cos\varphi$ 调节记录表

给定 $\cos\varphi$	机端电压	定子电流	励磁电流	控制角度	有功功率	无功功率	功率因素
0.70							
0.75							
0.80							
0.85							
0.90							

4.3　单机无穷大系统稳态运行方式实验

1. 实验背景

电力系统是由发电厂、送变电线路、供配电所和用电等环节组成的电能生产与消费系统，如图 4-12 所示。它的功能是将自然界的一次能源通过发电动力装置转化成电能，再经输电、变电和配电将电能供应到各用户。为实现这一功能，电力系统在各个环节和不同层次还具有相应的信息与控制系统，对电能的生产过程进行测量、调节、控制、保护、通信和调度，以保证用户获得安全、优质的电能。

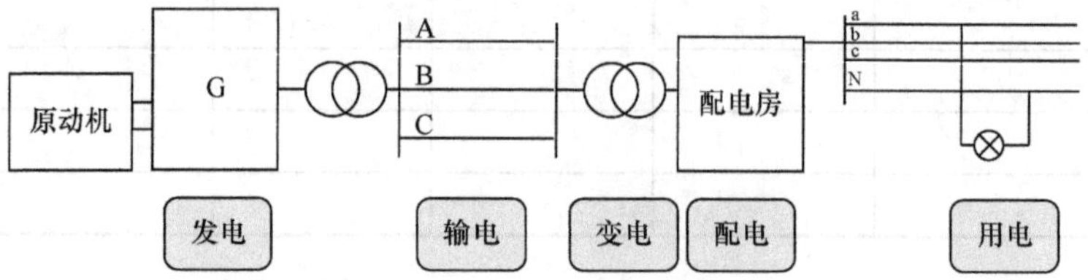

图 4-12　电力系统抽象模型

电力系统的主体结构有电源(水电站、火电厂、核电站等发电厂)，变电所(升压变电所、负荷中心变电所等)，输电、配电线路和负荷中心。各电源点还互相连接以实现不同地区之间的电能交换和调节，从而提高供电的安全性和经济性。输电线路与变电所构成的网络通常称为电力网络。电力系统的信息与控制系统由各种检测设备、通信设备、安全保护装置、自动控制装置以及监控自动化、调度自动化系统组成。电力系统的结构应保证在先进的技术装备和高经济效益的基础上，实现电能生产与消费的合理协调。

单机无穷大系统特指外部电网中同步机容量远大于目前的研究对象，即把外部电网当作大型电压源来研究，其电压幅值和频率基本不受影响。典型应用非常多，如研究风机并网问题，一般是此类系统。

2. 实验目的

(1) 了解和掌握对称稳定情况下，输电系统的运行状态与运行参数的数值变化范围。

(2) 了解和掌握输电系统稳态不对称运行的条件、不对称度运行参数的影响和不对称运行对发电机的影响等。

3. 实验原理

1) 单机无穷大系统

凡是电源都有内阻，外部短路的时候，内阻会分压，使得电源端口的电压达不到额定值。同样，在电力系统发生短路时，系统电压也达不到正常电压，但由于电力系统装机容量很大，这个分压比较小，可以忽略不计。于是，无穷大系统的电压标幺值始终为 1，大大简化了计算过程，所以无穷大系统这个概念是为了简化短路电流计算，忽略系统电压的变化。因此，在单机无穷大系统中，电机对无穷大母线而言的影响非常微弱，可以忽略不计，故母线电压恒定，可通过调节电机电压来实现潮流的输入或输出，实现对系统的分析与计算。

单机无穷大系统可以看作最简单的电力系统。一般先用单机系统，再用多机系统作为对象，实现由简单到复杂的建模过程。用单机无穷大系统作为研究对象，有利于看清楚变量之间的关系，有利于进一步在复杂系统中的控制和应用。

2) 电力系统稳态对称和不对称运行分析

电力系统稳态对称和不对称运行分析，除了包含许多理论概念之外，还有一些重要的“数值概念”。对于一条不同电压等级的输电线路，在典型运行方式下，用相对值表示的电压损耗、电压降落等的数值范围，是用于判断运行报表或监视控制系统测量值是否正确的参数依据。因此，除了通过结合实际的问题，让学生掌握此类“数值概念”外，实验也是一种很好的、更为直观、易于形成深刻记忆的手段。实验用一次系统接线图如图 4-13 所示。

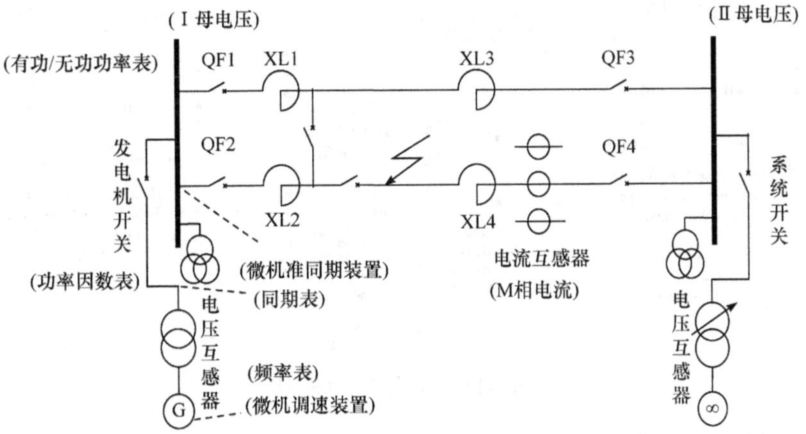

图 4-13　一次系统接线图

图 4-13 中有Ⅰ母线和Ⅱ母线、电抗器 XL1～XL4、线路断路器 QF1～QF4、发电机开关和系统开关等。输电回路有两条，由断路器操作是否投入，也即选择单回路或者双回路模式。发电机由微机调速装置控制，而微机准同期装置和同期表用于并网操作，线路上配有功率因数表、有功/无功功率表，还有电流互感器用于测量 A、B、C 三相电流。

本实验系统是一种物理模型。原动机采用直流电动机来模拟。原动机输出功率的大小，可通过给定直流电动机的电枢电压来调节。实验系统用标准小型三相同步发电机来模拟电力系统的同步发电机，虽然其参数不能与大型发电机相似，但也可以看成一种具有特殊参数的电力系统的发电机。发电机的励磁系统可以用外加直流电源通过手动来调节，也可以切换到实验台上的微机励磁调节器来实现自动调节。实验台的输电线路是用多个接成链型的电抗线圈来模拟的，其电抗值满足相似条件。“无穷大”母线就直接用实验室的交流电源，因为它是由实际电力系统供电的，因此，它基本上符合“无穷大”母线的条件。

为了进行测量，实验台设置了测量系统，以测量各种电量。为了测量发电机转子与系统的相对位置角(功率角)，在发电机轴上装设了闪光测角装置。此外，台上还设置了模拟短路故障等控制设备。凡是电源都有内阻，外部短路的时候，内阻会分压，使得电源端口的电压达不到额定值，同样，在电力系统发生短路时，系统电压也达不到正常电压，但由于电力系统装机容量很大，这个分压比较小，可以忽略不计。无穷大系统电压标幺值始终为 1，简化了计算过程。

4. 实验仿真

本次实验主要以单机无穷大系统稳态运行为主，了解稳态运行时电力系统的三相电流 A、B、C，以及输电线路上所能传输的功率(包括有功功率、无功功率)的大小，不同运行方式对于潮流的传输、电流、稳定性的影响。

首先应用 MATLAB 仿真各种运行方式情况下的电流和电压波形，探究不同运行方式对于系统运行稳定性的影响，三相电流的变化，系统输出功率极限的大小。

(1) 双回路：如图 4-14 所示，搭建两个电感作为双回路的模型，由于通常输电线路电感远大于电阻，此处电感设为 0.01H。

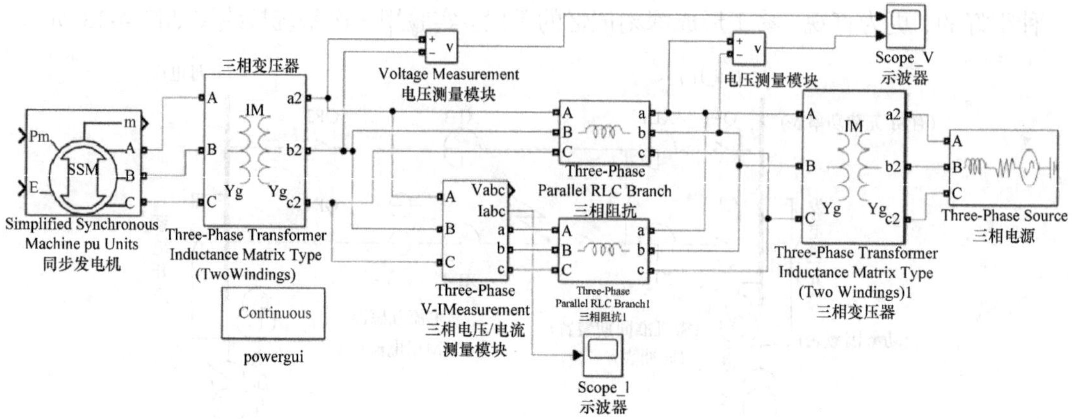

图 4-14　双回路仿真模型

设置发电机仿真模型 P_n = 200MV·A，V_n =13.8kV，f_n =50Hz；升压变压器 P_{n1} = 100MV·A，V_1/V_2 = 13.8kV/230kV；降压变压器 P_{n2} = 100MV·A，V_1/V_2 = 230kV/220V；三相电源 V_{rms}= 220V，其他参数默认。三相电流波形见 Scope_I，如图 4-15 所示，双回路电流只有 0.4A。

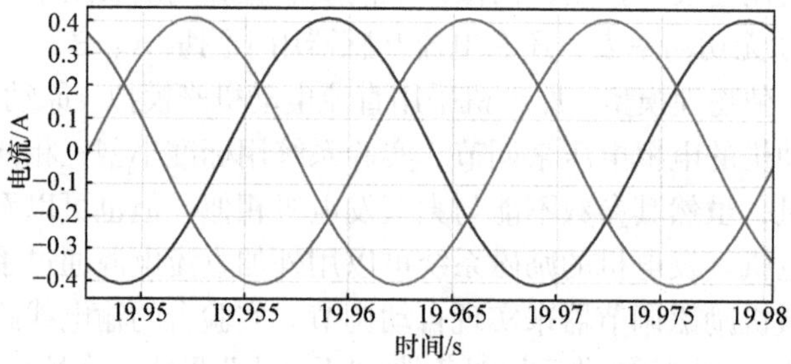

图 4-15　三相电流波形(双回路仿真)

Ⅱ母线电压波形见 Scope_V，如图 4-16 所示。与系统电压基本一致，说明在电力系统中，内压降几乎可以忽略不计，由于外电路的阻抗很大，电流不会很大，压降也因此较低。Ⅰ母线电压与Ⅱ母线电压略微有一些差异，但不会很大，如果很大则是出现了问题。示波器 Scope_V 显示了两端电压，有一定电压降落。

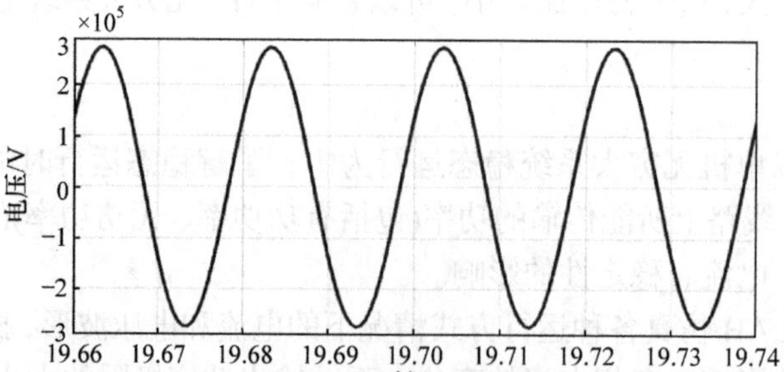

图 4-16　Ⅱ母线电压波形

(2) 单回路：如图 4-17 所示，搭建两个电感作为双回路的模型，此处设置一条回路为开路，即变成单回路模型。由于输电线路电感通常远大于电阻，忽略电阻作为一种简化的理论模型，此处电感设为 0.01H。

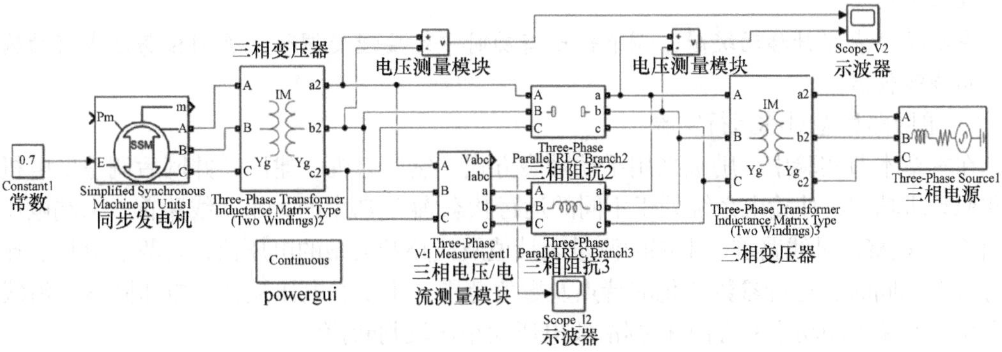

图 4-17　单回路仿真模型

三相电流波形见 Scope_I2，如图 4-18 所示，单回路电流为 0.8A，负载更大，稳定性较之双回路稍差一些。

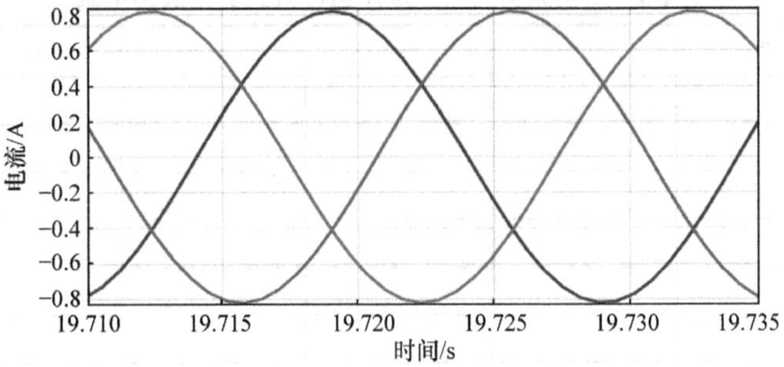

图 4-18　三相电流波形(单回路仿真)

Scope_V2 显示了两端电压，数值略微有一些不同，这是因为潮流经过输电线路的时候有一定的电压降落导致两端电压大小不一，电压降落作为一个非常重要的物理量，直接决定了输电末端的电压是否能合格，因此该问题值得研究。

结论：单回路运行时，线路电流小，两端电压由于电源内压降低从而更高，运行不如双回路稳定，但可以抑制短路电流。双回路运行时，线路电流略大，两端电压由于电源内压降略高从而降低，运行比单回路更加稳定，但短路电流偏大一些。

5. 实验内容

1) 实验步骤

(1) 设备初始化：首先将合闸回路两个接线孔短接，再将跳闸回路两个接线孔短接。合上总开关，按下启动按钮，检查二母线电压是否稳定于 380V。

(2) 并网：合上 380V 无穷大母线进线单回路隔离开关，合上 10kV 进线所有断路器。按下微机调速装置启停键(长按 2～3s)，启动原动机；选择微机励磁调节装置的功能→起励建压，手动或自动合闸模式按同期三个要求合闸。

(3) 调整结构：根据不同运行方式需要，选择输电线路单回路、双回路等不同的运行方式。

(4) 改变输出：调节微机调速装置上的电压，即模拟原动机进气量，改变原动机输出的有功大小。调节微机励磁调节装置的增励、减励改变输出的无功大小。

注意事项：

有功功率表指针移动缓慢，调节输出有功时一定要慢慢调节，否则极易造成有功输出过多而烧毁仪器。

2) 单回路稳态对称运行实验

在本章本节实验中，励磁采用手动励磁方式，然后启机、建压、并网后调整发电机电压和原动机功率，使输电系统处于不同的运行状态(输送功率的大小，线路首、末端电压的差别等)，观察记录线路首、末端的测量表计值及线路开关站的电压值，计算、分析、比较运行状态不同时，运行参数变化的特点及数值范围，主要有电压损耗、电压降落、沿线电压变化、两端无功功率的方向(根据沿线电压大小比较判断)等。

3) 双回路对称运行与单回路对称运行比较实验

按单回路稳态对称运行试验的方法进行双回路对称运行的操作，只是将原来的单回线路改成双回路运行。将单回路与双回路进行比较和分析，实验结果填入表 4-5。

表 4-5　单机无穷大系统稳态运行方式实验数据记录

	P	Q	I	U_F	U_α	ΔU
单回路						
双回路						

注：ΔU 表示输电线路的电压损耗。

4.4　电压降落和功率损耗实验

1. 实验背景

电力系统潮流计算是研究电力系统稳态运行情况的一种基本电气计算。它的任务是根据给定的运行条件和网络结构确定整个系统的运行状态，如各母线上的电压(幅值及相角)、网络中的功率分布以及功率损耗等。电力系统潮流计算的结果是电力系统稳定计算和故障分析的基础。电力系统潮流计算属于稳态分析范畴，不涉及系统元件的动态特性和过渡过程。因此其数学模型不包含微分方程，是一组高阶非线性方程。非线性代数方程组的解法离不开迭代，因此，潮流计算方法首先要求它能可靠的收敛，并给出正确答案。随着电力系统规模的不断扩大，潮流问题的方程式阶数越来越高，目前已达到几千阶甚至上万阶，对这样规模的方程式并不是采用任何数学方法都能保证给出正确答案的。这种情况促使电力系统的研究人员不断寻求新的更可靠的计算方法。

近 20 多年来，潮流算法的研究仍然非常活跃，但是大多数研究都是围绕改进牛顿法和

P-Q 分解法进行的。此外，随着人工智能理论的发展，遗传算法、人工神经网络、模糊算法也逐渐被引入潮流计算。但是，到目前为止，这些新的模型和算法还不能取代牛顿法和 P-Q 分解法的地位。由于电力系统规模的不断扩大，对计算速度的要求不断提高，计算机的并行计算技术也将在潮流计算中得到广泛的应用，成为重要的研究领域。

潮流计算的作用主要有：

(1) 在电网规划阶段，通过潮流计算，合理规划电源容量及接入点，合理规划网架，选择无功补偿方案，满足大、小规划水平的潮流交换控制、调峰、调相、调压的要求。

(2) 在编制年运行方式时，在预计负荷增长及新设备投运基础上，选择典型方式进行潮流计算，发现电网中薄弱环节，供调度员日常调度控制参考，并对规划、基建部门提出改进网架结构，加快基建进度的建议。

(3) 正常检修及特殊运行方式下的潮流计算，用于日运行方式的编制，指导发电厂开机方式，有功、无功调整方案及负荷调整方案，满足线路、变压器热稳定要求及电压质量要求。

(4) 预防事故发生、作为设备退出运行对静态安全的影响分析的手段。

在电力系统运行方式和规划方案的研究中，都需要进行潮流计算以比较运行方式或规划供电方案的可行性、可靠性和经济性。同时，为了实时监控电力系统的运行状态，也需要进行大量而快速的潮流计算。因此，潮流计算是电力系统中应用最广泛、最基本和最重要的一种电气运算。

2. 实验目的

(1) 掌握简单电网电压降落、电压损耗的测量和计算方法。

(2) 掌握简单电网功率损耗和功率方向的测量与计算方法。

3. 实验原理

电力系统正常运行情况下的分析和计算称为潮流计算，它的任务是根据给定的运行条件和网络结构计算出电压、电流、功率的分布，即潮流分布。潮流计算的方法有手算和计算机算法两种，手算适用于简单电网，优点是简单、有助于掌握电气量之间的物理关系，同时为计算机计算取得某些原始数据，但缺点是精确度不高。本实验主要利用手算分析实验数据。

1) 电压降落

如图 4-19 所示，电压降落是指线路两端电压相量差 $\mathrm{d}\dot{U}=\dot{U}_1-\dot{U}_2$。

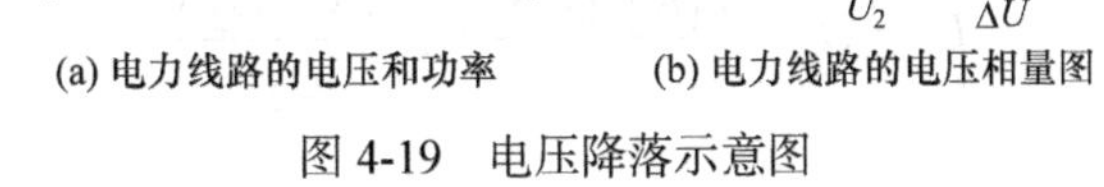

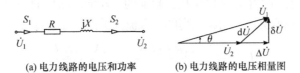

(a) 电力线路的电压和功率 (b) 电力线路的电压相量图

图 4-19 电压降落示意图

$$\mathrm{d}\dot{U}=\dot{U}_1-\dot{U}_2=\frac{P_2R+Q_2X}{U_2}+\mathrm{j}\frac{P_2X-Q_2R}{U_2}=\Delta U_2+\mathrm{j}\delta U_2 \tag{4-1}$$

也可以表示为

$$\mathrm{d}\dot{U}=\dot{U}_1-\dot{U}_2=\frac{P_1R+Q_1X}{U_1}+\mathrm{j}\frac{P_1X-Q_1R}{U_1}=\Delta U_1+\mathrm{j}\delta U_1 \tag{4-2}$$

$$\Delta U = \frac{PR + QX}{U}\text{(电压降落的纵分量)} \tag{4-3}$$

$$\delta U = \frac{PX - QR}{U}\text{(电压降落的横分量)} \tag{4-4}$$

注意：①以上公式中功率和电压必须是同端的(线路始端或末端)；②功率用三相的，电压用线电压。

2) 电压损耗

电压损耗是两端电压的幅值差 $\mathrm{d}U = U_1 - U_2$。通常由于电压损耗 $\mathrm{d}U$ 与电压降落的纵分量在数值上较接近，故一般用电压降落的纵分量近似为电压损耗，即

$$\mathrm{d}U \approx \Delta U \tag{4-5}$$

3) 功率损耗

电力线路和变压器绕组的等效阻抗中流过功率时，要产生功率损耗，其功率损耗由两部分组成：一是产生在输电线路和变压器串联阻抗上的损耗(称为变动损耗)，它随传输功率的增大而增大，是电网损耗的主要部分，其计算公式为

$$\Delta S_Z = \frac{S^2}{U^2}(R + \mathrm{j}X) = \frac{P^2 + Q^2}{U^2}(R + \mathrm{j}X) = \Delta P + \mathrm{j}\Delta Q \tag{4-6}$$

二是产生在输电线路和变压器并联导纳上的损耗(称为固定损耗)，可近似认为它只与电压有关，与传输功率无关，其计算公式如下。

电力线路的并联电纳的无功损耗：

$$\Delta S_B = -\mathrm{j}U^2 B \tag{4-7}$$

变压器并联导纳支路的无功损耗：

$$\Delta S_T = U^2 G_T + \mathrm{j}U^2 B_T \approx \Delta P_0 + \frac{I_0\%}{100} S_{NT} \tag{4-8}$$

注意：①以上公式中功率和电压必须是同端的(线路始端或末端)；②功率用三相的，电压用线电压。

4) 功率流向

高压输电线路中，电阻远小于电抗，因而高压输电线路中有功功率的流向主要由两端节点电压的相位决定，有功功率是从电压相位超前的一端流向滞后的一端；无功功率的流向主要由两端节点电压的幅值决定，由幅值高的一端流向低的一端。即

$$\dot{U}_1 = \dot{U}_2 + \frac{P_2 R + Q_2 X}{U_2} + \mathrm{j}\frac{P_2 X - Q_2 R}{U_2} \tag{4-9}$$

当 $R \approx 0$ 时，有

$$\dot{U}_1 = \dot{U}_2 + \frac{Q_2 X}{U_2} + \mathrm{j}\frac{P_2 X}{U_2} \tag{4-10}$$

$$\dot{U}_1 = U_1(\cos\delta + \mathrm{j}\sin\delta) = U_1\cos\delta + \mathrm{j}U_1\sin\delta = U_2 + \frac{Q_2 X}{U_2} + \mathrm{j}\frac{P_2 X}{U_2} \tag{4-11}$$

则

$$U_1 \sin\delta = \frac{P_2 X}{U_2} \tag{4-12}$$

$$P_2 = \frac{U_1 U_2}{X}\sin\delta \tag{4-13}$$

由此可见，P_2 主要与 δ 的大小有关，δ 越大，则 P_2 越大。

$$U_1 \cos\delta = U_2 + \frac{Q_2 X}{U_2} \tag{4-14}$$

$$Q_2 = \frac{(U_1\cos\delta - U_2)U_2}{X} \approx \frac{(U_1 - U_2)U_2}{X} \tag{4-15}$$

由此可见，Q_2 与两端电压幅值的差值 U_1-U_2 有关，差值越大，则 Q_2 越大。

4. 实验仿真

仿真建立电力系统模型如图 4-20 所示，电压源电压为 13.8kV；升压变压器为 13.8kV/230kV；降压变压器为 230kV/13.8kV，P_n = 100kV·A，f_n = 50Hz；三相 Π 形等效电路为 500km，50Hz，其余参数默认。

仿真模型中 Scope 用来显示 PI 形等效电路在长距离运输电能的过程中，其等效电阻、电感和电容造成的电压压降和功率损耗。图 4-21 和图 4-22 分别为 PI 形等效电路上电压和功率损耗，电压约下降 400V，功率损耗为 500W。

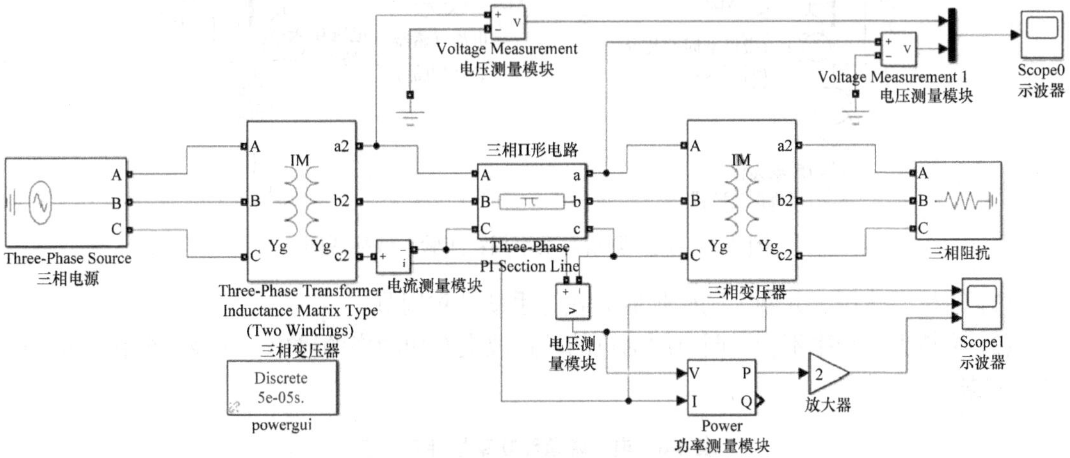

图 4-20　电力系统压降与损耗仿真模型

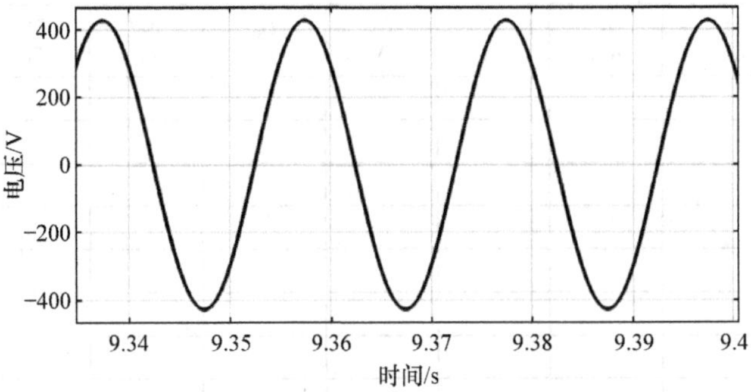

图 4-21　PI 形等效电路电压损耗

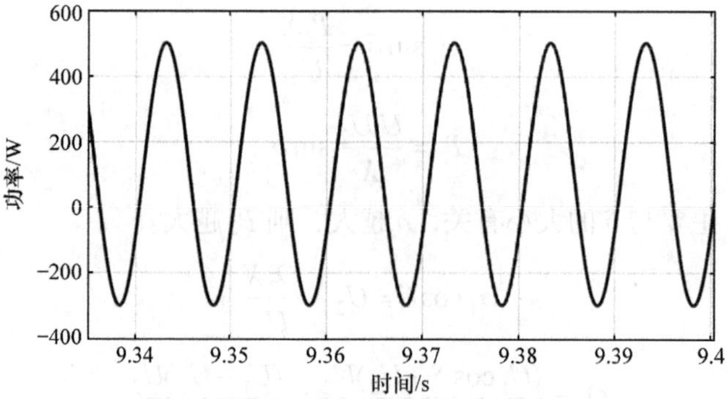

图 4-22 PI 形等效电路功率损耗

5. 实验内容

系统接线图如图 4-23 所示，其中，XL1 = XL2 = 5Ω，XL3 = XL4 = 10Ω。

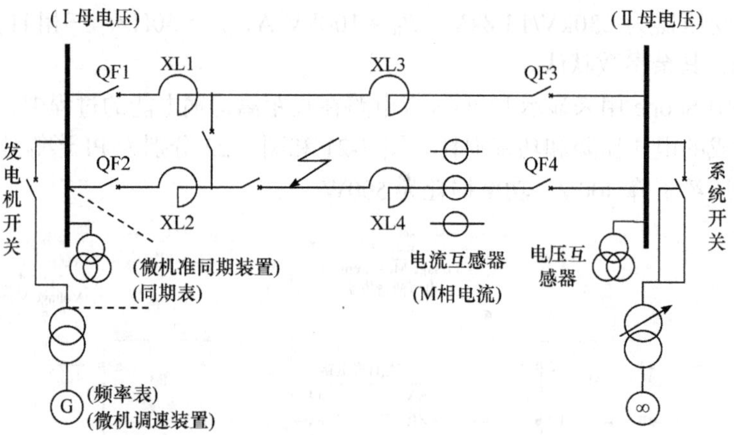

图 4-23 电压降落与功率损耗实验系统接线图

(1) 启机、建压、并网，励磁控制方式为手动励磁调节。

(2) 维持无功功率不变，调节原动机的转速改变有功功率的输出，在表 4-6 中记录几组测量数据。

表 4-6 电压降落和功率损耗实验表

调节参数	测量值						计算值			
	P /kW	Q /kvar	δ /(°)	I /A	U_F /V	U_α /V	ΔU /V	δU /V	ΔS_Z /(kV·A)	功率方向
调节 P										
调节 Q										

(3) 维持有功功率不变，通过增励和减励改变无功功率的输出，再记录几组数据。

(4) 根据测量数据计算电压降落的纵分量ΔU、横分量 δU、功率损耗 ΔS_Z、功率方向。

4.5　功率特性和功率极限实验

1. 实验背景

随着电力系统的发展和扩大，电力系统的稳定性问题更加突出，而提高电力系统稳定性和输送能力的最重要手段之一是尽可能提高电力系统功率极限，提高功率极限可以通过为发电机装设性能良好的励磁调节器以提高发电机电势、增加并联运行线路回路数或串联电容补偿等以减少系统电抗、受端系统维持较高的运行电压水平或输电线采用中继同步调相机或中继电力系统以稳定系统中继点电压等手段实现。

2. 实验目的

(1) 掌握功率特性和功率极限的概念，掌握其测量和计算方式。

(2) 理解无励磁调节和自动励磁调节对功率特性和功率极限的影响。

3. 实验原理

1) 功率特性和功率极限

如图 4-24 所示，发电机 G 通过升压变压器 T1、输电线路 L、降压变压器 T2 连接到受端电力系统。如果受端系统容量相对于发电机来说很大，则发电机输送任何功率时，受端母线电压的幅值和频率均不变(即无限大容量母线)。当送端发电机为隐极机时，可以作出如图 4-25 所示的等效电路图。图中受端系统可看成电动势为$\dot{U}$ 的发电机。各元件的电阻及导纳均略去不计，则系统的总电抗为

$$X_{d\Sigma} = X_d + X_{\mathrm{T1}} + \frac{1}{2}X_{\mathrm{L}} + X_{\mathrm{T2}} \tag{4-16}$$

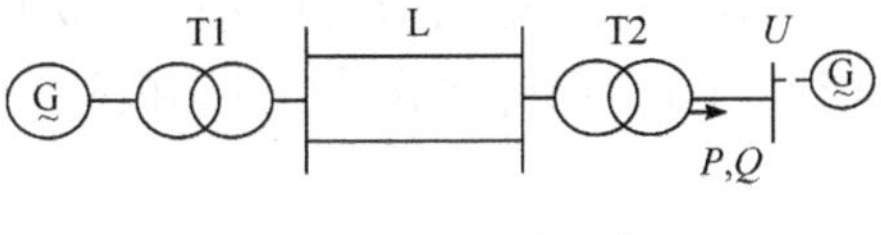

图 4-24　电力系统示意图

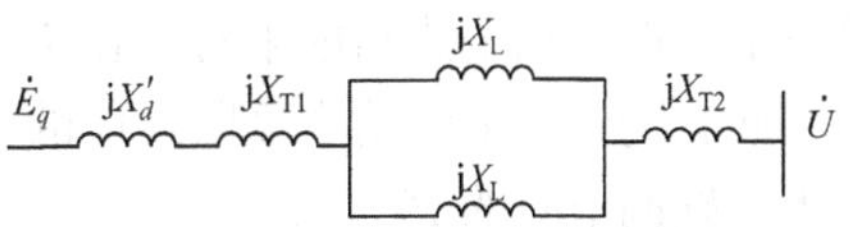

图 4-25　简单电力系统等效电路图

采用标幺值表示电力系统的参数，根据等效电路作出相应的相量图(图 4-26(a))，由此可得

$$IX_{d\Sigma}\cos\varphi = E_q \sin\delta \tag{4-17}$$

发电机输送到系统的有功功率表示为

$$P_e = UI\cos\varphi \tag{4-18}$$

将式(4-17)代入式(4-18)消去 I，可得

$$P_e = \frac{E_q U}{X_{d\Sigma}}\sin\delta \tag{4-19}$$

当发电机的电动势 E_q 和受端电压 U 恒定时，传输功率 P_e 是随角度δ变化的正弦函数曲

线，见图 4-26(b)，δ是电动势$\dot{E}_q$和电压$\dot{U}$之间的相位差，因其与传输功率有关，因此又称为“功率角”或“功角”。传输功率与功率角的关系称为“功率特性”或“功角特性”。

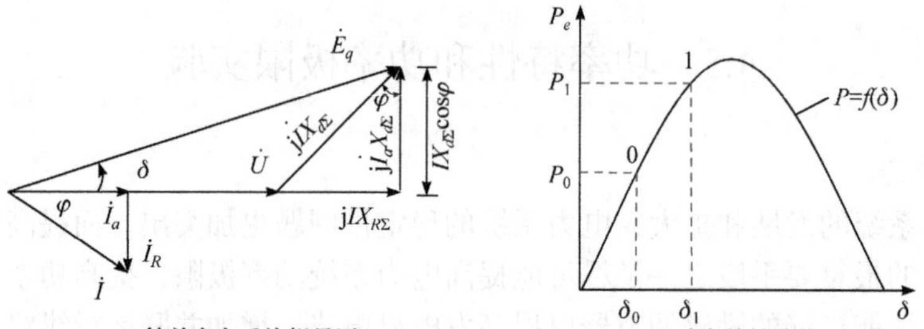

(a) 简单电力系统相量图　　　　(b) 功角特性曲线

图 4-26　电力系统相量图

当 $\delta_{Eqm} = 90°$时，对应功率极限为

$$P_{Eqm} = \frac{E_q U}{X_{d\Sigma}} \tag{4-20}$$

2) 自动励磁调节器对功率特性的影响

当不调节励磁时，发电机电动势 E_q 不变，随着输出功率的增加，功角δ增大，输电线上的电流 I 增加，电压降落 $\mathrm{j}X_d I$ 增大，则发电机端电压 U_G 会减小，同理，线路中任一中间节点电压也相应减小。

当投入自动励磁调节时，随着输出功率的增加，U_G 下降，调节器会增大励磁电流使得发电机电动势 E_q 增大，直至端电压恢复或接近整定值 U_{G0}。由此可见，励磁调节器会使得 E_q 随功角δ增大而增大，故功率特性与功角δ不再是正弦关系，可用如图 4-27 所示的功率特性曲线进行分析，图中作出了不同 E_q 值时的功率特性曲线，它们的幅值与 E_q 成正比。当输出功率增加时，发电机工作点将从 E_q 较小的正弦曲线过渡到 E_q 较大的正弦曲线上，于是得到一条保持“U_{G0}=常数”的功率特性曲线，并且可以看出，在$\delta > 90°$某一范围内，功率仍具有上升性，从公式角度来看，在$\delta > 90°$附近，当δ增大时，E_q 的增大要超过 $\sin\delta$的减小。因此有励磁调节时功率极限对应的角度大于 90°。当 U_G 保持常数时，励磁极限 P_{UGm} 也比无励磁调节时的 P_{Eqm} 大。

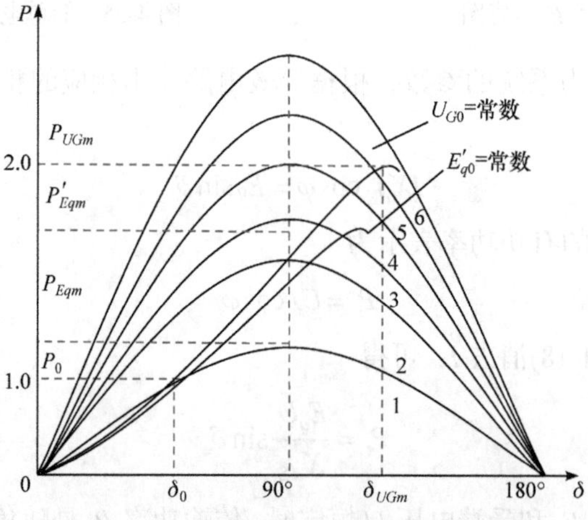

图 4-27　自动励磁调节对功率特性的影响

4. 实验内容

本实验设备的接线参照图 4-28。

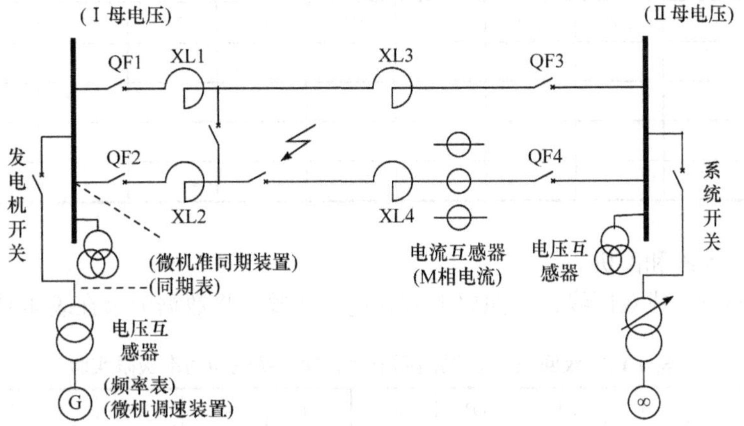

图 4-28　功率特性与功率极限实验电气接线图

1) 无调节励磁时，功率特性和功率极限实验

(1) 启机建压，单回线输电线路并网，恒 V 励磁调节模式。

(2) 发电机并网后，使 $P=0$，$Q=0$，$\delta=0$，校正初始值。

(3) 逐步增加发电机输出的有功功率，测量发电机的功-角曲线和功率极限，在表 4-7 中记录相关运行参数的变化。

(4) 解列、灭磁和停机。

(5) 将电网设置成双回线，按照以上方式进行实验，将数据记录在表 4-8 中。

表 4-7　单回线无调节励磁时，功率特性和功率极限实验

δ	0°	10°	20°	30°	40°	50°	60°	70°	80°	90°
P										
E_q										
U_g										
U_α										

表 4-8　双回线无调节励磁时，功率特性和功率极限实验

δ	0°	10°	20°	30°	40°	50°	60°	70°	80°	90°
P										
E_q										
U_g										
U_α										

2) 恒 U 励磁调节时，功率特性和功率极限实验

(1) 启机建压，单回线输电线路并网，恒 U 励磁调节模式。

(2) 发电机并网后，使 $P=0$，$Q=0$，$\delta=0$，校正初始值。

(3) 逐步增加发电机输出的有功功率，测量发电机的功-角曲线和功率极限，在表 4-9

中记录相关运行参数的变化。

表 4-9　单回线恒 *U* 励磁调节时，功率特性和功率极限实验

δ	0°	10°	20°	30°	40°	50°	60°	70°	80°	90°	100°
P											
E_q											
U_g											
U_α											

(4) 解列、灭磁和停机。

(5) 将电网设置成双回线，按照以上方式进行实验，将数据记录在表 4-10 中。

表 4-10　双回线恒 *U* 励磁调节时，功率特性和功率极限实验

δ	0°	10°	20°	30°	40°	50°	60°	70°	80°	90°	100°
P											
E_q											
U_g											
U_α											

4.6　电力系统暂态稳定实验

1. 实验背景

电力系统暂态是指从一种稳定状态到另一种稳定状态的过渡过程，在这个过程中其运行参量会发生较大的变化。暂态是电力系统运行状态之一，由于受到扰动，系统运行参量将发生很大的变化，处于暂态过程。暂态过程有两种：一种是电力系统中的转动元件，如发电机和电动机，其暂态过程主要是由机械转矩和电磁转矩(或功率)之间的不平衡而引起的，通常称为机电过程，即机电暂态；另一种是变压器、输电线等元件中，由于并不牵涉角位移、角速度等机械量，故其暂态过程称为电磁过程，即电磁暂态。电力系统的暂态过程通常有波过程、电磁暂态过程和机电暂态过程三种。它们的产生和特点分别是：

(1) 波过程是运行操作或雷击过电压引起的过程，该过程时间短暂(微秒级)，涉及电流、电压波的传导，波过程的计算不能用集中参数，要用分布参数。

(2) 电磁暂态过程是短路引起的电流、电压突变以及其后在电感、电容型储能元件及电阻耗能元件中引起的过渡过程，该过程持续时间较波过程长(毫秒级)，电磁暂态过程的计算要用磁链守恒原理，引出暂态和次暂态电动势、电抗及时间常数等参数，然后据此算出各阶段的起始值和衰减时间特。

(3) 机电暂态过程是由大干扰引起的发电机输出电功率的突变所造成的转子摇摆、振荡过程，该过程既依赖于发电机的电气参数，也依赖于发电机的机械参数，且电气运行状态与机械运行状态相互关联，是一种机电联合的一体化的动态过程，这类过程持续时间最长(秒级)。

2. 实验目的

(1) 掌握电力系统暂态稳定实验方法。

(2) 掌握故障切除时间和不同短路故障类型对暂态稳定的影响。

(3) 理解提高电力系统暂态稳定的措施，如自动重合闸、强行励磁等。

3. 实验原理

1) 电力系统暂态稳定的概念

电力系统具有暂态稳定性是指电力系统在正常运行时，受到一个大的扰动后，能从原来的运行状态(平衡点)不失去同步地过渡到新的运行状态，并在新的运行状态下稳定运行。引起电力系统大扰动的原因主要有如下几种：①负荷的突然变化，如投入、切除大容量的负荷；②切除或投入系统的主要元件，如发电机、变压器、线路的投切；③发生短路故障。其中，短路故障的扰动最为严重，常以此作为检验系统是否具有暂态稳定性的条件。

发电机的暂态功角曲线如图 4-29 所示。电力系统受到大扰动后，发电机的电磁功率 P_e 发生急剧变化，而原动机的调速器具有较大的惯性，须经一定时间后才能改变机械功率 P_T，因此发电机的电磁功率和原动机的机械功率之间失去平衡，于是产生了不平衡转矩。在不平衡转矩作用下，发电机开始改变转速，使各发电机转子间的相对位置发生变化，即功角 δ 变化，功角的变化又会引起系统中电流、电压和发电机电磁功率的变化。这一过程较为复杂，为了确定系统在大扰动下发电机能否继续保持同步运行，通常用电力系统受大扰动后功角随时间变化的特性作为暂态稳定的判据，功角变化的特性表明了电力系统受大扰动后发电机转子运动的情况。若功角经过振荡后稳定在某一数值，则表明发电机之间重新恢复了同步运行，系统具有暂态稳定性。如果受大扰动后功角不断增大，则表明发电机之间不再同步，系统失去暂态稳定。

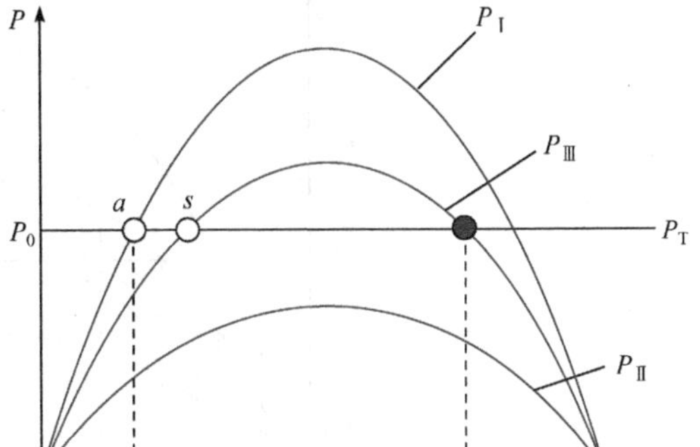

图 4-29　暂态功角曲线

2) 电力系统暂态稳定分析计算

系统正常运行情况下的等效电路如图 4-30 所示。系统总阻抗为

$$X_{\mathrm{I}} = X'_d + X_{\mathrm{T1}} + \frac{1}{2}X_{\mathrm{L}} + X_{\mathrm{T2}} \tag{4-21}$$

短路故障时根据正序等值定则，应在正序等效电路的短路点接入附加电抗(图 4-31)，此时发电机和系统间的转移电抗为

$$X_{\mathrm{II}} = X_{\mathrm{I}} + \frac{(X'_d + X_{\mathrm{T1}})\left(\frac{1}{2}X_{\mathrm{L}} + X_{\mathrm{T2}}\right)}{X_{\Delta}} \tag{4-22}$$

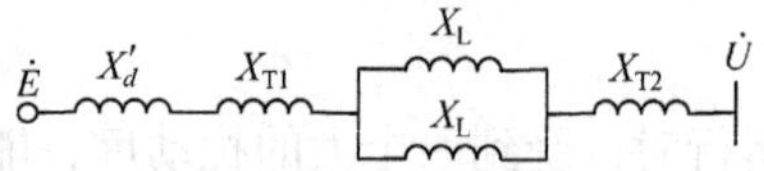

图 4-30　正常运行时系统等效电路

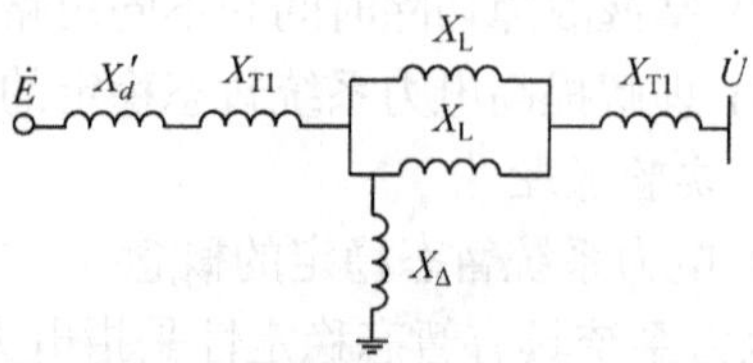

图 4-31　故障时系统等效电路

故障切除后(图 4-32)，系统总电抗为

$$X_{\mathrm{III}} = X'_d + X_{\mathrm{T1}} + X_{\mathrm{L}} + X_{\mathrm{T2}} \tag{4-23}$$

正常运行时，发电机的功率特性为

$$P_{\mathrm{I}} = (E_0 U_0)\sin\delta / X_{\mathrm{I}} \tag{4-24}$$

式中，E_0为发电机暂态电抗X'_d后的电动势值；U_0为受端电压。

短路运行时，发电机的功率特性为

$$P_{\mathrm{II}} = (E_0 U_0)\sin\delta / X_{\mathrm{II}} \tag{4-25}$$

故障切除后，发电机的功率特性为

$$P_{\mathrm{III}} = (E_0 U_0)\sin\delta / X_{\mathrm{III}} \tag{4-26}$$

通常$X_{\mathrm{I}} < X_{\mathrm{III}} < X_{\mathrm{II}}$，因此$P_{\mathrm{I}} > P_{\mathrm{III}} > P_{\mathrm{II}}$(图 4-33)。

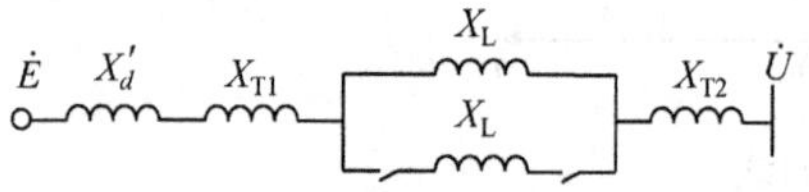

图 4-32　故障切除后系统等效电路

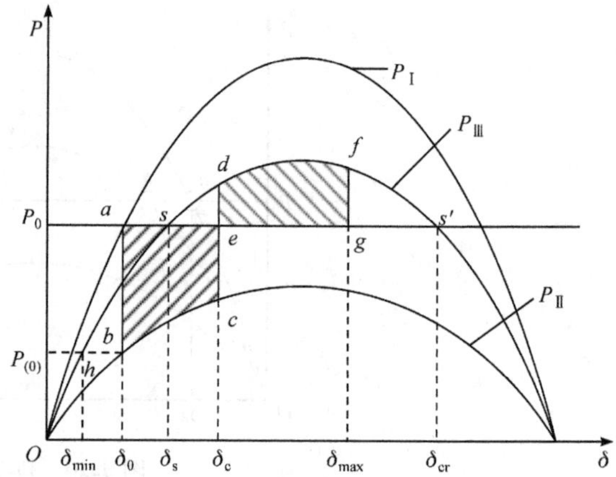

图 4-33　转子相对运动及等面积定则

3) 大扰动后发电机转子的相对运动

如图 4-33 所示，当发生短路后，发电机输出的电磁功率P_0与原动机的机械功率P_{T}失去平衡($P_0 < P_{\mathrm{T}}$)，过剩功率使得发电机转子加速运动，工作点从P_{I}转到P_{II}上并沿 $a \to b \to c$ 移动。

当故障切除后，$P_0 > P_{\mathrm{T}}$使得发电机的转子减速运动，工作点从P_{II}转到P_{III}上并沿 $c \to d \to f \to s$ 运动。

4) 等面积定则和极限切除角

由前面的分析可知，在功角从δ_0到δ_c过程中，从能量守恒角度看，原动机输出的能量大于发电机输出的能量，多余的能量使发电机转速升高并转为动能储存在转子中；在功角从δ_c到δ_{max}过程中，原动机输入的能量小于发电机输出的能量，不足部分由发电机转速降低而释放动能。因此根据能量守恒原理可得

$$\int_{\delta_0}^{\delta_c}(P_T - P_{II})\mathrm{d}\delta + \int_{\delta_c}^{\delta_{max}}(P_T - P_{III})\mathrm{d}\delta = 0 \tag{4-27}$$

即加速面积等于减速面积，也可以表示为

$$|A_{abce}| = |A_{edfg}| \tag{4-28}$$

如图 4-33 所示，根据等面积定则可知，若故障切除时间不同(即故障切除角δ_c改变)，点f在P_{III}曲线上向右移动。当点f超过点s'时，由图中可看出，它又受到加速不平衡转矩的作用，使得δ不断增大，从而发电机失去同步，因此能使发电机暂态稳定的极限情况是故障切除角为$\delta_{c.lim}$时，点f到达s'处(其对应的功角称为临界角δ_{cr})。

由发电机转子运动方程可知功角随时间变化的特性$\delta(t)$，当$\delta_c < \delta_{c.lim}$或者$t_c < t_{c.lim}$可判定暂态稳定，否则不稳定。$\delta$测量值变化较快时，本实验台难以准确读数，因此利用继电保护的故障切除时间t_c作为判断依据。

4. 实验仿真

本次实验以测量短路电流为主，感受短路对电力系统稳定性以及输电线路上传输功率的影响，了解不同短路类型的影响的异同之处。从仿真分析开始，首先应用 MATLAB 仿真各种短路情况下的电流、电压波形，注意观察以下因素：短路故障对系统产生哪些影响？短路电流大小的变化情况？最大相短路电流的大小为多少？不同短路类型所产生的短路电流大小的比较，哪一种故障短路电流最大，哪一种故障短路电流最小？对于系统输出功率的影响，哪一种短路故障影响最大，哪一种短路故障影响最弱？

1) 双回路短路

如图 4-34 所示，在原本稳态运行的某一回路上设置一处短路点，通过选择短路类型，可以实现不同短路的模拟与仿真。

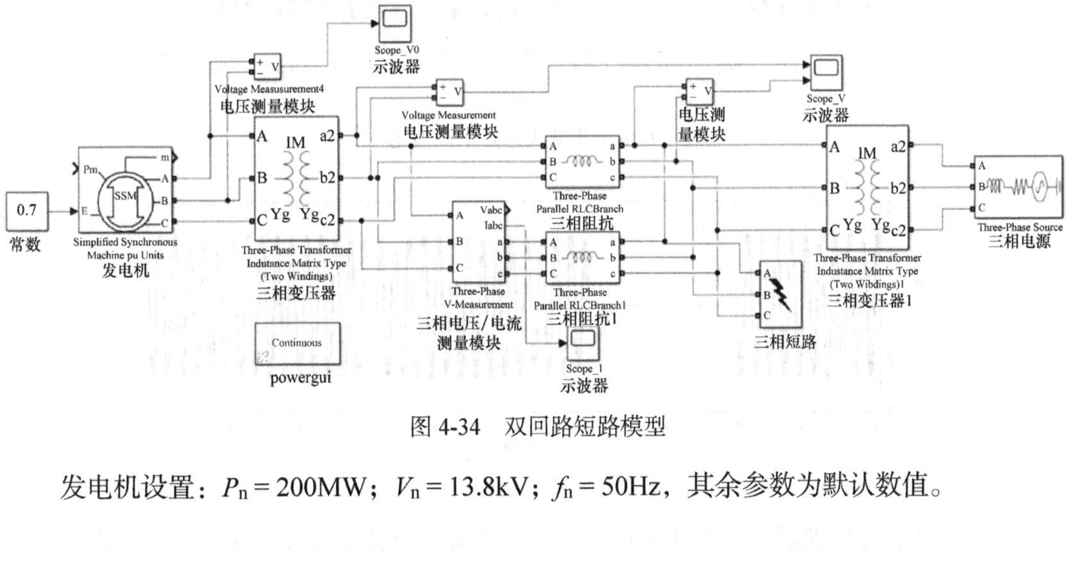

图 4-34　双回路短路模型

发电机设置：$P_n = 200\text{MW}$；$V_n = 13.8\text{kV}$；$f_n = 50\text{Hz}$，其余参数为默认数值。

升压变压器设置：P_n = 100MW；V_1/V_2 = 13.8kV/230kV；f_n = 50Hz，其余参数为默认数值。

降压变压器设置：P_n = 100MW；V_1/V_2 = 230kV/13.8kV；f_n = 50Hz，其余参数为默认数值。

三相电源设置：V_n = 13.8kV：f_n = 50Hz。

输电线路电感远大于电阻，此处电感设为 0.01H。

故障模块设置 0.2s 故障，0.4s 恢复。

三相短路电流见 Scope_I，如图 4-35 所示，短路后电流急剧增大，随后衰减，由此可知短路故障的特性：短路时间短，短路电流大，在这段时间内的电流造成的热效应是需要考虑的，因为可能会一定程度地损坏或者彻底破坏设备，同时电流造成的电动力对设备施加的应力也需要考虑，否则极易造成设备破坏。

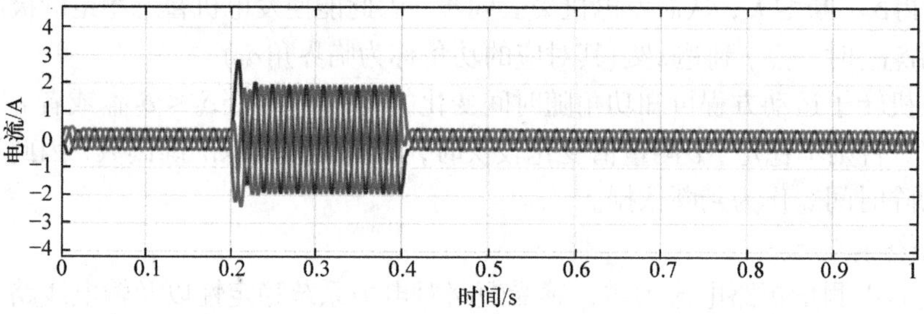

图 4-35　三相短路电流波形

Ⅱ母线短路电压见 Scope_V2，如图 4-36 所示，短路后电压急剧下降，随后慢慢恢复。Ⅰ母线短路电压见 Scope_V，如图 4-37 所示，短路后电压急剧下降，随后慢慢恢复。

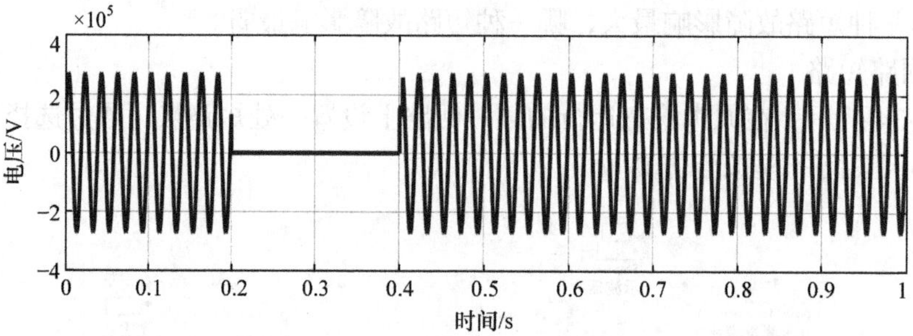

图 4-36　Ⅱ母线短路电压波形

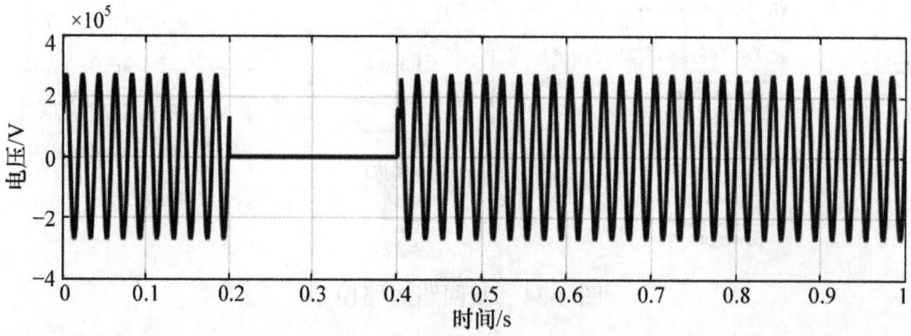

图 4-37　Ⅰ母线短路电压波形

母线失压，是短路后一个严重的问题，电压下降，会使电气设备无法正常工作。这种情况出现在医院或者矿井时会引起极大危险，例如，造成人员伤亡，干扰抑制与破坏系统的稳定运行，使线路损耗加剧、热功率损耗加剧、无功功率增大，影响通信等。

2) 单回路短路

如图 4-38 所示，将一条回路设置为开路，即可变成单回路模式。

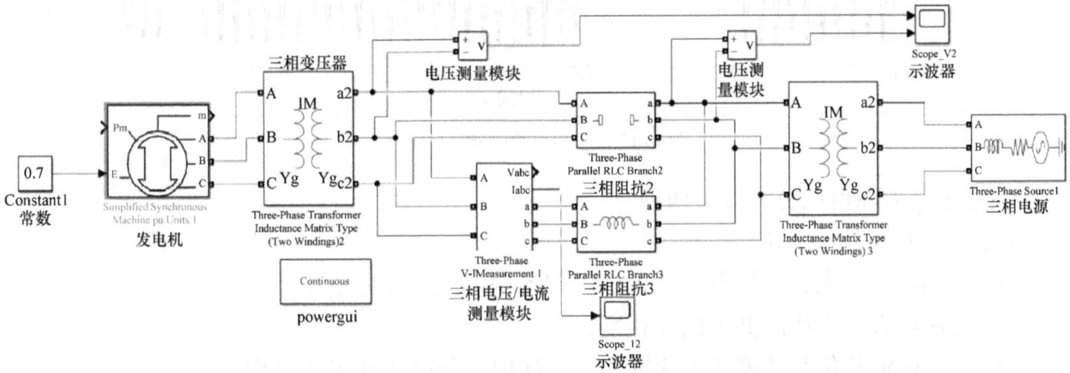

图 4-38　单回路短路模型

三相短路电流波形见 Scope_I2，如图 4-39 所示，短路后，电流急剧增大，随后慢慢衰减。而与双回路不同的是，单回路短路电流更大，因为双回路存在另一路分流，而单回路没有。

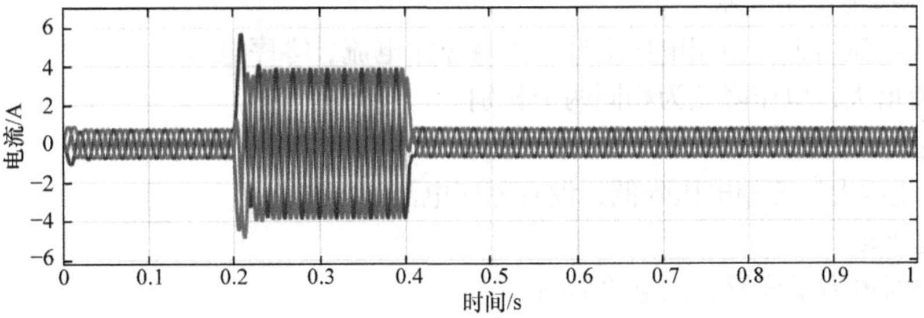

图 4-39　三相短路电流波形

Ⅱ母线短路电压波形见 Scope_V2，如图 4-40 所示，短路后电压急剧下降，随后慢慢恢复。

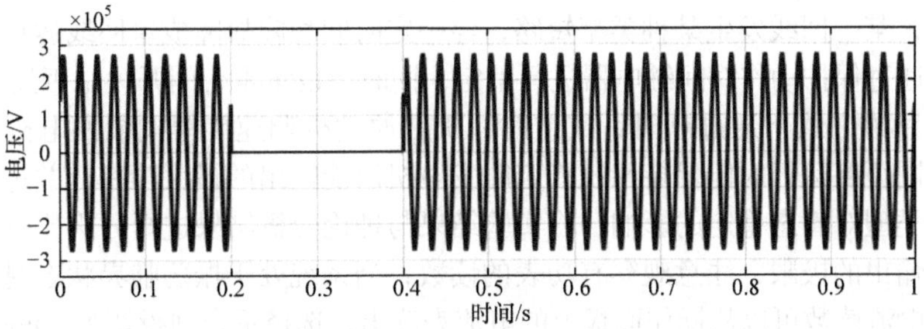

图 4-40　Ⅱ母线短路电压波形

Ⅰ母线短路电压波形见 Scope_V，如图 4-41 所示，短路后电压急剧下降，随后慢慢恢复。

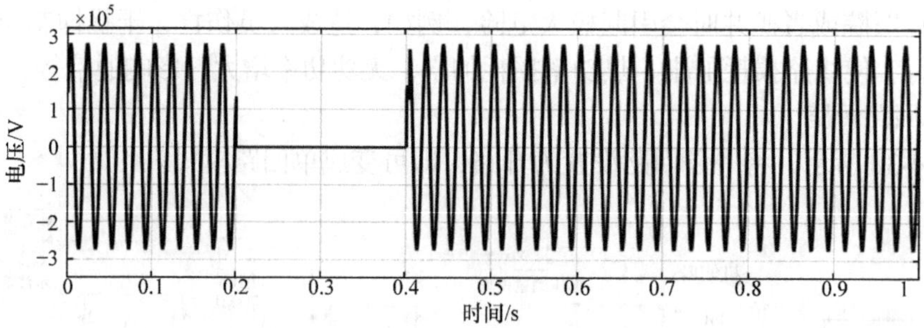

图 4-41　I 母线短路电压波形

系统短路故障可以分为以下四种。

(1) 单相接地短路故障。

① 一相电流增大，一相电压降低，出现零序电流、零序电压；

② 电流增大，电压降低为同一相别；

③ 零序电流相位与故障相电流同相，零序电压与故障相电压反相。

(2) 两相短路故障。

① 两相电流增大，两相电压降低，没有零序电流、零序电压；

② 电流增大、电压降低为相同两个相别；

③ 两个故障相电流基本反相。

(3) 两相接地短路故障。

① 两相电流增大，两相电压降低，出现零序电流、零序电压；

② 电流增大，电压降低为相同两个相别。

(4) 三相短路故障。

三相电流增大，三相电压降低，没有零序电流、零序电压。

5. 实验内容

1) 短路对电力系统暂态稳定的影响

(1) 短路类型对暂态稳定的影响。

本实验台通过对操作台上的短路选择按钮的组合可进行单相接地短路，两相相间短路，两相接地短路和三相短路试验。

固定短路地点，短路切除时间和系统运行条件，在发电机经双回线与“无穷大”电网联网运行时，某一回线发生某种类型短路，经一定时间切除故障成单回线运行。短路的切除时间可以通过保护动作时间继电器进行整定，同时要设定重合闸开关是否投切。

在手动励磁方式下通过顺时针或逆时针旋转原动机调速旋钮调节发电机向电网的出力，测定不同短路运行时能保持系统稳定时发电机所能输出的最大功率，并进行比较，分析不同故障类型对暂态稳定的影响。将实验结果与理论分析结果进行分析比较。P_{max} 为系统可以稳定输出的极限，注意观察有功表的读数，当系统处于振荡临界状态时，记录有功读数，最大电流读数可以从操作面板上的电流表读出，选择重合闸投切为 OFF。不同故障类型下实验数据记录至表 4-11～表 4-14。

表 4-11　短路切除时间 $t = 0.5s$ 短路类型：单相接地短路

QF1	QF2	QF3	QF4	P_{max}/W	最大短路电流/A
1	1	1	1		
0	1	0	1		

(0：表示对应线路开关断开状态，1：表示对应线路开关闭合状态)

表 4-12　短路切除时间 $t = 0.5s$ 短路类型：两相相间短路

QF1	QF2	QF3	QF4	P_{max}/W	最大短路电流/A
1	1	1	1		
0	1	0	1		

表 4-13　短路切除时间 $t = 0.5s$ 短路类型：两相接地短路

QF1	QF2	QF3	QF4	P_{max}/W	最大短路电流/A
1	1	1	1		
0	1	0	1		

表 4-14　短路切除时间 $t = 0.5s$ 短路类型：三相短路

QF1	QF2	QF3	QF4	P_{max}/W	最大短路电流/A
1	1	1	1		
0	1	0	1		

(2) 故障切除时间对暂态稳定的影响。

固定短路地点，短路类型和系统运行条件，按调速装置上的调速按钮增加发电机向电网的出力，在测定不同故障切除时间能保持系统稳定时发电机所能输出的最大功率，分析故障切除时间对暂态稳定的影响。其中，一次接线方式：QF1 = 1、QF2 = 1、QF3 = 1、QF4 = 1。

2) 研究提高暂态稳定的措施

(1) 强行励磁。

在微机励磁方式下短路故障发生后，微机将自动投入强励以提高发电机电势。观察它对提高暂态稳定的作用。

(2) 单相重合闸。

在电力系统的故障中大多数是送电线路(特别是架空线路)的“瞬时性”故障，除此之外也有“永久性故障”。

在电力系统中采用重合闸技术的经济效果，主要可归纳如下：大大提高供电可靠性；提高电力系统并列运行的稳定性；对继电保护误动作而引起的误跳闸，也能起到纠正的作用。

对瞬时性故障，保护装置切除故障线路后，经过延时一定时间将自动重合原线路，从而恢复全相供电，提高了故障切除后的功率特性曲线。同样通过对操作台上的短路按钮组合，选择不同的故障相。

顺时针或逆时针旋转原动机调速的旋钮调节发电机向电网的出力，观察它对提高暂态稳定的作用，观察它对提高暂态稳定的作用。

其故障的切除时间通过保护动作时间继电器进行整定，同时要选择进行重合闸投切。

当瞬时故障时间小于保护动作时间时保护不会动作；当瞬时故障时间大于保护动作时间而小于重合闸时间，能保证重合闸成功，当瞬时故障时间大于重合闸时间，重合闸后则认为线路为永久性故障加速跳开整条线路。

注意事项：

实验结束后，通过励磁装置使无功至零，通过调速器使有功至零，解列之后逆时针旋转原动机调速旋钮使发电机转速至零。跳开操作台所有开关之后，方可关断操作台上的电源关断开关，并断开其他电源开关。

复杂电力系统运行方式

4.7　复杂电力系统运行方式实验

1. 实验背景

潮流计算是研究电力系统稳态运行情况的一种基本电气计算，常规潮流计算的任务是根据给定的运行条件和网络结构确定整个系统的运行状态，如各母线上的电压(幅值及相角)、网络中的功率分布以及功率损耗等。潮流计算的结果是电力系统稳定计算和故障分析的基础。

通过几十年的发展，潮流算法日趋成熟。近几年，对潮流算法的研究仍然是如何改善传统的潮流算法，即高斯-赛德尔法、牛顿法和快速解耦法。由于牛顿法在求解非线性潮流方程时采用的是逐次线性化的方法，为了进一步提高算法的收敛性和计算速度，人们将泰勒级数的高阶项或非线性项也考虑进来，于是产生了二阶潮流算法。后来，人们根据直角坐标形式的潮流方程是一个二次代数方程的特点，提出了采用直角坐标的保留非线性快速潮流算法。

2. 实验目的

(1) 了解输电系统的网络结构，通过实际操作，观察不同网络结构下电流和电压的分布。

(2) 了解和掌握对称稳定情况下，输电系统的网络结构和各种运行状态与运行参数值的变化范围。

(3) 理论计算和实验分析，掌握电力系统潮流分布的概念。

(4) 加深对电力系统暂态稳定内容的理解，使课堂理论教学与实践相结合，提高学生的感性认识。

3. 实验原理

现代电力系统电压等级越来越高，系统容量越来越大，网络结构也越来越复杂。仅用单机无穷大系统模型来研究电力系统，不能全面反映电力系统物理特性，如网络结构的变化、潮流分布、多台发电机并列运行等。

“电力系统微机监控实验装置”是将五台“电力系统综合自动化实验装置”的发电机组及其控制设备作为各个电源单元组成一个可变环形网络，如图 4-42 所示。

此电力系统主网按 500kV 电压等级来模拟，MD 母线为 220kV 电压等级，每台发电机按 600MW 机组来模拟，无穷大电源短路容量为 6000MV·A。

A 站、B 站相连，通过双回 400km 长距离线路将功率送入无穷大系统，也可将母联断开分别输送功率。在距离 100km 的中间站的母线 MF 经联络变压器与 220kV 母线 MD 相连，

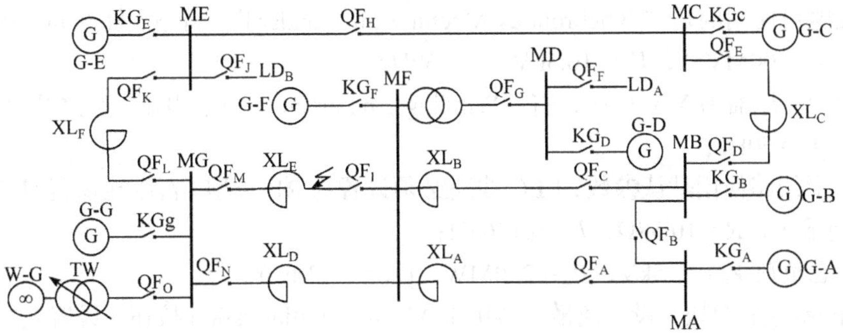

图 4-42　多机系统网络结构图

D 站在轻负荷时向系统输送功率，而当重负荷时则从系统吸收功率(当两组大小不同的 A、B 负荷同时投入时)从而改变潮流方向。

C 站一方面经 70km 短距离线路与 B 站相连，另一方面与 E 站并联，还经过 200km 中距离线路与无穷大母线 MG 相连，同时 C 站还连有地方负荷。

此电力网是具有多个节点的环形电力网，通过投切线路，能灵活地改变接线方式，如切除 XL_C 线路，电力网则变成了一个辐射形网络，如切除 XL_F 线路，则 C 站、E 站要经过长距离线路向系统输送功率，如 XL_C、XL_F 线路都断开，则电力网变成了 T 形网络等。

在不改变网络主结构前提下，通过分别改变发电机有功、无功来改变潮流的分布，可以通过投、切负荷改变电力网潮流的分布，也可以将双回路线改为单回路线输送来改变电力网潮流的分布，还可以调整无穷大母线电压来改变电力网潮流的分布。

在不同的网络结构前提下，针对 XLB 线路的三相故障，可进行故障计算分析实验，此时，当线路故障时，其两端的线路开关 QF_C、QF_F 跳开(开关跳闸时间可整定)。

4. 实验仿真

本仿真实验建立回形电力系统，通过设置发电机和负载参数，观察不同节点潮流计算的电压、功率等结果，仿真模型如图 4-43 所示。

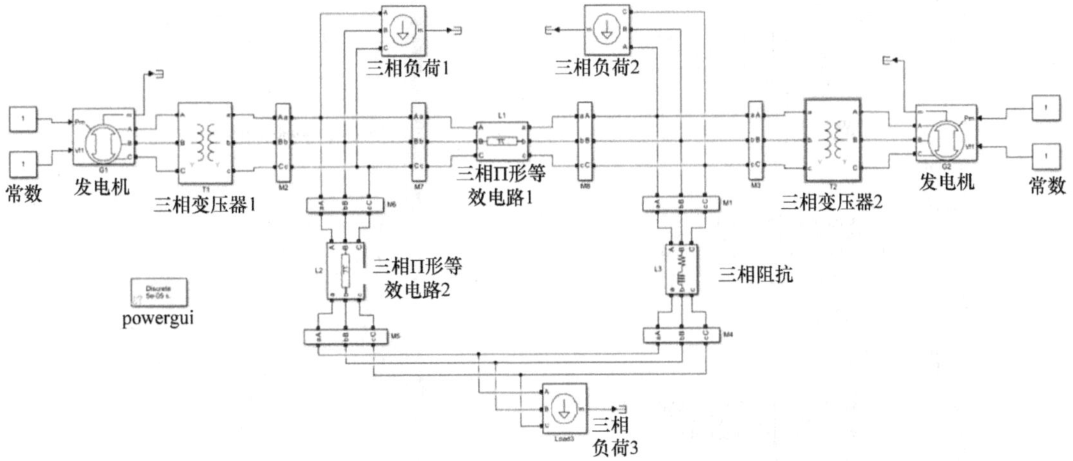

图 4-43　复杂电力系统运行仿真模型

各模块参数设置：

(1) 发电机使用的是“Synchronous Machine pu Standard”，即 p.u.标准同步电机模块，设置参数 $P_n = 100\text{MV·A}$，$V_n = 10.5\text{kV}$，$f_n = 50\text{Hz}$；

(2) 两台变压器为 Y-Y 接法，将“Winding 1 parameters”的“L1”参数设置为 0，$P_n = 100\text{MV·A}$，$f_n = 50\text{Hz}$；

(3) PI 形线路使用默认参数，RLC 线路必须设置为 RL 类型，否则在运行时发电机会显示没有任何输出，$R = 10.58\Omega$，$L = 0.1263\text{H}$；

(4) 动态负荷 $V_n = 115\text{kV}$，$P_o = 200\text{MW}$，$Q_o = 100\text{Mvar}$。

双击 powergui 模块，设置离散，再单击 Machine initialization 按钮，设置发电机和负荷的一些典型参数(频率都为 50Hz；G1 为 PV 节点，AB 电压 10500Vms，有功功率 5e + 08；G2 为平衡节点 swing；三个负荷的 P 和 Q 也要设置为与前面一样的值)，之后单击 Update 按钮，再单击 Compute and Apply 按钮，潮流计算结果如图 4-44 所示。

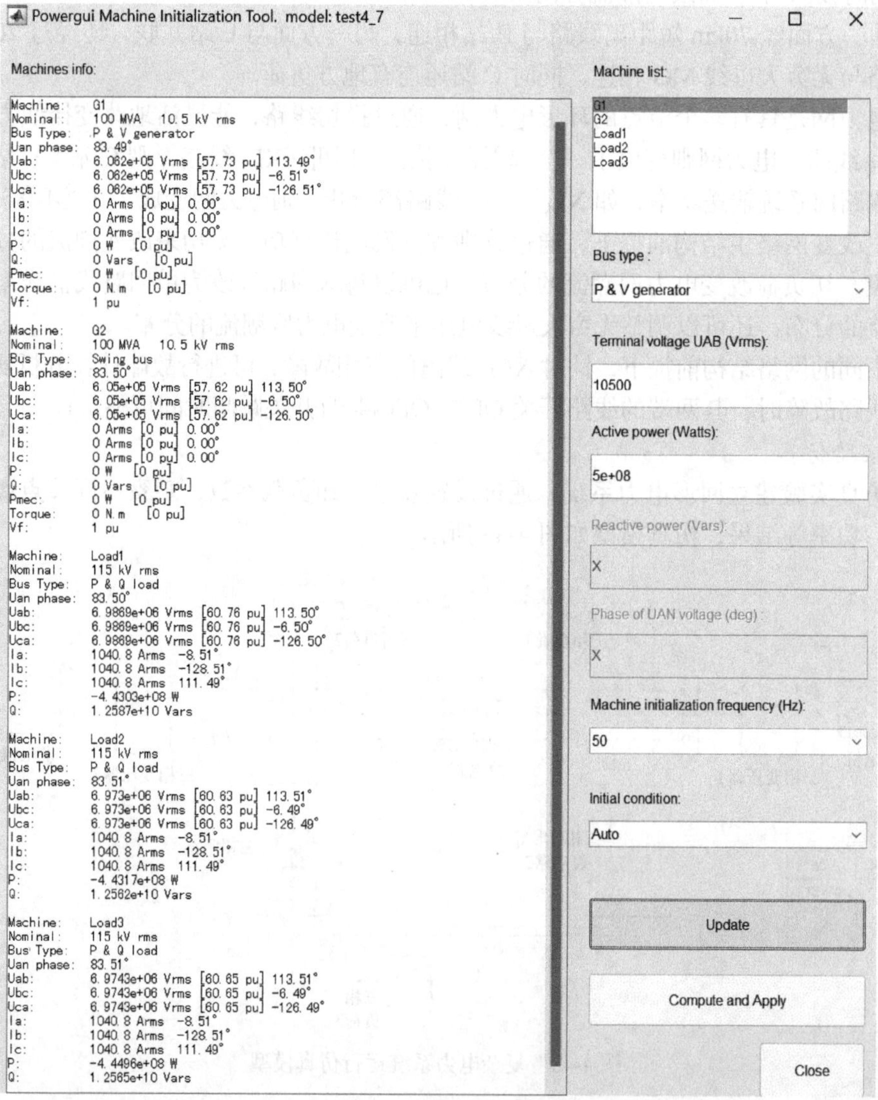

图 4-44　潮流计算结果

5. 实验内容

1) 实验步骤

(1) 设备初始化：首先将合闸回路两个接线孔短接，再将跳闸回路两个接线孔短接。合上总开关，按下启动按钮，检查二母电压是否稳定于 380V。

(2) 并网：合上 380V 无穷大母线进线单回路隔离开关，合上 10kV 进线所有断路器。按下微机调速装置启停键(长按 2～3s)，启动原动机；选择微机励磁调节装置的功能→起励建压，手动或自动合闸模式，然后按要求合闸。

(3) 投入发电机，投入负荷并观察潮流分布。

2) 网络结构变化对系统潮流的影响

在相同的运行条件下，即各发电机的运行参数保持不变，改变网络结构，观察并记录系统中运行参数的变化至表 4-15 和表 4-16，并将结果加以比较和分析。

表 4-15　网络结构变化前

参数	G-A	G-B	G-C	G-D	G-E	MD	ME
U							
I							
P							
Q							
$\cos\varphi$							
参数	XL_A	XL_B	XL_C	XL_D	XL_E	XL_F	联络变压器
U							
I							
P							
Q							
$\cos\varphi$							

表 4-16　网络结构变化后

参数	G-A	G-B	G-C	G-D	G-E	MD	ME
U							
I							
P							
Q							
$\cos\varphi$							
参数	XL_A	XL_B	XL_C	XL_D	XL_E	XL_F	联络变压器
U							
I							
P							
Q							
$\cos\varphi$							

3) 投、切负荷对系统潮流的影响

在相同的网络结构下各发电机向系统输送一定负荷，投入各地方负荷 LD_A 和 LD_B。观察并记录系统中运行参数的变化并将结果加以分析和比较。网络结构和各发电机输出功率大小由同学们自己设计，并记录下各开关状态至表 4-17 和表 4-18。

4) 短路对电力系统暂态稳定的影响

设计网络结构，发电机运行参数以及切除故障线路的保护动作时间，分析比较实验结果。

表 4-17　投地方负荷前

参数	G-A	G-B	G-C	G-D	G-E	MD	ME
U							
I							
P							
Q							
$\cos\varphi$							
参数	XL_A	XL_B	XL_C	XL_D	XL_E	XL_F	联络变压器
U							
I							
P							
Q							
$\cos\varphi$							

表 4-18　投地方负荷后

参数	G-A	G-B	G-C	G-D	G-E	MD	ME
U							
I							
P							
Q							
$\cos\varphi$							
参数	XL_A	XL_B	XL_C	XL_D	XL_E	XL_F	联络变压器
U							
I							
P							
Q							
$\cos\varphi$							

注意：LD_A 负荷的性质可以通过台后三刀三掷开关切换。即纯电阻负荷、感性负荷、纯电感负荷。

注意事项：

在此多机电力系统中，三相短路时故障电流很大，故线路保护动作时间整定为 0.1～0.3s。

第5章 供配电实验

5.1 供电倒闸操作实验

1. 实验背景

电气设备分为运行、备用、检修三种状态，将设备从一种状态转变为另一种状态所进行的操作称为倒闸操作，主要操作方式有合上或断开隔离开关、断路器、挂或拆接地线、直流操作回路、推入或拉出小车断路器、投入或退出继电保护、给上或取下二次插件等。倒闸操作是变配电所值班人员的一项重要而又复杂的工作，如果操作错误会导致设备事故或危及人身安全，所以应掌握倒闸操作的要求和步骤，并在实际执行中严格按照这些规则操作。

2. 实验目的

(1) 掌握变电所停送电的操作顺序。

(2) 掌握操作票的填写方法。

(3) 了解“五防”的内容与要求。

3. 实验原理

1) 停送电操作顺序

(1) 送电时应从电源侧逐次向负荷侧，即先合电源侧的开关设备，后合负荷侧的开关设备。按这种程序操作，可使开关的合闸电流减至最小，比较安全，且万一某部分存在故障，该部分一合闸就会出现异常，故障也容易被发现。

35kV 电源 I 母线送电操作流程：①合进线侧上隔离开关 QS101；②合断路器 QF101；③合进线侧下隔离开关 QS102；④合进线侧下隔离开关 QS103；⑤合断路器 QF102。

(2) 停电时应从负荷侧逐向电源侧，即先拉负荷侧的开关设备，后拉电源侧的开关设备。按这个顺序操作，可使开关的开断电流减至最小，比较安全。在紧急情况下也可直接拉开高压断路器或负荷开关以实现快速切断电源。

10kV I 母停电操作流程：①分断路器 QF103；②分进线侧下隔离开关 QS104；③分断路器 QF301；④分进线侧下隔离开关 QS301，此时 10kV I 母线处于停电状态。

2) 倒闸操作的安全技术要求

(1) 倒闸操作应由两人进行，一人操作，另一人监护。特别重要和复杂的倒闸操作，应由电气负责人监护，高压倒闸操作时，操作者应戴绝缘手套，室外操作时还应穿绝缘靴，戴安全帽和防护镜。

(2) 倒闸操作前，应根据操作票的顺序在模拟板上进行核对性操作。操作时，应先核对设备名称、编号，并检查断路设备或隔离开关的原拉、合位置与操作票所写是否相符。操作中，应认真监护、复诵，每操作完一步即应由监护人在操作项目前面画“√”。

(3) 操作中产生疑问时，必须向调度员或电气负责人报告，弄清楚后再进行操作，不准擅自更改操作票。

(4) 操作电气设备的人员与带电导体应保持规定的安全距离，同时应穿防护工作服和绝缘靴，并根据操作任务采取相应的安全措施。

(5) 送电时要按先高压后低压，先电源侧开关后负荷侧开关的原则执行操作，停电时则相反。不准越级进行合分操作。

(6) 操作票应用钢笔或圆珠笔填写，票面应清楚整洁，不得任意涂改等。

3) 开关柜的“五防”功能

“五防”是保证电力网安全运行，确保设备和人身安全、防止误操作的重要技术措施。“五防”的具体内容为：防止误分、合断路器；防止带负荷分、合隔离开关；防止带电挂接地线；防止带地线合闸；防止误入带电间隔。

“五防”闭锁是防止运行人员的误操作事故而采取的一种积极措施，随着电网技术的不断发展，防误装置得到改进和完善。防误装置的设计原则是：凡有可能引起误操作的高压电气设备，均应装设防误装置和相应的防误电气闭锁回路。常规“五防”闭锁方式主要有 4 种：机械闭锁、程序闭锁、电气闭锁和微机防误闭锁装置。

本实训系统采用机械闭锁，以接触器互锁的方式来防止断路器和隔离开关的操作失误。如果操作顺序不当，系统会自动闭锁，使得操作无效。

4. 实验仿真

本仿真为合闸操作，主要由三相电源、三相变压器、三相 Π 形等效电路、三相断路器、三相负荷构成，如图 5-1 所示。

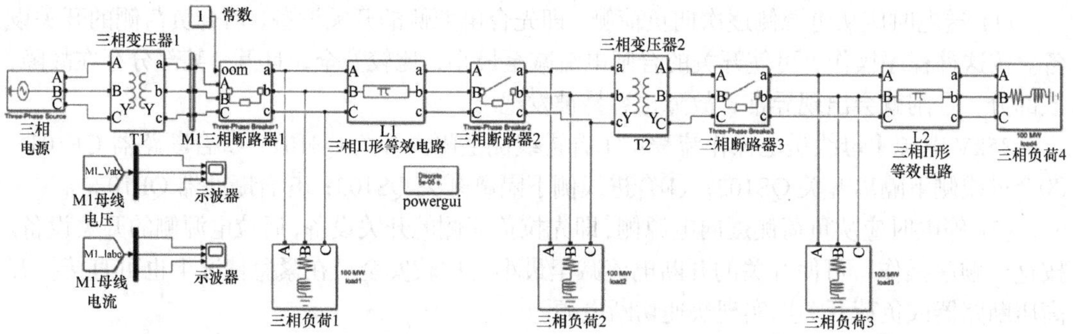

图 5-1 合闸操作仿真电路

三相电源电压为 10.5kV，变压器 T1 为 10.5kV/121kV，变压器 T2 为 121kV/10.5kV，负荷均为 100MW，Π 型等效电路均为 100km、50Hz，其余参数默认。断路器 1 常闭、断路器 2 于 1.2s 后闭合、断路器 3 于 1.5s 后闭合，模拟合闸操作。观察合闸前后，母线 M1 电压和电流的变化。

图 5-2 和图 5-3 为合闸前后母线 M1 电压电流的仿真结果，从上至下依次为 A、B、C 三相。可见电压随着合闸接入负荷而减小，电流随着合闸接入负荷而增大。

5. 实验内容

合闸过程进行送电和停电操作后填写表 5-1 和表 5-2。

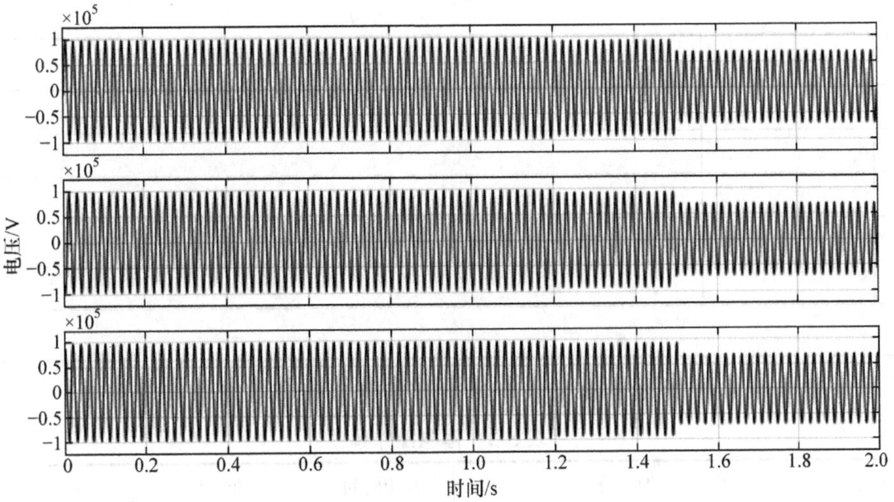

图 5-2　合闸操作电压变化

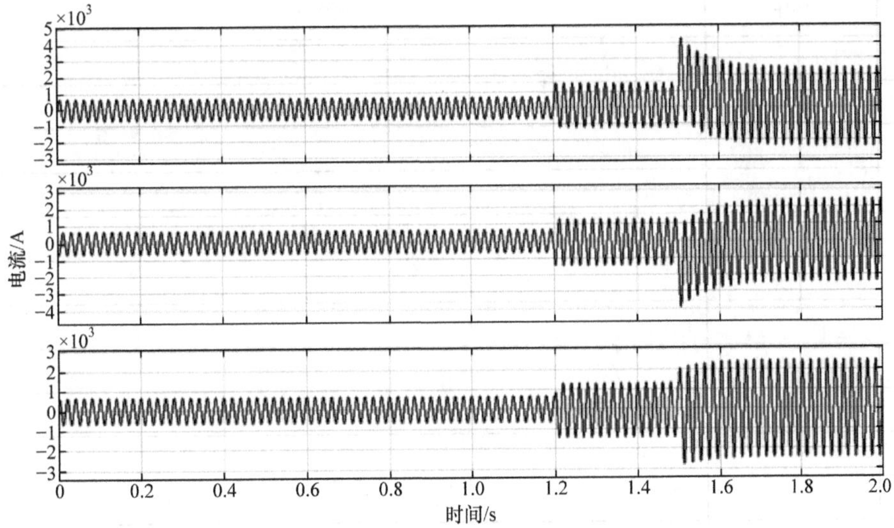

图 5-3　合闸操作电流变化

表 5-1　送电操作票

开始时间：	年　月　日　时　分	结束时间：　年　月　日　时　分
操作任务：		
√	顺序	操作项目

续表

√	顺序	操作项目
备注		

操作人：　　监护人：　　值班负责人：　　值长：

表 5-2　停电操作票

开始时间：　年　月　日　时　分		结束时间：　年　月　日　时　分
操作任务：		
√	顺序	操作项目
备注		

操作人：　　监护人：　　值班负责人：　　值长：

无功补偿控制

5.2　无功补偿控制实验

1. 实验背景

电力系统中有各式各样的负荷，负荷不但消耗有功，同时也消耗无功。例如，最常见的电动机，在消耗有功的同时，大量地消耗无功。发电机正常工作时同时发出无功和有功，进相运行时发出有功，消耗无功。发电机正常运行时发出的无功对于系统中的负荷来说远远不够，因此在电力系统中要装设无功补偿装置。无功补偿方式通常都是采用就地补偿，避免远距离输送无功，线路传送的功率一定，传送的无功越多，相应线路输送的有功也就下降越多(线路传送无功功率和有功功率)，这个是不希望看到的。因此无功补偿十分必要。

装设无功补偿的原因总结如下：

(1) 满足负荷所需要的无功功率，如直流输电中的换流站，里面有大量的滤波器，其中一部分就是为了补偿换流过程中所消耗的无功(当然，变压器之类的非线性元件都会消耗无功，只是相对来说少了一点)；

(2) 在远距离输电中，如果线路轻载，由于对地电容的存在产生了容升效应，末端电压会升高，这时需要补偿一定的感性无功(并联电抗器)，从而抑制末端电压的升高(无功分容性和感性)；

(3) 从电能质量的指标来说，电压和频率、波形都是人们所关注的，如果母线电压下降得比较厉害(重载或者发生短路这些情况都可能使得母线电压有所下降)，那就需要抬高母线电压，这时就需要补偿容性无功(也就是电容器等)，从而提高电压。

2. 实验目的

(1) 了解无功补偿的原理。

(2) 掌握无功自动补偿装置的使用方法。

3. 实验原理

1) 无功功率补偿的基本原理与功率因数

电网输出的功率包括两部分：有功功率和无功功率。直接消耗电能，把电能转变为机械能、热能、化学能或声能，利用这些能做功，这部分功率称为有功功率；不消耗电能，只是把电能转换为另一种形式的能，作为电气设备能够做功的必备条件，并且这种能是在电网中与电能进行周期性转换的，这部分功率称为无功功率。

把具有容性功率的装置与感性功率负荷并联在同一电路中，当容性负荷释放能量时，感性负荷吸收能量；而感性负荷释放能量时，容性负荷却在吸收能量，能量在两种负荷之间互相交换。这样，感性负荷所吸收的无功功率可从容性负荷输出的无功功率中得到补偿，这就是无功功率补偿的基本原理。

感性用电设备都需要从供配电系统中吸收无功功率，从而降低功率因数。功率因数太低将会给供配电系统带来电能损耗增加、电压损失增大和供电设备利用率降低等不良影响，所以要求电力用户功率因数必须达到一定值，低于某一定值时就必须进行补偿。国家标准《评价企业合理用电技术导则》(GB/T 3485—1998)中规定：“在企业最大负荷时的功率因数应不低于 0.9，凡功率因数未达到上述规定的，应在负荷侧合理装置集中与就地无功补偿设备”。

瞬时功率因数是指某一时刻的功率因数，可由功率因数表直接测量，也可以用在同一时间有功率表、电流表和电压表的读数按式(5-1)计算：

$$\cos\phi = \frac{P}{\sqrt{3}UI} \tag{5-1}$$

式中，P 为功率表测出的三相功率读数(kW)；U 为电压表测出的线电压的读数(kV)；I 为电流表测出的线电流读数(A)。

2) 并联电容器补偿

通过式(5-2)计算并联电容的容量：

$$Q_{c,c} = P_c(\tan\phi_1 - \tan\phi_2) \tag{5-2}$$

式中，$Q_{c,c}$为补偿容量；P_c为有功计算负荷；$\tan\phi_1$为补偿前的功率因数角的正切值；$\tan\phi_2$为补偿后的功率因数角的正切值。

根据产品目录选择并联电容器的规格型号，并确定并联电容器的数量为

$$n=\frac{Q_{c,c}}{Q_{N,c}} \tag{5-3}$$

式中，$Q_{N,c}$为单个电容器的额定容量(kvar)。

由式(5-3)计算出的数值应取相近偏大的整数，如果是单相电容器，还应取为 3 的倍数，以便三相均衡分配，实际工程中，都选用成套电容器补偿柜(屏)。

并联补偿的电容器大多采用△型接线，低压(0.5kV)并联电容器，厂商已做成三相，其内部已接成△型，大容量高压电容器采用 Y 型接线。

并联电容器的控制方式即控制并联电容器的投切，有固定控制和自动控制两种。固定控制是并联电容器不随负荷的变化而投入或切除，自动控制是并联电容器的投切随负荷变化而变化，且按某个参量进行分组投切控制，包括：①按功率因数进行控制；②按负荷电流进行控制；③按受电端的无功功率进行控制。

电容器分组采用循环投切(先投先切，后投后切)或编码投切的工作方式。

4. 实验仿真

本仿真采用并联有源电力滤波器对电网谐波进行补偿，其中电压利用空间矢量控制算法(SVPWM)对电流跟踪，结合 PID 电流闭环，实现对逆变器开关的控制，产生补偿电流，抵消电网电流中的谐波分量，以达到改善电能的目的。

1) 主电路

电网主电路的仿真模型如图 5-4 所示，主要由电源、电力线路以及非线性负载组成，此处选择带阻感负载的三相桥式整流电路模拟谐波源。

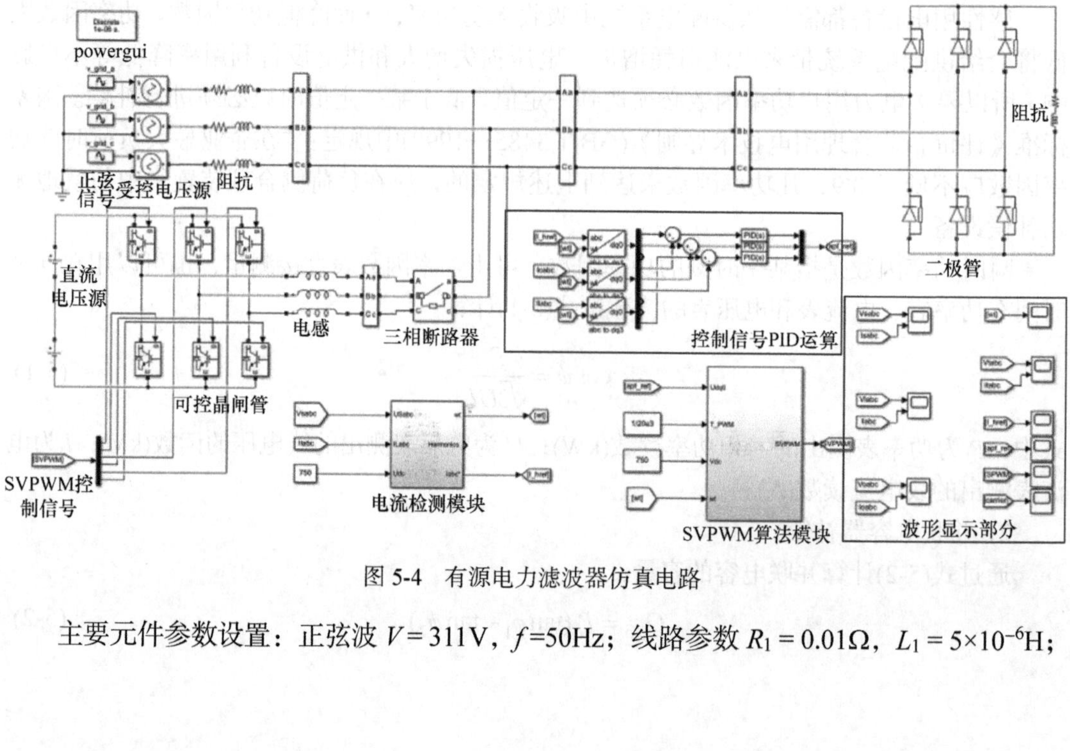

图 5-4　有源电力滤波器仿真电路

主要元件参数设置：正弦波 $V=311\text{V}$，f=50Hz；线路参数 $R_1=0.01\Omega$，$L_1=5\times10^{-6}\text{H}$；

负载参数 $R_2 = 10\Omega$，$L_2 = 0.01\text{H}$；补偿电路电感 $L_3 = 0.4\times10^{-3}\text{H}$。

2) 指令电流检测

电流检测环节基于无功理论，主要搭建了基于二阶广义积分的锁相环结构，使用 $i_p\_i_q$ 算法或特定次谐波检测算法，如图 5-5 和图 5-6 所示。输入端口为电网电压、负载电流、逆变器直流测电压，输出端能够得到电压相位信息、各次谐波电流和基波电流。

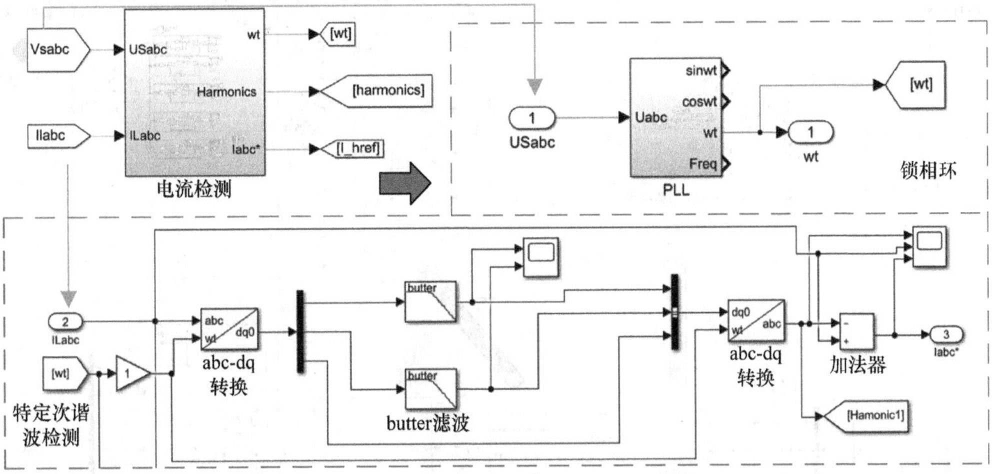

图 5-5　电流检测模块

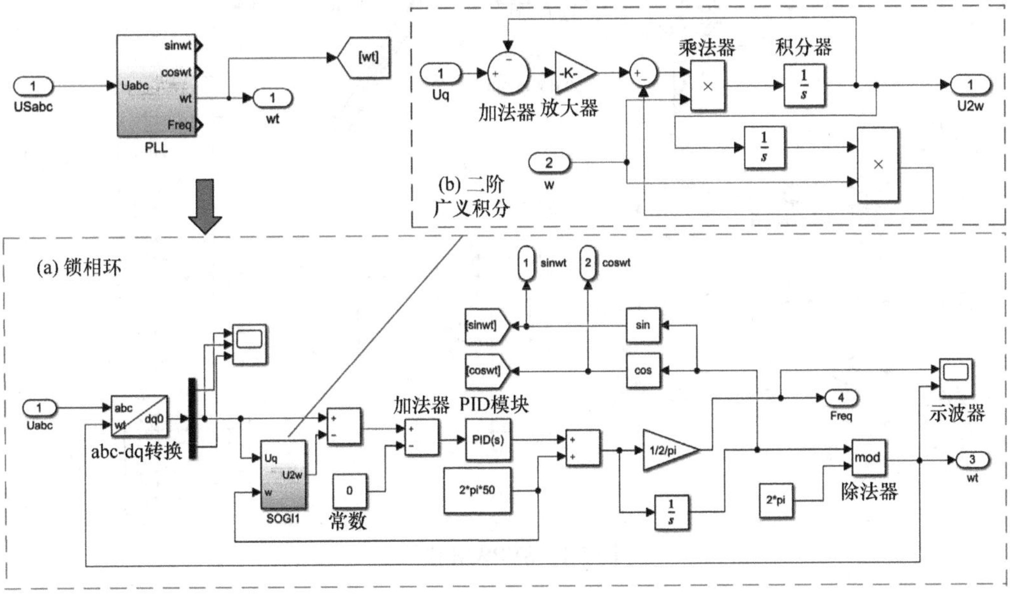

图 5-6　PLL 模块

3) 电路跟踪——SVPWM 仿真模型

通过上述模块已经可以得到指令电流。将指令电流与逆变器输出补偿电流相减，通过 PI 调节器放大后，送入电流跟踪模块。本节电流跟踪环节使用了 SVPWM 算法，SVPWM 仿真模型如图 5-7 所示，接下来对此模型进行详细介绍。

输入 d-q 轴电压分量经过反坐标变换到 α-β 坐标系的分量，通过公式计算出 N 和 X、Y、Z 的数值，如仿真模型图 5-7(a)和(b)所示；再计算出在每个扇区的电压矢量导通时间 T_1、T_2，如仿真模型图 5-7(c)所示；最后计算出周期 T 内每一相开关 on 和 off 的时间 T_a、T_b、T_c，如仿真模型图 5-7(d)所示；再将导通时间与三角波比较转换成高低电平信号，输出到逆变电路门极控制补偿电流的产生。

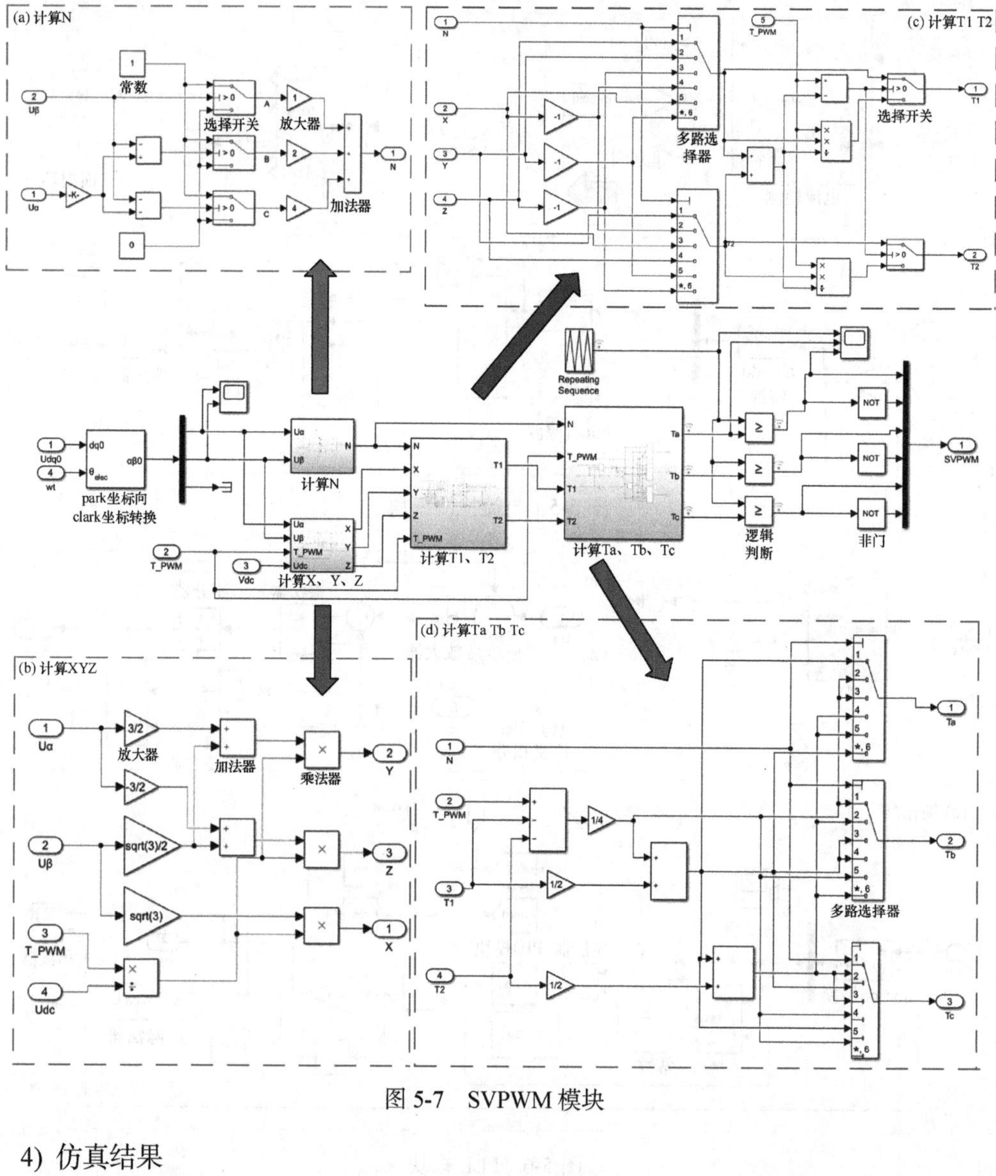

图 5-7　SVPWM 模块

4) 仿真结果

设置 APF 断路器在 0.05s 后闭合，随后补偿电路接入电网，观察源端电网电流变化。

源端电网电流变化如图 5-8 所示，在 0.05s 前，未接入 APF，电网电流含有多次谐波，畸变现象严重。而接入 APF 后，电流趋近于标准的正弦波。通过 powergui 模块对电流补偿前后进行 FFT 分析，补偿前电网电流总谐波失真(THD)为 30.20%，补偿后总谐波失真为 3.81%，电网电流质量大大提高。

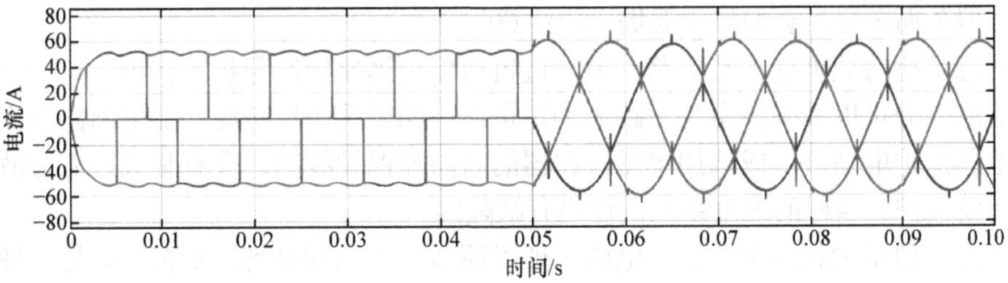

图 5-8　源端电网电流变化

5. 实验内容

(1) 通过倒闸操作，先将 10kV 电源给 I 母线送电，再通过合闸分段断路器 QF104，使得Ⅱ母线不得电，最后通过合闸 QS105 隔离开关和 QF105 断路器，使电动机运行。

(2) 自动无功补偿实验。在无功补偿装置中设置目标功率因数为 0.92，将无功补偿转换开关旋至“自动”，观察无功补偿控制器的动作以及功率因数和母线电压的变化，将数据记录至表 5-3 中。

表 5-3　自动无功补偿实验记录表

	功率因数	电容器组数	母线电压
补偿前			
补偿后			

(3) 手动无功补偿实验。将无功补偿转换开关依次旋至“手动”“2”“3”“4”挡位，观察该母线处的功率因数和母线电压，将数据记录至表 5-4 中。

表 5-4　手动无功补偿实验记录表

电容器组数	1	2	3	4
功率因数				
母线电压				

5.3　过负荷保护实验

过负荷保护

1. 实验背景

过负荷保护是指被保护区出现超过规定的负荷时的保护措施。在电路中，当回路电流超过过负荷保护装置预设值时，过负荷保护装置自动断开电流回路，起到保护有效负载的作用。

电气线路长时间过负荷是不允许的，因其负载电流是长期持续的，将使电气回路内的绝缘材料、导体接头、接线端子升温而造成损害，严重的过负荷可在短时间内直接变成短路而引发火灾。例如，照明插座等回路接入过多的设备，持续过负荷运行数小时，属于非正常的过负荷，过负荷保护电器应有效动作。一般过负荷电流造成的危害不如短路电流那么直接，但久而久之，会如蚁穴溃堤，应注意防范。

虽然过负荷的危害远不及短路，但是过负荷保护远比短路保护的范围大，而且接近短路整定值的部分难以准确界定是短路还是过负荷。如果选用单磁脱扣器的断路器而没有配置热继电器保护电动机，或选用单磁脱扣器的断路器保护线路，会有很大一部分故障电流得不到有效保护，这样的配电系统设计是有缺陷的。

过负荷一般指消耗功率大，过电流一般说明线路中出现故障。负荷，只是一种普通的称谓，是一个量化的值，即功率。过负荷即指负载所消耗的功率超过了其额定值，根据功率等于电压乘以电流就可得知，功率超过额定值时，若电源电压不变，则电流也会超过额定值，也就是产生了过电流，高压过负荷保护，相当于低压系统里的长延时保护(即低压系统的过载保护)，一般变压器过负荷保护的整定时间也是 9～15s，动作电流要略大于变压器额定电流。

2. 实验目的

(1) 了解过负荷保护的原理。

(2) 掌握过负荷保护的逻辑组态和设置方法。

3. 实验原理

过负荷保护主要用于保护高压变压器、高压电容器、电动机等，一般不用于线路的保护。它是针对过负荷情况的保护措施，其整定值一般设为设备额定电流的 1.2 倍。并且由于其危害没有短路电流大，因而允许继续运行一段时间，设置的延时较长，可取为 9～15s。过负荷保护只需要采集任一相的电流值。

过负荷保护需要与过流保护进行区分，过流保护的整定值较高，一般为最大负荷电流的 3～4 倍，针对的是短路故障，因而采集三相或两相电流。过流保护动作时，说明系统有短路故障，电压会降低很多，而过负荷发信号时电压不会降低，所以过流保护常采用低电压闭锁，而过负荷保护没有采集电压，过流保护的动作是直接跳闸，过负荷保护只发信号。

WGB-871 微机线路保护装置设有过负荷保护功能，逻辑图如图 5-9 所示。过负荷保护可通过控制字选择告警或跳闸(整定为“0”表示告警，整定为“1”表示跳闸)。

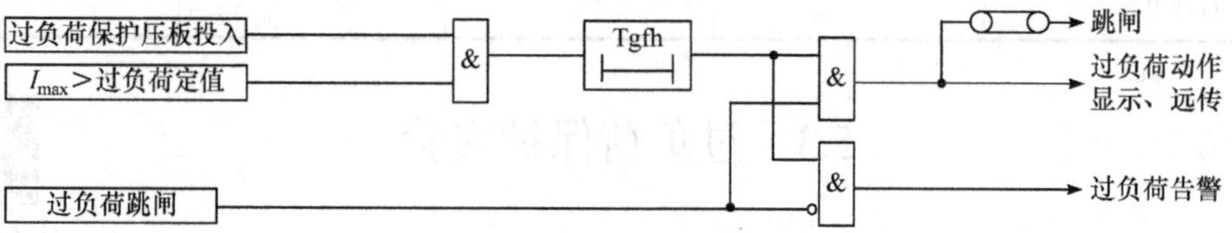

图 5-9 过负荷保护逻辑图

4. 实验仿真

本仿真模拟由于负荷的增加，线路电流(功率)上升，触发保护使得断路器断开，防止造成危害，实验主电路如图 5-10 所示。

电源模块采用理想三相电源，忽略内阻的影响，相电压设置为 10.5kV，频率为 50Hz；静态负荷有功功率均为 100MW，额定电压为 121kV，频率为 50Hz；变压器容量为 100MV·A，频率为 50Hz，电压变比分别为 10.5kV/121kV 和 121kV/10.5kV。

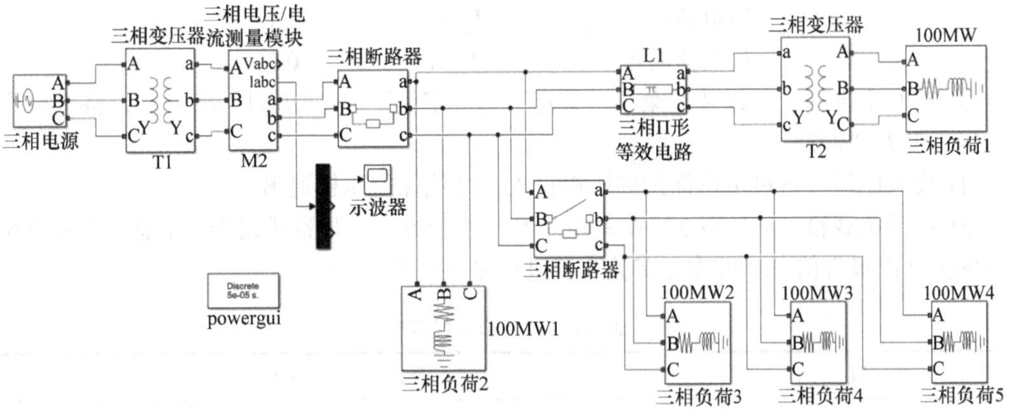

图 5-10　过负荷保护仿真电路

连接负载的断路器延时设置在 1s 后闭合，将并联的三个负载接入电网；主线路断路器设置 1.2s 后断开，模拟感知到电流增加后的保护动作。仿真时长设置为 2s，观察示波器上线路电流的变化，如图 5-11 所示。可见，1s 后负荷的增加使得电流增大，随后保护动作启动，断路器断开，切断大电流，保护整个电力系统的安全。

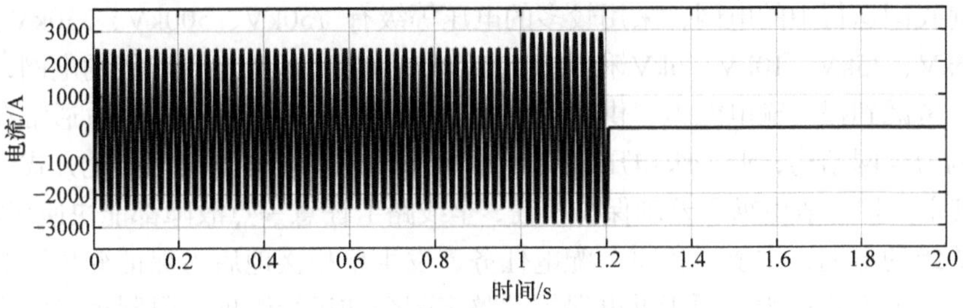

图 5-11　负荷增加前后线路电流变化

5. 实验内容

(1) 负荷与线路电流关系实验。在电源断电情况下，将负载箱接入 1#车间。合上 10kV 电源开关，通过输电线给负载送电，测量在投入不同负载时线路中三相电流值，填写表 5-5。

表 5-5　负荷与线路电流关系实验

负载投入值	线路电流值		
	I_A	I_B	I_C
330W			
660W			
990W			
1320W			
1650W			
1980W			
2310W			

(2) 修改保护定值。进入装置菜单“整定”→“定值”，整定如下：

过负荷定值　　Igfh　　2A

过负荷时限　　Tgfh　　0.5s

(3) 控制字选择。进入装置菜单“整定”→“定值”→“功能控制字 1”，将过负荷跳闸的压板设为“告警”。

(4) 投入压板。将过负荷保护的压板投入，其他保护压板退出。

(5) 启动负载箱，从负载 330W 的电阻开始逐个投入，观察线路告警信息，在表 5-6 中记录保护动作报告信息。可改变实验定值进行多次实验。

表 5-6　过负荷保护实验

整定值	保护动作报告信息

三段式过电流保护

5.4　三段式过电流保护实验

1. 实验背景

在目前我国运行中的电网，采用较多的电压等级有 750kV、500kV、330kV、220kV、110kV、66kV、35kV、10kV、6kV 和 380/220V。110kV 及以上电压等级的电网，主要承担输电任务，考虑到提高输电能力、供电可靠性因素，通常形成多电源环网(通常在高电压等级的主干网为环网结构，低一级电压电网解环运行)，采用中性点直接接地方式，限制过电压水平。其主保护一般由纵联差动保护担任，全线路上任意一点故障都能快速切除。110kV 以下电压等级的电网，主要承担供、配电任务，发生单相接地后为保证继续供电，中性点采用非直接接地方式；为了便于继电保护的整定配合和运行管理，限制短路电流，通常采用单侧电源供电的辐射型网络，通过手拉手开关形成电源备用电路，保证供电可靠性。其主保护一般由阶段式动作特性的电流保护担任。

配电网是电力系统关键的组成部分，承担着给用户分配电能的任务，其可靠性十分重要，所以在发生故障时，采取措施三段式过电流保护将故障部分尽快切除，跳开故障所在部分断路器，使其余正常部分继续工作，确保电力系统稳定。

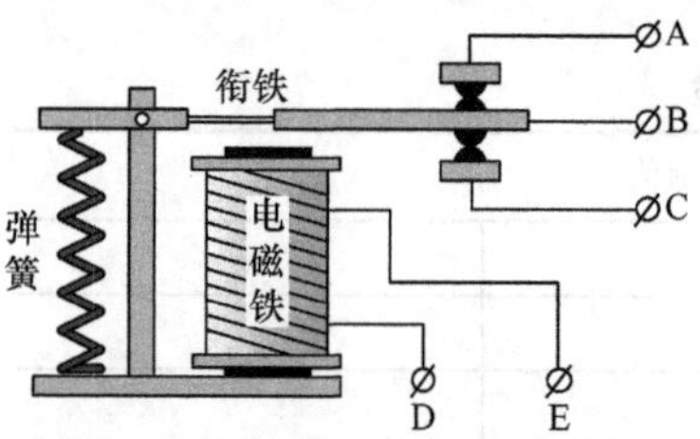

图 5-12　电磁型继电器模拟图

三段式过电流保护中最核心的元件为过流继电器，当通过继电器的电流大于整定值时，继电器动作，跳开断路器。继电器有很多种类型，其中电磁型继电器模拟图如图 5-12 所示。

当通入的电流大于整定值时，电磁铁的吸引力大于弹簧的作用力，开关 B 端会从 A 变为 C，继电器动作。

2. 实验目的

(1) 熟悉三段式过电流保护的原理和整定方法。

(2) 掌握微机保护中三段式过电流保护的设置与测试方法。

(3) 掌握微机保护中三段式过电流保护的逻辑组态及分析方法。

3. 实验原理

电网运行过程中，当输电线路发生短路故障时，线路上的电流会增加，电压降低，利用这个特征，可以构成电流、电压保护。

1) 三段式过电流保护

对于单电源供电的多级输电线路，通常设置三段式过电流保护。三段式过电流保护，作为单侧电源网络相间短路的电流保护，顾名思义，分为三段，分别是无时限电流速断保护(Ⅰ段保护)、限时电流速断保护(Ⅱ段保护)和定时限过电流保护(Ⅲ段保护)。它们都是反应电流增大而动作的保护，三段保护相互配合构成一整套保护。

(1) 无时限电流速断保护(Ⅰ段保护)。

无时限电流速断保护(Ⅰ段保护)是反应电流增大而瞬时动作的电流保护，简称电流速断保护。如图 5-13 所示的单侧电源网络接线，如果在每条线路始端均装有电流速断保护，当线路 AB 上发生故障时，需要保护 2 动作，当线路 BC 上发生故障时，希望保护 1 动作，这种选择性使得切除的故障线路最短，而系统中非故障部分可以继续运行。

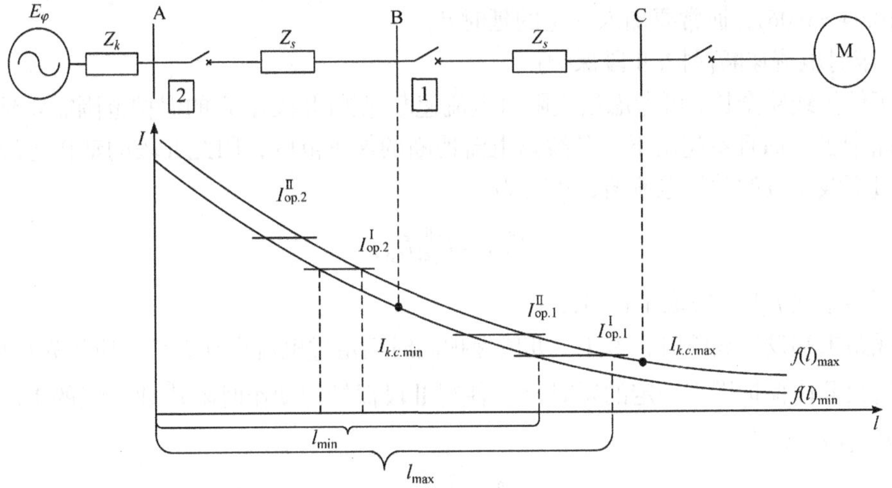

图 5-13　过流保护示意图

电流速断保护的实现是通过检测线路中的电流，使其与保护装置中的动作电流 I_{op}^{I} 比较，当检测到线路中的电流 $I_k > I_{op}^{I}$ 时，判定为该线路发生了故障，从而启动保护装置，断开线路始端的开关。

由电力系统故障分析可知，短路电流的计算公式为

$$I_k = \frac{K_k E_\varphi}{Z_s + Z_k} \tag{5-4}$$

式中，E_φ 为系统等效电源的相电势；Z_s 是系统阻抗；Z_k 为短路点至保护安装处之间的阻抗；K_k 为短路类型系数，三相短路取 1，两相短路取 $\sqrt{3}/2$。

在某一系统运行方式下，E_φ 和 Z_s 为定值，根据公式可知，随着短路故障点远离电源，即 Z_k 增大，I_k 随着 Z_k 增大而减小，因此绘出 $I_k = f(l)$ 的变化曲线，l 表示故障点离电源的距

离。Z_s随系统运行方式变化而变化，在最大运行方式下，三相短路时，记为$Z_s = Z_{s\min}$，$K_k = 1$，此时短路电流最大；在最小运行方式下，两相短路时，记为$Z_s = Z_{s\max}$，$K_k = \sqrt{3}/2$，此时短路电流最小。因此绘出$I_k = f(l)$在两种运行方式下的变化曲线$f(l)_{\max}$和$f(l)_{\min}$。

无时限电流速断的整定是按照躲过线路末端最大运行方式下的三相短路电流。例如，线路BC的保护1，其Ⅰ段动作电流整定为

$$I_{\text{op.1}}^{\text{I}} = K_{\text{rel}}^{\text{I}} I_{k.c.\max} \tag{5-5}$$

式中，可靠系数$K_{\text{rel}}^{\text{I}}$一般取1.2～1.3。

$I_{\text{op.1}}^{\text{I}}$是一条直线，它与曲线$f(l)_{\max}$和$f(l)_{\min}$各有一个交点，交点以上短路电流$I_k > I_{\text{op.1}}^{\text{I}}$，保护装置动作，交点以下短路电流$I_k < I_{\text{op.1}}^{\text{I}}$，保护不能启动。由此可见，BC线路末端不能得到保护，即说明电流速断保护不能保护本线路全长。

在最小运行方式下，两相短路时保护范围最小，通常校验最小保护范围不应小于线路全长的15%～20%。理论上无时限电流速断保护的动作时间为0s，实际中考虑到避雷器放电时间(0.04～0.06)，通常要加入一定的延时t^{I}。

(2) 限时电流速断保护(Ⅱ段保护)。

为了保护线路全长，可考虑增设限时电流速断保护(Ⅱ段)，它的保护范围需要延伸到下一条线路中去，而且不超出下一条线路电流速断的保护范围，因此Ⅱ段的动作电流整定原则为躲过下线Ⅰ段的动作电流值，可写为

$$I_{\text{op.2}}^{\text{II}} = K_{\text{rel}}^{\text{II}} I_{\text{op.1}}^{\text{I}} \tag{5-6}$$

式中，可靠系数$K_{\text{rel}}^{\text{II}}$一般取1.1～1.2。

当线路末端发生故障时，若Ⅰ、Ⅱ段保护同时满足过电流启动条件，应优先启用Ⅰ段，因此通过给Ⅱ段保护设定一定的延时t^{II}，使得Ⅱ段保护的动作时限t_2^{II}比下线的Ⅰ段保护动作时限t_1^{I}高Δt，记为

$$t_2^{\text{II}} = t_1^{\text{I}} + \Delta t \tag{5-7}$$

式中，Δt一般取0.35～0.6s。

为确保Ⅱ段可以保护本线全长，需要进行灵敏性校验，使用灵敏系数K_{sen}来衡量，灵敏度的公式为

$$K_{\text{sen}} = \frac{I_{k.b.\min}}{I_{\text{op.2}}^{\text{II}}} \tag{5-8}$$

一般要求灵敏度取1.3～1.5。

$I_{k.b.\min}$为系统最小运行方式下，线路末端发生两相短路的短路电流，$I_{\text{op.2}}^{\text{II}}$为保护2的Ⅱ段保护动作电流值。理论上要求灵敏系数大于1，考虑到一些不利于保护动作的因素，须留有一定的裕量，常取$K_{\text{sen}} \geqslant 1.3$。

(3) 定时限过电流保护(Ⅲ段)。

Ⅲ段保护按照躲过最大负荷电流$I_{\text{L.max}}$来整定，它能保护本线以及相邻线路的全长，起到后备保护的作用，即

$$I_{op}^{Ⅲ} > I_{L.max} \tag{5-9}$$

实际电力系统中有很多电动机，在故障切除后会有一个自启动过程，产生一个比最大负荷电流更大的自启动电流 I_{stmax}，记为

$$I_{stmax} > K_{st} I_{L.max} \tag{5-10}$$

式中，K_{st} 一般取 1.5～3。

由于继电保护装置要在自启动电流下可靠返回，因此要求返回电流大于自启动电流，即

$$I_{re} = K_{rel}^{Ⅲ} K_{st} I_{L.max} \tag{5-11}$$

继电器中用返回系数 K_{re} 表示返回电流与动作电流的比值，表示为

$$K_{re} = \frac{I_{re}}{I_{op}^{Ⅲ}} \tag{5-12}$$

即

$$I_{op}^{Ⅲ} = \frac{K_{rel}^{Ⅲ} K_{st}}{K_{re}} I_{L.max} \tag{5-13}$$

该式即为定时限过电流保护的动作电流计算公式。

Ⅲ段保护的动作时限一般设置为上限比下限大 Δt，这样可以满足选择性，例如，t_3 点发生短路故障，保护 2 因动作时限比保护 1 大，所以会由保护 1 动作来切除故障。因此越靠近电源侧，过电流保护的动作时限越长，如图 5-14 所示。

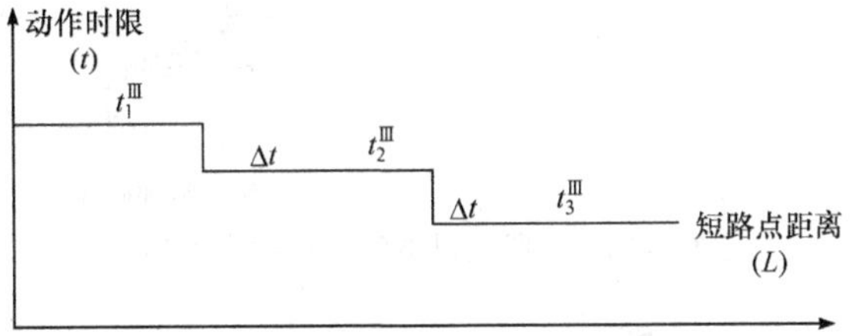

图 5-14　定时限过电流保护动作时限

2) 微机保护逻辑图

WGB-871 保护装置设有三段过电流保护，可分别由软压板进行投退。各段电流及时间定值可独立整定。图中，$n = 1, 2, 3$。电流保护逻辑框图如图 5-15 所示。

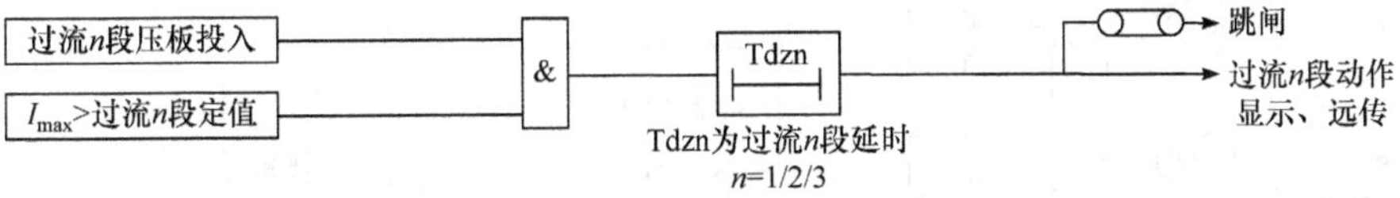

图 5-15　WGB-871 微机装置三段过电流保护逻辑图

4. 实验仿真

三段式过电流保护的 MATLAB 仿真模型如图 5-16 所示。模型中利用三相电压源、三相电阻元件、三相电阻负载、三相短路模拟模块构成实验的主模型。母线利用三相电压、电流测量元件，测得保护安装处的电流，经简易电流互感器模块接入三段式过电流保护。Ⅰ段过电流保护如图 5-17 所示，将输入电流的有效值通过一个增益模块，然后和设定值进

行比较，三相的比较值通过一个触发器，最后三个信号相与得到最终的控制信号。通过在每段线路首段和末段都设置短路点可以进行不同保护之间动作的比较。

各模块参数设置如下：

(1) 电源相电压 $V_n = 37\text{kV}$；

(2) 每相电阻 $R = 2\Omega$；

(3) 负载相电压 $V_L = 37\text{kV}$，有功功率 $P = 6.4\text{MW}$。

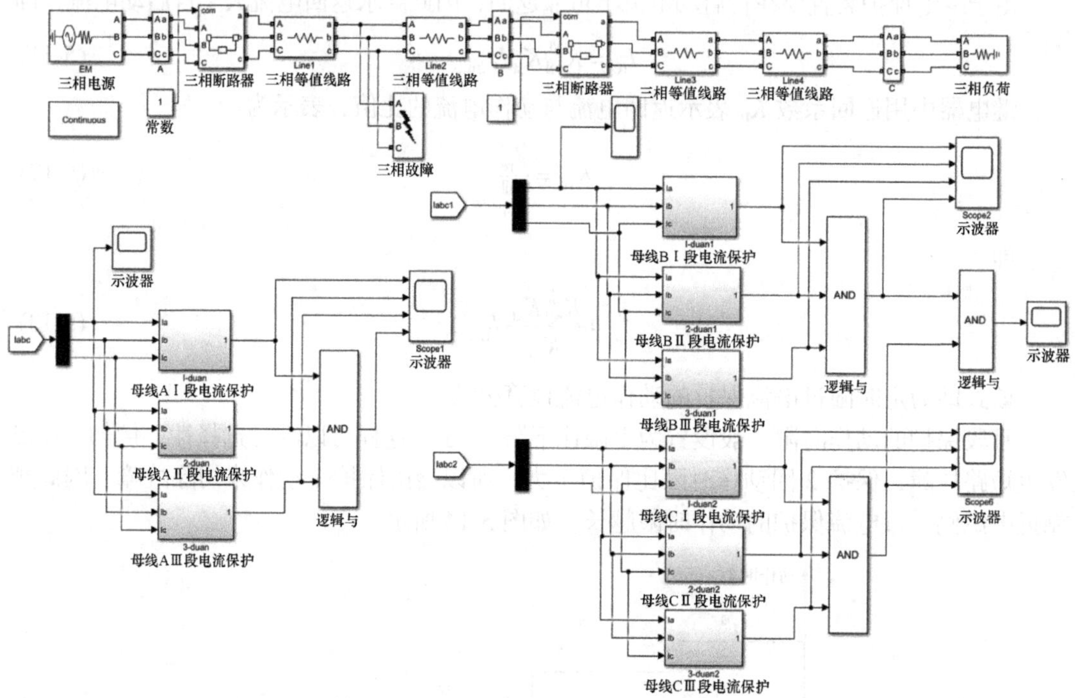

图 5-16 三段式过电流保护仿真模型

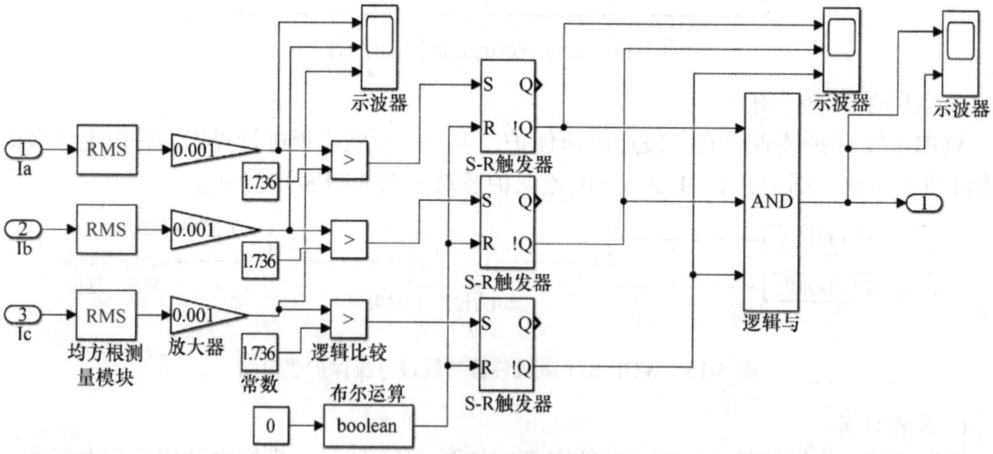

图 5-17 Ⅰ段过电流保护模块

仿真图像：

(1) 将故障电阻调小为 0.1Ω，故障时间为 0.2～0.5s，然后运行仿真，观察 Scope1 断路器的变化，如图 5-18 所示，其中由上至下分别为Ⅰ段保护、Ⅱ段保护、Ⅲ段保护信号和总断路器控制信号。可见，此时Ⅰ段保护最先动作，总断路器跟随Ⅰ段动作。

(2) 将故障电阻调小为 10Ω，运行仿真，观察 Scope1 断路器的变化，如图 5-19 所示，此时Ⅰ段保护未动作，断路器跟随Ⅱ段保护动作。

(3) 将故障电阻调小为 30Ω，运行仿真，观察 Scope1 断路器的变化，如图 5-20 所示，此时Ⅰ段和Ⅱ段保护未动作，断路器跟随Ⅲ段保护动作。

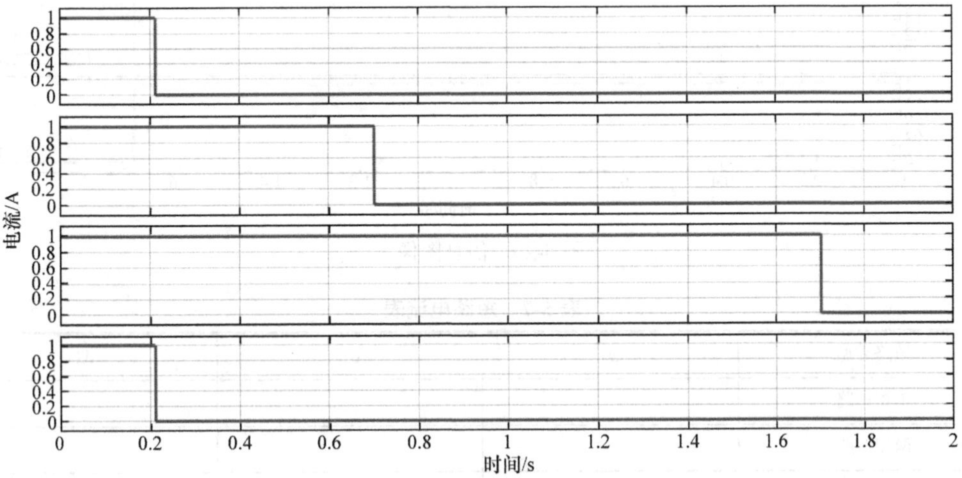

图 5-18　仿真图像 1

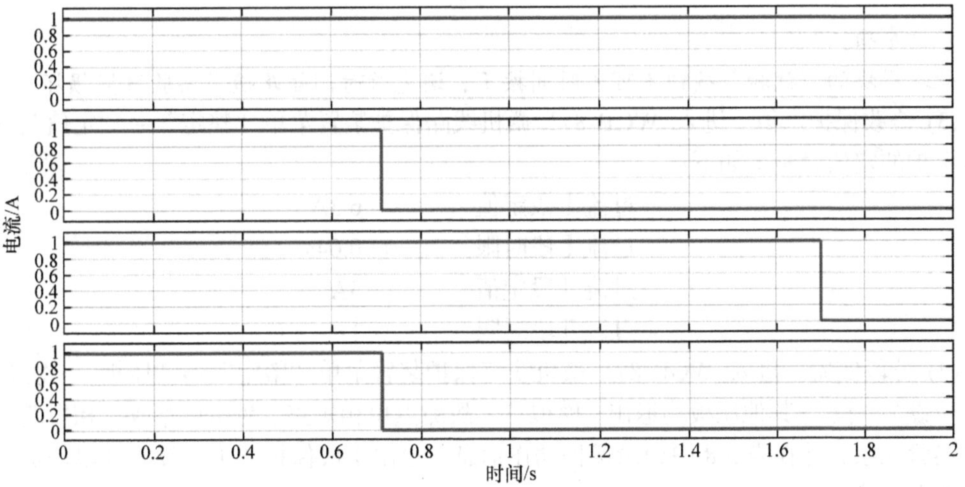

图 5-19　仿真图像 2

5. 实验内容

(1) 设备初始化。首先检查确认微机保护装置下方“合闸回路”和“跳闸回路”的两个接线孔短接。然后合上“进线电源”和“控制电源”总开关，按下红色启动按钮，检查 10kV 电源的电压表数值是否正常。再通过倒闸操作使得 10kV 电源给Ⅱ母线送电。

(2) 测量。先将微机保护装置的所有保护压板设为“退”，以免影响短路试验，然后在“短路模拟模块”模拟故障点 d0、d1、d2 的各种短路故障，在表 5-7 中记录短路电流值。

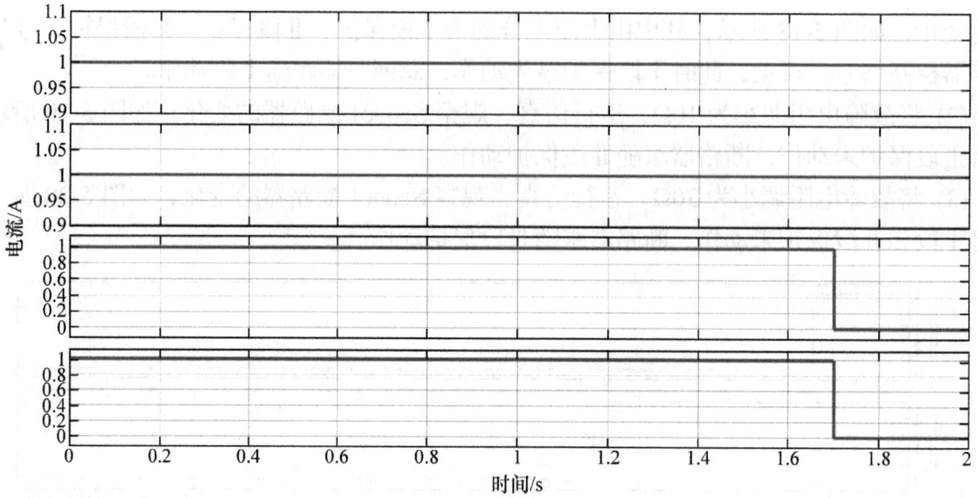

图 5-20 仿真图像 3

表 5-7 短路电流表

短路类型	d0	d1	d2
单相短路			
两相短路			
三相短路			

注意事项：

短路模块的“试验”按钮不可长时间按下，避免长时间短路造成实验装置损坏。

(3) 修改保护定值。进入 WGB-871 微机线路保护装置菜单“整定”→“定值”，修改过流保护的定值，整定如下：

过流Ⅰ段定值	6.3A
过流Ⅰ段时限	0.04s
过流Ⅱ段定值	5A
过流Ⅱ段时限	1s

(4) 分段实验。进入 WGB-871 微机线路保护装置菜单“整定”→“压板”，将过流Ⅰ段压板设为“投”，其他压板均退出，模拟三个故障点单相短路、两相短路或三相短路故障，观察实验现象，并在表 5-8 中记录保护动作信息。退出Ⅰ段保护压板，投入Ⅱ段保护压板，重复以上实验。

表 5-8 分段实验表

投入压板	故障点	短路类型	保护动作信息
投入Ⅰ段	d0		
	d1		
	d2		

续表

投入压板	故障点	短路类型	保护动作信息
投入Ⅱ段	d0		
	d1		
	d2		

(5) 配合实验。同时投入Ⅰ段、Ⅱ段保护，模拟三个故障点发生短路故障，观察实验现象并填写表 5-9。

表 5-9　配合实验表

故障点	短路类型	保护动作信息
d0		
d1		
d2		

5.5　三相一次重合闸实验

1. 实验背景

在电力系统中，故障可分为瞬时性故障和永久性故障，其中大部分故障是“瞬时性”的，例如，由雷电引起的绝缘子表面闪络，大风引起的碰线等，在线路被继电保护迅速断开以后，电弧随之熄灭，外界物体因被电弧烧掉而消失。如果此时把断开的断路器重新合上，就可以恢复正常供电。此外，还有“永久性故障”，例如，线路倒杆、断线、绝缘子击穿等引起的故障，线路经过流保护而断开后，故障依然存在，此时即使重新合上断路器，由于故障仍然存在，线路的保护会再次启动使断路器断开，因此不能恢复正常供电。本套装置中设有三相一次重合闸，原理框图如图 5-21 所示。

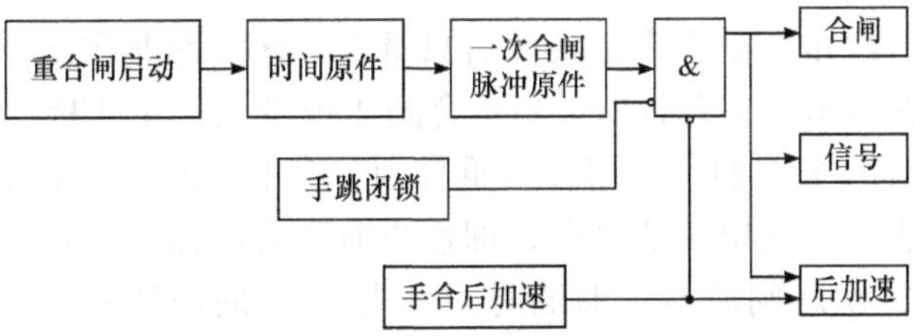

图 5-21　三相一次重合闸原理框图

从框图中可知重合闸的工作原理，重合闸启动后经过一定的延时发出合闸信号，手跳时重合闸闭锁。手合时会有后加速与重合闸进行配合。

2. 实验目的

(1) 熟悉重合闸的应用背景及原理。

(2) 掌握微机保护中重合闸的逻辑组态及分析方法。

(3) 掌握微机保护中重合闸的设置和测试方法。

3. 实验原理

重合闸的方法可以由运行人员手动操作，但这种方法停电时间太长，通常使用自动重合闸装置代替人工方式，例如，当线路发生过流保护而使得断路器断开后，经过一个短的延时，自动重新合上断路器。自动重合闸后，如果故障是瞬时性的，因故障已消失，此时线路继续运行，如果故障依然存在，保护装置会再次启动而断开断路器。

通常输电线路中重合闸只重合一次，因此称为三相一次重合闸。也有的配电网中使用多次重合闸，一般要与分段器配合。重合闸也分为单相重合闸、三相重合闸和综合重合闸等，需要根据系统稳定性分析来选择。单电源线路中一般采用三相重合闸。

WGB-871 微机线路保护装置设有三相一次重合闸功能，其逻辑图如图 5-22 所示，可以设置重合闸的延时 Tch，一般取 0.5～1.5s。

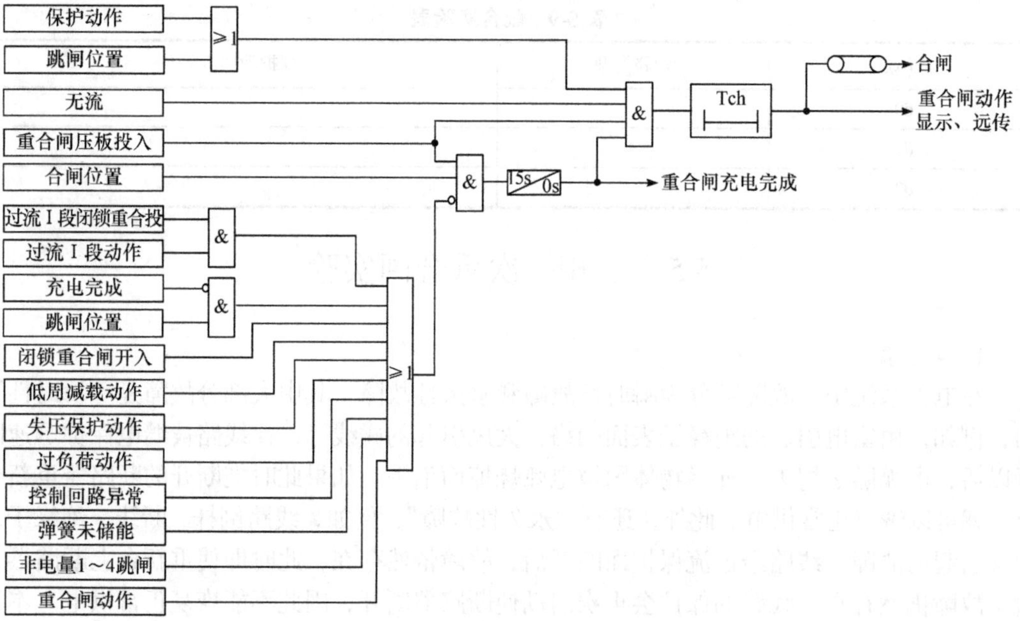

图 5-22　三相一次重合闸逻辑图

为了保证三相一次重合闸在满足条件后只重合一次，而非多次，该微机保护装置的重合闸通过给电池充放电来实现计时。当重合闸压板投入，并且断路器在合闸位置(线路正常运行)，且无外部闭锁条件时，经 15s 重合闸，充电完成。充电完成后，液晶显示屏会显示充电完成标志。在充电完成之前，即使再有重合闸命令，也不会启动重合闸。该功能是为了保证在一次跳闸后有足够的时间合上(对瞬时故障)和再次跳开(对永久性故障)断路器。

在某些情况下不希望重合闸装置启动，因此设置了在以下条件时进行闭锁，包括：①闭锁重合闸开入；②过负荷动作；③低周减载动作；④失压保护动作；⑤过流Ⅰ段动作(过流Ⅰ段闭锁重合闸控制字投)；⑥手跳；⑦遥跳；⑧控制回路异常或开关位置异常；⑨弹簧未储能；⑩非电量 1～4 跳闸。

4. 实验仿真

三相一次重合闸实验 MATLAB 仿真模型如图 5-23 所示。

利用三相电压源、三相电压和电流测量装置、断路器、三相线路模拟模块、三相负载构成简单的重合闸仿真模型。利用断路器的开合时间模拟发生故障和切除故障的时间。

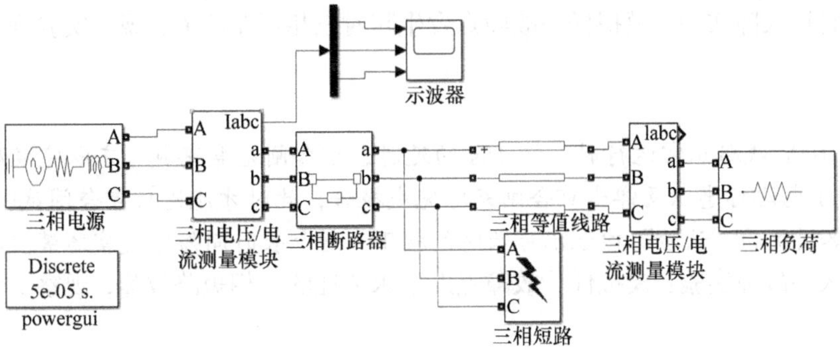

图 5-23 三相一次重合闸仿真模型

设置电压源电压为 25kV，频率为 50Hz；负荷相电压为 220V，有功功率为 1kW。设置三相故障开始时间为 0.01s，结束时间为 0.05s；断路器断开时间为 0.02s，闭合时间为 0.06s，模拟于 0.01s 发生接地故障，然后断路器断开一段时间，当故障消失后重新合闸。如图 5-24 所示，从图像中可知，在 0.01s 发生三相接地故障，此时三相电流迅速升高，在 0.02s 时断路器断开，电流为 0A。0.06s 后进行三相一次重合闸，并且重合闸成功，系统恢复到原来正常工作状态。

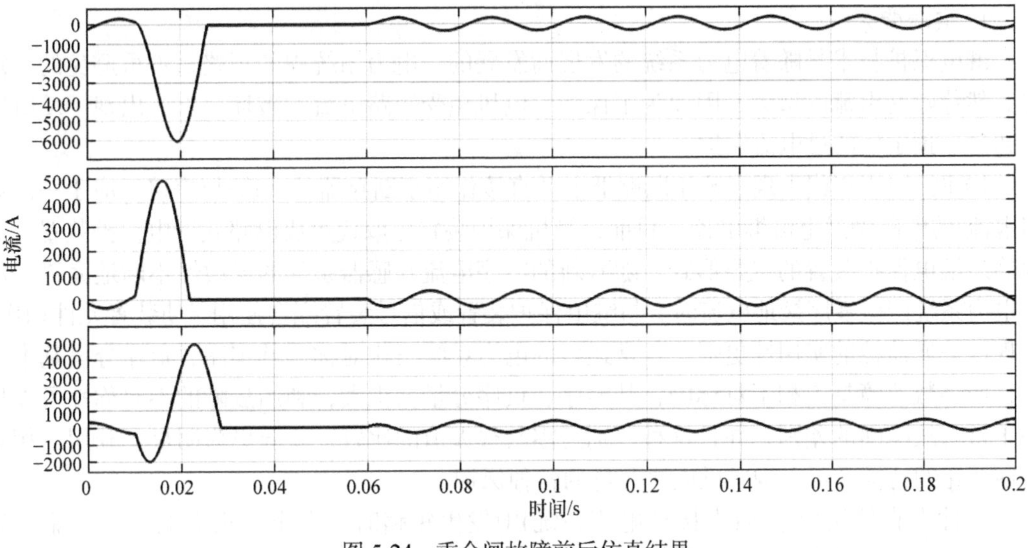

图 5-24 重合闸故障前后仿真结果

5. 实验内容

(1) 修改保护定值。进入微机线路保护装置菜单“整定”→“定值”，修改重合闸的定值，定值整定如下：

过流Ⅲ段定值	5A
过流Ⅲ段时限	1s
重合闸时限	1s

(2) 投入保护压板。进入微机线路保护装置菜单“整定”→“压板”，将过流Ⅲ段和重合闸的压板设为“投”，其他保护的压板均设为“退”。

(3) 手跳实验。手动断开开关 QF101，观察实验现象。

(4) 瞬时性故障实验。模拟任一故障点发生瞬时三相短路故障，观察实验现象，并填写表 5-10。

注意事项：

① 当 10kV 线路正常运行时，经 15s 的延时，重合闸充电完成。充电完成后，液晶显示屏会弹出小电池标志以及弹出重合闸充电完成报告，此时才能进行重合闸试验。

② 短路模块的“试验”按钮不可长时间按下，避免长时间短路使实验装置损坏。

(5) 永久性故障实验：模拟任一故障点发生永久性的三相短路故障，观察实验现象，并填写表 5-10。

表 5-10　重合闸实验表

实验名称	故障点	实验现象	保护动作报告	分析与思考
瞬时性故障				
永久性故障				

5.6　零序电流保护实验

1. 实验背景

继电保护技术是随着电力系统的发展而发展的。电力系统中的短路是不可避免的。短路必然伴随着电流的增大，因而为了保护发电机免受短路电流的破坏，首先出现了反应电流超过一预定值的过电流保护。

19 世纪 90 年代出现了装于断路器上并直接作用于断路器的一次式(直接反应于一次短路电流)的电磁型过电流继电器。目前，微机保护装置已取代集成电路式继电保护装置，成为静态继电保护装置的主要形式。随着新的零序电流互感器系列的灵敏性不断地完善，用于电力系统产生零序接地电流时，与继电保护装置或信号装置配合使用，使装置元件动作，实现保护或监控的实用性更强。正常运行的电力系统三相对称，其零序、负序分量基本为零，而多数故障是三相不对称的，其零序、负序分量会很大，利用故障的不对称性可以找到正常与故障间的差别，并且这种差别是零与很大值的比较，差异更为明显。利用三相对称性变化的特征，可以构成反应序分量的各种保护。

中性点直接接地系统(大接地电流系统)中发生短路时，会出现很大的零序电流，如图 5-25 所示，当发生接地故障时，原来由对地电容的流通通路变为由接地点和中性点构成的通路，阻抗瞬间降为很小值。

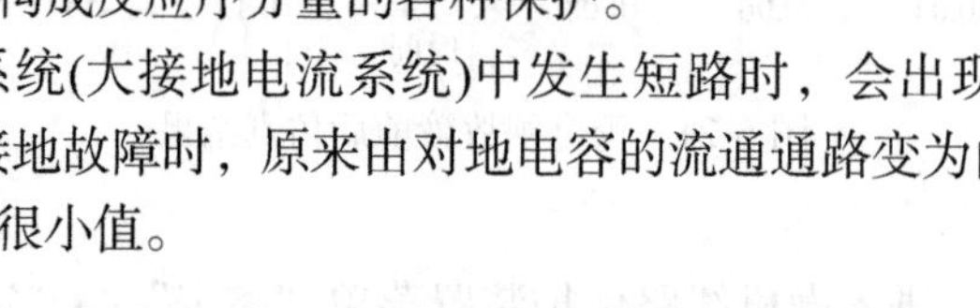

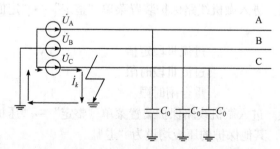

图 5-25　中性点直接接地系统发生短路

2. 实验目的

(1) 了解零序电流保护的原理。

(2) 熟悉零序电流保护的逻辑组态和设置方法。

3. 实验原理

中性点直接接地系统发生接地短路，将产生很大的零序电流，利用零序电流分量构成保护，可以作为一种主要的接地短路保护。零序电流保护不反应三相和两相短路，在正常运行和系统发生振荡时也没有零序分量产生，所以它有较好的灵敏度。但零序电流保护受电力系统运行方式变换影响较大，灵敏度因此降低，特别是短距离线路上以及复杂的环网中，由于速动段的保护范围太小，甚至没有保护范围，致使零序电流保护各段的性能严重恶化，使保护动作时间很长，灵敏度很低。

WGB-871 微机线路保护装置中设两段零序过流保护，可由软压板进行投退。两段零序过流保护可通过控制字选择告警或跳闸(整定为“0”表示告警，整定为“1”表示跳闸)，选择自产零序电流或外接零序电流(整定为“0”表示外接零序电流，整定为“1”表示自产零序电流)，其原理框图如图 5-26 所示。

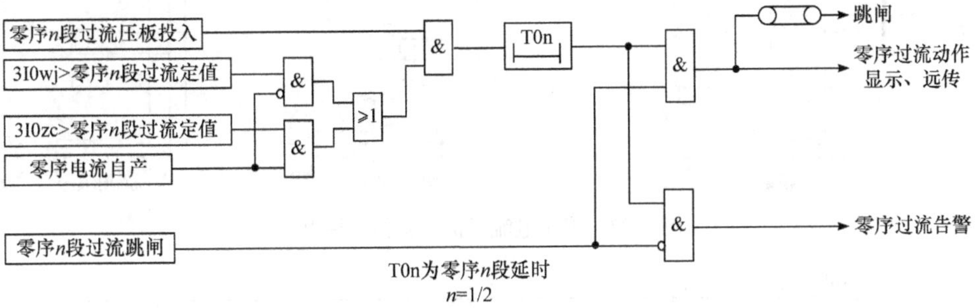

图 5-26　零序电流保护实验原理图

4. 实验仿真

图 5-27 为零序电流保护实验 MATLAB 仿真模型，模型中利用三相电压源、三相电压和电流测量模块、三相短路模块、三相负载构成零序电流测量模块。模型中将三相电流相加可得三倍的零序电流，将三相电压经过变换后还可得到相电压。

设置 0.04s 发生 A 相接地故障，故障后的各相电压波形如图 5-28 所示。

从图 5-28 中可知，在 0.04s 时发生 A 相接地故障后，A 相电压降为 0，B、C 相电压升高为相电压的 $\sqrt{3}$ 倍。

图 5-29 为线电压图像，从图中可知，在中性点不接地系统中发生单相接地故障，线电压依然对称，接于线电压的设备不会受到影响，电力系统可以继续运行 1～2h。

图 5-30 为零序电流图像，从图中可知，正常工作情况下零序电流几乎为 0，而发生单相接地故障后，零序电流变为一个很大值，这样零序电流的动作原理是 0 与很大值的比较，相较于相间三段式电流保护灵敏度更高。

5. 实验内容

(1) 测量。在短路模拟模块模拟故障点 d0、d1、d2 的各种故障类型，记录相应的零序电流值并填写表 5-11。

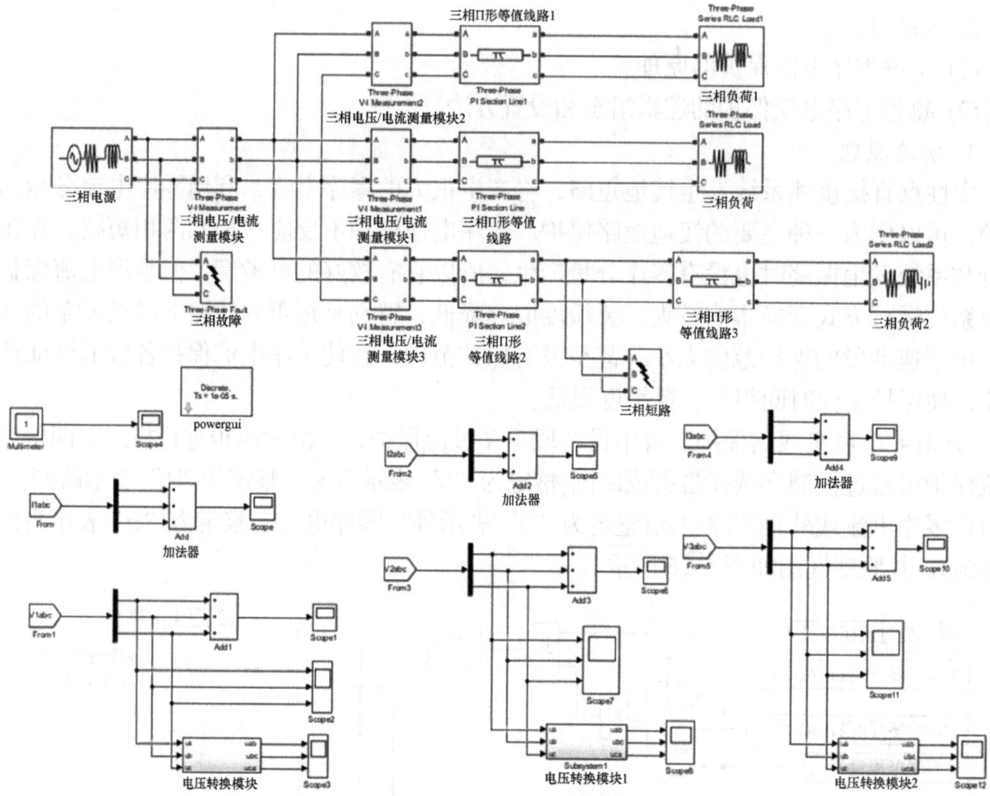

图 5-27　零序电流保护实验仿真模型

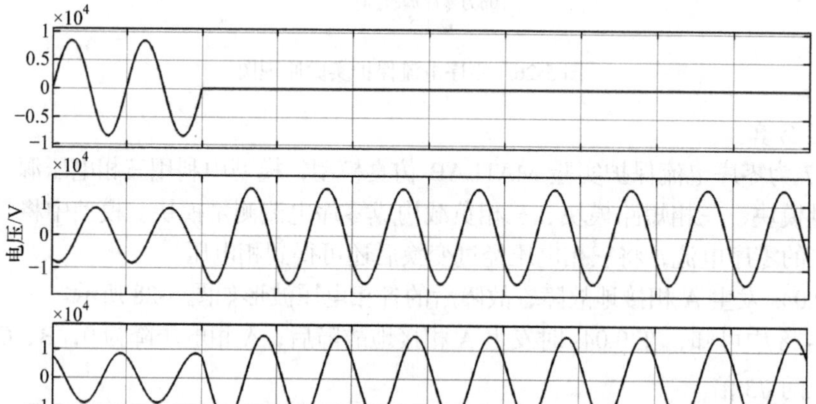

图 5-28　相电压变化

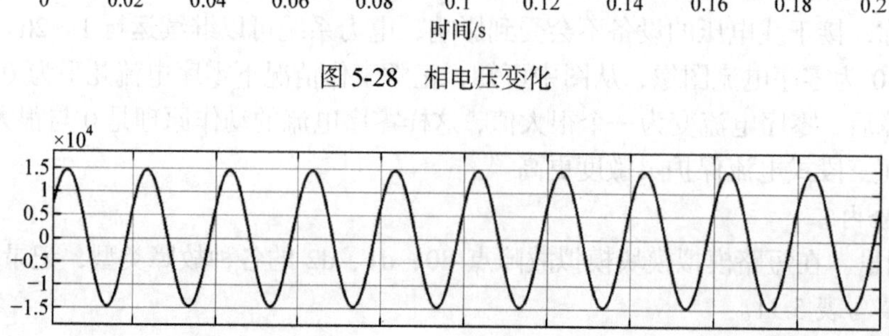

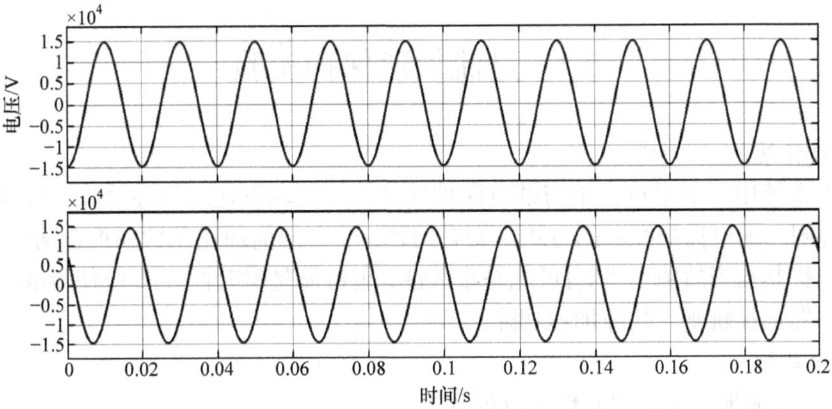

图 5-29　线电压变化

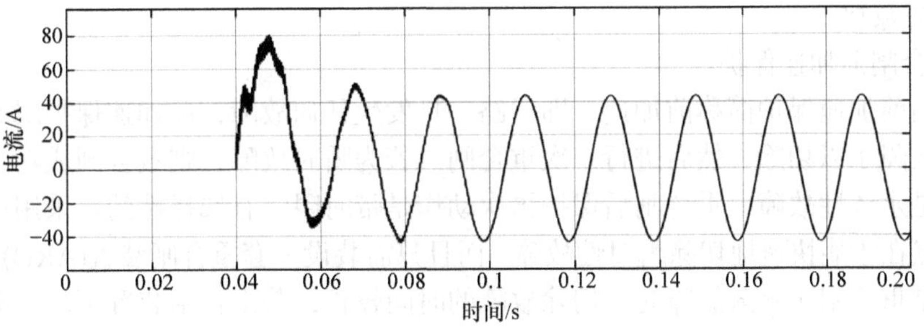

图 5-30　零序电流变化

表 5-11　零序电流记录表

短路类型	d0	d1	d2
单相短路			
两相短路			
两相短路接地			
三相短路			
三相短路接地			

(2) 修改保护定值。进入定值修改界面，设置零序电流定值和时限，例如：

零序电流定值　　Ilx　　0.50A

零序电流时限　　Tlx　　1.00s

(3) 零序过流实验。同时投入Ⅰ段、Ⅱ段、Ⅲ段，模拟故障点的各种短路故障，观察实验现象并填写表 5-12。

表 5-12　零序过流实验分析表

整定值	短路设置	保护动作	分析与思考

5.7　过流加速保护实验

1. 实验背景

在电力系统中，如果重合闸与继电保护配合，可以较迅速地切除故障，提高供电的可靠性。重合闸与继电保护配合的方式主要有两种：重合闸前加速保护和重合闸后加速保护。

加速保护是指当故障发生时(可能是永久性，也可能是瞬时性)，都应使得继电保护加速动作：断路器加速跳闸、故障加速切除。

2. 实验目的

(1) 掌握过流加速保护的原理和应用背景。

(2) 掌握微机保护中过流加速保护的逻辑组态和实验方法。

3. 实验原理

1) 重合闸前加速保护

重合闸前加速保护简称前加速，即线路一旦发生任何故障，前加速保护瞬时无选择性地动作将故障予以切除，然后进行一次重合闸。若为瞬时故障，则重合闸成功，线路继续运行；若是永久性故障，重合闸后保护再次动作是带时限、有选择性的。采用“前加速”方式的优点在于能快速地切除瞬时性故障，而且只需装设一套重合闸装置(ARD)，简单，经济。缺点是重合闸于永久故障时，切除故障的时间较长，若重合闸装置拒动，则将扩大停电范围，甚至在最末一级线路发生故障时，可能造成全部停电。因此，前加速保护主要用于 35kV 以下的线路。

2) 重合闸后加速保护

重合闸后加速保护简称后加速，即当线路发生故障时，首先保护有选择性、带时限地动作，然后进行一次重合闸，如果此时是永久性故障，则会在重合闸后启动后加速，瞬时切除故障。后加速的优点是保障了永久性故障能瞬时切除，并且由于第一次是有选择性地切除故障，不会扩大停电范围，因此适用于重要的高压电网。后加速的缺点是每条线路上均要装设一套重合闸装置，并且第一次故障时可能带有延时。

WGB-871 微机线路保护装置装有过流后加速保护，如图 5-31 所示，加速保护开放时间为 3s。后加速保护的电流定值和时间定值均可自行整定。

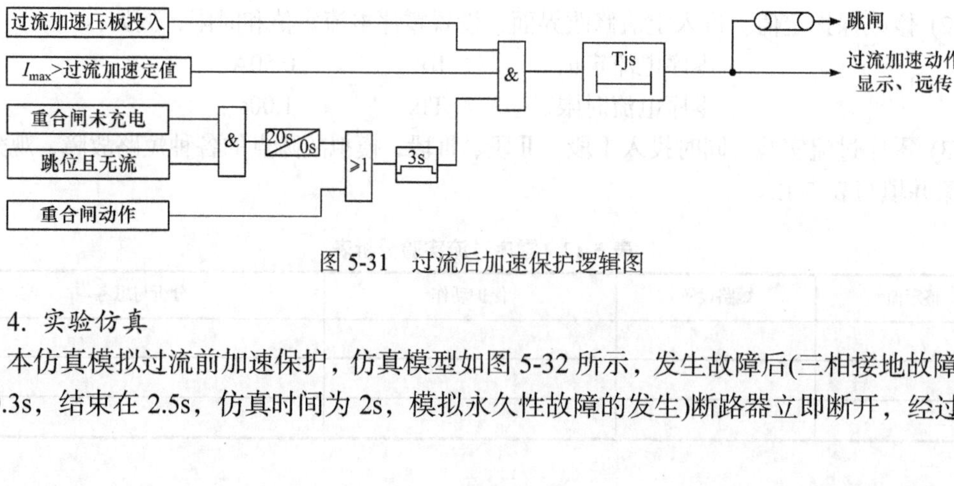

图 5-31　过流后加速保护逻辑图

4. 实验仿真

本仿真模拟过流前加速保护，仿真模型如图 5-32 所示，发生故障后(三相接地故障发生在 0.3s，结束在 2.5s，仿真时间为 2s，模拟永久性故障的发生)断路器立即断开，经过 0.2s

的延时后自动重合闸。随后三段过电流保护动作(参看 5.4 节仿真模型)，判断故障依旧存在，随机断路器开始进一步动作，切除故障。

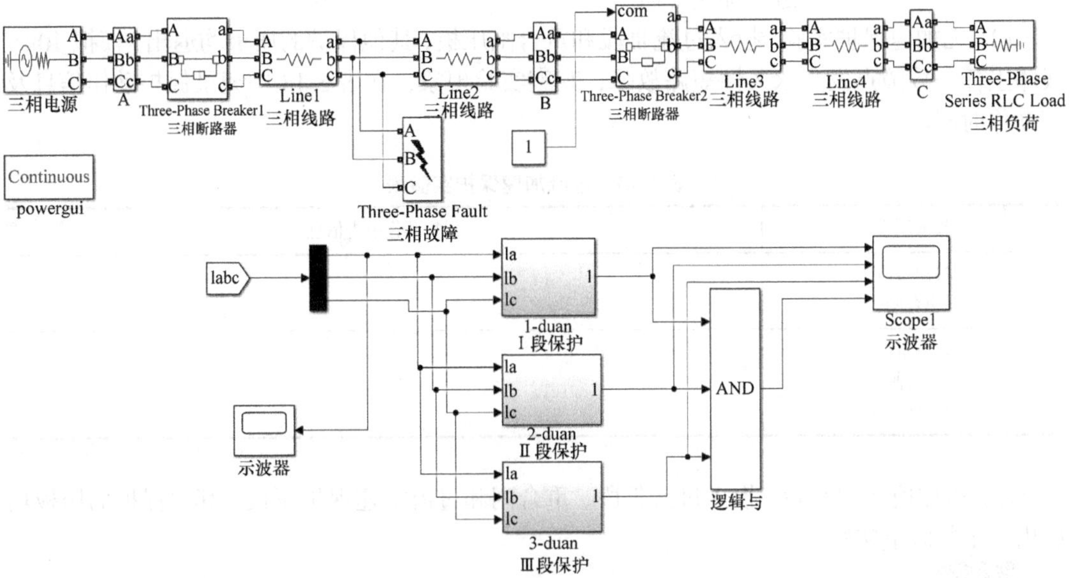

图 5-32　过流前加速保护仿真

设置故障电阻为 0.1Ω，由图 5-33 可知，0.5s 后合闸成功，三段式电流保护开始工作，判断故障依旧存在，开启 I 段保护。

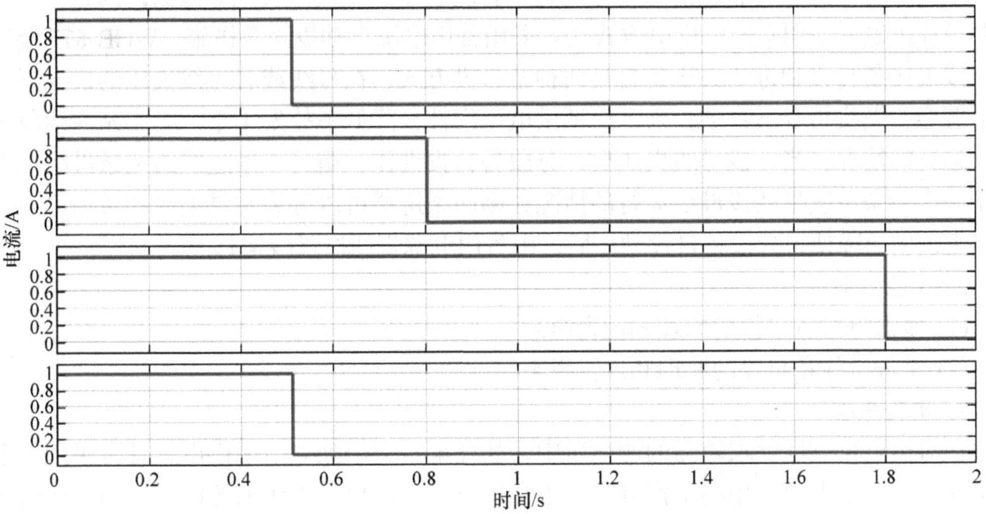

图 5-33　仿真结果

5. 实验内容

(1) 修改保护定值。进入定值修改界面，“整定” → “定值”，整定如下：

过流Ⅲ段定值	5A
过流Ⅲ段时限	2s

重合闸时限	1s
过流加速定值	5A
过流加速延时	0s

(2) 无加速保护实验。投入过流Ⅲ段和重合闸压板，其他保护的压板均退出。模拟 10kV 线路上任一故障点发生永久性短路故障，观察实验现象，在表 5-13 中记录保护动作信息及其动作时间。

表 5-13　过流加速保护实验表

投入压板	保护动作报告信息
过流Ⅲ段 重合闸	
过流Ⅲ段 重合闸 过流加速度	

(3) 后加速保护实验。投入过流Ⅲ段、重合闸和过流加速保护压板，其他保护的压板均退出。重复以上实验。

5.8　备用电源自动投入实验

备用电源自动投入

1. 实验背景

电力系统中供电可靠性极为重要，关系着国家经济、人身安全等方面的问题。一般给重要负荷供电都采用双回路供电方式或者采用备用电源自动投入等措施。WGB-877 装置设有母线失压备自投和进线失压备自投两种备自投方式，在母线或者进线失压的情况下，备用电源会在微机指令下自动投入，保证供电可靠性，降低事故发生率。对于站内两段母线独立运行的情况，当一段母线失压后，分段备自投动作，由另一条进线给两条母线供电。对于站内一条进线带两段母线运行的情况，则两条进线可以分为主供电源和备用电源，当主供电源因故障使得分段备自投动作后，由备用电源带两段母线运行。

2. 实验目的

(1) 掌握分段备自投的原理和逻辑组态。

(2) 掌握进线备自投的原理和逻辑组态。

3. 实验原理

在对供电可靠性要求较高的变电所中，往往采用两个独立电源供电，且常采用一个电源工作，另一个电源备用的工作方式。正常运行时，用户由工作电源供电，当工作电源发生故障时，备用电源应能够自动、快速地投入以恢复供电，从而保证重要负荷的不间断供电，提高供电的可靠性。这种能使备用电源自动投入运行的装置，称为备用电源自动投入装置，简称 APD。

备用电源自动投入一般有明备用和暗备用两种接线方式。

(1) 明备用接线方式：一条线为工作线，另一条线作为备用线。如图 5-34 所示，当 1DL、3DL 合位，2DL 跳位时，进线一为工作线，进线二为备用线。正常运行时，备用电源的断路器 2DL 是断开的，当工作电源因故障或其他原因失去电压时，APD 自动将 1DL 断开，合上 2DL，将备用的进线二投入工作。

(2) 暗备用接线方式：两条线路均为工作线路，分别独立供电。如图 5-34 所示，1DL、2DL 合位，3DL 跳位。正常运行时，两个电源都投入工作，互为备用，当其中一路电源发生故障时，APD 自动先断开故障线路的开关(1DL 或 2DL)，然后将分段断路器 3DL 合上，由另一条进线的电源供电给全部重要负荷。

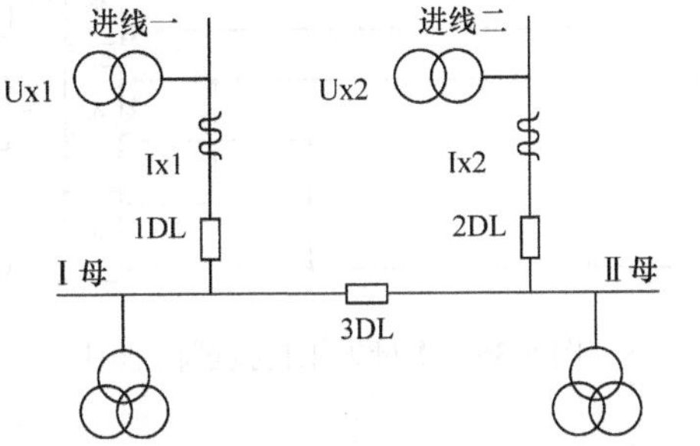

图 5-34 WGB-878 微机备自投保护装置图

注：1DL、2DL、3DL 分别指面板上的 QF103、QF102、QF104；Ux1、Ux2 为电压互感器

WGB-877 装置设有分段备自投和进线备自投两种备自投方式，分别对应于暗备用和明备用两种接线方式。

(1) 分段备自投。

图 5-35～图 5-37 分别是分段自投充电、Ⅰ母失压自投和Ⅱ母失压自投逻辑框图。

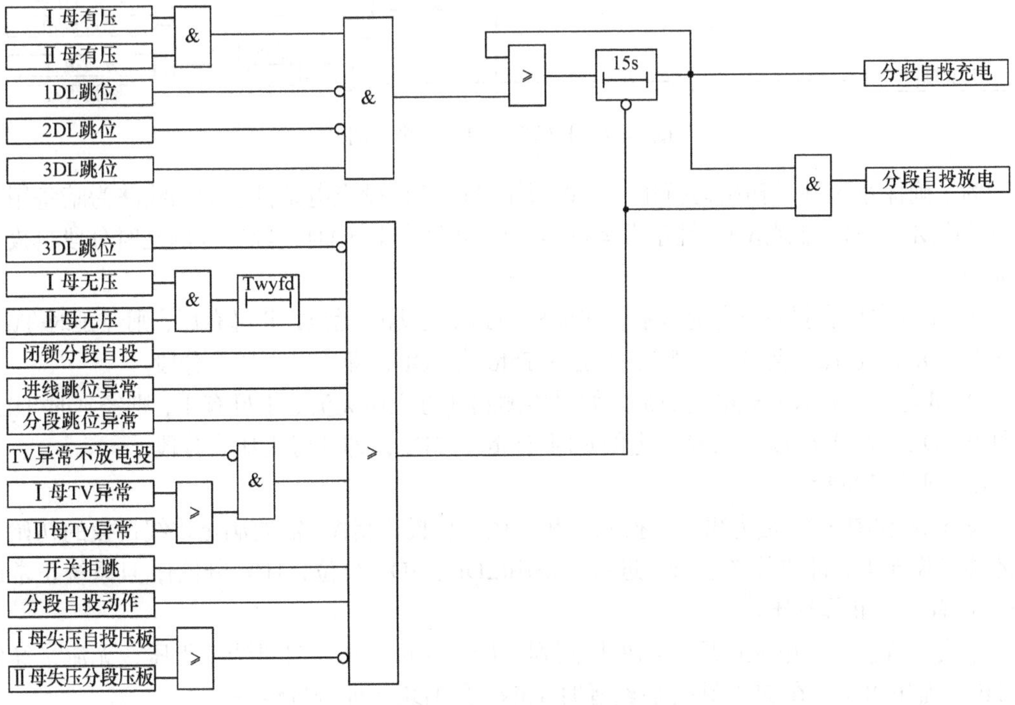

图 5-35 分段自投充电逻辑框图

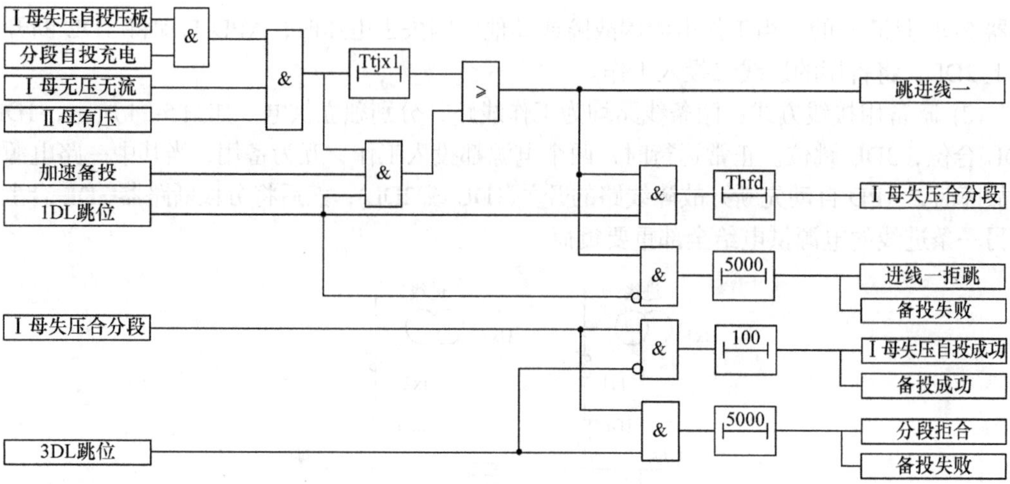

图 5-36　Ⅰ母失压自投逻辑框图

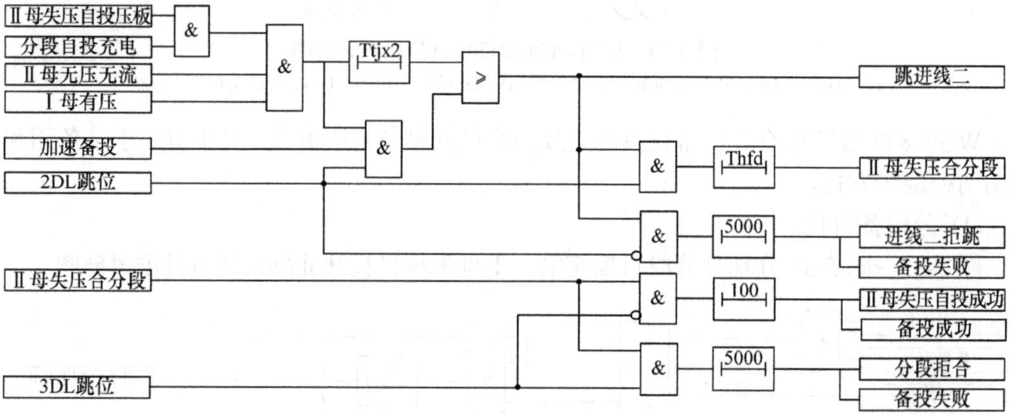

图 5-37　Ⅱ母失压自投逻辑框图

为了确保系统满足初始运行条件，设置了分段备自投充电条件。即当线路为暗备用接线方式(1DL、2DL 非跳位)，且正常运行(Ⅰ母、Ⅱ母有电压)时，经 15s 的延时分段自投充电完成。

① Ⅰ母失压自投：充电完成后，如果检测到Ⅰ母无压无流，Ⅱ母有压，则经延时 Ttjx1 后跳开 1DL，在 1DL 跳开后经整定的延时 Thfd 合 3DL，即Ⅰ母失压合分段。

② Ⅱ母失压自投：充电完成后，如果检测到Ⅱ母无压无流、Ⅰ母有压，则经延时 Ttjx2 后跳开 2DL，在 2DL 跳开后经整定的延时 Thfd 合 3DL，即Ⅱ母失压合分段。

(2) 进线备自投。

图 5-38 和图 5-39 是进线一自投充电和进线一自投逻辑图。需要满足进线自投的初始条件才能自投充电，即进线二运行，进线一备用(2DL、3DL 合位，1DL 分位)，且系统正常运行(Ⅰ母有压、Ⅱ母有压)。

进线一自投，充电完成后，如果检测到Ⅰ母、Ⅱ母无压，且进线二无压、无流，经延时 Ttjx2 跳开 2DL，在 2DL 跳开后经延时 Thjx1 合 1DL，即合进线一。

进线二自投步骤同上。

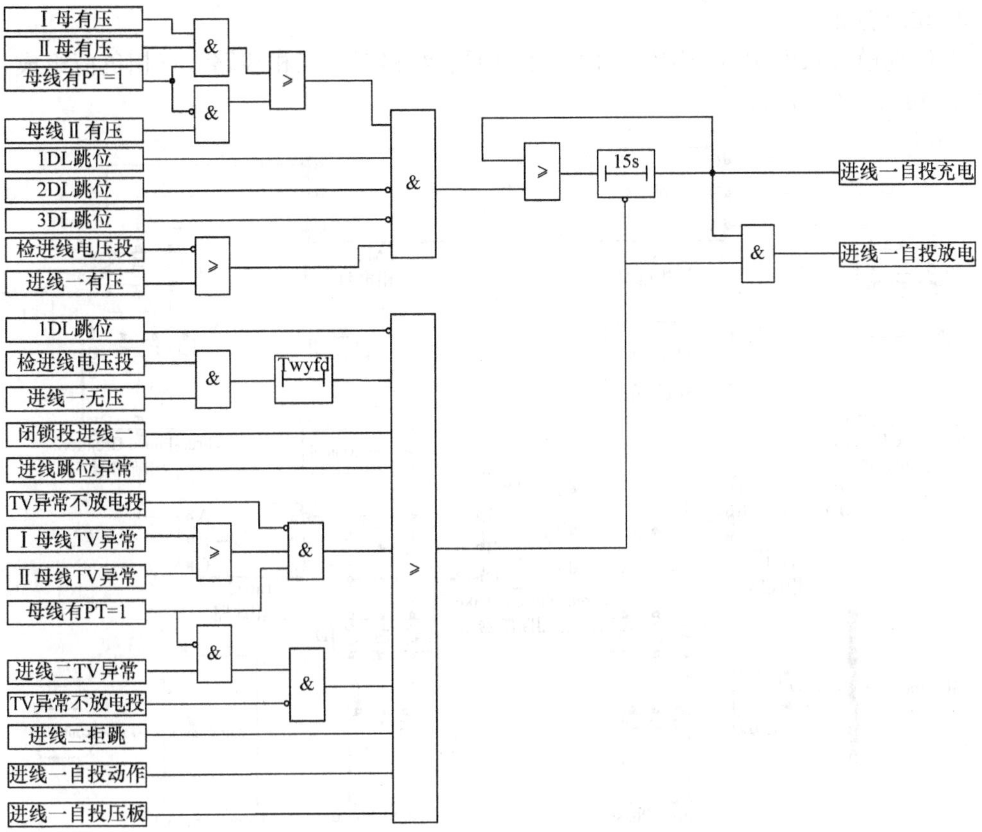

图 5-38　进线一自投充电逻辑图

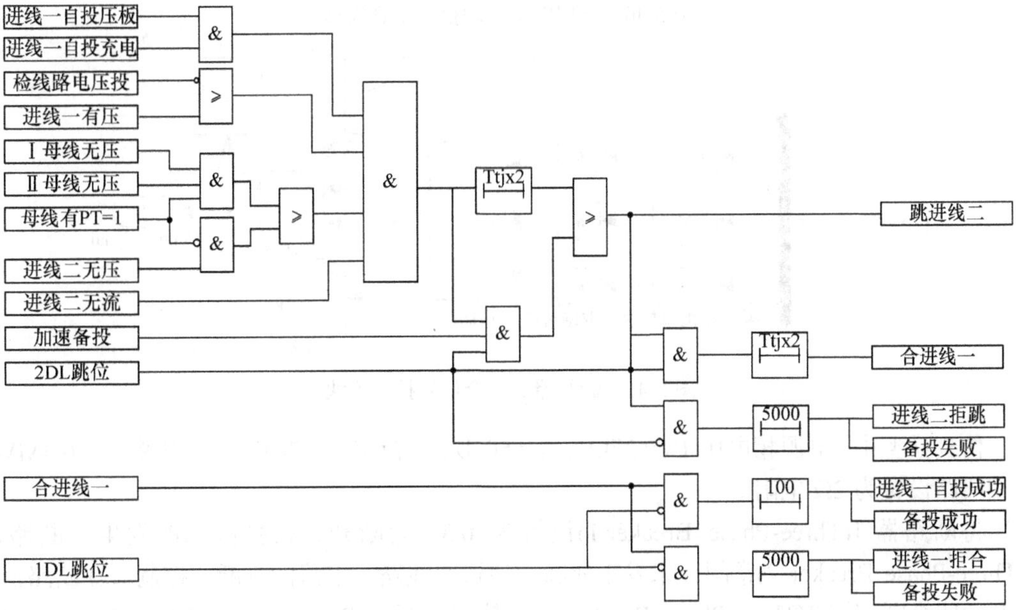

图 5-39　进线一自投逻辑图

4. 实验仿真

本仿真模拟双电源电力网络，由三相电源、断路器、三相线路、三相负荷组成，如图 5-40 和图 5-41 所示。

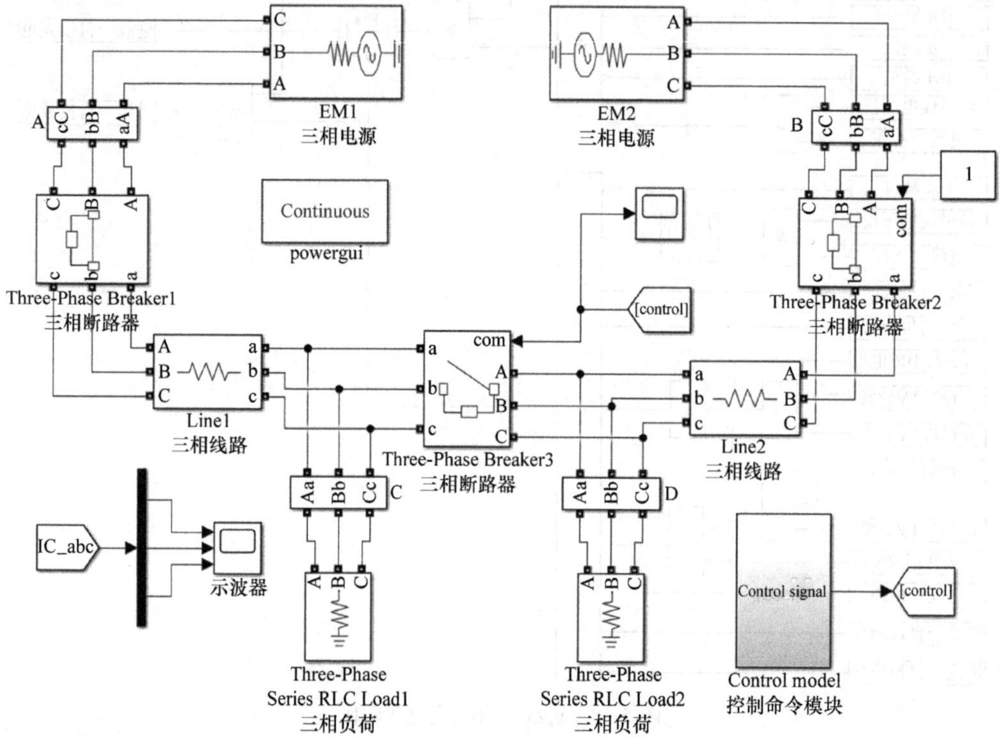

图 5-40 备用电源自动投入仿真模型

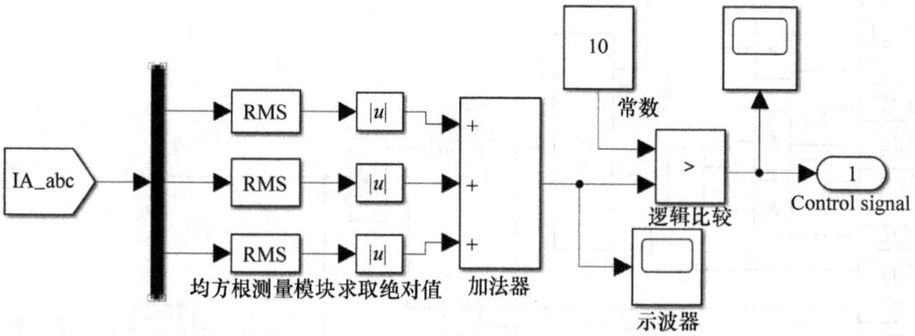

图 5-41 断路器 3 开合信号控制模块

仿真模型中，电源相电压 $V_n = 37\text{kV}$，$f_n = 50\text{Hz}$；负荷 $V_L = 37\text{kV}$，有功功率 $P = 6.4\text{MW}$；三相线路设置为 2Ω 电阻。

将断路器 1(Three-Phase Breaker 1)设置为 0.3s 后断开，模拟故障的发生，断路器 2(Three-Phase Breaker 2)常闭，未发生故障。通过对线路一电流的判断，控制器在断路器 1 断开后闭合断路器 3(Three-Phase Breaker 3)，使得电源 2(EM2)给负荷 1(Three-Phase Series RLC Load 1)提供电能，维持电网的正常运行，负荷 1 线路电流仿真结果如图 5-42 所示。可见，在 0.3s 后其电流短暂地变为 0，而由于断路器 3 的闭合，其线路恢复正常。

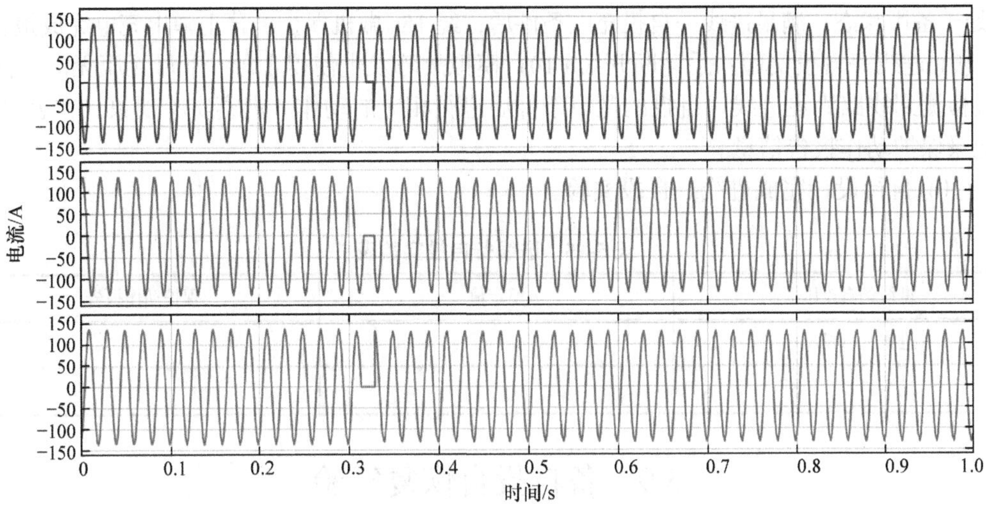

图 5-42　负荷 1 线路电流仿真结果

5. 实验内容

(1) 进入 WGB-877 保护装置菜单“整定”→“定值”，整定如下：

跳进线一延时	Ttjx1	1s
合分段延时	Thfd	2s

(2) 投入压板。投入 I 母失压自投压板，退出其他压板。

(3) 满足分段备自投充电条件：合上除分段断路器 QF104 外的所有开关，使得 35kV 进线、10kV 进线分别给 I 母、II 母供电，此时“1 车间”“2 车间”“3 车间”模拟指示灯全亮。满足 I 母失压自投充电条件后，经 15s 微机保护屏幕上弹出充电完成报告，或者主菜单右下角的小电池呈黑色，标示充电成功。

(4) 分段备自投实验：手动断开 QF301 模拟某故障发生使得 I 母无压无流。保护装置检测到线路满足分段备自投的逻辑条件后进行相应的动作。观察实验现象，在表 5-14 中记录保护动作报告信息。

表 5-14　分段备自投实验表

分段备自投压板	整定值	保护动作报告
I 母失压自投压板		
II 母失压自投压板		

(5) 自行设计完成 II 母失压自投实验。

(6) 进入 WGB-877 保护装置菜单“整定”→“定值”，整定如下：

跳进线二延时	Ttjx2	1s
合进线一延时	Thjx1	1s

(7) 投入压板：投入进线一自投压板，退出其他压板。

(8) 满足进线备自投充电条件：合上除断路器 QF103 外的所有开关，使得 10kV 进线给 I 母、II 母同时供电，此时“1 车间”“2 车间”“3 车间”模拟指示灯全亮，35kV 进线(进线一)处于备用状态。满足进线一自投充电条件后，经 15s 微机保护屏幕上弹出充电完成报告。

(9) 进线一自投实验：手动断开 QF101 模拟故障发生使得Ⅰ母、Ⅱ母无压无流。保护装置检测到线路满足进线一自投的逻辑条件后进行相应的动作。观察实验现象，在表 5-15 中记录保护动作报告信息。

(10) 自行设计完成进线二自投实验。

表 5-15 进线备自投实验表

进线备自投压板	整定值	保护动作报告
进线一自投压板		
进线二自投压板		

5.9 备自投自恢复实验

1. 实验背景

对于站内两段母线独立运行的情况，当一段母线失压后，分段自投动作，由另一条进线给两条母线供电。考虑到负荷平衡问题，WGB-877 微机保护装置设置了自恢复功能。当分段自投动作成功后，检测跳开的进线恢复供电，则启动自恢复功能重新跳开分段，合上原进线开关，恢复为两段母线独立运行的模式。WGB-877 微机保护装置设置了“Ⅰ母失压自恢复”和“Ⅱ母失压自恢复”压板，可进行投退控制。

对于站内一条进线带两段母线运行的情况，两条进线可能分为主供电源和备用电源，当主供电源故障备投动作后，由备用电源带两段母线运行。考虑备用电源带负荷长期运行问题，本装置设置自恢复功能。当备用电源自投成功后，检测到主供电源恢复供电，则启动自恢复功能重新跳开备用电源，合上主供电源开关，恢复主供电源给母线供电的模式。WGB-877 微机保护装置设置了“进线一自恢复”和“进线二自恢复”压板，可进行投退控制。

2. 实验目的

(1) 理解母线失压自恢复的原理和逻辑图。

(2) 理解进线自投自恢复的原理和逻辑图。

3. 实验原理

1) Ⅰ母失压自恢复

图 5-43 是Ⅰ母失压自恢复逻辑图，根据逻辑图可知，在进线一自恢复功能投入的情况下，当Ⅰ母失压分段自投动作成功后，如果检测到进线一有压，5s 之后，经延时(Ttzhf)跳开 3DL 并生成报告“自恢复跳分段”；当确认 3DL 跳开后，经延时(Thzhf)合上 1DL 并生成报告“自恢复合进线一”，再经 100ms 延时报“自恢复成功”。

Ⅱ母失压自恢复同上，省略。

2) 进线一自投自恢复

图 5-44 是进线一自投自恢复逻辑图，根据逻辑图可知，在进线二自恢复压板投入的情况下，当进线一自投成功后，如果检测到进线二有压，5s 之后，经延时(Ttzhf)跳开 1DL 并生成报告“自恢复跳进线一”；确认 1DL 跳位后，经延时(Thzhf)合上 2DL 并生成报告“自恢复合进线二”，再经 100ms 延时报“自恢复成功”。

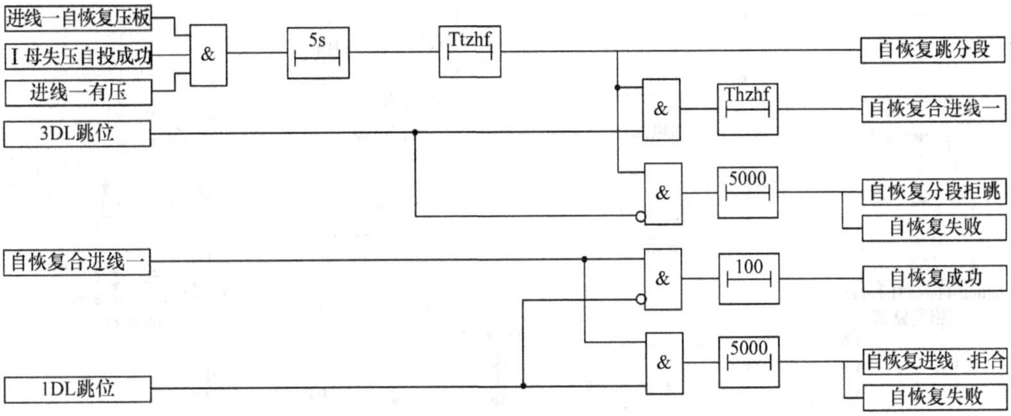

图 5-43　Ⅰ母失压自恢复逻辑图

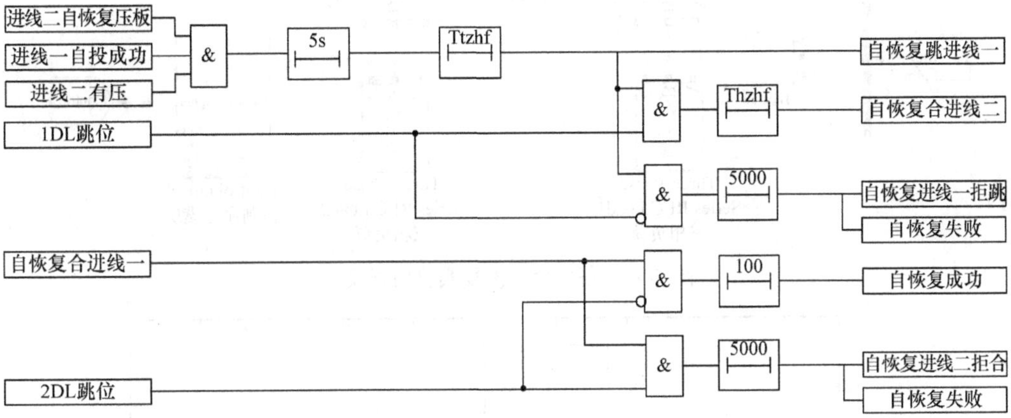

图 5-44　进线一自投自恢复逻辑图

进线二自投自恢复同上，省略。

4. 实验仿真

本仿真如图 5-45 所示，其与 5.7 节仿真模型相同，区别在于，当线路一断路器断开 0.2s 后，断路器闭合。此时断路器 3 的控制模块判断出线路一故障去除，产生信号控制断路器 3 断开，恢复为最开始的工作状态。

由图 5-46 断路器 3 的控制信号可知：当 0.3s 断路器 1 断开，控制信号输出 1，控制断路器 3 闭合；当 0.5s 断路器 1 闭合后，控制信号输出 0，控制断路器断开，恢复两条线路独立运行。由图 5-47 负荷 1 线路电流仿真结果可知，整个过程中，一条线路发生故障，并没有影响该线路上负载的正常运行。

5. 实验内容

(1) 进入 WGB-877 保护装置菜单“整定”→“定值”，整定如下：

自复跳闸延时	Ttzhf	1s
自复合闸延时	Thzhf	2s

(2) 投入压板。投入Ⅰ母失压自投压板和进线一自恢复压板，退出其他压板。

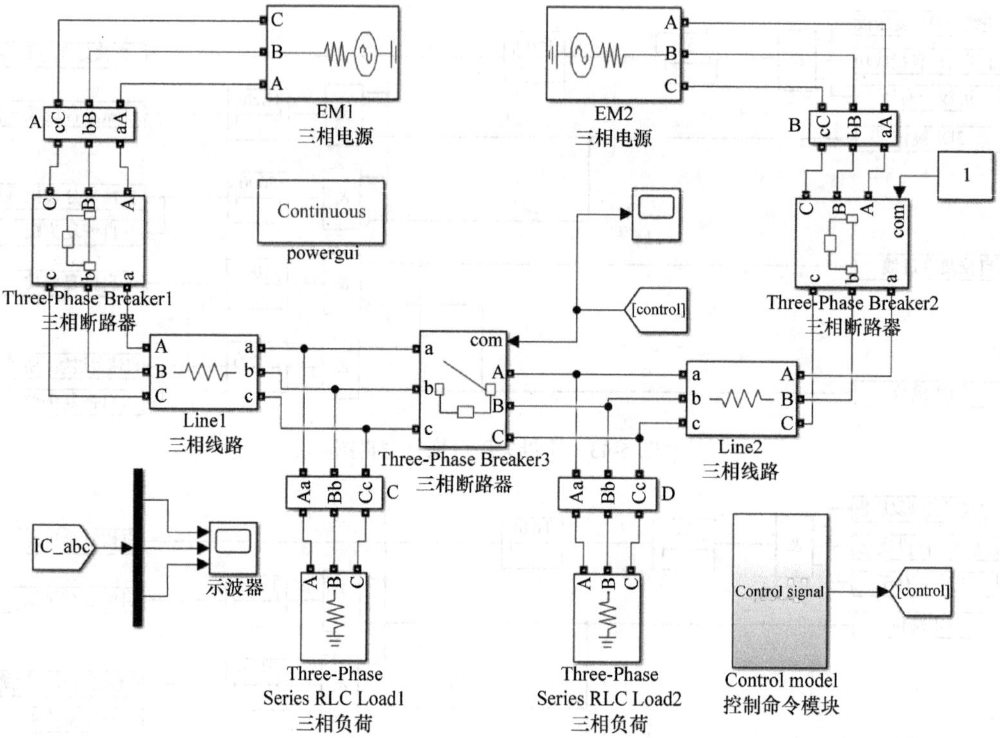

图 5-45　备自投自恢复实验仿真模型

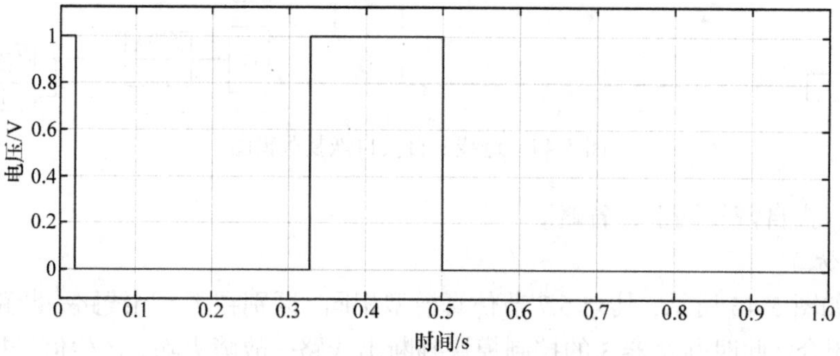

图 5-46　断路器 3 控制信号

(3) 满足分段备自投充电条件。合上除分段断路器 QF104 外的所有开关，使得 35kV 进线、10kV 进线分别给Ⅰ母、Ⅱ母供电，此时“1 车间”“2 车间”“3 车间”模拟指示灯全亮。

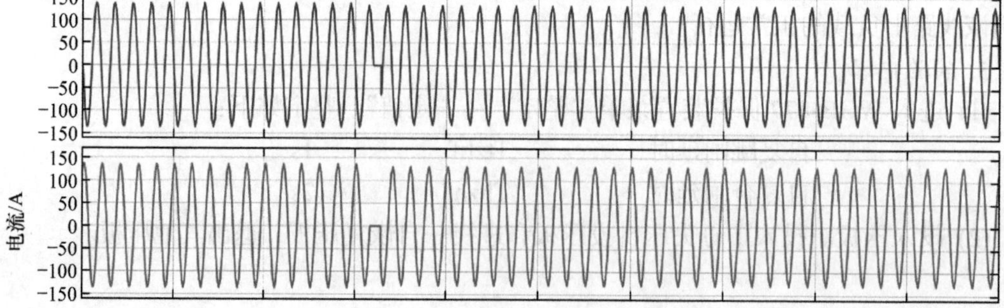

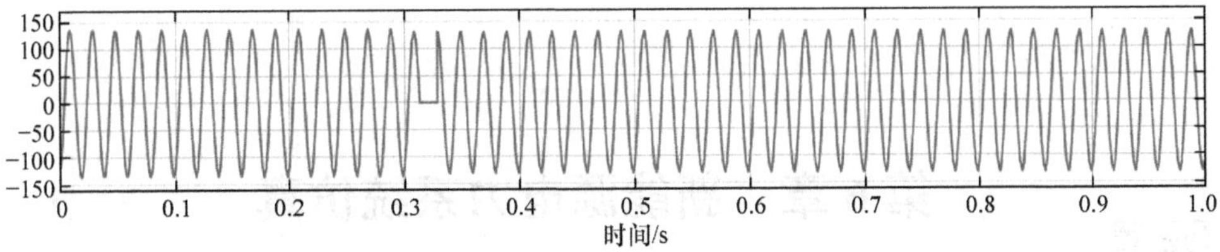

图 5-47　负荷 1 线路电流仿真结果

满足Ⅰ母失压自投充电条件后，经 15s 微机保护屏幕上弹出充电完成报告，或者主菜单右下角的小电池呈黑色，标示充电成功。

(4) Ⅰ母失压自恢复实验。手动断开 QF301 模拟某故障发生使得Ⅰ母无压无流。保护装置检测到线路满足分段备自投的逻辑条件后进行相应的动作。观察实验现象，在表 5-16 中记录保护动作报告信息。

(5) 自行设计完成Ⅱ母失压自恢复实验。

(6) 投入压板。投入进线一自投压板和进线二自恢复压板，退出其他压板。

(7) 满足进线备自投充电条件。合上除断路器 QF103 外的所有开关，使得 10kV 进线给Ⅰ母、Ⅱ母同时供电，此时“1 车间”“2 车间”“3 车间”模拟指示灯全亮，35kV 进线(进线一)处于备用状态。满足进线一备自投充电条件后，经 15s 微机保护屏幕上弹出充电完成报告。

(8) 进线一备自投自恢复实验。手动断开 QF101 模拟故障发生使得Ⅰ母、Ⅱ母无压无流。保护装置检测到线路满足进线一自投的逻辑条件后进行相应的动作。观察实验现象，在表 5-16 中记录保护动作报告信息。

(9) 自行设计完成进线二备自投自恢复实验。

表 5-16　备自投自恢复实验

备自投自恢复实验	投入压板	整定值	保护动作报告
Ⅰ母失压自投自恢复实验			
Ⅱ母失压自投自恢复实验			
进线一自投自恢复实验			
进线二自投自恢复实验			

第 6 章 新能源电力系统仿真

新能源发电简介

6.1 直驱与双馈风机并网系统仿真

1. 实验概述

随着我国经济的不断发展，能源消耗量越来越大，煤炭和石油是我国主要能源形式，随着能源消耗的增多，我国已经从煤炭和石油出口国转变成进口国。同时，随着全球气候的变暖，各国纷纷推出二氧化碳减排措施，急需降低化石能源所占的比例，寻求新的能源形式。我国风能资源丰富，风力发电能够减少化石燃料的燃烧所带来的能源危机和温室气体的排放。风力发电是一种可再生的清洁能源，它能够给人们带来很好的环境效益，经济效益以及社会效益。

风力发电系统按照发电机运行方式可分为恒速恒频风力发电系统和变速恒频风力发电系统两大类。恒速风力发电机的缺点是风速变化时，风能利用系数不可能一直保持在最佳值，风能利用率不高。而当风力发电机采取变速运行时，风速跃升所产生的风能，其中部分被加速旋转的风轮所吸收，并以动能的形式存储于高速运转的风轮中，通过对发电机的转速控制，使风力运行中保持最佳叶尖速度比，实现最大风能追踪控制。当风速下降后，在相关电力电子装置调控下，将高速风轮所存储的动能释放出来并转变为电能送入电网。变速恒频风力发电通过调节发电机转子电流、频率和相位，从而实现转速的调节，可在很宽的风速范围内保持近乎恒定的最佳叶尖速度比，进而追求风能最大转换效率；同时又可以采用一定的控制策略灵活调节系统的有功功率、无功功率，抑制谐波，减少损耗，提高系统效率。

2. 实验仿真模型搭建

1) 直驱式风力发电机组模型概况

如图 6-1 所示为直驱式风力发电机组的风轮直接驱动发电机结构，主要由同步发电机、变流器、变压器、电力网络及其控制系统组成。为了提高低速发电机效率，直驱式风力发电机组采用大幅度增加极对数的方式(一般极数提高到 100 左右)提高风能利用率，采用全功率变换器实现风力发电机的调速。

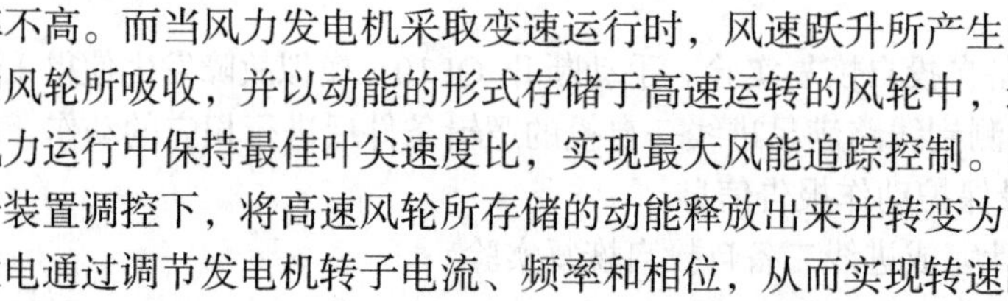

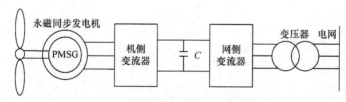

图 6-1 直驱式风力发电机组示意图

直驱式风力发电机按照励磁方式可分为电励磁和永磁两种。电励磁直驱式风力发电机组采用与水轮发电机相同的工作原理。永磁直驱是近年来研发的风电技术，该技术用永磁材料替代复杂的电励磁系统，发电结构简单，重量相对励磁直驱机组较轻。但永磁部件存在长期强冲击振动和大范围温度变化条件下的磁稳定性问题、永磁材料的抗盐雾腐蚀问题、空气中微小金属颗粒在永磁材料上的吸附从而引起发电机磁隙变化问题，以及在强磁条件下机组维护困难问题等。此外，永磁直驱式风力发电机组在制造过程中，需要稀土这种战略性资源的供应，成本较高。

采用永磁同步发电机的发电机组，转子为永磁式结构，无须外部提供励磁电源，提高了效率。该系统的变速恒频控制在定子电路实现，把永磁发电机发出的频率变化的交流电通过交-直-交并网变频器转变为与电网同频的交流电，因此变频器的容量与系统的额定容量相同。构建直驱式风力发电系统仿真图模型如图 6-2 所示。

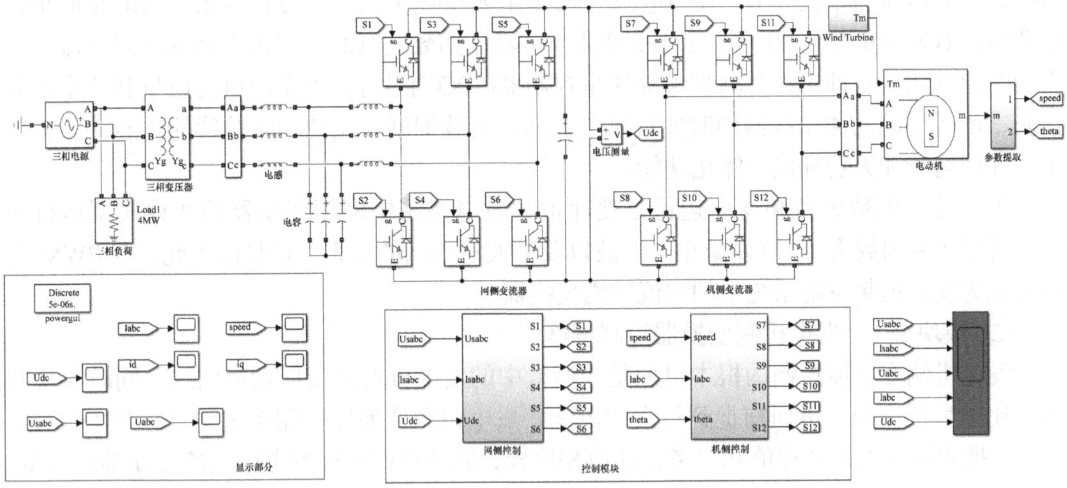

图 6-2　直驱式风力发电系统仿真图模型

(1) 模块 1——背靠背式双 PWM 变换器模型。

背靠背式的双 PWM 变换器主电路结构图如图 6-3 所示。图中 $Q_1 \sim Q_6$ 是机侧的变换器的开关管，$Q_1' \sim Q_6'$ 是网侧的变换器的开关管；机侧的变换器的输入电流是 i_a、i_b、i_c；V_{dc} 为直流母线电压；网侧的变换器的输出电流是 i_A、i_B、i_C；电机的三相电感为 L_a、I_b、I_c；L 为滤波器与电网的等效电感；e_A、e_B、e_C 为网侧的三相电压；R 是电网和滤波器之间等效电阻。

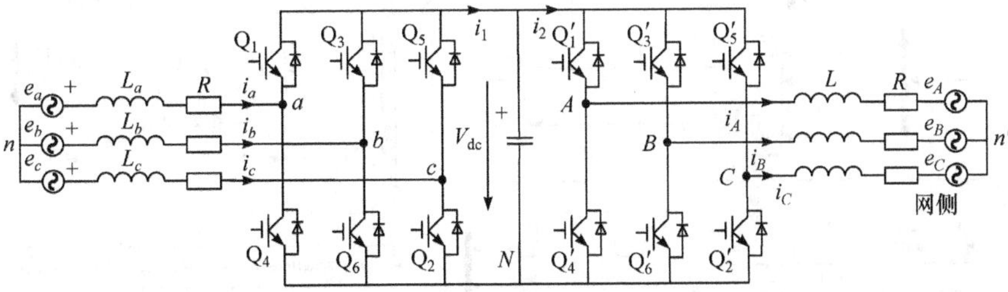

图 6-3　双 PWM 变换器主电路结构图

对于双 PWM 变换器的控制，为了有效地控制直驱风力发电系统，需要对风力发电网侧与机侧的变换器进行相互配合。为了能够使风力发电机吸收的风能达到最大，需要控制电机侧的变换器，最后把转换后的电能输入到直流母线上。由于风能的不稳定性会影响直流母线上的电压，故在网侧采用直流电压闭环技术和变换器来稳定直流母线电压。

通过调节网侧变换器输出交流电压的幅值和相位，就能控制电感电流与电网电压的相位角，从而使该变换器运行于几个不同的工作状态。

① 单位功率因数整流运行：此时电源电流的基波具有完全正弦的波形并与电源电压保持同相位，能量完全由电源侧流入变换器，从电网吸收的无功功率为零。

② 单位功率因数逆变运行：此时电源电流的基波保持正弦并与电源电压反相，能量完全由直流侧流向电源，且电网和变换器之间没有无功功率的流动。

③ 非单位功率因数运行状态：此时电源电流的基波与电源电压具有一定的相位关系。当控制电源电流为正弦波形，且与电源电压具有 90°的相位差时，变换器可作为静止同步补偿器(STATCOM)运行。另外，在变换器非单位功率因数运行时，也可控制其电源电流为所需的波形和相位，即可作并联型电能质量控制器(SPQC)运行，可实现电能质量和功率因数控制，使传统的网侧变换器同时实现风电并网、谐波抑制和无功功率补偿的功能，即实现柔性并网运行和无功补偿一体化功能。

单位功率因数整流和逆变运行是变速恒频发电系统中网侧变换器的两种典型运行状态，由于功率因数为 1，所以减小了谐波以及谐波对电网的危害。正是由于此，双 PWM 变换器成为变速恒频发电系统中的主流励磁变换器。

(2) 模块 2——发电机侧变换器控制策略。

发电机侧变换器控制的根本目的是使运行中的发电机追踪最佳功率曲线，同时实现叶尖速比的最佳控制，进而捕捉到最大的风能。发电机侧变换器控制系统仿真模型如图 6-4 所示，把实际的电机转速值和参考转速值相比较，能够获得电机参考电流值在 q 轴的分量，再通过前馈补偿项与控制电机的实际电流值来追踪这个电机参考电流值，便可以获取电机侧参考电压值在 q 轴上的分量。对于整个变换过程 $i_d = 0$ 一直是不变的，因此获得了 dq 坐

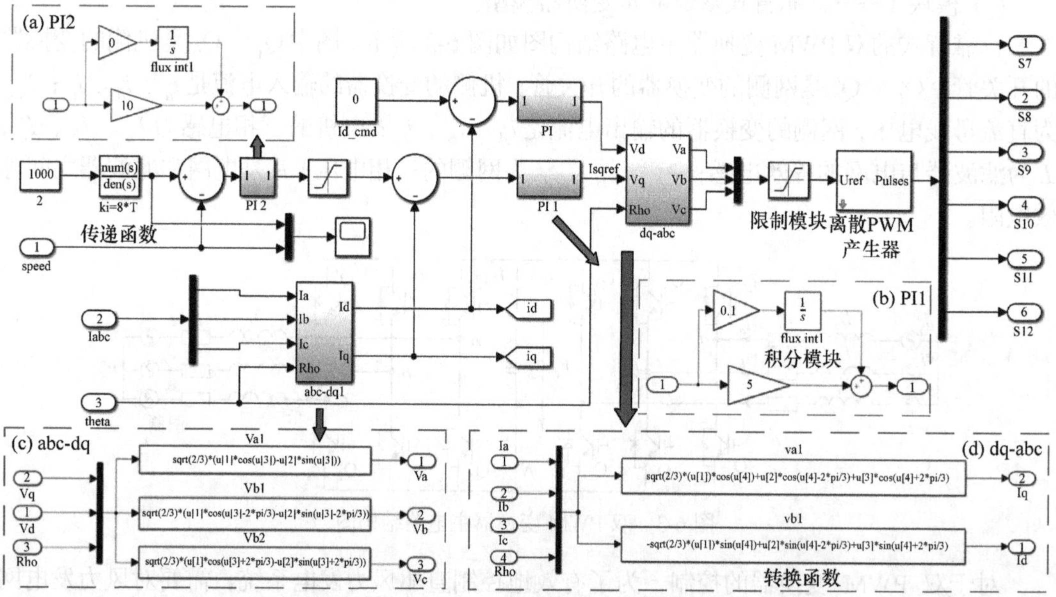

图 6-4 发电机侧变换器控制系统仿真模型

标轴下电机的定子端参考电压，再通过 2/3 变换，变换到三相坐标轴下的参考电压，经过可控整流器控制输出的实际三相电压追踪电机的给定值，实现最大风能的追踪。

(3) 模块 3——网侧变换器控制策略。

网侧变换器控制的根本目的是将直流母线电压逆变成与电网电压频率相同的交流电压，使直流母线电压保持稳定，最后对电流进行解耦控制，完成无功与有功的独立控制。

网侧控制仿真如图 6-5～图 6-7 所示，并网前采用的方法是：对电压采取 PI 闭环控制，

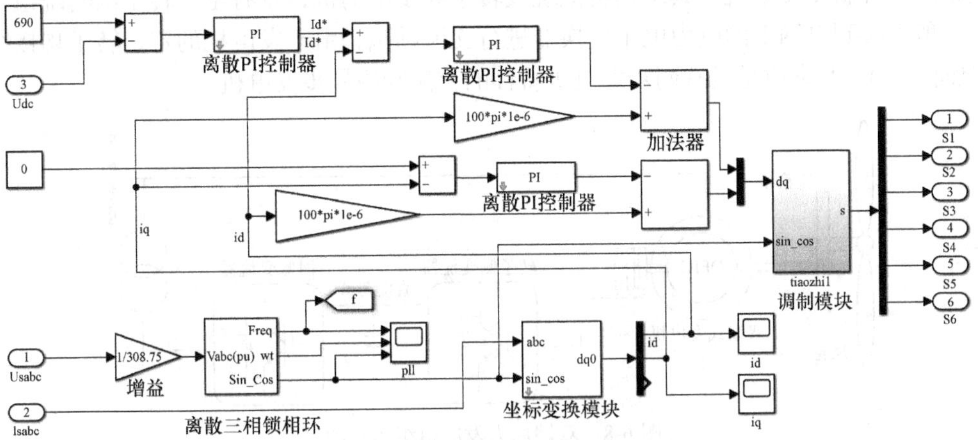

图 6-5　网侧变换器控制系统仿真模型

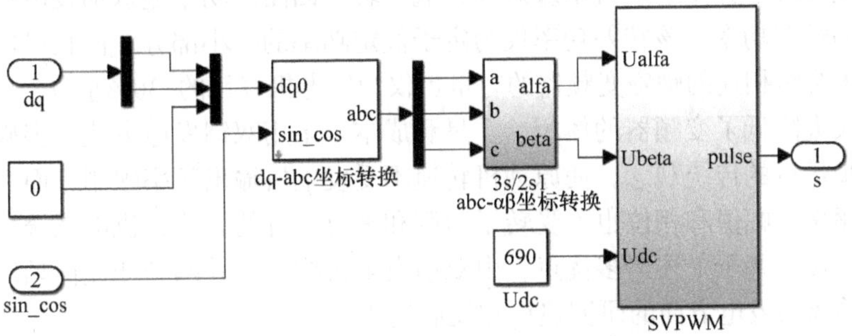

图 6-6　调制模块

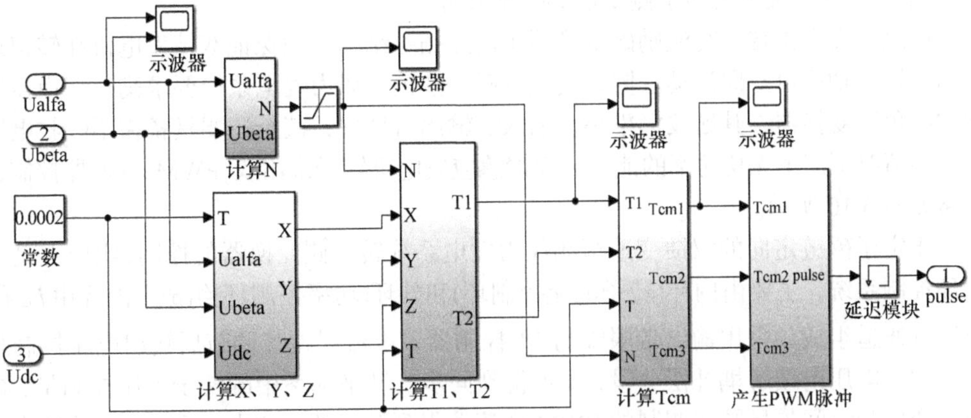

图 6-7　SVPWM 控制模块

给定值是通过电压传感器测定的电网电压信号，反馈值是通过电压传感器测定的逆变器输出的电压信号，将给定值和反馈值做差后输入 PI 控制器，采用 SVPWM 技术，输出 PWM 信号控制变换器的各桥臂功率管的通断。当逆变器输出电压与电网电压相同时，就达到了并网条件。

2) 双馈风力发电机组模型概况

交流励磁双馈风力发电机组，如图 6-8 所示，是在同步发电机和异步发电机的基础上发展起来的一种新型发电机，其结构类似绕线转子异步电动机，具有定、转子两套绕组，其转子一般由接到电网上的电力电子变换器进行交流励磁，由于发电机的定、转子均接交流电(双向馈电)，其本质是具有同步发电机特性的交流励磁异步发电机。

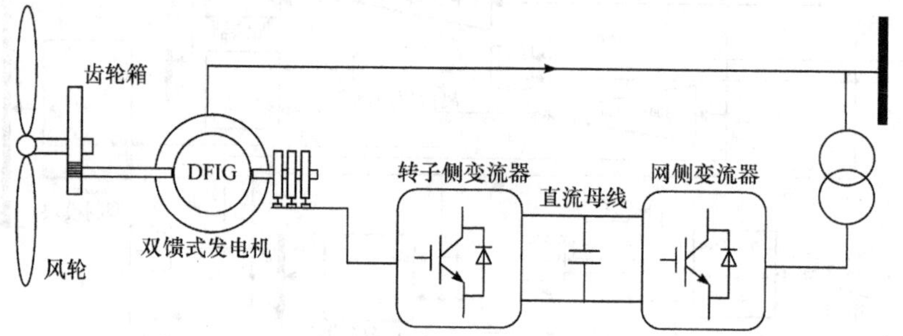

图 6-8　双馈风力发电机组示意图

类似于绕线转子异步电动机串级调速，流过转子回路的功率是双馈发电机的转速运行范围所决定的转差功率，该转差功率仅为定子额定功率的一小部分，而且可以双向流动。因此，和转子绕组相连的励磁变频器的容量也仅为发电机容量的 30%左右，属于转差功率变换，这就大大降低了变频器的体积、重量和成本。采用双馈发电方式，突破了机电系统必须严格同步运行的传统观念，使原动机转速不受发电机输出频率限制，而发电机输出电压和电流的频率、幅值和相位也不受转子速度和瞬时位置的影响，机电系统之间的刚性连接变为柔性连接。基于上述诸多优点，由双馈发电机构成的并网型变速恒频风力发电系统已经成为目前风力发电方面的研究热点和发展趋势。

建立如图 6-9 所示的双馈风力发电机组仿真模型，接下来详细分析模型具体模块。

(1) 模块 1——发电机转子侧变换器控制策略。

双馈风力发电机转子交流励磁变换器主电路拓扑结构必须保证双馈发电机在转速运行范围内，转差功率可双向流动。同时交流励磁变速恒频风力发电系统要求励磁变换器应是一种“绿色”变换器，其谐波污染小，输入、输出特性好，甚至还要具备在不吸收电网无功功率的情况下产生无功功率的能力。双馈感应发电机转子采用双 PWM 变换器控制，仿真电路如图 6-10 所示。

基于定子磁链定向的双馈变速恒频风力发电系统转子侧变换器的控制，实质上是一个双闭环控制系统，主要由内环(转子电流控制环)和外环(功率控制环)组成。内环由 i_{dr} 和 i_{qr} 两个控制通道组成，采用输出带限幅的 PI 控制器，电流误差经调节后输出电压控制量，然后叠加上电压前馈解耦补偿分量，即可得到同步旋转坐标系中的转子电压控制量，再经过坐标变换和空间矢量脉宽调制的 PWM 变流器得到转子的励磁电压和电流。外环为功率

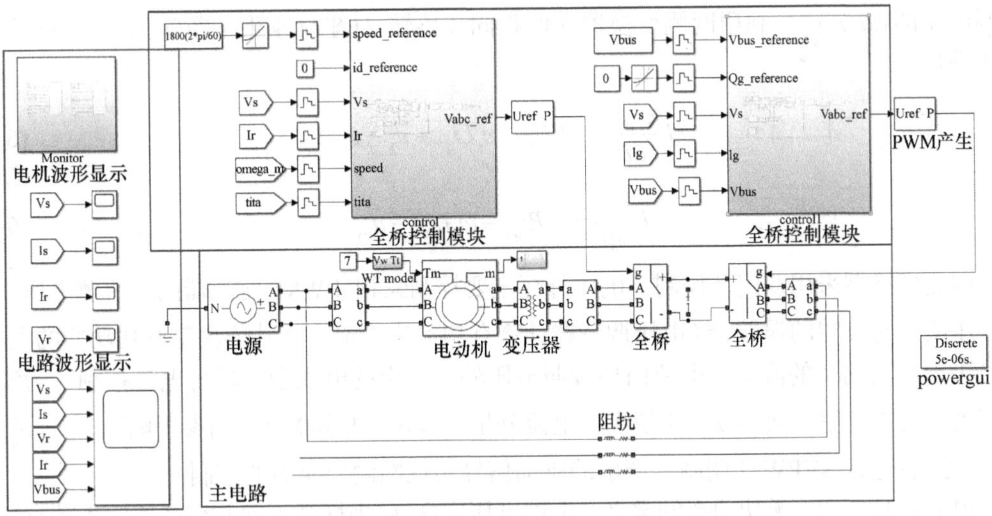

图 6-9　双馈风力发电机组仿真模型

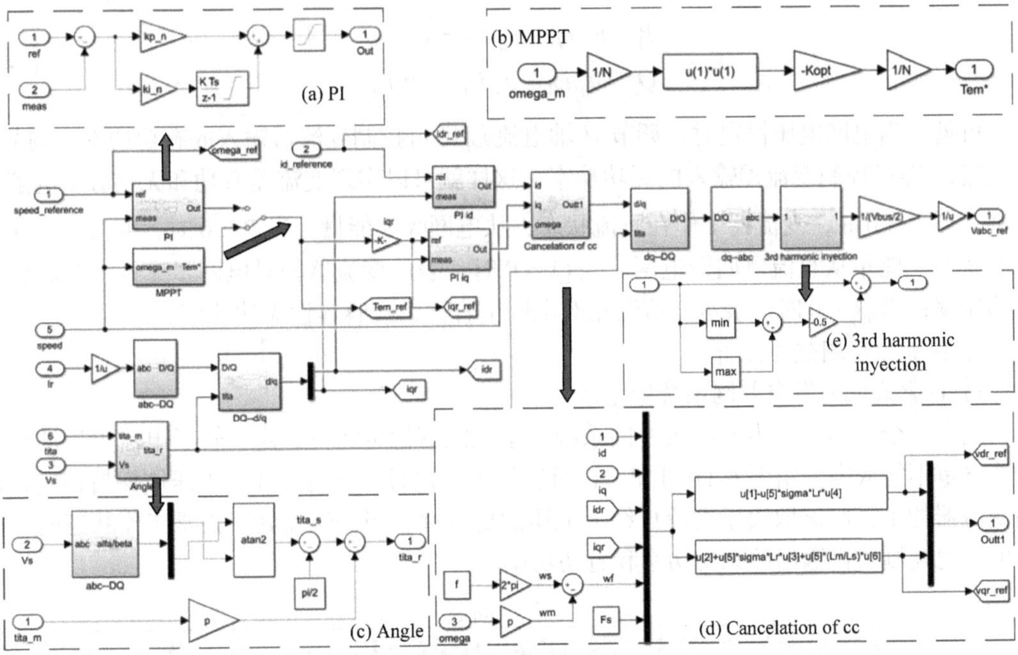

图 6-10　发电机转子侧变换器控制系统(全桥控制模块)仿真模型

控制环，根据有功功率、无功功率给定值和经过计算得出的反馈值比较后输入 PI 控制器；例如，在有功功率控制环节，根据当前的风速计算出对应于风力机最佳叶尖速度比的有功功率值作为有功功率环节的给定，然后和经计算得到的反馈值的差值送入带输出限幅的 PI 控制器。无功功率可设定为 0。

(2) 模块 2——发电机网侧变换器控制策略。

采用电网电压定向控制，依据网侧变换器的数学模型，将两相同步坐标系 d 轴定向于电网电压矢量方向上。电网电压定向控制策略开关频率固定，可以采用 SVPWM 调制技术。

应用空间坐标变换，将同步旋转 dq 坐标系 d 轴定向于电网电压矢量 u_s 的方向上，得到

电网电压的 dq 分量，利用网侧变换器在两相同步旋转 dq 坐标系下的数学模型，可得输入电压满足：

$$L\frac{\mathrm{d}i_{ds}}{\mathrm{d}t}=-Ri_{ds}+\omega_1 Li_{qs}+u_s-u_{ds} \tag{6-1}$$

$$L\frac{\mathrm{d}i_{qs}}{\mathrm{d}t}=-Ri_{qs}-\omega_1 Li_{ds}-u_{qs} \tag{6-2}$$

网侧变换器采用双闭环控制，电压外环主要控制三相 PWM 变流器的直流侧电压，直流电压给定与反馈的误差，经电压调节器计算有功电流给定 i_{ds}^*，其值决定有功功率的大小，符号决定有功功率的流向。电流内环按照电压外环输出的电流指令进行电流控制，为实现功率因数为 1 的整流或逆变，应使无功电流分量 $i_{qs}=0$。变换器交流测参考电压 u_{ds}^*、u_{qs}^* 经坐标变换后进行 SVPWM 调制，产生的驱动信号实现网侧变换器的控制。

根据瞬时有功、无功功率的定义，电网电压定向 dq 坐标系下网侧变换器输入的有功功率和无功功率分别为

$$\begin{aligned}P_1&=u_{d1}i_{d1}+u_{q1}i_{q1}=u_s i_{d1}\\Q_1&=u_{q1}i_{d1}-u_{d1}i_{q1}=-u_s i_{q1}\end{aligned} \tag{6-3}$$

可见，当电网电压恒定时，调节 d 轴电流 i_{d1} 即可控制变流器输入的有功功率，调节 q 轴电流 i_{q1} 即可控制变流器输入的无功功率，这样就可以实现变流器有功和无功分量的解耦控制。当 $P_1>0$ 时，变流器工作在整流状态，从电网吸收能量；当 $P_1<0$ 时，变流器工作在逆变状态，能量从直流侧回馈电网。当 $Q_1>0$ 时，表示变流器相对电网呈感性，吸收感性无功功率；当 $Q_1<0$ 时，表示变流器相对电网呈容性，吸收容性无功功率。

3. 仿真模型测试与分析

1) 直驱式风力发电并网系统稳定运行

建立一个直驱式风力发电机并网系统，系统能够稳定运行，定、转子电流电压波形的谐波含量不能太高。由图 6-11 可知，在风速发生变化时，直流母线上电压应保持稳定，机侧变流器的工作状态取决于直流母线上电压的稳定性，当变流器处于正常工作状态时，能够可靠地控制风机输出的无功功率和有功功率。

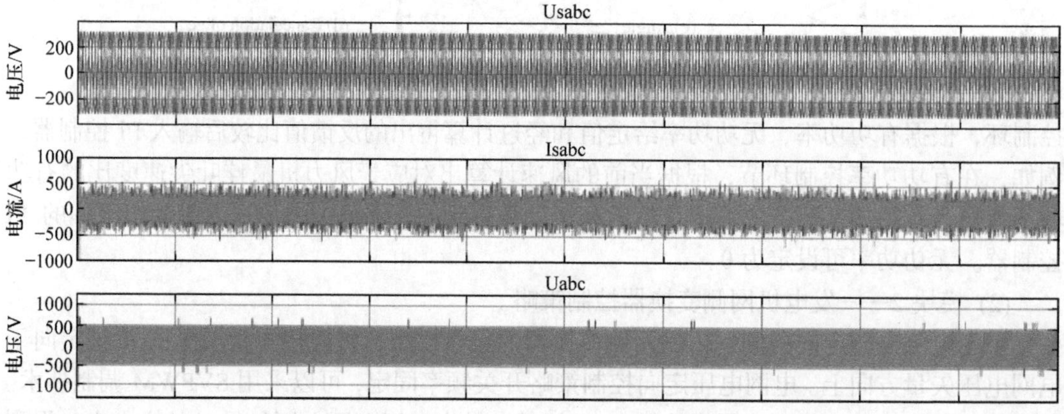

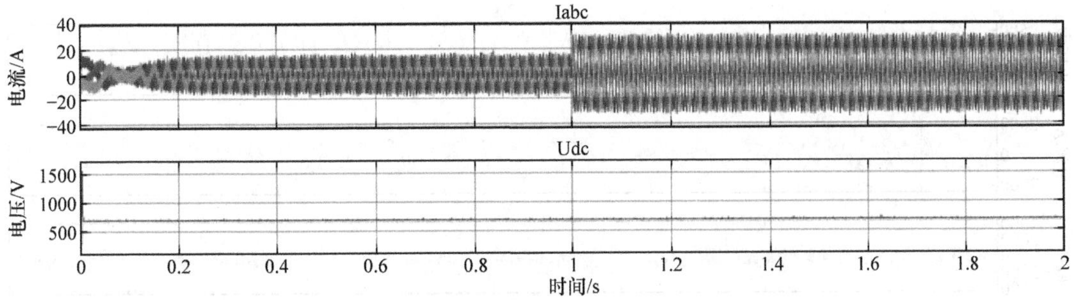

图 6-11　网侧电压和电流、机侧电压和电流及直流母线电压

2) 直驱式风力发电机在电网电压跌落时仿真

在系统大故障情况下(系统电压突然跌落)，直驱式风力发电机低电压能力得以体现。由图 6-12 可知，该系统在系统电压跌落后，机侧电流、直流母线电压仍满足要求。

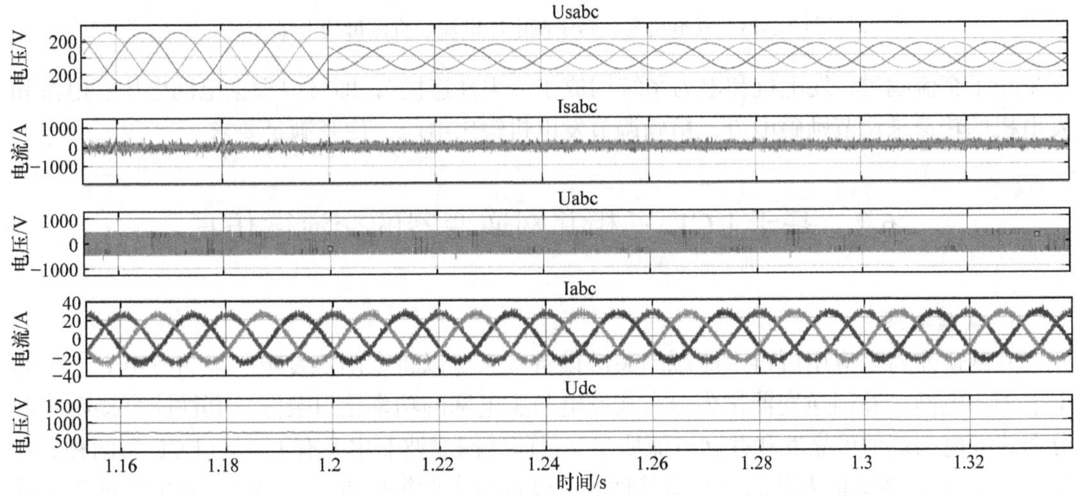

图 6-12　系统故障网侧电压和电流、机侧电压和电流及直流母线电压

3) 双馈风力发电并网系统稳定运行

图 6-13 为建立的双馈风力发电机并网系统的波形，系统能够稳定运行。定、转子电流和电压波形的谐波含量不能太高。

4. 总结

凭借着精确的控制性能以及良好的变速恒频特性，永磁直驱同步风力发电机成为发电领域的主流机型。以背靠背式双 PWM 变流器模型为基础，对永磁直驱同步风力发电机的变流器控制策略展开研究。在系统中采用模糊控制最优梯度法实现最大功率点跟踪，并将其应用于发电机侧矢量控制中，实现最大风能跟踪；在电网侧采用电压定向控制策略，完成风力发电并网。同步发电机励磁的可调量只有直流励磁电流的幅值，所以同步发电机励磁一般只能对无功功率进行调节，而双馈风力发电机除了励磁电流的幅值可调外，励磁电流的频率和相位也可调，所以控制上更加灵活。双馈风力发电机的定子绕组直接与电网相连，转子绕组通过变频器与电网连接，转子绕组电源的频率、幅值和相位按运行要求由变频器自动调节，机组可以在不同的转速下实现恒频发电，满足用电负载和并网的要求。由

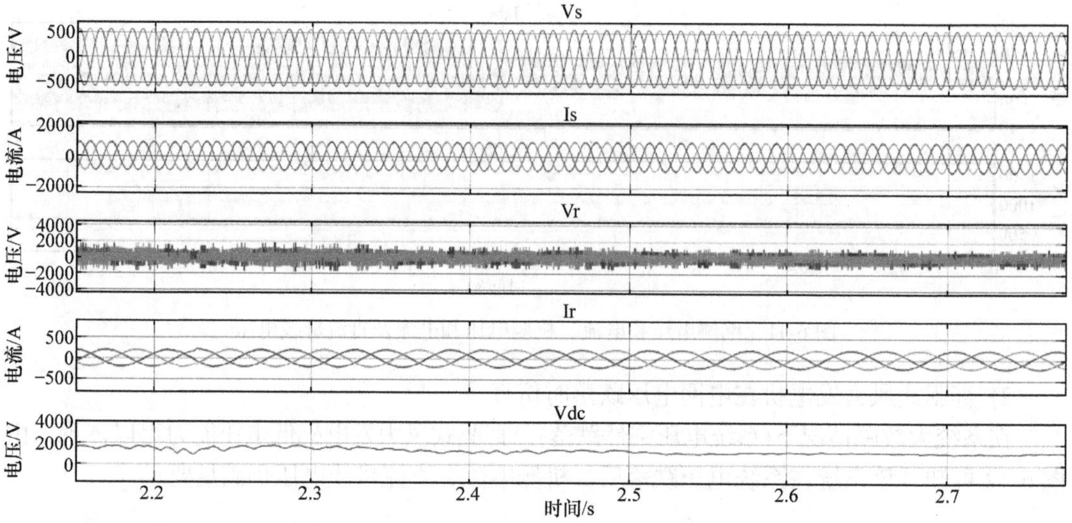

图 6-13　发电机定、转子侧电压电流、直流母线电压

于采用了交流励磁，发电机和电力系统构成了“柔性连接”，即可以根据电网电压、电流和发电机的转速来调节励磁电流，精确调节发电机输出电压，使其满足要求。

6.2　基于 LCL 三相并网逆变器的交流微仿真

1. 实验概述

并网逆变器是应用可再生能源的关键设备，它可以将太阳能发电、风力发电等产生的电能馈入电网。并网逆变器作为分布式发电与主电网的功率接口装置，其性能直接影响着分布式发电系统的可靠性和并网电流质量。目前并网滤波器主要有 L 型与 LCL 型两种，其中，LCL 型滤波结构因其高频衰减特性好、硬件成本低等优点，已得到学者的高度关注并被应用于工业工程中。

2. 实验仿真模型搭建

1) 实验模型概况

基于 LCL 三相并网逆变器的交流微仿真模型如图 6-14 所示。由于本节设计的交流微网模型一共有 3 台三相全桥式并网逆变器，因此需要选择合适的整体运行方式。

本次仿真选择主从控制方式。当微电网孤岛运行时，微电网中只有一个逆变器作为主逆变器采用 VF 控制方式，其余的作为从逆变器。系统内的光伏、整流器等分布式电源因受外部能源变化的影响较大，故通常作为从电源，采用 PQ 控制方式，实现最大功率输出。

主逆变器负责为微电网提供电压幅值和频率支撑。主从控制的优点在于控制策略相对简单，控制参数较少。其缺点在于冗余性差，微电网并、离网切换时需要变换控制方式，电压、电流冲击较大。

如图 6-14 所示，光伏逆变器和整流控制逆变器的交流侧初始与无穷大电网相连，在某一时刻从无穷大电网切换至 VF 控制的逆变器输出，由 VF 控制逆变器提供电压幅值和频率，三台逆变器构成孤岛系统。各逆变器切换运行前后，功率稳定在 5MW，逆变器交流侧连接

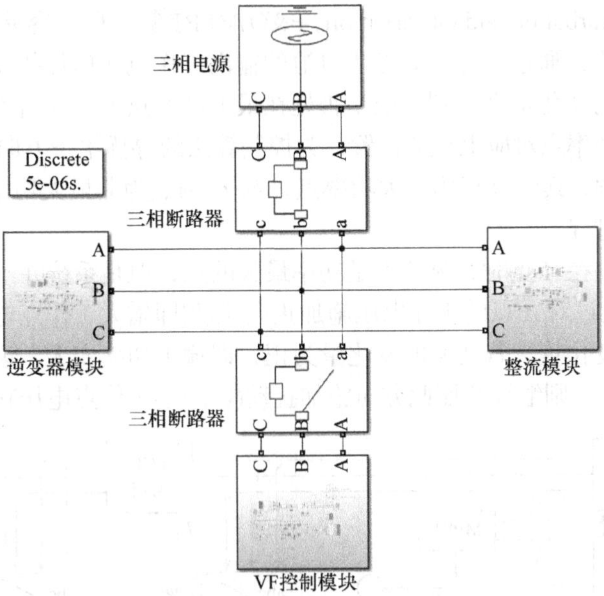

图 6-14　交流微网系统仿真模型

的交流母线电压等级为 10kV，基波频率 $f_0 = 50\text{Hz}$，各逆变器 IGBT 的开关频率选取为 $f_{sw} = 4\text{kHz}$。通过设计，选取 LCL 型滤波器谐振频率 $\omega_{res} = 900\text{Hz}$，$L_1 = L_2 = L/2 = 9.2\text{mH}$。

2) 三相光伏并网逆变器

(1) 控制框图。

由于受外界环境因素的影响，光伏并网发电系统输出功率不稳定，发电具有间歇性，为了获得稳定的输出功率，经常会考虑加装储能设备，但是这样会提高系统的成本，光伏发电系统的控制应该以可再生能源的最大利用为目标，因此光伏并网发电系统一般采用恒功率控制(PQ 控制)策略。其主要思想是通过控制使得逆变器按给定的有功和无功功率进行输出，这样可以保证能源的最大利用效率。由于这种控制方式不直接控制电压幅值和频率，因此无法保证电压幅值和频率的稳定性，这个特性决定了其一般只用于并网逆变器和主从控制中的从逆变器控制，其电压幅值和频率支撑由电网或孤岛提供。

仿真模型中的光伏三相并网逆变器采用基于 dq 坐标变换的 PQ 控制策略，其控制框图如图 6-15 所示，仿真模型如图 6-16 所示。光伏三相并网逆变器采用双闭环控制结构，电流内环和电压外环分别由 PI 调节器控制，三相桥式逆变器采用双极性 SPWM 控制方式。

(2) 光伏阵列选择。

光伏阵列中的模块选择默认的 1Soltech 1STH-215-P，parallel strings(模块并联数)选择 36 个并联，单个并联中有 656 个模块串联(Series-connected Modules)。从图 6-17 中绘制的光伏阵列 I-V 与 P-V 特性可以读出，对应 1kW/m^2 和 25℃的光伏阵列的 MPP 电压和最大功率分别为 19020V 和 5.034MW，开路电压为 23810V。

(3) MPPT 算法选择。

光伏电池阵列输出功率受光照强度和温度变化的影响，因此最大功率点跟踪(Maximum Power Point Tracking，MPPT)技术广泛应用于光伏系统中。在所有最大功率点(MPP)控制策略中，扰动观测(Perturbation and Observation，P&O)MPPT 算法因为容易实现而被广泛应用。该算法的基本原理为，通过不停地对光伏电池的输出工作电压施加扰动，然后不停地判断光伏电池输出功率的变化量来判别系统是否处在最大功率点处，如若不是就根据施加扰动的方向来判别最大功率点对应电压的位置，为控制算法的寻优给予方向。图 6-18 所示为扰动观测法的寻优过程，其中 B 点为最大功率点，A、C 两点为非最大功率点，现以 A 点为研究对象来阐述寻优过程。

当光伏电池工作在 A 点时，显然不是功率最大的点，但是系统并不能判定 A 点是否是最大功率点，这时通过对 A 点的工作电压施加正向扰动(即增大工作点电压)，然后测量光伏电池的输出功率的变化量，若功率的变化量为正，即输出功率变大，说明施加扰动的方向为最大功率点的方向，则继续按照此方向施加扰动(即减小工作点电压)；否则，施加反向扰

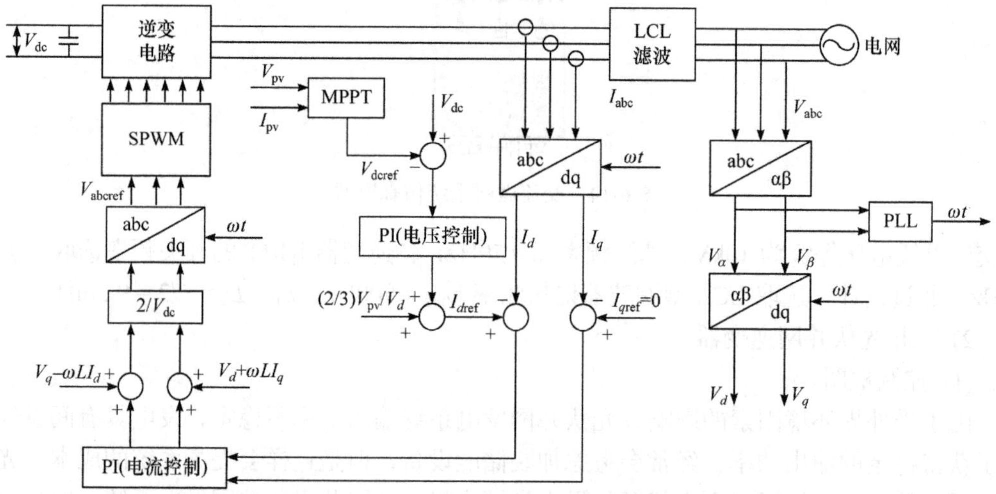

图 6-15 光伏三相并网逆变器控制框图

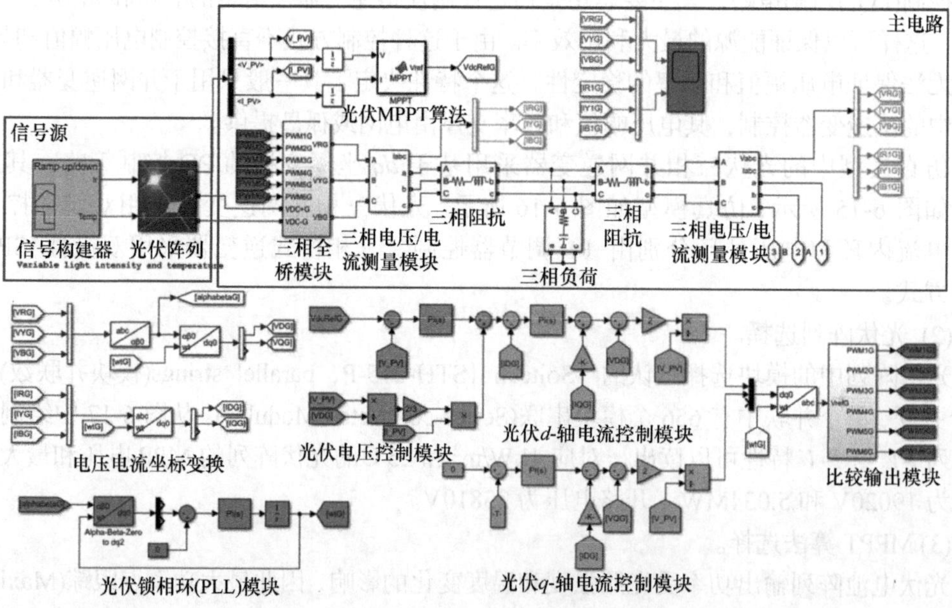

图 6-16 光伏三相并网逆变器仿真模型

动。当光伏电池的工作电压到达 B 点时，系统工作在最大功率点处，按照之前的扰动方向再施加扰动时，对应的输出功率变化为负；若继续按照此扰动方向寻优，则会越来越偏离最大功率点。故此时需对系统工作电压施加负向偏置，施加负向扰动时，输出功率的变化量又为负，故可以断定 B 点为所需的最大功率点。当光伏电池工作在 C 点时，寻优过程与 A 点相似。

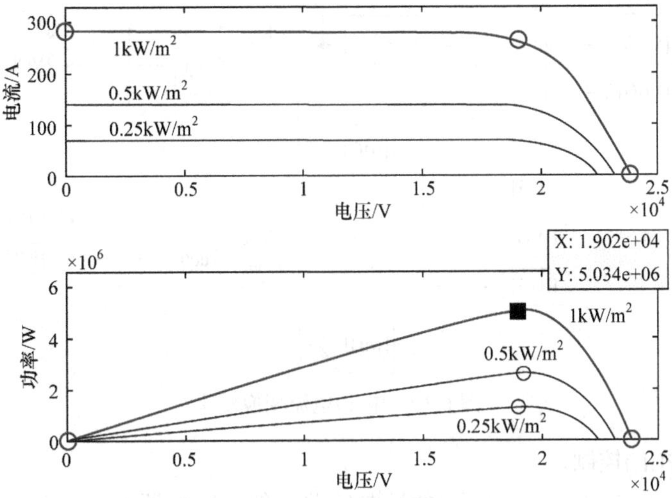

图 6-17　光伏阵列输出特性

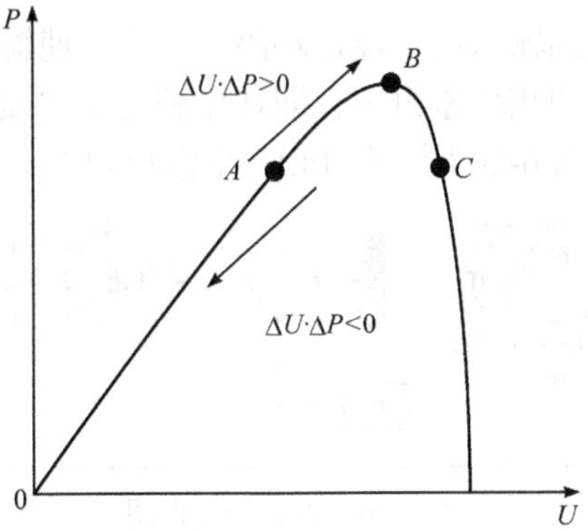

图 6-18　扰动观测 MPPT 算法寻优的基本过程

(4) 电压/电流变换模块。

目前，在自动化控制中运用最多的控制策略为 PI 控制，因为 PI 不仅实现简单(仅需要调节 PI 控制器的数值即可)，而且成本较低。PI 控制策略是控制直流量的变化使其达到预期的目标，但是光伏发电并网系统控制的是逆变器侧电流，使其跟踪电网电压，保证逆变器侧电流的质量，而逆变器侧电流和网侧电压为交流量，PI 控制策略不能直接用于逆变器侧电流和网侧电压的控制。因此需对逆变器侧电流进行坐标变换，即 Clark 坐标变换与 Park 坐标变换，使交流量变换为 PI 控制所需的交流量。Clark 变换是将三相静止坐标系转化为两相静止坐标系，Park 变换是将两相静止坐标系转化为两相旋转坐标系，经过这两种变化将三相交流量转换为 PI 控制策略所需的两相直流量。这两种转换方式通常被称为三二变换与二二变换。

因此，如图 6-19 所示，使用 Clark 变换将网侧电压 V_{abc} 转换成 V_α 与 V_β，并使用该电压进行锁相，得到电网相角；同时使用 Park 变换将 V_α 与 V_β 转换成 V_d 和 V_q；电流转换也是同理，本环路中取的是逆变器侧的电流 I_{abc}，最终转换成有功电流 I_d 与无功电流 I_q。

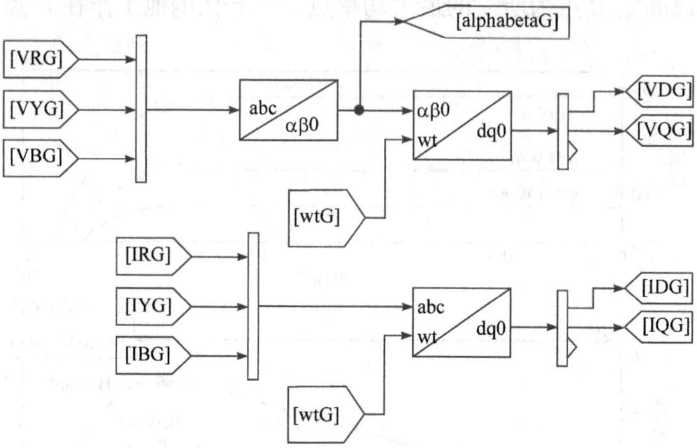

图 6-19　电压/电流变换模块

(5) 锁相环(PLL)控制。

锁相环(Phase-locked Loop，PLL)的控制回路一般由鉴相器(Phase Detection，PD)、环路滤波器(Loop Filter，LF)以及压控振荡器(Voltage-controlled Oscillator，VCO)三部分组成，PLL 的工作流程是：将输出反馈到输入端，经过环路的调节，使输出的角频率与输入相等，从而输入信号与输出信号之间的相位差恒定，即环路到达了“锁定”状态，从而实现锁相。在光伏逆变器模型中采用如图 6-20 所示的 PLL 回路加以控制。

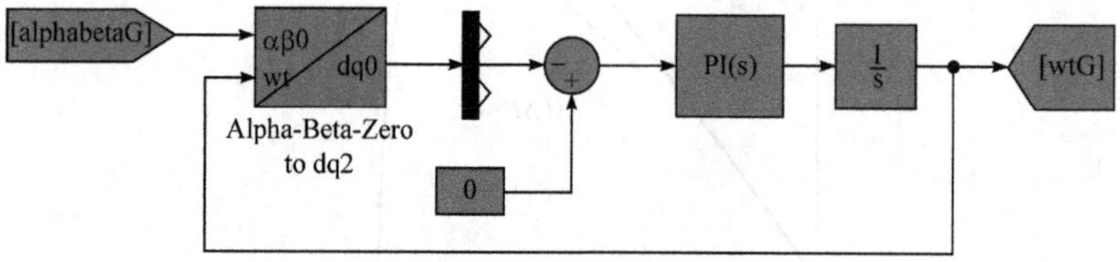

图 6-20　PLL 控制框图

锁相环采集三相并网电压，得到网侧电压的实时相位，为 dq 坐标变换提供 ωt 角，控制逆变器侧电流相位跟踪网侧电压相位，实现单位功率因数并网。

以输入在 dq 坐标系上的投影 V_q 为被控变量，以相位估计值 ωt 对三相电压 V_{abc} 进行 Park 变换。通过负反馈，不断修正 ωt，直至 $V_q = 0$。最终稳定的 ωt 即为输入变量真实相位的估计值，起到了鉴相器的作用。

由于参考输入 $V_q = 0$，因此采用 PI 控制器进行跟踪。PI 控制器输出稳定后的值是常数，其不能作为相位 ωt 直接代入 Park 变换。由于

$$\theta = \omega t = \int \omega \mathrm{d}t \Leftrightarrow \theta = \frac{1}{s} \cdot \omega \tag{6-4}$$

因此，可在 PI 控制器后添加积分器，也就实现了锁相环的功能。

此外，PI 控制器在一定程度上表现出低通滤波器的特性，因此它可以作为环路滤波器。

而压控振荡器是锁相环环路中的固有积分环节。因此，图 6-20 的积分器可以看作 VCO。由此可以得到 PLL 的控制回路。

接下来计算 PI 控制器的参数。

PLL 的闭环传递函数为

$$G_{\text{pll}}(s)=\frac{V_m\left(K_{\text{p}}+\frac{K_{\text{i}}}{s}\right)\frac{1}{s}}{1+V_m\left(K_{\text{p}}+\frac{K_s}{s}\right)\frac{1}{s}}=\frac{sK_{\text{p}}V_m+K_{\text{i}}V_m}{s^2+sK_{\text{p}}V_m+K_{\text{i}}V_m}=\frac{2\xi\omega_n s+\omega_n^2}{s^2+2\xi\omega_n s+\omega_n^2} \tag{6-5}$$

式中，$\omega_n=\sqrt{K_{\text{i}}V_m}$ ；$\xi=\frac{K_{\text{p}}V_m}{2\omega_n}$ 。

利用维纳方法，设置系统阻尼 ξ 为 0.707，系统闭环带宽近似为 $\omega_c=\omega_n$。最终取得的 PI 控制器的参数为 $K_{\text{p}}=0.1$，$K_{\text{i}}=50$。

(6) 逆变器控制方式。

三相桥式逆变器采用双极性 SPWM 控制方法，正弦调制波和三角载波的交点控制了各 IGBT 的通断，共产生六路驱动信号，同一桥臂的上下两个功率管进行互补控制。

SPWM 是一种原理相对简单且使用较广泛的调制方法，它的开关频率是固定的。它能够消除一些谐波，改善波形质量。SPWM 调制方式的控制原理是通过对每个周期内的输出脉冲个数及每个脉冲的宽度进行调节，以此来实现对逆变器输出电压和频率的调节。

(7) 电压/电流环控制。

逆变器采用电流内环和电压外环的双闭环控制结构，如图 6-21 所示。

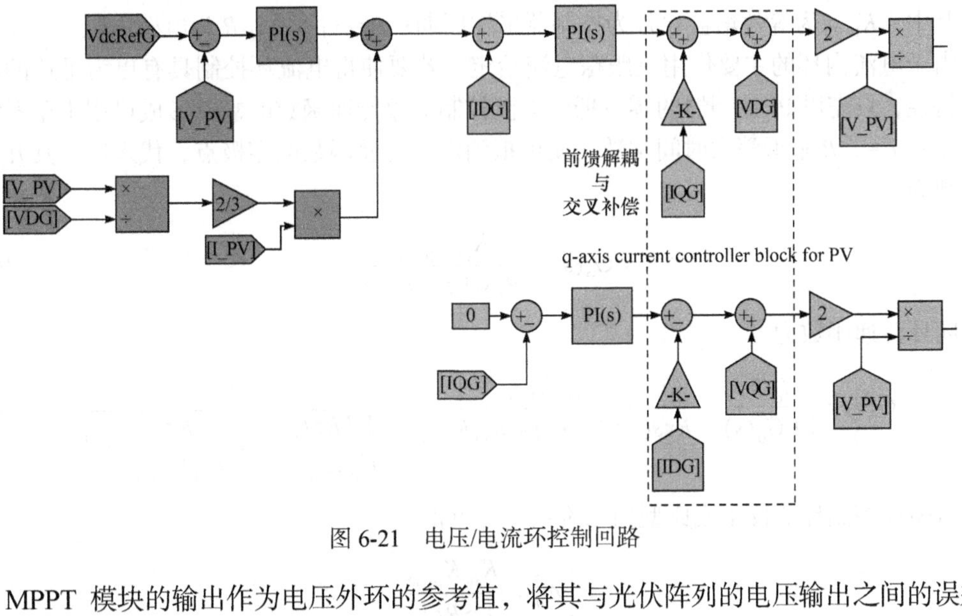

图 6-21　电压/电流环控制回路

MPPT 模块的输出作为电压外环的参考值，将其与光伏阵列的电压输出之间的误差通过 PI 控制器调节后与前馈项$(2/3)I_{\text{pv}}/V_d$相加，获得最大功率点对应的控制电流 i_d，作为 d 轴电流环输入的参考值，从而控制系统输出功率。

电流内环采用 dq 同步旋转坐标系下逆变器侧电流反馈 PI 控制，分为 d 轴电流控制回路和 q 轴电流控制回路，d 轴电流参考值由电压环输出给定。由于通常要求光伏发电并网系统只输入有功功率，因此 q 轴电流参考值设为 0。LCL 型滤波器模型在低频时，可以视为 L 型滤波器，由于 d、q 轴存在耦合，d、q 轴电流与各自的参考值的误差经过 PI 控制器进行调节，分别输出 d 轴与 q 轴电压信号，将求得的这两个电压信号采取电压前馈解耦和交叉耦合补偿，实现解耦，实现了 d、q 轴的分别控制。d 轴前馈项为 $V_d+\omega LI_q$，q 轴前馈项为 $V_q-\omega LI_d$。利用公式

$$\begin{cases} V_d = m_d \dfrac{V_{\mathrm{pv}}}{2} \\ V_q = m_q \dfrac{V_{\mathrm{pv}}}{2} \end{cases} \tag{6-6}$$

式中，m_d、m_q 为三相逆变桥的调制比；V_{pv} 为光伏阵列输出直流电压。从而可以得到 PWM 发生器的输入。

首先计算电流内环 PI 控制器的参数。由于电流环的结构对称，在设计电流调节器时只需设计 i_d 或 i_q 控制回路，另一路可以采用相同的参数。以 i_d 回路为例，考虑到电流内环采样信号的时间延迟和 PWM 调制环节均为小惯性环节，可以得到解耦后的 i_d 回路控制框图如图 6-22 所示，分为 PI 控制环节、逆变器环节和滤波器环节。

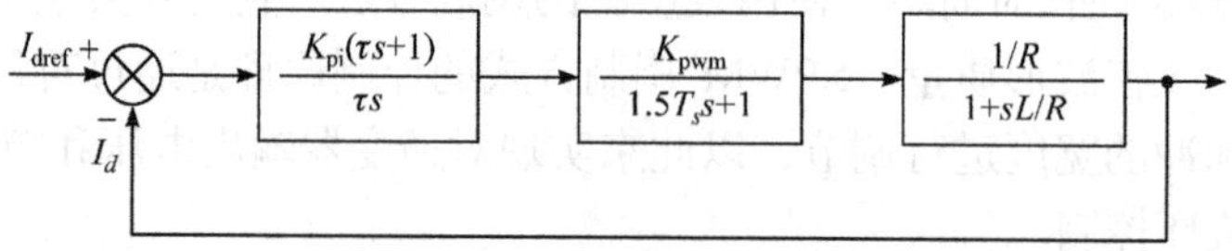

图 6-22　PI 内环控制框图

其中，K_{pwm} 为等效增益；T_s 为控制器采样周期；$L=L_1+L_2$；R 为电感内阻。

由于电流内环的主要作用是跟踪电流给定，若要使得电流环控制具有更为迅速的电流追随特性，只需以 PI 控制器的零点抵消电流控制对象传递函数的极点形成典型 I 型系统即可。故令 $\tau=L/R$ 来抵消大时间常数，便可抵消内环传递函数的零极点，代入后，其开环传递函数为

$$G_{\mathrm{o}}(s) = \frac{K_{\mathrm{pi}} K_{\mathrm{pwm}}}{R\tau s(1.5T_s s+1)} \tag{6-7}$$

闭环传递函数为

$$G(s) = \frac{G_{\mathrm{o}}(s)}{1+G_{\mathrm{o}}(s)} = \frac{K_{\mathrm{pi}} K_{\mathrm{pwm}}}{R\tau s(1.5T_s s+1)+K_{\mathrm{pi}} K_{\mathrm{pwm}}} = \frac{1}{\dfrac{1.5R\tau T_s}{K_{\mathrm{pi}} K_{\mathrm{pwm}}} s^2 + \dfrac{R\tau}{K_{\mathrm{pi}} K_{\mathrm{pwm}}} s + 1} \tag{6-8}$$

将闭环控制环节校正成典型的二阶系统，可得

$$\begin{cases} \omega_n^2 = \dfrac{K_{\mathrm{pi}} K_{\mathrm{pwm}}}{1.5R\tau T_s} \\ \dfrac{2\xi}{\omega_n} = \dfrac{R\tau}{K_{\mathrm{pi}} K_{\mathrm{pwm}}} \end{cases} \tag{6-9}$$

由式(6-9)可知：

$$\xi^2 = \frac{R\tau}{6T_s K_{\text{pi}} K_{\text{pwm}}} \tag{6-10}$$

为了使电流内环能够较快地跟随参考值，系统阻尼比取 $\xi = 0.707$，即

$$\begin{cases} K_{\text{pi}} = \dfrac{L}{3T_s K_{\text{pwm}}} \\ K_{\text{ii}} = \dfrac{R}{3T_s K_{\text{pwm}}} \end{cases} \tag{6-11}$$

取 $R = 0.01\Omega$，$L = 18.4\text{mH}$，$T_s = 2.5\times10^{-4}\text{s}$，$K_{\text{pwm}} = V_{\text{pv}}/2$，最终取得的电流内环 PI 控制器参数为 $K_{\text{pi}} = 1000$，$K_{\text{ii}} = 400$。

由于系统开关频率 4kHz 很高，可以忽略远小于 s 项系数的 s^2 项系数，因此系统闭环传递函数可简化为

$$G(s) \approx \frac{1}{\dfrac{R\tau}{K_{\text{pi}} K_{\text{pwm}}} s + 1} = \frac{1}{3T_s s + 1} \tag{6-12}$$

根据式(6-12)，当将电流内环设计为典型 I 型系统时，内环结构近似等效为一个小惯性环节，其时间常数为 $3T_s$，开关频率越高，惯性常数就越小，也就有更快的动态响应。电压外环控制器结构如图 6-23 所示，其电流内环等效为一个惯性环节 $G_i(s)$，并加入电流参考值前馈项。

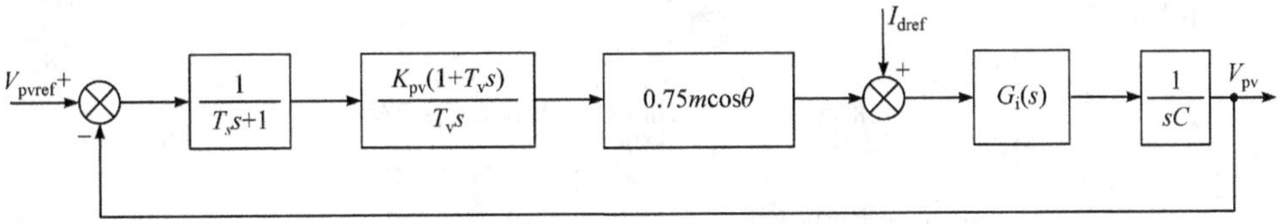

图 6-23　电压外环控制框图

若将系统进一步简化，不考虑电流参考值前馈项的干扰且合并小惯性常数；另外用 0.75 取代时变常量 $0.75m\cos\theta$。将系统设计成抗扰性能较好的典型 II 型系统，可得开环传递函数为

$$G_v(s) = \frac{0.75K_{\text{pv}}(T_v s + 1)}{CT_v s^2(4T_s s + 1)} \tag{6-13}$$

工程设计法中给出了典型 II 型系统中频宽 h_v 可取值为

$$h_v = \frac{T_v}{4T_s} \tag{6-14}$$

进而由典型 II 型系统控制器参数与系统性能整定关系可得

$$\frac{0.75K_{\text{pv}}}{CT_v} = \frac{h_v + 1}{2h_v^2(4T_s)^2} \tag{6-15}$$

从工程经验上可以得知，将中频宽 h_v 取为 5，代入式(6-15)，最终取得的电压外环 PI 控制器参数为 $K_{\text{pv}} = 0.25$，$K_{\text{iv}} = K_{\text{pv}}/T_v$，得到 $K_{\text{iv}} = 0.001$。

3) 整流控制三相并网逆变器(VSR)

(1) 控制框图。

本仿真模型中的整流控制三相并网逆变器(VSR)采用基于 dq 坐标变换的电压和电流双闭环控制策略，其控制框图如图 6-24 所示，仿真模型如图 6-25 所示。电流内环和电压外环分别由 PI 调节器控制，三相 VSR 采用双极性 SPWM 控制方式。三相 VSR 的电压/电流变换模块、PLL 模块和 PWM 发生模块与光伏三相并网逆变器相同，不再赘述。

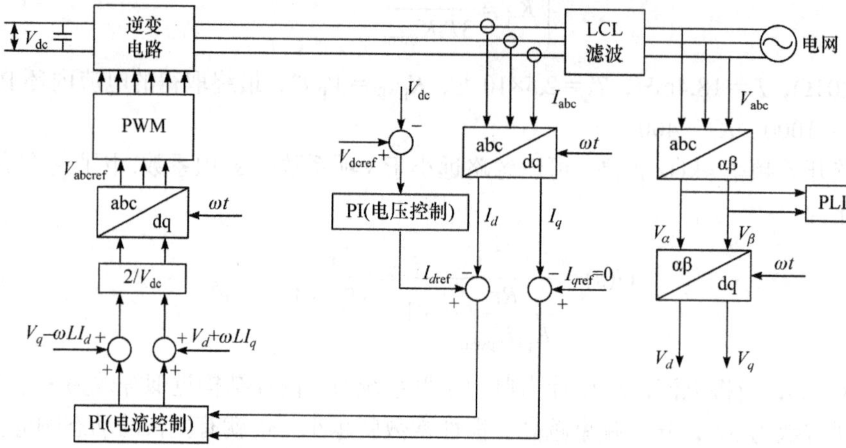

图 6-24 整流控制三相并网逆变器控制框图

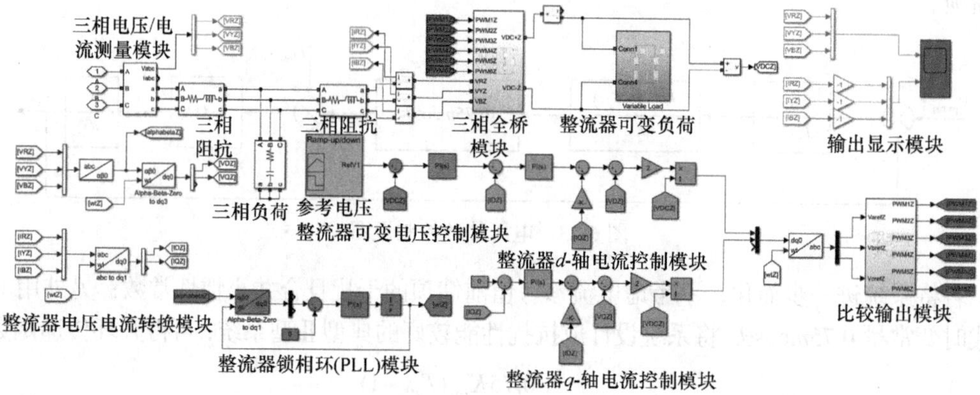

图 6-25 整流控制三相并网逆变器仿真模型

(2) 滤波电容设计。

直流侧的电容设计是影响三相 VSR 工作效果好坏非常重要的一环，一般来讲，直流侧电容值越大，意味着其充电时间延长，则系统直流侧响应慢，导致外环阻尼变大；而电容值越小，意味着其吞吐能量的能力弱，对负载变化敏感，导致直流电压波动大。其具体作用如下：

① 对交流侧与直流侧之间的电能交换起到缓冲作用，利用电容存储电势能来稳定直流侧电压。

② 电容具有通交流、阻直流的作用，在稳定电压的同时可以做到抑制直流电压纹波。

在设计中所考察的动态指标，即三相 VSR 工作时，直流电压从最低值 V_{dcmin} 上升到额

定值 V_{dc} 的动态过程。直流电容越大，则上升速度越慢，为了满足此指标，需要设计出直流电容的上限值。

若电压外环跟随性指标设定为跃变时间不大于 t_r^*，那么

$$C \leqslant \frac{t_r^*}{R_L \ln \dfrac{I_{dm}R_L - V_{dcmin}}{I_{dm}R_L - V_{dc}}} \tag{6-16}$$

式中，直流电压最低值 $V_{dcmin} = 1.35V_1$，V_1 为电网线电压有效值，R_L 为负载电阻。当设计功率为 5MW，$t_r^* < 0.35$s 时，取电容值为 1500μF。

(3) 电压/电流环控制。

三相 VSR 同样采用电流内环和电压外环的双闭环控制结构，如图 6-26 所示。

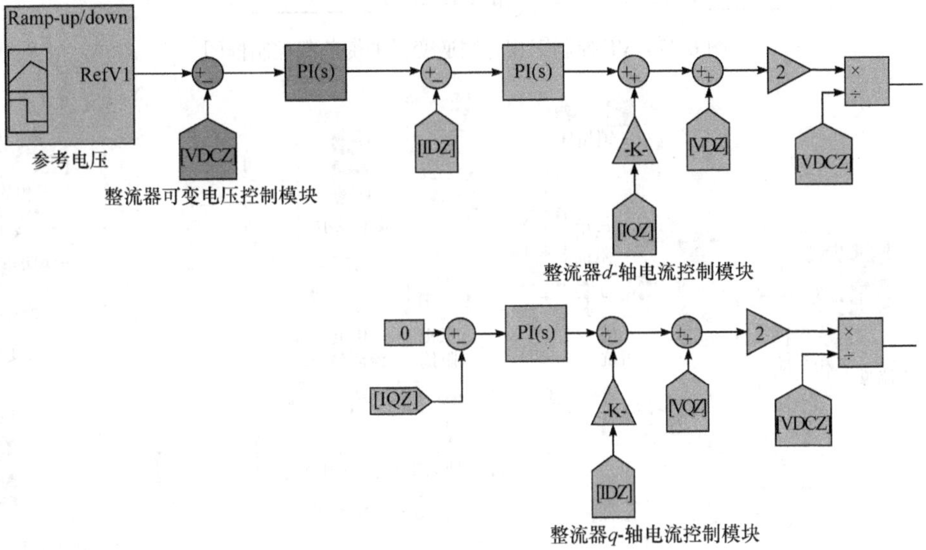

图 6-26　电压/电流环控制回路

三相 VSR 的电流内环与光伏三相并网逆变器相同，采用 dq 同步旋转坐标系下逆变器侧电流反馈 PI 控制，d 轴电流参考值由电压环输出给定，q 轴电流参考值设为 0。其开环传递函数为式(6-7)，按照Ⅰ型系统参数整定关系，其 PI 控制器参数取为 $K_{pi} = 1000$，$K_{ii} = 500$。

三相 VSR 的电压外环略有区别。其电压参考值根据计算结果直接给定，电压参考值与输出直流电压相减后经过 PI 控制器调节后，作为 d 轴电流参考值。其开环传递函数为式(6-13)，按照Ⅱ型系统参数整定关系，其 PI 控制器参数取为 $K_{pi} = 0.25$，$K_{ii} = 0.001$。

4) VF 控制三相并网逆变器(孤岛)

(1) 控制框图。

恒压恒频控制(VF 控制)是一种直接控制逆变器输出电压的幅值和频率的方式，这种控制方式可以稳定电压幅值和频率。本仿真模型中的 VF 控制三相并网逆变器输出恒定 10kV 线电压有效值和恒定 50Hz 频率，采用基于 dq 坐标变换的电压和电流双闭环控制策略，当系统负载为三相平衡时，其控制框图如图 6-27 所示，仿真模型如图 6-28 所示。电流内环和电压外环分别由 PI 调节器控制，VF 控制三相并网逆变器采用双极性 SPWM 控制方式，其

电压/电流变换模块与光伏三相并网逆变器相同，不再赘述。

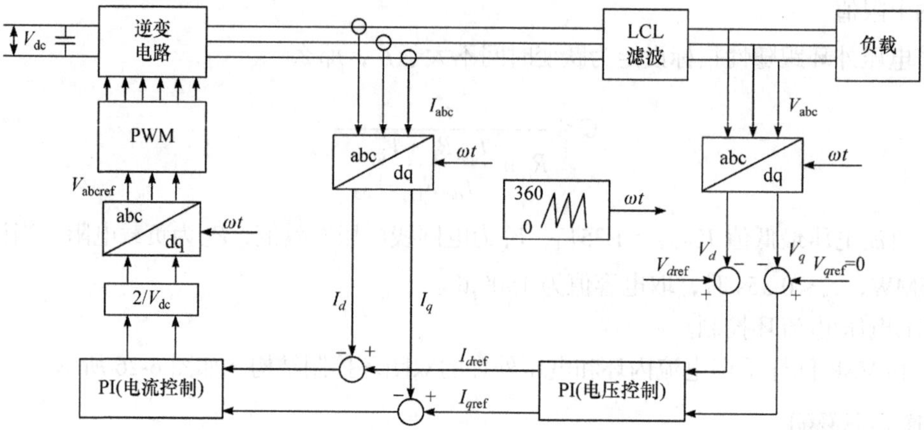

图 6-27　VF 控制三相并网逆变器平衡负载控制框图

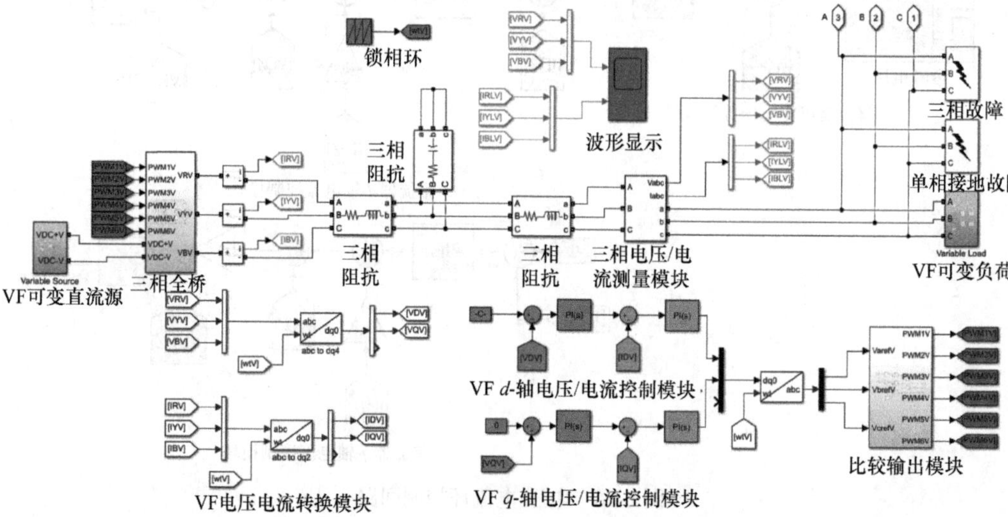

图 6-28　VF 控制三相并网逆变器平衡负载控制仿真

同时，当系统负载为三相不平衡状态(如有一相为感性负载)时，上述控制方式就不再适用，可以采用如图 6-29 所示的方式来进行闭环控制。在电压外环中加入了前馈解耦项负载电流和 ωc；在电流内环中加入了前馈解耦项 ωL。

本次仿真中只需要用到三相平衡负载，因此采用如图 6-27 所示的控制方式即可满足要求。

(2) 锁相环(PLL)控制。

锁相环直接由锯齿波发生器给定。锯齿波频率为 50Hz，幅值为 2π，从而使输出电压的频率恒定。

(3) 逆变器控制方式。

三相桥式逆变器同样采用双极性 SPWM 控制方法，略有区别的是，为了保证调制比，加入了常数项 $2/V_{dc}$。

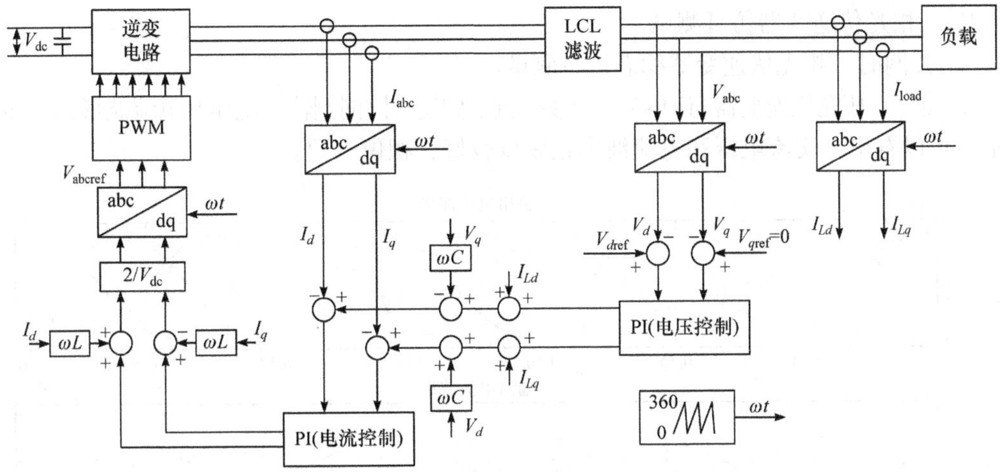

图 6-29　VF 控制三相并网逆变器不平衡负载控制框图

(4) 电压/电流环控制。

VF 控制三相并网逆变器采用电流内环和电压外环的双闭环控制结构，如图 6-30 所示。电流内环采用 dq 同步旋转坐标系下逆变器侧电流反馈 PI 控制。d/q 轴电流参考值均由电压外环的输出给定，电流 i_d/i_q 与参考值的差值经过 PI 控制器调节后，作为 PWM 发生器的输入信号。其传递函数的推导过程与光伏逆变器类似，其开环传递函数同为式(6-7)。按照 I 型系统参数整定关系，其 PI 控制器参数取为 $K_{pi} = 500$，$K_{ii} = 200$。

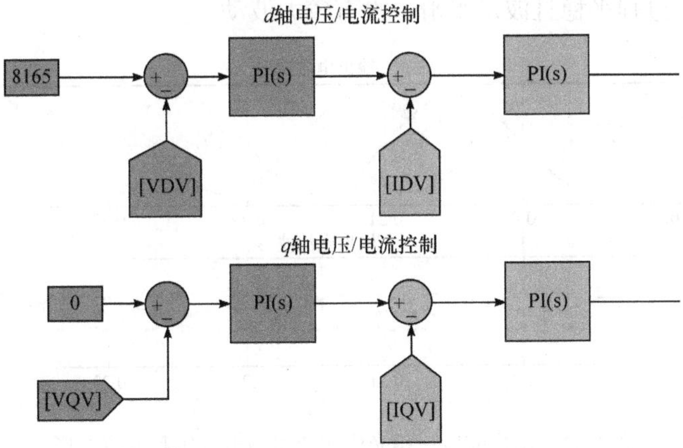

图 6-30　电压/电流环控制回路

电压外环采用 dq 同步旋转坐标系下输出侧电压反馈 PI 控制。d 轴电压参考值根据相电压的幅值大小直接给定，从而控制三相逆变器的输出电压恒定。q 轴电压参考值设为 0。d/q 轴电压参考值与电压 V_d/V_q 的差值经过 PI 控制器调节后，作为 d/q 轴电流参考值。其开环传递函数同为式(6-13)。按照Ⅱ型系统参数整定关系，其 PI 控制器参数取为 $K_{pi} = 0.1$，$K_{ii} = 100$。

3. 仿真模型测试与分析

在仿真测试中，光伏逆变器和整流控制逆变器初始与无穷大电网相连，在 0.2s 时两个逆变器的交流侧从无穷大电网切换至 VF 控制的逆变器输出。由 VF 控制的逆变器提供交流母线上的电压幅值和频率，三台逆变器构成孤岛系统。

1) 三相光伏逆变器仿真测试

(1) 并网时三相光伏逆变器稳态运行测试。

0.2s 前，三相光伏逆变器与 10kV 的无穷大电网相连时，网侧输出电压和电流波形如图 6-31 所示。可以看出，交流电压和电流波形正弦度较好，相位一致。

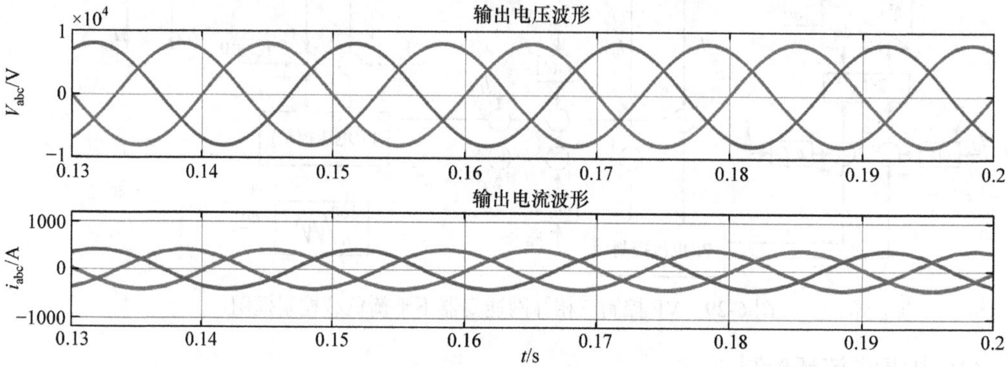

图 6-31　并网时三相光伏逆变器输出电压和电流波形

取 0.1s 后的 4 个周期进行 THD 计算，可以得到并网时光伏逆变器的交流电压、电流的 THD 分别为 0.04%和 0.63%，输出电能质量良好，符合设计指标。

(2) 孤岛接入后三相光伏逆变器稳态运行测试。

0.2s 时，三相光伏逆变器的输出从无穷大电网切换至 VF 控制逆变器的输出，从图 6-32 中可以看出，切换过程平稳且波形平滑，没有较大波动。

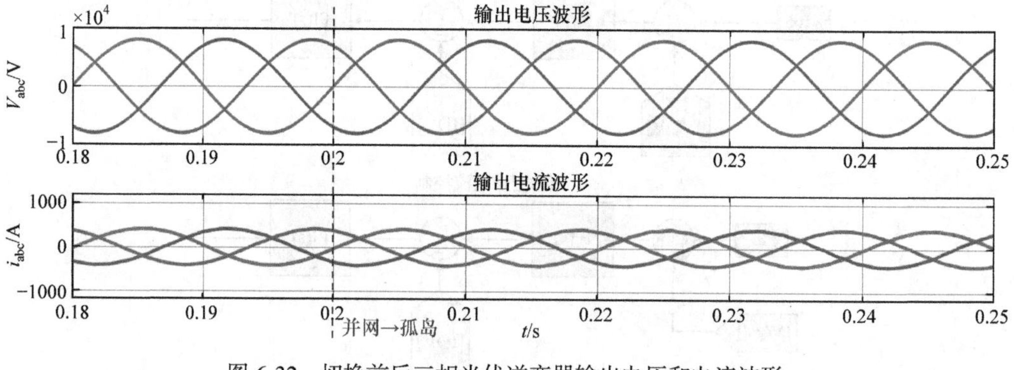

图 6-32　切换前后三相光伏逆变器输出电压和电流波形

图 6-33 和图 6-34 为切换前后光伏阵列输出电压 V_{pv} 和光伏逆变器输出功率波形。对应 $1kW/m^2$ 和 25℃的光伏阵列的 MPP 电压 V_{pv} = 19020V，从图中可以看出光伏阵列输出电压稳定在最大功率点处，光伏逆变器输出功率稳定在 5MW，且切换前后输出电压及输出功率稳定，没有较大波动。

孤岛接入三相光伏逆变器稳定后，输出电压和电流波形如图 6-35 所示，可以看出，输出线电压有效值为 10kV，频率为 50Hz；交流电压和电流波形正弦度较好，相位一致。

取 0.28s 后的 4 个周期进行 THD 计算，可以得到孤岛接入后光伏逆变器的交流电压、电流的 THD 分别为 0.17%和 0.72%，输出电能质量良好，符合设计指标。

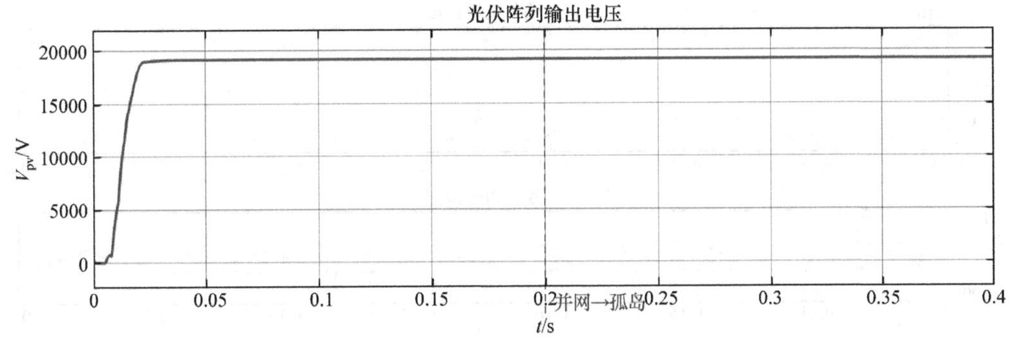

图 6-33　切换前后三相光伏阵列输出电压波形

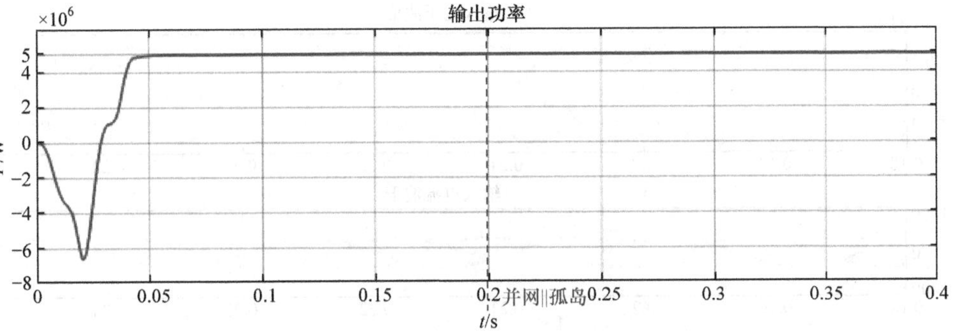

图 6-34　切换前后三相光伏逆变器输出功率波形

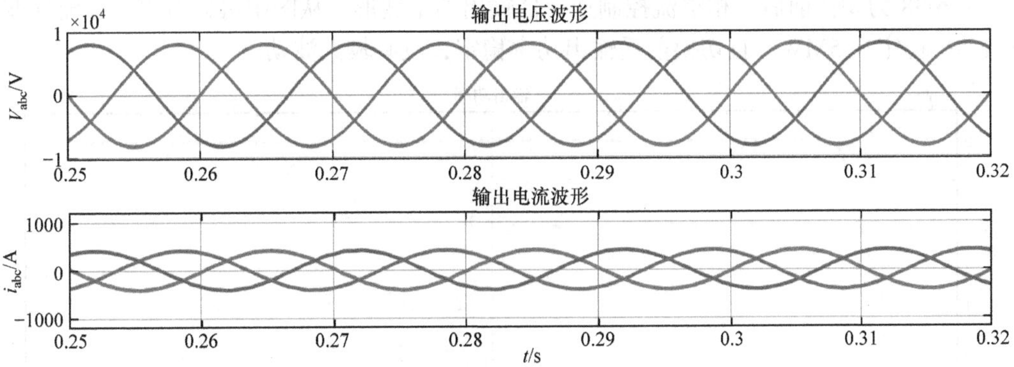

图 6-35　孤岛接入三相光伏逆变器输出电压和电流波形

2) 三相整流控制逆变器仿真测试

(1) 并网时三相整流控制逆变器稳态运行测试。

0.2s 前，三相整流控制逆变器与 10kV 的无穷大电网相连时，网侧输入电压和电流波形如图 6-36 所示。可以看出，交流电压电流波形正弦度较好，相位一致。

取 0.1s 后的 4 个周期进行 THD 计算，可以得到并网时整流控制逆变器的交流电压、电流的 THD 分别为 0.04%和 1.41%，输出电能质量良好，符合设计指标。

(2) 孤岛接入后三相整流控制逆变器稳态运行测试。

0.2s 时，三相整流控制逆变器的输入从无穷大电网切换至 VF 控制逆变器的输出，从图 6-37 中可以看出，切换过程平稳且波形平滑，没有较大波动。

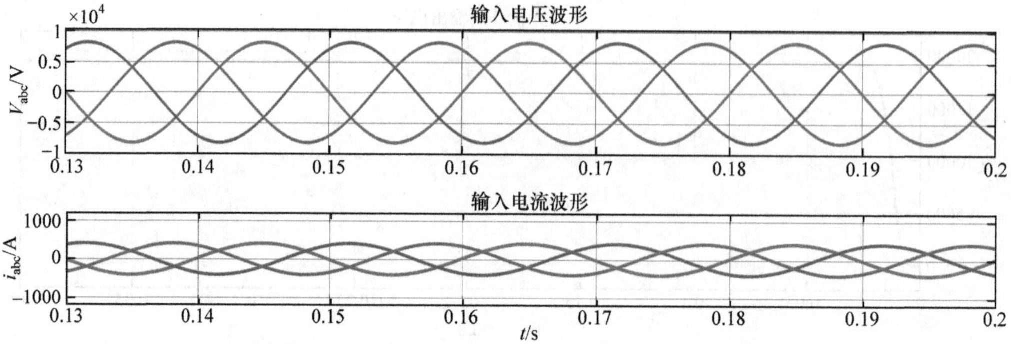

图 6-36　并网时三相整流控制逆变器输入电压和电流波形

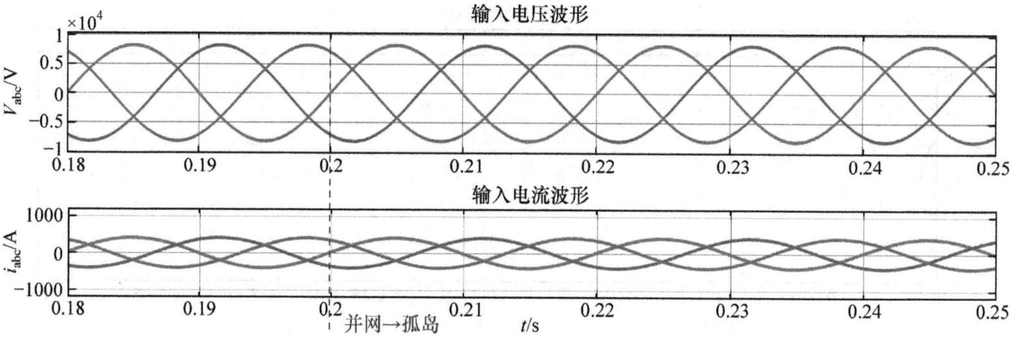

图 6-37　切换前后三相整流控制逆变器输入电压和电流波形

图 6-38 为切换前后三相整流控制逆变器输出功率波形。从图中可以看出，整流逆变器输出功率稳定在 5MW，且切换前后输出功率稳定，没有较大波动。

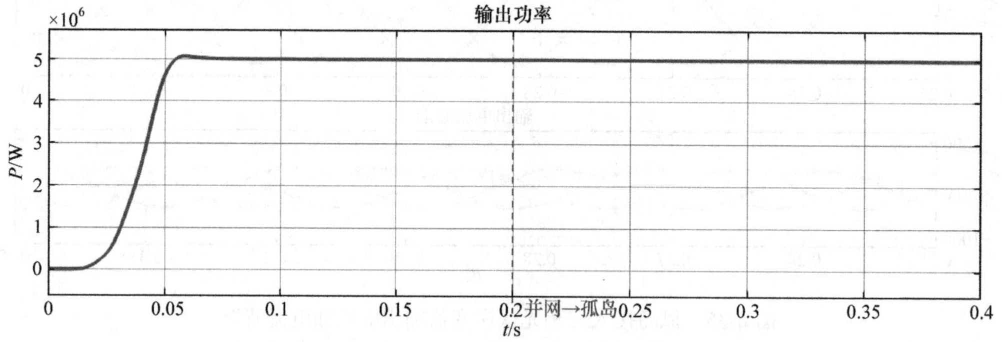

图 6-38　切换前后三相整流控制逆变器输出功率波形

孤岛接入三相整流控制逆变器稳定后，输入电压和电流波形如图 6-39 所示，可以看出，输入线电压有效值为 10kV，频率为 50Hz；交流电流跟随交流电压波形，波形正弦度高，整流控制逆变器实现功率因数校正功能。

取 0.28s 后的 4 个周期进行 THD 计算，可以得到孤岛接入后整流控制逆变器的输入电压、电流的 THD 分别为 0.17%和 1.41%，输出电能质量良好，符合设计指标。

3) 三相 VF 控制逆变器仿真测试

孤岛运行时三相 VF 整流控制逆变器稳态运行测试如下。

0.2s 前，三相 VF 控制逆变器孤岛运行，接 5MW 三相负载，其输出电压和电流波形如

图 6-40 所示。可以看出，交流电压和电流波形正弦度较好，相位一致。

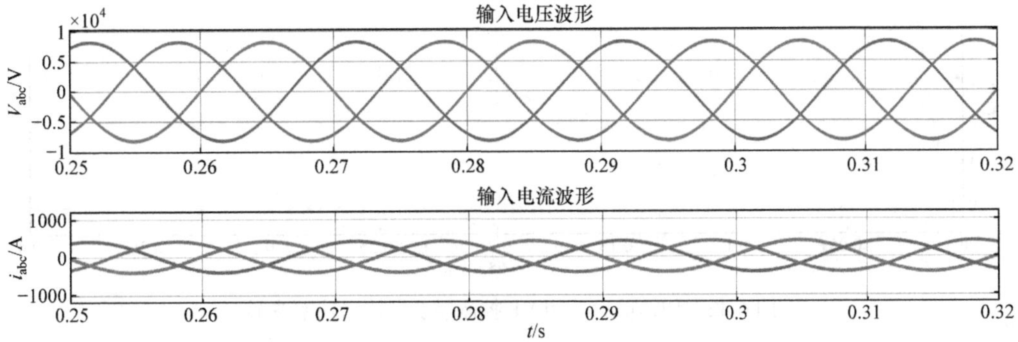

图 6-39　孤岛接入三相整流控制逆变器输入电压和电流波形

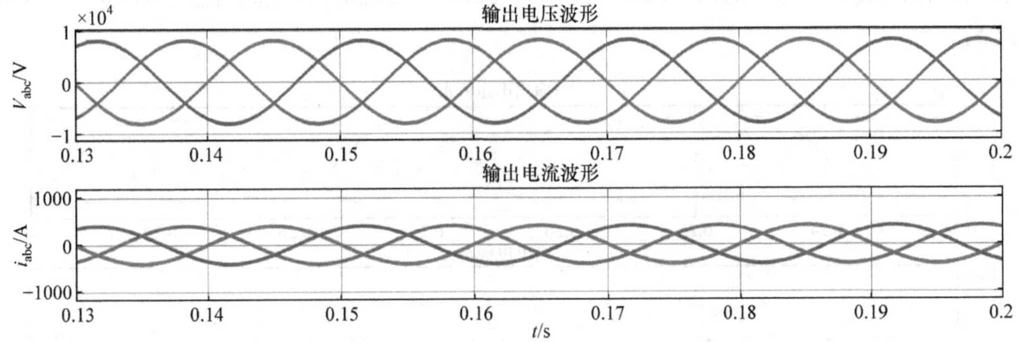

图 6-40　孤岛运行时三相 VF 整流控制逆变器输出电压和电流波形

取 0.1s 后的 4 个周期进行 THD 计算，可以得到孤岛运行时三相 VF 控制逆变器的交流电压、电流的 THD 分别为 0.25%和 0.25%，输出电能质量良好，符合设计指标。

0.2s 时，光伏逆变器和整流控制逆变器的交流侧接入 VF 控制逆变器的输出，从图 6-41 中可以看出，切换过程平稳且波形平滑，没有较大波动。

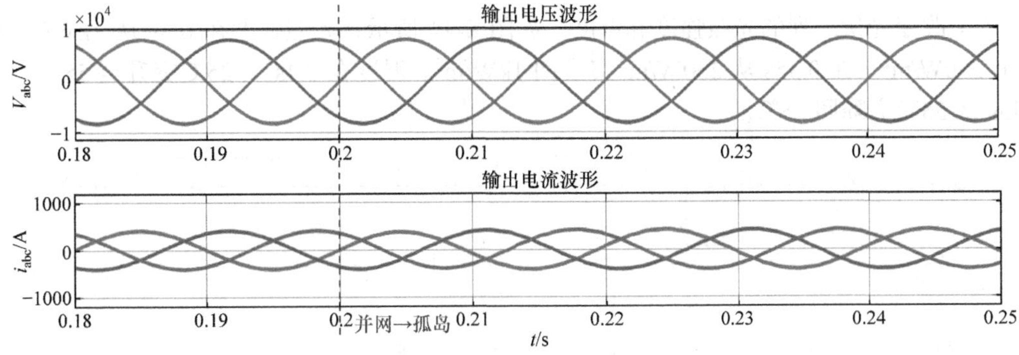

图 6-41　切换前后三相整流控制逆变器输出电压和电流波形

图 6-42 为切换前后三相 VF 控制逆变器输出功率波形。从图中可以看出，整流逆变器输出功率稳定在 5MW，且切换前后输出功率略有下降后迅速回到 5MW，没有较大波动。

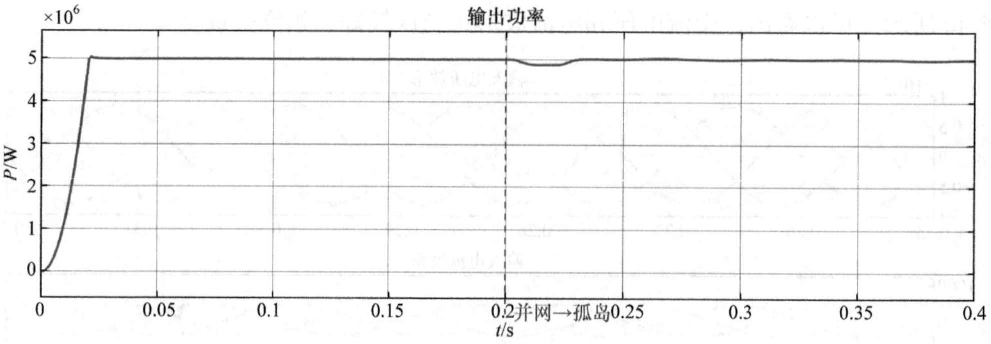

图 6-42　切换前后三相 VF 控制逆变器输出功率波形

接入两台逆变器后三相 VF 控制逆变器稳定，输出电压和电流波形如图 6-43 所示，可以看出，输出线电压有效值为 10kV，频率为 50Hz；交流电流跟随交流电压波形，波形正弦度高。

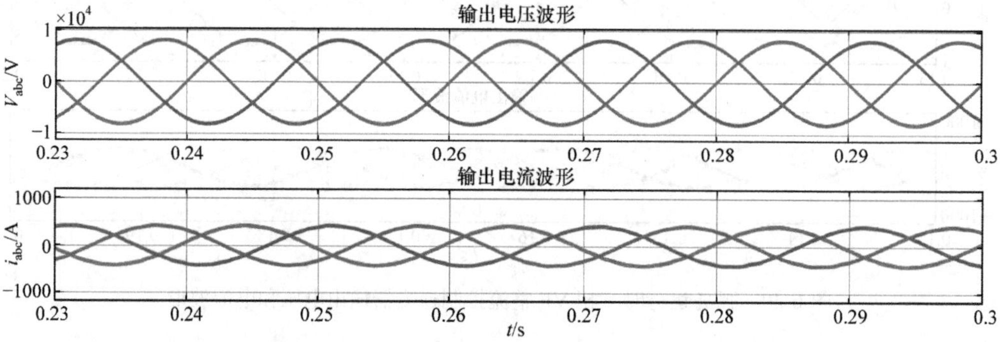

图 6-43　接入两台逆变器后三相 VF 控制逆变器输出电压和电流波形

取 0.28s 后的 4 个周期进行 THD 计算，可以得到接入两台逆变器后 VF 控制逆变器的输出电压、电流的 THD 分别为 0.17%和 0.78%，输出电能质量良好。

4) 系统小/大扰动测试

(1) 改变光伏阵列的光照强度和温度，如图 6-44 所示，光照强度在 0.3s 从 1kW/m^2 突降至 250W/m^2；在 0.35s 从 250W/m^2 突升回 1kW/m^2。温度在 0.4s 从 25℃突升至 55℃；在 0.45s 从 55℃突降回 25℃。

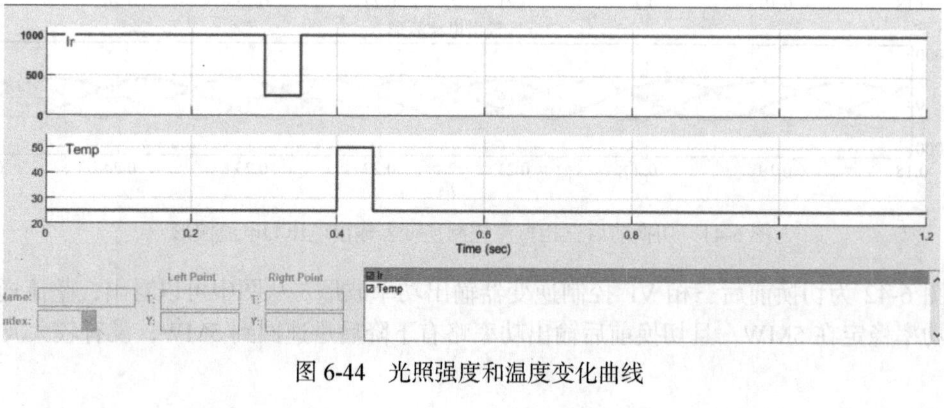

图 6-44　光照强度和温度变化曲线

在光照强度和温度突变的扰动下，三台逆变器各自交流侧的电压和电流波形如图 6-45 所示。

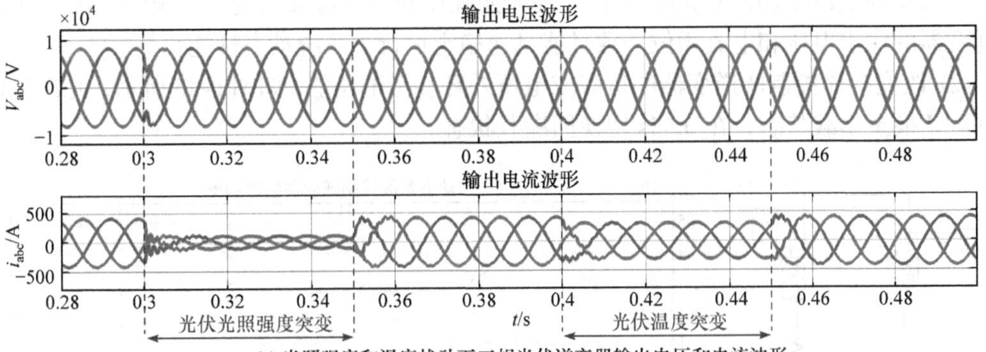

(a) 光照强度和温度扰动下三相光伏逆变器输出电压和电流波形

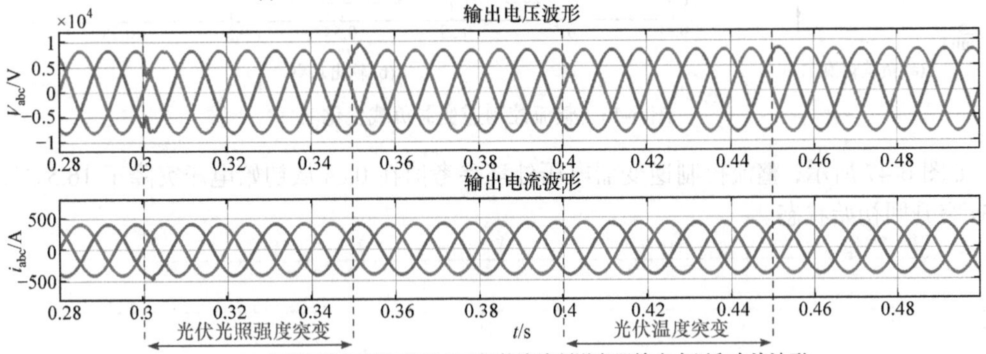

(b) 光照强度和温度扰动下三相整流控制逆变器输出电压和电流波形

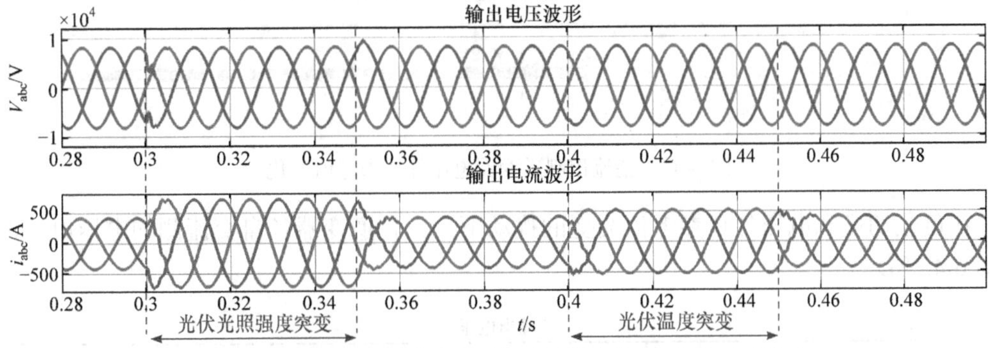

(c) 光照强度和温度扰动下三相VF控制逆变器输出电压和电流波形

图 6-45　光照强度和温度扰动下三台逆变器交流侧电压和电流波形

图 6-45(a)为三相光伏逆变器在光照强度和温度扰动下的输出电压和电流波形，可以看出，当光照强度突降时，逆变器输出电流和电压略有波动，而后迅速稳定，稳定后逆变器输出电流减小，输出电压保持不变，光照强度突升回 1kW/m^2 后逆变器回到原始状态；当温度突升时，逆变器输出电流和电压略有波动，而后迅速稳定，稳定后逆变器输出电流略有减小，输出电压保持不变。温度回到原有状态后逆变器电压和电流回到原始状态。

图 6-45(b)为三相整流控制逆变器在光照强度和温度扰动下的输出电压和电流波形，可以看出，在扰动发生瞬间，整流控制逆变器的输出电压和电流略有波动，而后迅速稳定；在稳定后，光照强度和温度的变化对整流控制逆变器的输出电压和电流大小与初始状态相同。

图 6-45(c)为三相 VF 控制逆变器在光照强度和温度扰动下的输出电压和电流波形，可以看出，在发生扰动处，电压略有变化，而电流增大。

综合图 6-45(a)、(b)、(c)可以看出，在光照强度和温度参数突变对系统产生扰动时，三台逆变器的输出电压和电流相位一致且能迅速稳定运行，系统动态性能良好。

(2) 改变整流控制的逆变器的负载或电压外环参考电压值，如图 6-46 所示，负载在 0.5s 从满载切换至半载状态，在 0.55s 切换回满载状态。

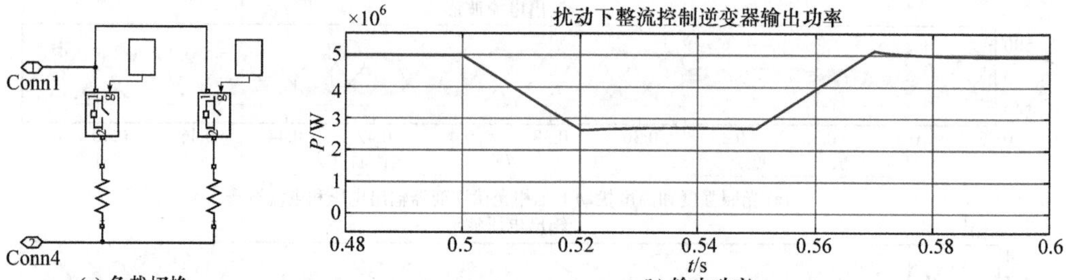

(a) 负载切换　　(b) 输出功率

图 6-46　整流控制逆变器负载变化

如图 6-47 所示，整流控制逆变器电压外环参考值在 0.6s 从初始电压突降至 16.5kV，在 0.65s 突升回初始状态。

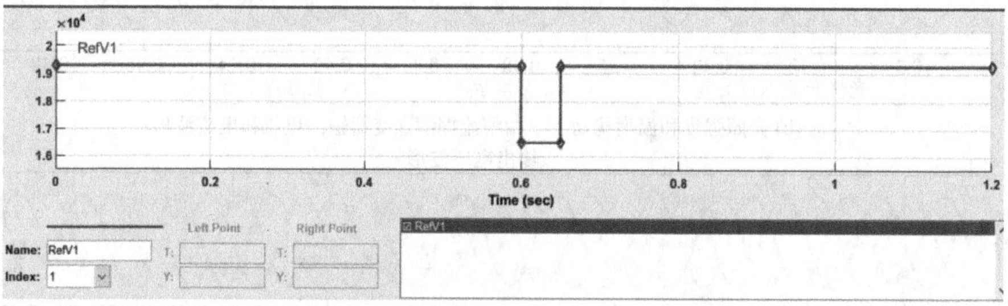

图 6-47　整流控制逆变器电压外环参考值变化

在负载切换和电压外环参考值突变的扰动下，三台逆变器各自交流侧的电压电流波形如图 6-48 所示。

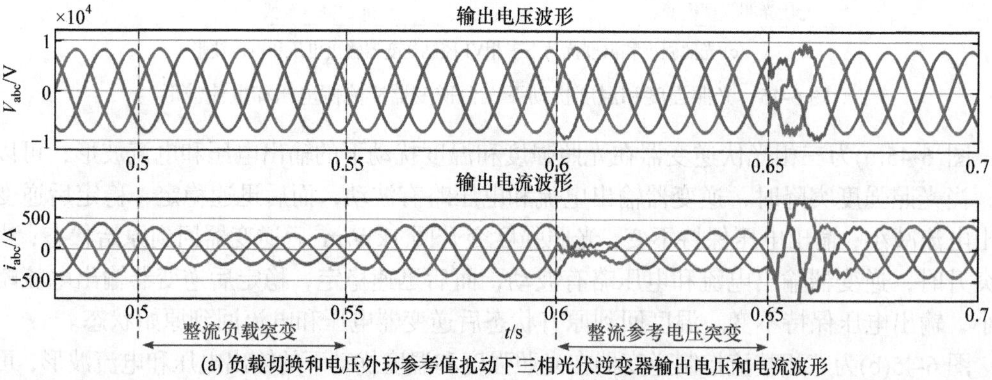

(a) 负载切换和电压外环参考值扰动下三相光伏逆变器输出电压和电流波形

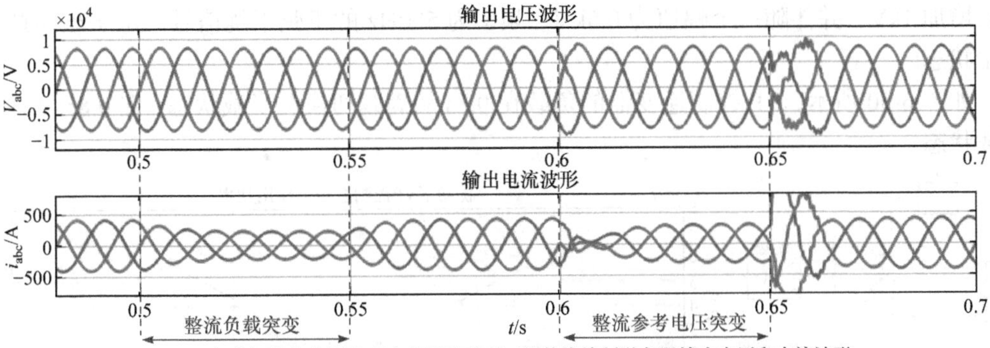

(b) 负载切换和电压外环参考值扰动下三相整流控制逆变器输出电压和电流波形

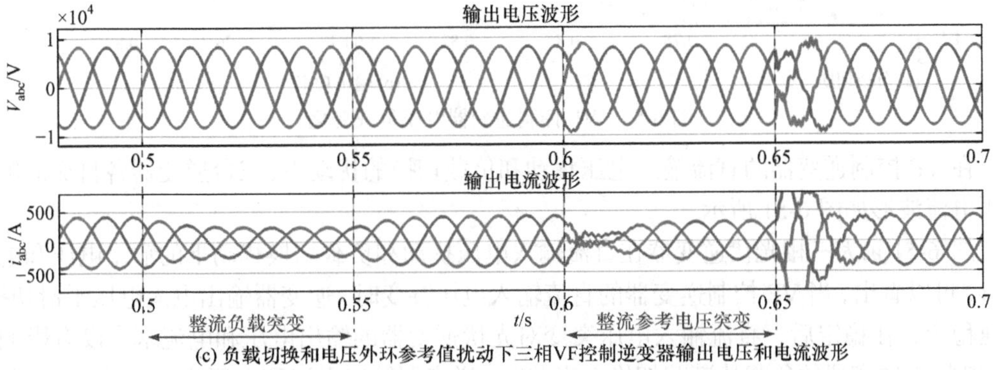

(c) 负载切换和电压外环参考值扰动下三相VF控制逆变器输出电压和电流波形

图 6-48　负载切换和电压外环参考值扰动下三台逆变器交流侧电压和电流波形

图 6-48(a)为三相光伏逆变器在负载切换和电压外环参考值扰动下的输出电压和电流波形，可以看出，当整流控制逆变器的负载从满载切换至半载时，逆变器输出电流和电压平滑切换、迅速稳定，稳定后逆变器输出电流减小，输出电压保持不变，负载从半载切换至满载后逆变器回到原始状态；当电压外环参考值突降时，逆变器输出电流和电压略有波动，而后迅速稳定，稳定后逆变器输出电流减小，输出电压保持不变。参考电压恢复后，逆变器回到原始状态。

图 6-48(b)、图 6-48(c)分别为三相整流控制逆变器和三相 VF 控制逆变器在负载切换和电压外环参考值扰动下的输出电压和电流波形，可以看出，波形变化规律与三相光伏逆变器相同。

综合图 6-48(a)、(b)、(c)可以看出，在负载切换和电压外环参考值参数突变对系统产生扰动时，三台逆变器的输出电压和电流相位一致且能迅速稳定运行，系统动态性能良好。

(3) 改变 VF 控制的逆变器的直流输入电压或负载。如图 6-49 所示，输入电压在 0.7s

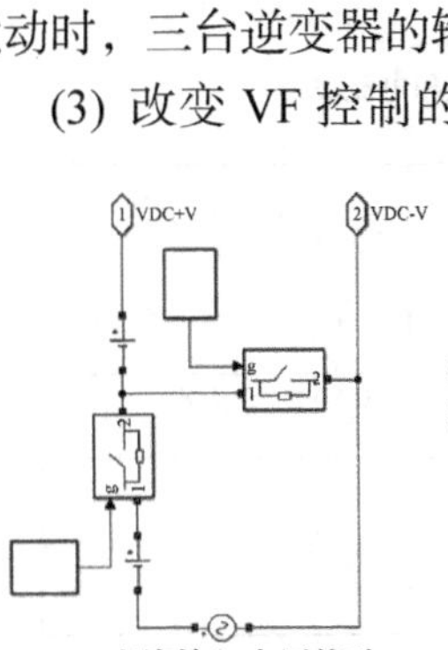

(a) 直流输入电压扰动

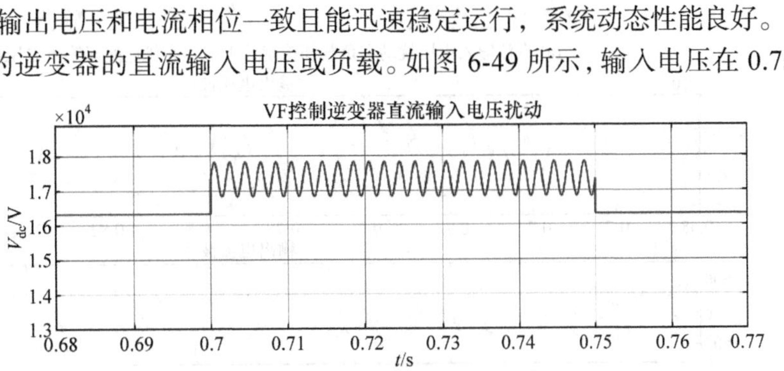

(b) 输入电压扰动波形

图 6-49　VF 控制逆变器直流输入电压变化

突然增加 1kV，并伴随一个幅值为 0.5kV、频率为 500Hz 的正弦干扰信号；在 0.75s 时恢复初始状态。

如图 6-50 所示，VF 控制逆变器的负载在 0.8s 从满载切换至半载状态，在 0.85s 切换回满载状态。

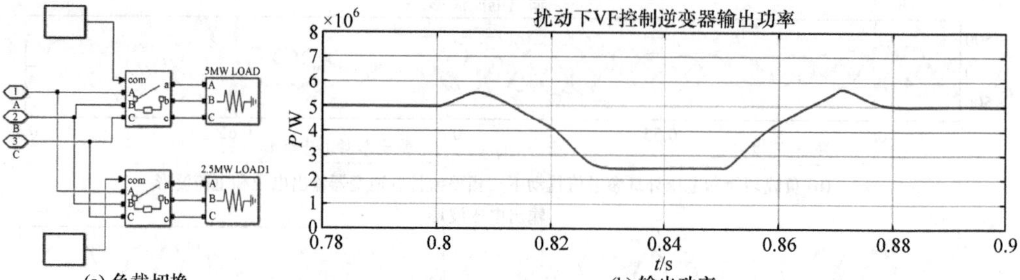

(a) 负载切换　　(b) 输出功率

图 6-50　VF 控制逆变器电压负载变化

在 VF 控制逆变器的直流输入电压扰动和负载切换的扰动下，三台逆变器各自交流侧的电压电流波形如图 6-51 所示。

图 6-51(a)为三相光伏逆变器在直流输入电压扰动和负载切换扰动下的输出电压和电流波形，可以看出，当 VF 控制逆变器的直流输入电压突变时，逆变器输出电流电压平滑切换、迅速稳定，在稳定后，直流输入电压突变对光伏逆变器的输出电压和电流基本没有影响。当 VF 控制逆变器的负载从满载切换至半载时，逆变器输出电流和电压略有波动，而后迅速稳定，在稳定后，逆变器输出电压和电流大小与初始状态相同。负载切换回满载时，波形略有波动，而后迅速稳定，逆变器回归原始状态。

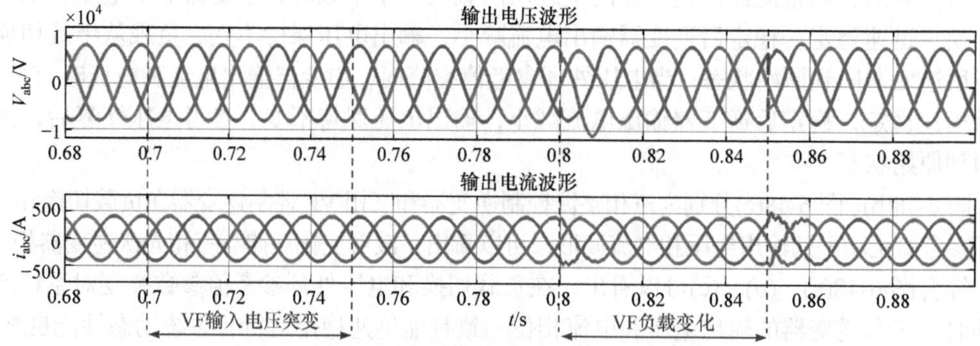

(a) 直流输入电压扰动和负载切换扰动下三相光伏逆变器输出电压和电流波形

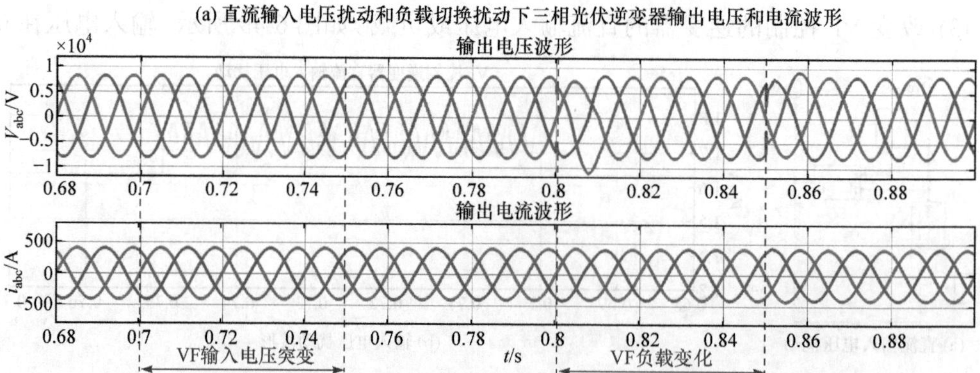

(b) 直流输入电压扰动和负载切换扰动下三相整流控制逆变器输出电压和电流波形

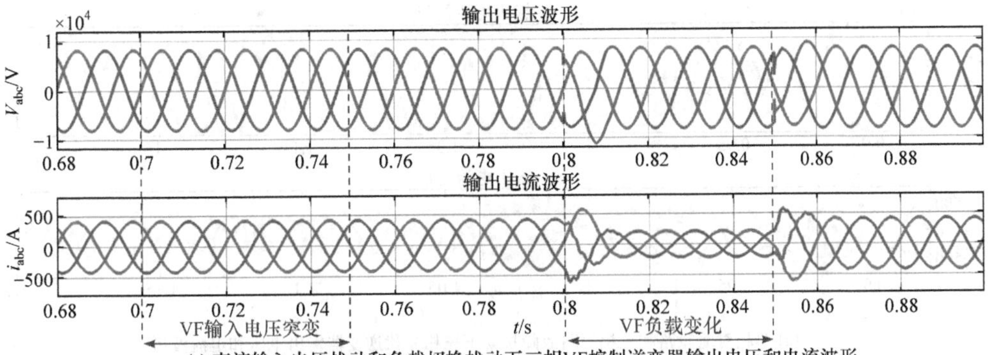

(c) 直流输入电压扰动和负载切换扰动下三相VF控制逆变器输出电压和电流波形

图 6-51 直流输入电压扰动和负载切换扰动下三台逆变器交流侧电压和电流波形

图 6-51(b)为三相整流控制逆变器在直流输入电压扰动和负载切换扰动下的输出电压和电流波形，可以看出，波形变化规律与三相光伏逆变器相同。

图 6-51(c)为三相 VF 控制逆变器在直流输入电压扰动和负载切换扰动下的输出电压和电流波形，可以看出，当三相 VF 控制逆变器的直流输入电压突变时，逆变器输出电流和电压平滑切换、迅速稳定，在稳定后，直流输入电压突变对三相 VF 控制逆变器的输出电压和电流基本没有影响。当三相 VF 控制逆变器的负载从满载切换至半载时，逆变器输出电流和电压略有波动，而后迅速稳定，稳定后逆变器输出电流减小，输出电压保持不变。负载切换回满载时，波形略有波动，而后迅速稳定，逆变器回归原始状态。

综合图 6-51(a)、(b)、(c)可以看出，在直流输入电压扰动和负载切换参数突变对系统产生扰动时，三台逆变器的输出电压和电流相位一致且能迅速稳定运行，系统动态性能良好。

(4) 三相逆变器大扰动测试。

在 0.9s 时，三台逆变器相连的交流母线上发生单相对地短路，0.92s 故障切除。0.97s 时三台逆变器相连的交流母线上发生三相短路，此时切断 VF 控制逆变器与光伏和整流控制逆变器的连接，光伏和整流控制逆变器重新接入无穷大电网，VF 孤岛运行；1s 故障消除，VF 控制逆变器与光伏和整流控制逆变器重新相连，构成孤岛系统。大扰动测试的短路故障设置示意图如图 6-52 所示。

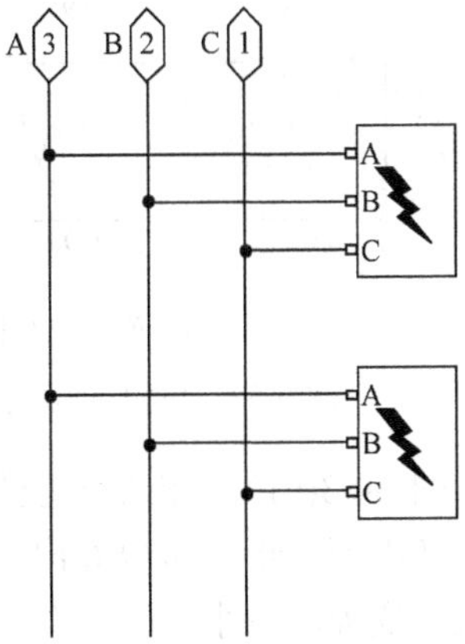

图 6-52 短路故障(大扰动测试)示意图

在单相对地短路故障和三相短路故障的扰动下，三台逆变器各自交流侧的电压和电流波形如图 6-53 所示。

图 6-53(a)为三相光伏逆变器在单相对地短路故障和三相短路故障的扰动下的输出电压和电流波形，可以看出，当交流侧发生单(A)相对地短路时，A 相电压突变为零，B、C 相电压及三相电流发生畸变；单相对地短路故障切除后，逆变器输出电压和电流迅速稳定，回归原始状态。当交流侧发生三相短路故障时，三相光伏逆变器迅速切回电网，输出电压和电流保持稳定；当三相短路故障切除后，三相光伏逆变器重新接入 VF 控制逆变器的输出侧，输出电压和电流波形经过 0.16s(8 个周期)的畸变后达到稳定状态，逆变器回归原始状态。

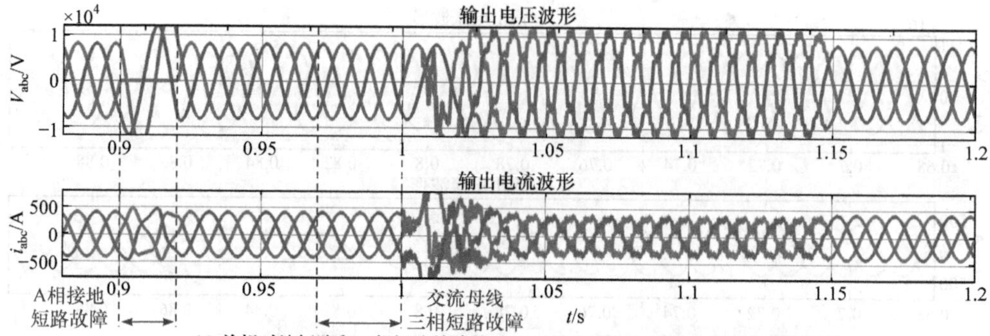

(a) 单相对地短路和三相短路故障扰动下三相光伏逆变器输出电压和电流波形

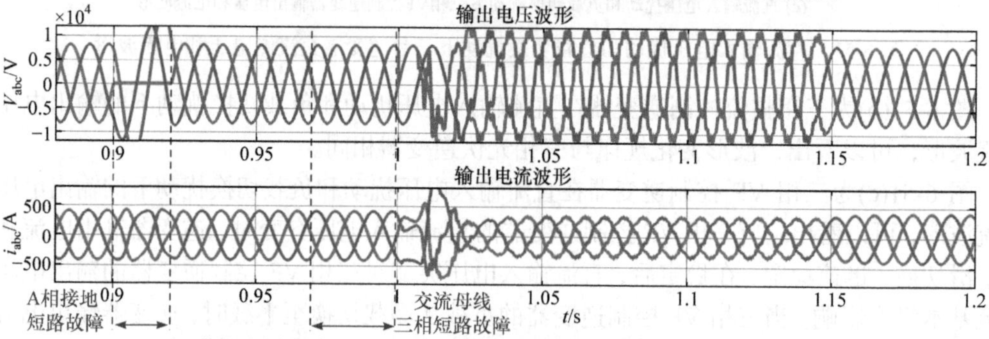

(b) 单相对地短路和三相短路故障扰动下三相整流控制逆变器输出电压和电流波形

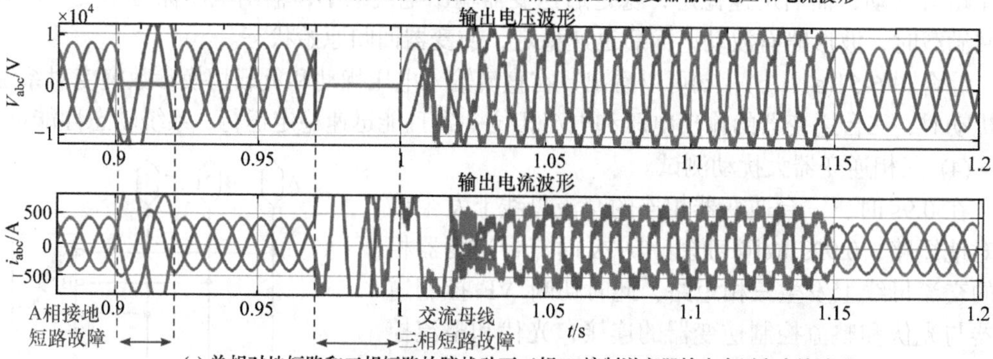

(c) 单相对地短路和三相短路故障扰动下三相VF控制逆变器输出电压和电流波形

图 6-53　单相对地短路和三相短路故障扰动下三台逆变器交流侧电压和电流波形

图 6-53(b)为三相整流控制逆变器在单相对地短路故障和三相短路故障的扰动下的输出电压和电流波形，可以看出，波形变化规律与三相光伏逆变器相同，但不稳定过程中输出电流畸变程度较小。

图 6-53(c)为三相 VF 控制逆变器在单相对地短路故障和三相短路故障的扰动下的输出电压和电流波形，可以看出，当交流侧发生单(A)相对地短路时，A 相电压突变为零，B、C 相电压及三相电流发生畸变；单相对地短路故障切除后，逆变器输出电压和电流迅速稳定，回归原始状态。当交流侧发生三相短路故障时，三相 VF 控制逆变器与其他逆变器的连接被切断，独自孤岛运行，由于三相短路，其输出电压畸变，输出电流为零；当三相短路故障切除后，VF 控制逆变器的输出侧重新与其他逆变器相连，构成孤岛系统，输出电压和电流波形经过 0.16s(8 个周期)的畸变后达到稳定状态，逆变器回归原始状态。

综合图 6-53(a)、(b)、(c)可以看出，在单相对地短路故障和三相短路故障对系统产生大扰动时，三台逆变器能较快地达到稳定运行状态且稳定后输出电压和电流相位一致，系统动态性能良好。

4. 总结

本次仿真在 MATLAB/Simulink 环境中建立的交流微网仿真模型包含 3 台基于 LCL 滤波的三相全桥式并网逆变器，分别是三相光伏逆变器、三相整流控制逆变器和三相 VF 控制逆变器。在仿真模型中，光伏逆变器和整流控制逆变器初始处于并网状态，VF 控制逆变器孤岛运行。在某一时刻三台逆变器交流侧相连构成孤岛系统，由三相 VF 控制逆变器提供电压幅值和频率。无论是在并网还是孤岛运行状态下，三台逆变器均能稳定运行，传输功率稳定在 5MW，交流侧电压稳定在 50Hz、10kV，交流侧电压和电流相位一致，谐波含量最高仅有 1.41%，波形质量较高。在系统小扰动或大扰动下，孤岛系统均能迅速稳定运行，系统动态性能较好。

6.3　双端五电平 MMC 型直流配电系统仿真

1. 实验概述

能源与环境危机的加剧，给人类的生存带来了极大的困扰，以高消耗、重污染为特征的传统化石能源利用模式注定难以维持，优化资源配置并寻求清洁替代能源将是实现可持续发展的关键所在。当前，以电能为中心的能源格局进一步凸显。因此，建立高效、可靠、灵活的输电网络和推动可再生能源的规模化并网成为缓解环保压力、破解能源困局、促进能源生产与消费革命的根本途径。

柔性直流输电技术在解决新能源发电联网、远距离海上风电联网、大型城市供电等方面具有显著优势，是未来具有发展前景的输电方式。模块化多电平换流器(Modular Multilevel Converter，MMC)因具有较低的电压变化率和电流变化率、输出谐波少、模块化程度高、便于换流器的冗余设计等诸多优点，成为电压源型换流器的主要发展方向，在高压直流输电中具有广阔的应用前景。其中，基于模块化多电平换流器的柔性直流输电技术，因其显著优势在远距离、大功率输电及可再生能源并网等领域脱颖而出，获得了广泛关注。

2. 实验仿真模型搭建

1) 实验模型概况

在 MATLAB/Simulink 软件中搭建双端五电平的背靠背 MMC-HVDC 模型，如图 6-54 所示。其功率电路主要由 7 部分组成，分别对应图 6-54 中标号 1～7 的模块。模块 1 和模块 7 为两端理想三相交流电源，模块 2 和模块 6 均为三相变压器，其中，换流器侧采用三角形接线方式，而交流电源侧采用星形连接。模块 3 和模块 5 则为两个换流器，其中换流器 MMC_PQ 采用定功率控制，换流器 MMC_VSR 采用定电压控制。模块 4 则用来模拟高压线路的阻抗参数。除上述 7 个模块之外，这里还设置了模块 8 和模块 9，便于观察各自对应 MMC 的输出电压、电流、功率等，而中间的 powergui 模块则是分析电力系统常用的图形化工具，便于调试。

系统的整个工作流程为：左侧三相交流系统输出功率，三相变压器 T1 将电压转换到适当的等级后，功率传输至换流器 MMC_PQ，换流器 MMC_PQ 将三相正弦电压转变为直流电压，通过直流线路将功率传输至逆变侧。逆变侧换流器 MMC_VSR 接收功率后将直流母线电压转变为三相交流电压，再经过三相变压器 T2 将电压进行转换，最后功率传输至受端。

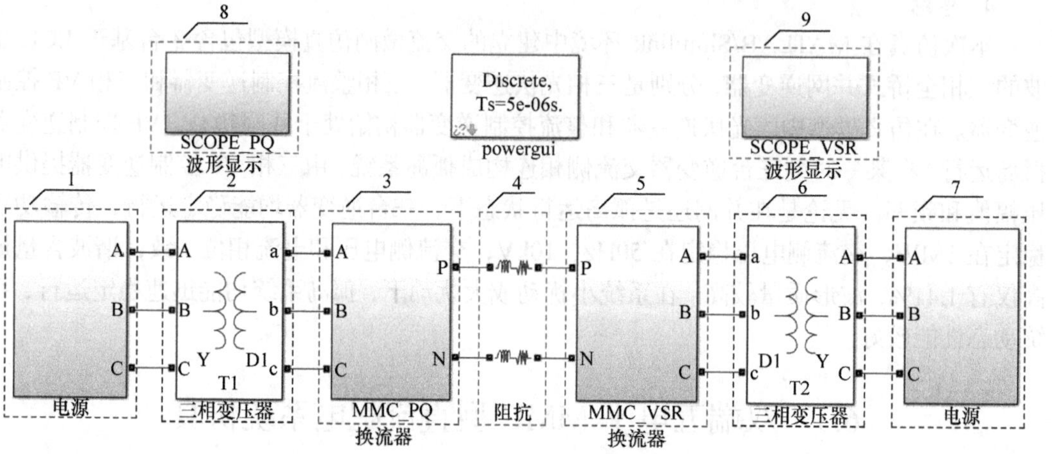

图 6-54　双端五电平背靠背 MMC-HVDC 模型

2) 实验模型模块介绍

(1) 模块 1 与模块 7。

模块 1 和模块 7 为两端的交流系统，这里以三相可编程电压源来模拟其特性，其线电压有效值设为 10kV，频率为 50Hz，相位角为 0°。

(2) 模块 2 与模块 6。

模块 2 和模块 6 均为三相变压器，实际的 MMC-HVDC 系统架构中，变压器是不可或缺的一部分，其功能是将交流系统的电压变换成与直流侧电压相适应的电压。一般，换流器侧采用三角形连接方式，其有利于隔离零序分量，因此仿真中均采用星-三角三相变压器，本仿真中为了简化分析，变压器变比设置为 1∶1。

(3) 模块 3。

模块 3 为 MMC 整流器，其功能是将三相交流电压整流为直流电压，从而通过直流线路传输至接收侧。模块内部组成如图 6-55 所示。

MMC_PQ 模块可以分为四大部分，分别对应图中模块 3.1～模块 3.4，下面将对各个子模块进行详细介绍。

模块 3.1 主要是完成对信号的测量、变换以及滤波功能，其又包含 3 个子模块，分别对应模块 3.1.1～模块 3.1.3。

模块 3.1.1 的功能是将经变压器 T1 变换后的线电压转化为相电压，其内部组成如图 6-56 所示。

模块 3.1.2 为三相瞬时有功功率、无功功率测量仪，其功能是：通过测量得到的三相瞬时相电压和相电流计算瞬时有功功率和瞬时无功功率。

模块 3.1.3 是一个低通滤波器，其内部组成如图 6-57 所示，包含两个 1 阶低通滤波环节。图中给出了两个滤波环节的具体参数，其功能是滤除有功功率和无功功率中的高频分量。

模块 3.2 为 MMC 整流器的功率主电路，这里将其划分为 3 部分，分别对应图 6-55 中的模块 3.2.1～模块 3.2.3。

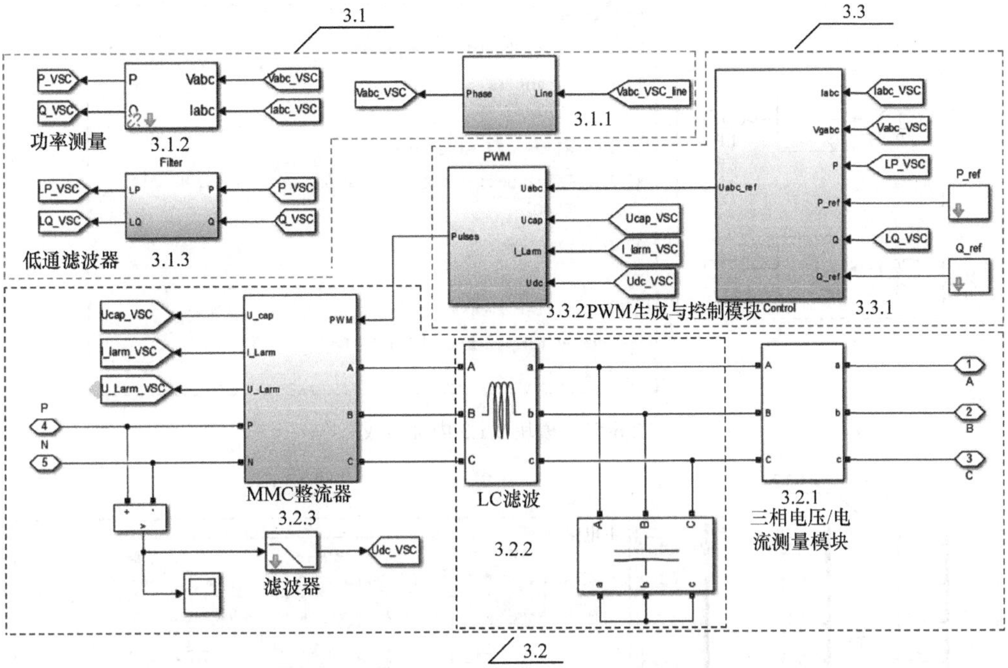

图 6-55　模块 3(MMC 整流器)内部组成

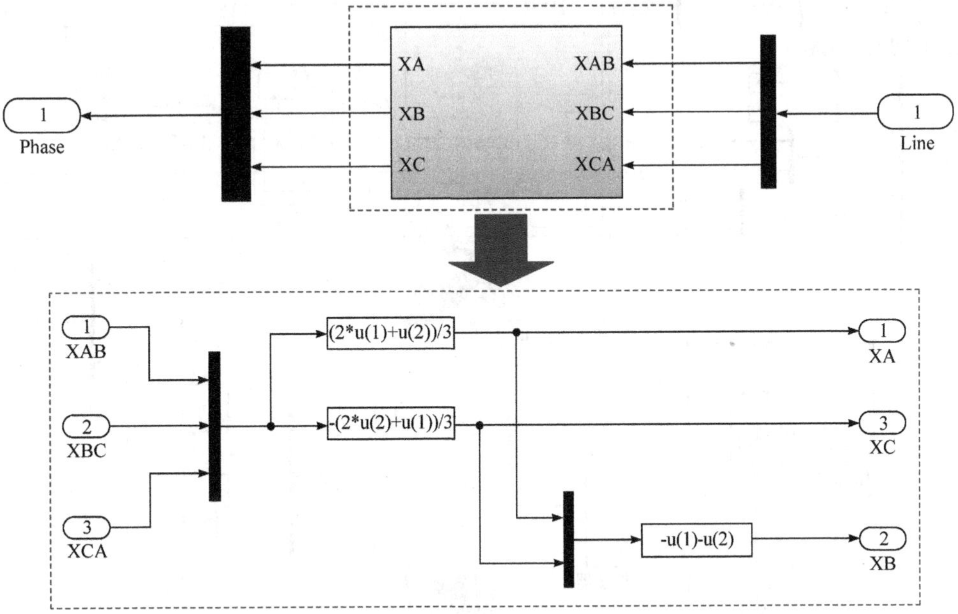

图 6-56　模块 3.1.1 内部组成

模块 3.2.1 的功能是测量经变压器 T1 传输至 MMC 整流器 MMC_PQ 的三相电压和电流，这里测量的是三相线电压和线电流的瞬时值。

模块 3.2.2 为三相 LC 滤波环节，每相 LC 滤波环节的参数为 $L_f = 1\text{mH}$、$C_f = 10\mu\text{F}$。

模块 3.2.3 为 MMC 整流器的核心组成模块，其内部组成如图 6-58 所示。

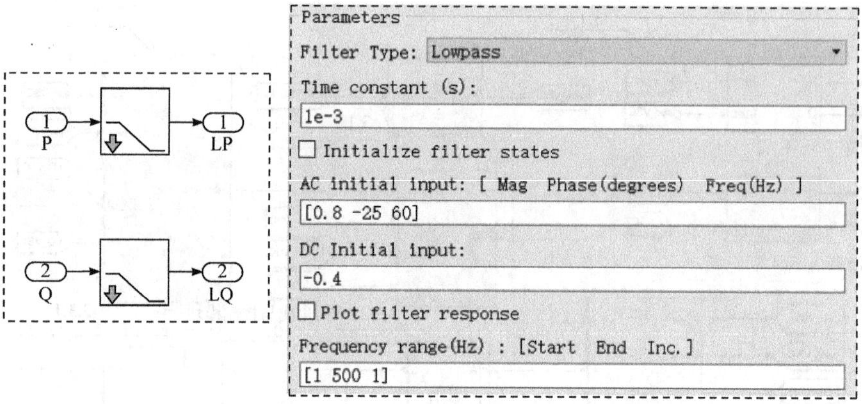

图 6-57　模块 3.1.3 内部组成

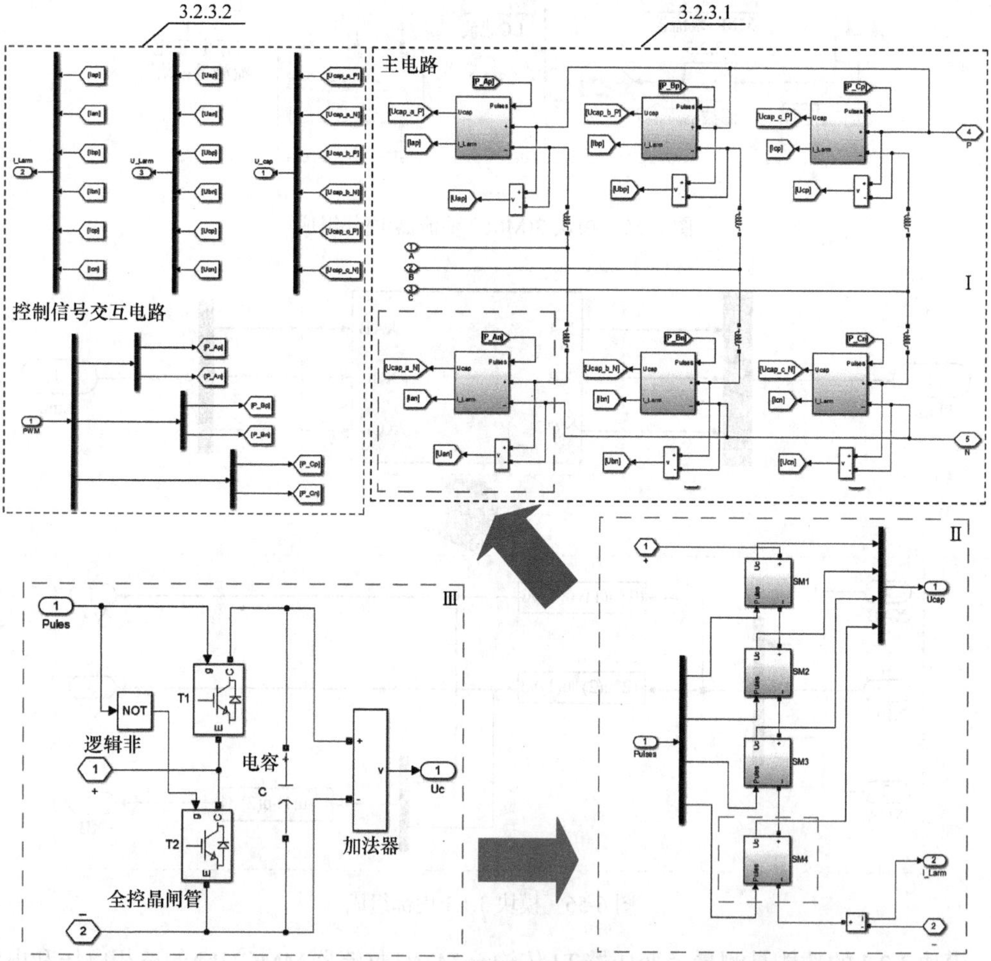

图 6-58　模块 3.2.3 内部组成

如图 6-58 所示，模块 3.2.3 可以分为主电路(模块 3.2.3.1)和控制信号交互电路(模块 3.2.3.2)两部分。模块 3.2.3.1 为典型的三相五电平 MMC 整流器的拓扑结构，该拓扑每相由上、下两桥臂构成，每个桥臂包含一个功率模块，每个功率模块又包含 4 个相同的功率子模块 SM(对应图 6-58 中的模块Ⅱ)，而每个子模块 SM 由一个带反并联二极管的 IGBT 半桥并联一个直流储能电容构成。上、下桥臂中间由两个桥臂电感连接以抑制相间环流，桥臂电感中间为交流输入端口，每相的输出端连接在一起构成公共的直流母线。每个子模块可以输出 u_c 和 0 两种电平，通过控制每个桥臂投入的子模块数量就可以得到希望的阶梯波，投入子模块数量越多，得到的阶梯波越接近正弦波。在整流工作时，输入端为交流正弦波，通过控制桥臂投入切除子模块来保证拓扑两侧的电压平衡，从而得到稳定的直流电压输出。

功率子模块是 MMC 拓扑的重要组成部分，根据子模块上、下功率开关管和二极管的开通、关断情况以及子模块输入电流的方向可以将子模块分为如图 6-59 所示的 6 种工作模式。其中，0 表示开关管关断，1 表示开关管开通。模式(a)、(d)为闭锁状态，模式(b)、(e)为投入状态，模式(c)、(f)为切除状态。

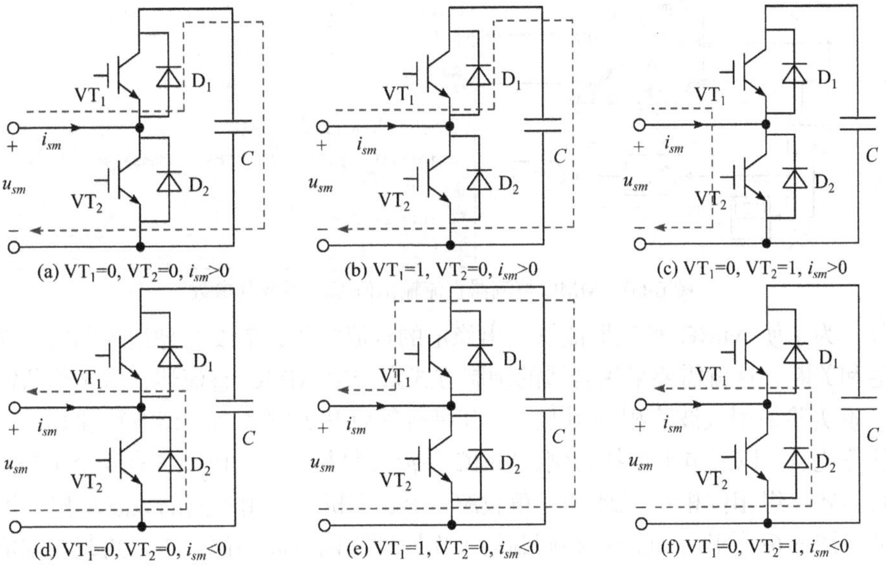

图 6-59　MMC 子模块工作模式示意图

通过控制上、下桥臂每个时刻投入的子模块数量就可以控制桥臂的输出电压，为了便于控制直流侧输出电压的稳定，一般控制每个时刻上、下桥臂投入的子模块数量相等。例如，A 相上桥臂投入的子模块数量为 n_{pa}，下桥臂投入的子模块数量为 n_{na}，则每个时刻应该有

$$n_{\text{pa}} + n_{\text{na}} = N \tag{6-17}$$

其中，N 为每个时刻每相投入的子模块的总数，五电平 MMC 在不考虑冗余的前提下，$N=4$。

在图 6-58 中，模块 3.2.3.2(控制信号交互电路)由上、下两部分组成，其中，上一排信号从左往右分别为上(下)桥臂电流、电压及直流储能电容电压信号，下一排信号则为每个子模块开关管的控制信号，这些信号是控制电路的输出或者反馈信号，后面在介绍控制电路模块时会详细介绍。

另外，MMC 整流器的输出设置有滤波环节，如图 6-60 所示，该滤波器是一个二阶滤波器，相关参数均已给出。

模块 3.3 为 MMC 整流器的控制与调制模块，如图 6-55 所示，其又可以分为模块 3.3.1 和模块 3.3.2 两部分。MMC 整流器的每相桥臂上都有大量的直流储能电容，这些电容会不停地充放电，这就造成电容电压的不平衡，MMC 整流器各相之间和上、下桥臂之间存在很大的环流，这就对功率器件的额定电流有很高的要求，同时也增加了系统的损耗。所以必须对 MMC 整流器进行子模块电容电压的均衡控制。另外，为了控制直流侧电压的稳定以及尽可能地实现单位功率因数，也需要对 MMC 整流器加以适当的闭环控制。综上，MMC 整流器正常运行时的综合控制系统应包括三个部分：双闭环控制、桥臂能量均分控制、子模块电容电压稳压控制。其中，双闭环控制对应模块 3.3.1，桥臂能量均分及子模块电容电压稳定控制对应模块 3.3.2。

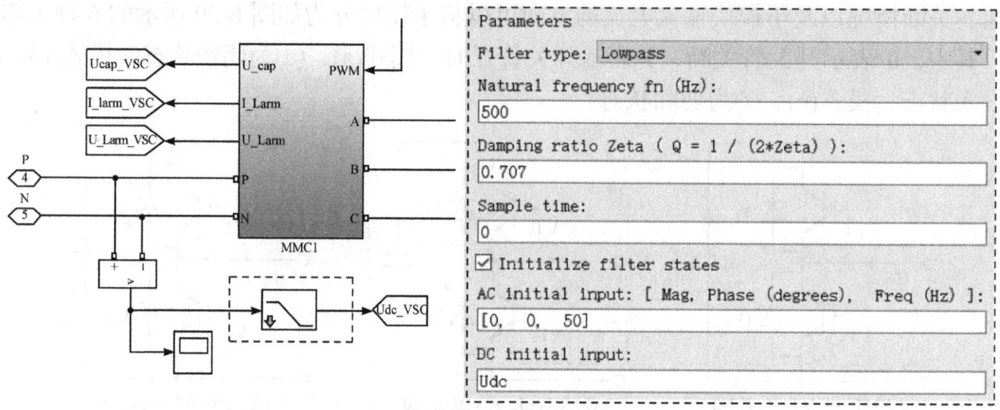

图 6-60　MMC 整流器直流输出侧滤波器及其参数

另外，为了使 MMC 整流器能够输出稳定的直流电压，需要合理地控制每个功率子模块的开通和关断，这就需要采用合适的调制方式来产生 MMC 整流器正常工作所需要的开关信号。本实验采用载波移相调制方式，其具有等效开关频率高、谐波特性好、控制相对简单方便等优点。以五电平拓扑为例，MMC 整流器每相上、下桥臂各有 4 个子模块，所以每个桥臂需要 4 组相位相差 2π/4 的三角载波，上、下桥臂采用相同的载波及相位相差 180°的调制波。图 6-61 给出了载波移相调制的工作原理，调制波幅值大于三角载波幅值时，产生一个开通的 PWM 信号，相反则产生一个关断信号。

如图 6-61 所示，上桥臂调制波与四组三角载波比较后得到四组 PWM 信号，PWM1、PWM2、PWM3 和 PWM4 分别驱动上桥臂四个子模块中的上功率开关管 VT1，而下功率开关管 VT2 的驱动信号则由这四组 PWM 信号取反得到。通过这些信号来控制子模块的投入和切出，在输出端将这些子模块的输出电平叠加，得到了上桥臂的输出电压波形。下桥臂的调制原理与上桥臂相同，只是调制波的相位相差 180°。

模块 3.3.1 为整流器的双闭环控制器，实现定功率控制，其内部组成如图 6-62 所示。

模块 3.3.1 由 6 部分组成，下面将仔细介绍每一个子模块。

模块 3.3.1.1(a)和模块 3.3.1.1(b)实现电压外环控制，分别将有功功率 P 和无功功率 Q 的预设值与实测值做差，差值经 PI 调节得到有功电流参考 $i_{d\text{ref}}$ 和无功电流参考 $i_{q\text{ref}}$。此处的 PI 参数设置为 $K_{\text{p}} = 0.0001$、$K_{\text{i}} = 0.01$。

模块 3.3.1.2(a)和模块 3.3.1.2(b)实现电流内环控制，三相交流电压经过 PLL 锁相环节(对应模块 3.3.1.3)，计算得到旋转角，然后对采样的三相瞬时电流先做 abc-$\alpha\beta$ 变换，再做 $\alpha\beta$-dq 变换得到 dq 坐标系下的 i_d、i_q 分量，之后再与电压外环得到的参考 i_{d_Ref} 和 i_{q_Ref} 进行电流解耦控制，得到 dq 坐标系下的 u_{d_Ref}、u_{q_Ref} 分量。其中，abc-$\alpha\beta$ 变换与 $\alpha\beta$-dq 变换分别满足

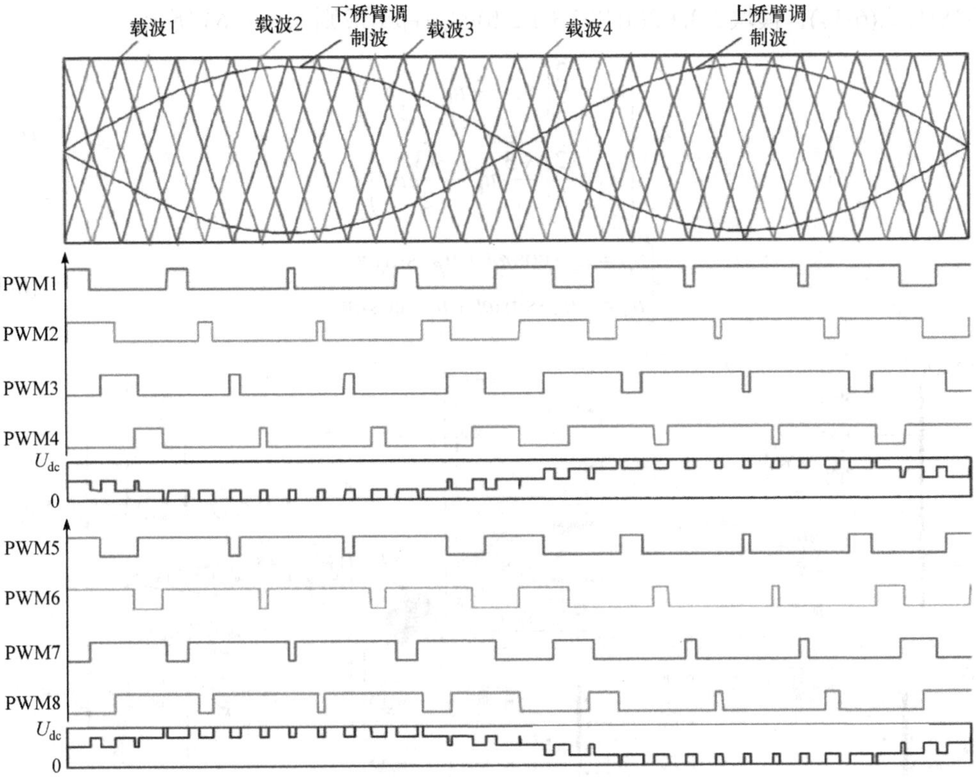

图 6-61　载波移相调制原理图

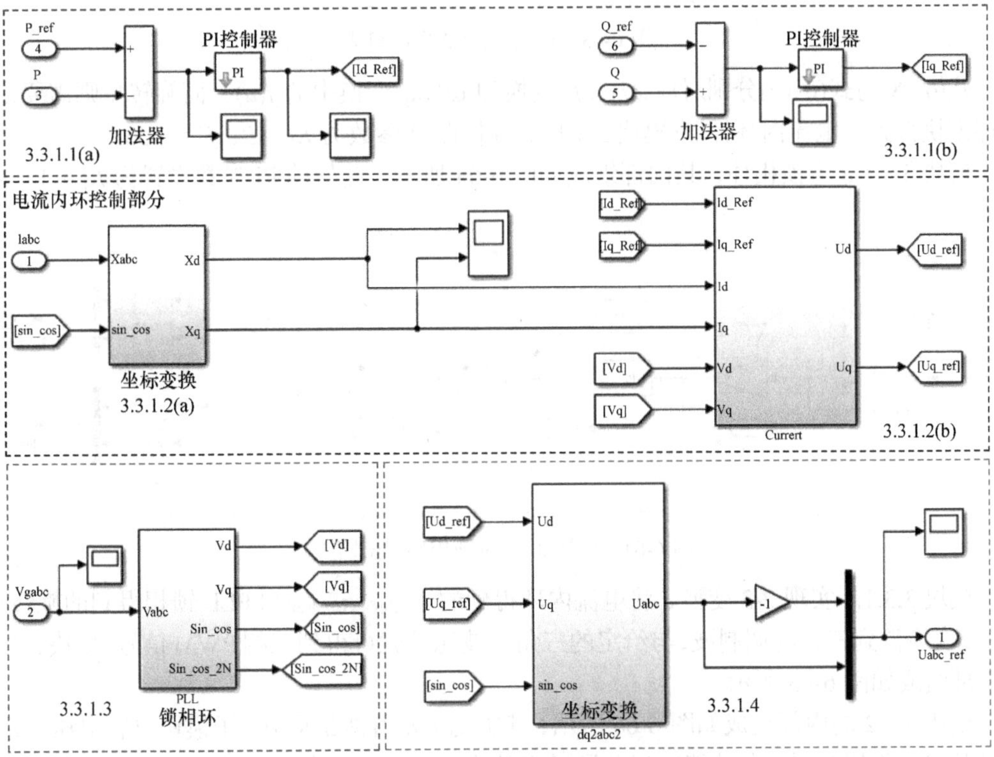

图 6-62　模块 3.3.1(定功率控制器)内部组成

式(6-18)与式(6-19)，模块 3.3.1.2(a)和 3.3.1.2(b)的内部组成则如图 6-63 所示。

$$\begin{cases} u_\alpha = \dfrac{2}{3}\left(u_\mathrm{a} - \dfrac{1}{2}u_\mathrm{b} - \dfrac{1}{2}u_\mathrm{c}\right) \\ u_\beta = \dfrac{2}{3}\left(\dfrac{\sqrt{3}}{2}u_\mathrm{b} - \dfrac{\sqrt{3}}{2}u_\mathrm{c}\right) \end{cases} \tag{6-18}$$

$$\begin{cases} u_d = u_\alpha \cdot \cos\omega t + u_\beta \cdot \sin\omega t \\ u_q = -u_\alpha \cdot \sin\omega t + u_\beta \cdot \cos\omega t \end{cases} \tag{6-19}$$

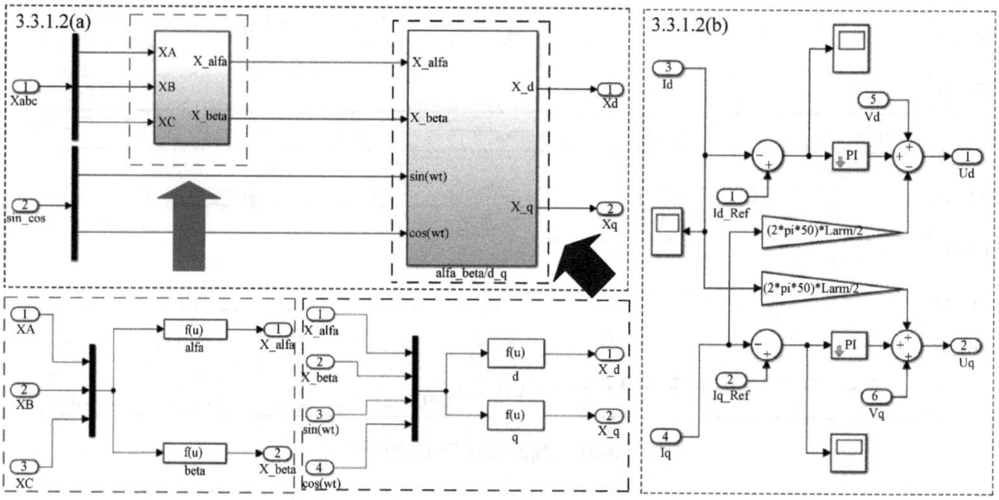

图 6-63　模块 3.3.1.2 内部组成

式(6-18)与式(6-19)分别对应 abc-$\alpha\beta$ 变换和 $\alpha\beta$-dq 变换中的 $f(u)$，而旋转角则需要由锁相环模块得到。电流内环控制(模块 3.3.1.2(b))中的 PI 参数为 $K_\mathrm{p} = 5$、$K_\mathrm{i} = 300$。

模块 3.3.1.3 为锁相环，其内部组成如图 6-64 所示。此处的 PI 参数设置为 $K_\mathrm{p} = 1$、$K_\mathrm{i} = 500$。

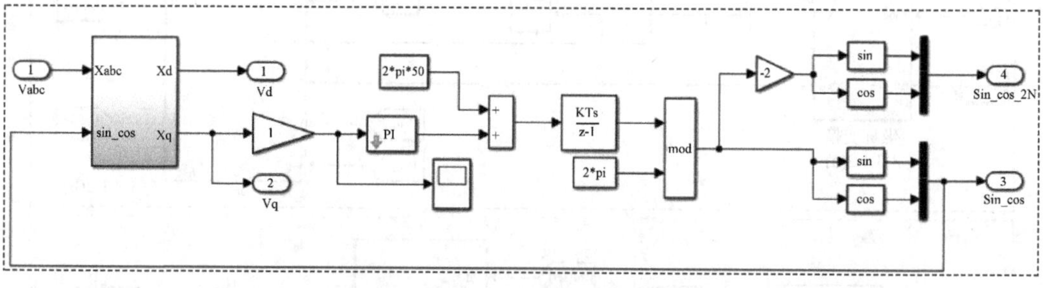

图 6-64　模块 3.3.1.3(锁相环)内部组成

模块 3.3.1.4 实现 2-3 变换，将电流内环得到的 u_{d_Ref}、u_{q_Ref} 和 PLL 锁相得到的旋转角，经 3-2 变换得到三相的调制波，与给定的三角载波比较就可得到三相 PWM 信号。模块 3.3.1.4 的内部组成如图 6-65 所示。

模块 3.3.2 的内部组成如图 6-66 所示，其实现了桥臂能量均分、子模块电容电压稳定控制以及载波移相调制，各功能实现分别对应模块 3.3.2.1～模块 3.3.2.3。

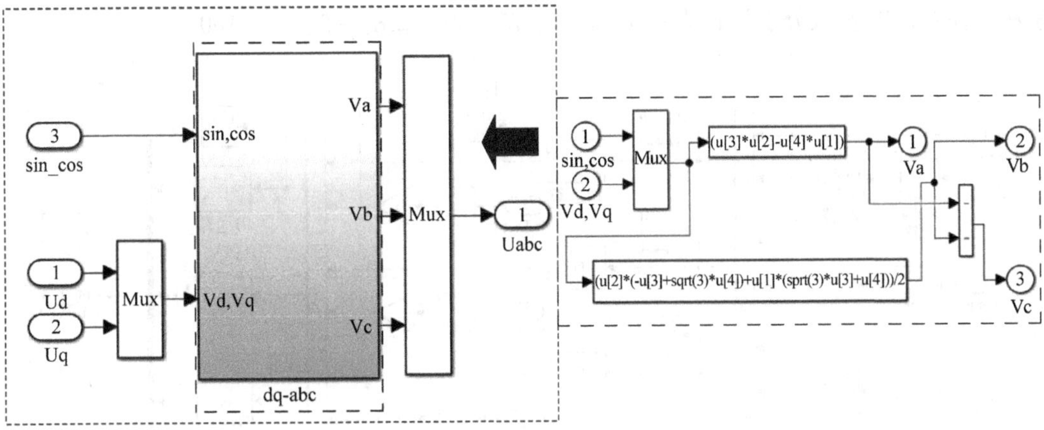

图 6-65　模块 3.3.1.4(3-2 变换)内部组成

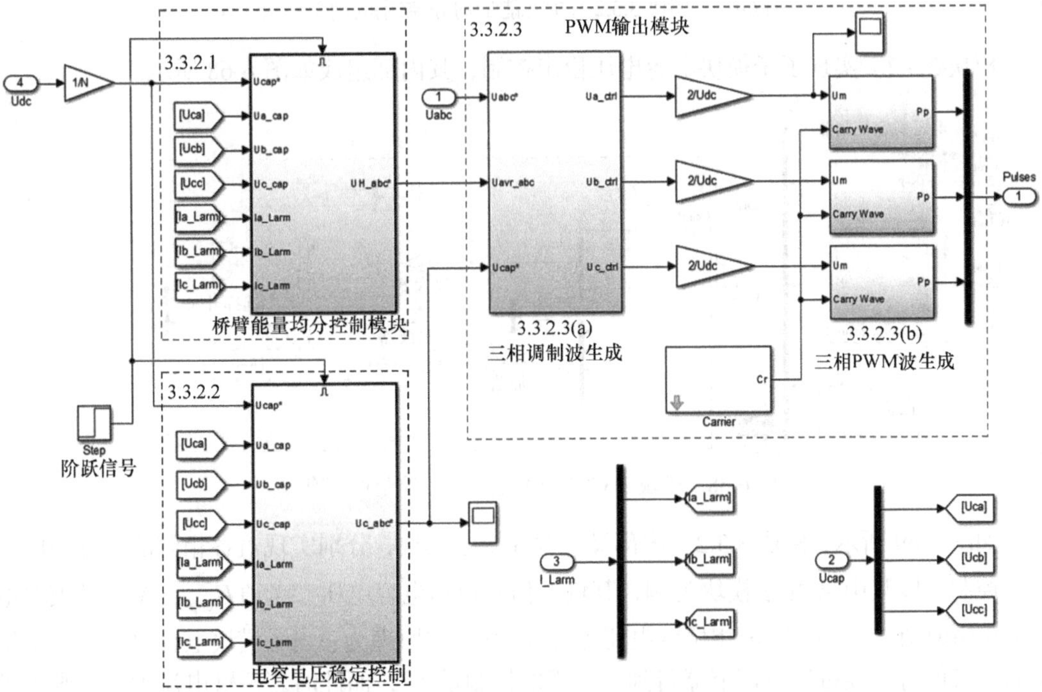

图 6-66　模块 3.3.2(CPSPWM 调制、电容电压稳定控制)内部组成

模块 3.3.2.1 实现了桥臂能量均分，其内部组成如图 6-67 所示。

其中，U_{cap}^{*} 是子模块电容电压的参考值，U_{a_cap}、U_{b_cap} 和 U_{c_cap} 是各相子模块电容电压，I_{a_Larm}、I_{b_Larm} 和 I_{c_Larm} 是各相桥臂的电流，U_{H_abc} 是三相调制波参考量。整流系统运行时，通过采样各相每个子模块的电容电压瞬时值然后取平均得到各相储能电容电压平均值，经过一个 PI 调节器从而跟踪额定工作电压值，并将 PI 输出作为环流的参考，通过控制环流的大小来均分上下桥臂的能量，同时也可以抑制环流的大小。当子模块电容电压平均值大于额定工作电压时，经过 PI 调节器输出的环流参考将变小，桥臂上的充电电流减小，从而减小子模块电容电压的充电幅度。当子模块电容电压平均值小于参考值时，环流变大，充电电流变大，增加了充电功率，从而增大子模块电容电压平均值。每相的 PI 调节器相同，单相从左往右，PI 参数分别设置为：①$K_p = 1$、$K_i = 50$；②$K_p = 5$、$K_i = 100$。

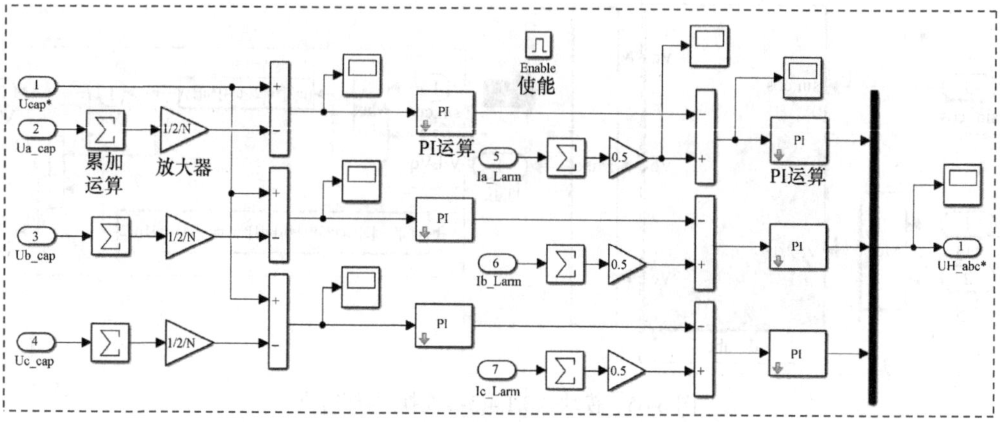

图 6-67　模块 3.3.2.1(桥臂能量均分控制)的内部组成

模块 3.3.2.2 实现了子模块电容电压稳定控制，其内部组成如图 6-68 所示。

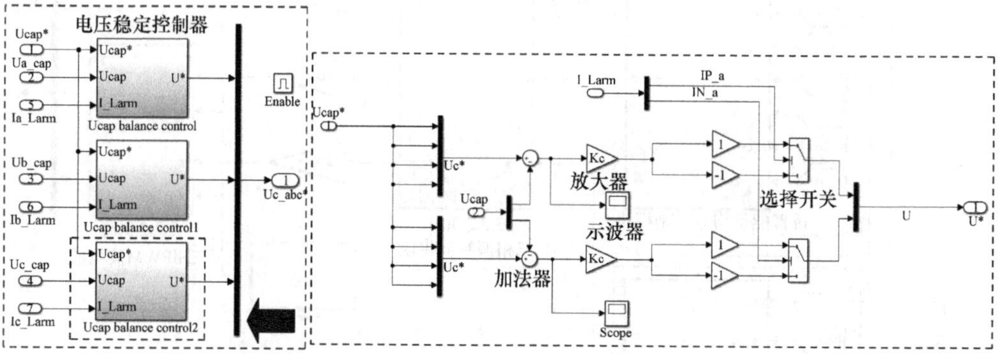

图 6-68　模块 3.3.2.2(电容电压稳定控制)内部组成

如图 6-69 所示，模块 3.3.2.2 内部又包含 3 个子模块，分别实现对各相储能电容的电压均衡控制。以其中 A 相子模块为例，其输入信号包括电容电压参考值 U_{cap}^*、A 相子模块电容电压瞬时值 $U_{\text{a\_cap}}$ 以及 A 相桥臂电流 $I_{\text{a\_Larm}}$。其工作原理为：当子模块电容电压值小于给定的参考值时，经过比例调节器得到一个正的控制量 U^*，而此时若桥臂电流为正，则子模块处于充电状态，那么控制器最终输出的调制参考量则是正的，调制波的幅值变大，从而增加了子模块的充电时间，从而提高子模块的电容电压；若桥臂电流为负，则子模块处于放电状态，控制器最终得到的调制参考量为负，降低了调制波的幅值，从而缩短了放电时间，阻止子模块电容电压的进一步减小。当子模块电容电压大于给定的参考值时，情况则与上述相反。此处比例调节器参数 $K_c = 1$。

模块 3.3.2.3 实现了 PWM 输出，其采用载波移相调制，内部组成如图 6-69 所示。模块 3.3.2.3 包含两个子模块，即模块 3.3.2.3(a)和模块 3.3.2.3(b)，前者产生三相调制波，后者将调制波与载波比较，产生 PWM 控制信号。首先，模块 3.3.2.3(a)对双闭环控制输出的三相调制波信号 U_{abc}^*、桥臂能量均分控制输出的三相调制波信号 $U_{\text{H\_abc}}^*$ 和子模块电容电压稳定控制输出的三相调制参考量 $U_{\text{c\_abc}}^*$ 进行处理，得到最终的三相调制波信号。模块 3.3.2.3(b)

包含 3 个 PWM 输出模块，分别对应三相 PWM 输出。以 A 相为例，上桥臂调制波与四组三角载波比较后得到驱动上桥臂四个子模块中的上功率开关管的四组 PWM 信号，而下功率开关管的驱动信号则由这四组 PWM 信号取反得到，这里由载波取反，调制波不变，调制波与载波比较，取较高的为最终信号，这里的载波频率设置为 4kHz。

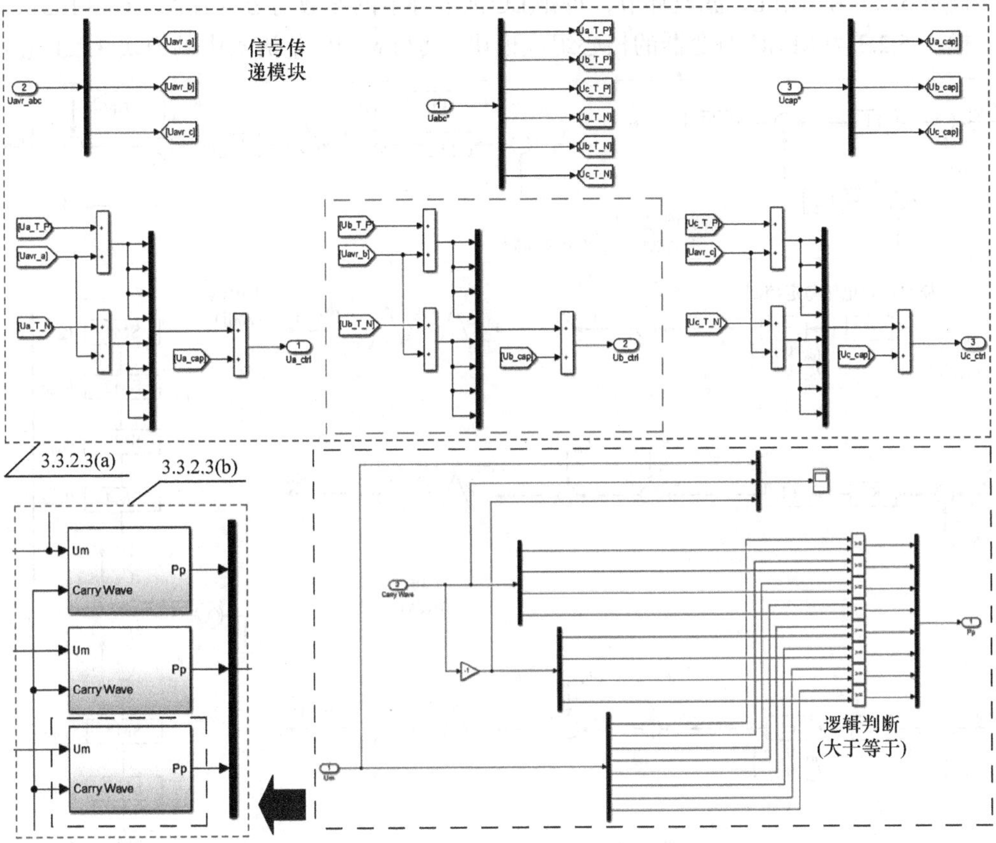

图 6-69　模块 3.3.2.3(CPSPWM 调制)内部组成

至此，MMC 整流器的组成及控制均已详细介绍，下面给出单相 MMC 整流器的完整控制框图，如图 6-70 所示。

三相双闭环控制(定功率控制)的具体框图如图 6-71 所示。

(4) 模块 4。

模块 4 用来模拟高压线路的阻抗参数，这里给出单位线路参数及线路距离：0.194Ω/km、0.625mH/km、线路长度为 2km。双回线路的电阻为 0.388Ω，电感为 1.25mH。

(5) 模块 5。

模块 5 为 MMC 逆变器，其功能是将经高压输电线传输而来的直流电压逆变为三相交流电压，模块内部组成如图 6-72 所示。

对比图 6-72 与图 6-55，MMC 逆变器与 MMC 整流器的内部组成基本一致，只是控制方式由定功率控制转变为定电压控制。MMC 逆变器 MMC_VSR 的组成也可以划分为三大部分，分别对应图 6-72 中的模块 5.1～模块 5.3，下面对各子模块进行详细介绍。

模块 5.1 的功能是将线电压转化为相电压，其与 MMC 整流器中的模块 3.1.1 完全一致。

模块 5.2 为 MMC 逆变器的功率主电路，这里将其划分为三部分，分别对应图 6-72 中的模块 5.2.1～模块 5.2.3。

模块 5.2.1 的功能是测量经 MMC 逆变器 MMC_VSR 传输至变压器 T2 的三相电压和电流，这里测量的是三相线电压和线电流的瞬时值。

模块 5.2.2 为三相 LC 滤波环节，每相 LC 滤波环节的参数为 L_f = 1mH、C_f = 10μF。

模块 5.2.3 为 MMC 逆变器的核心组成模块，其与 MMC 整流器中的模块 3.2.3 完全一

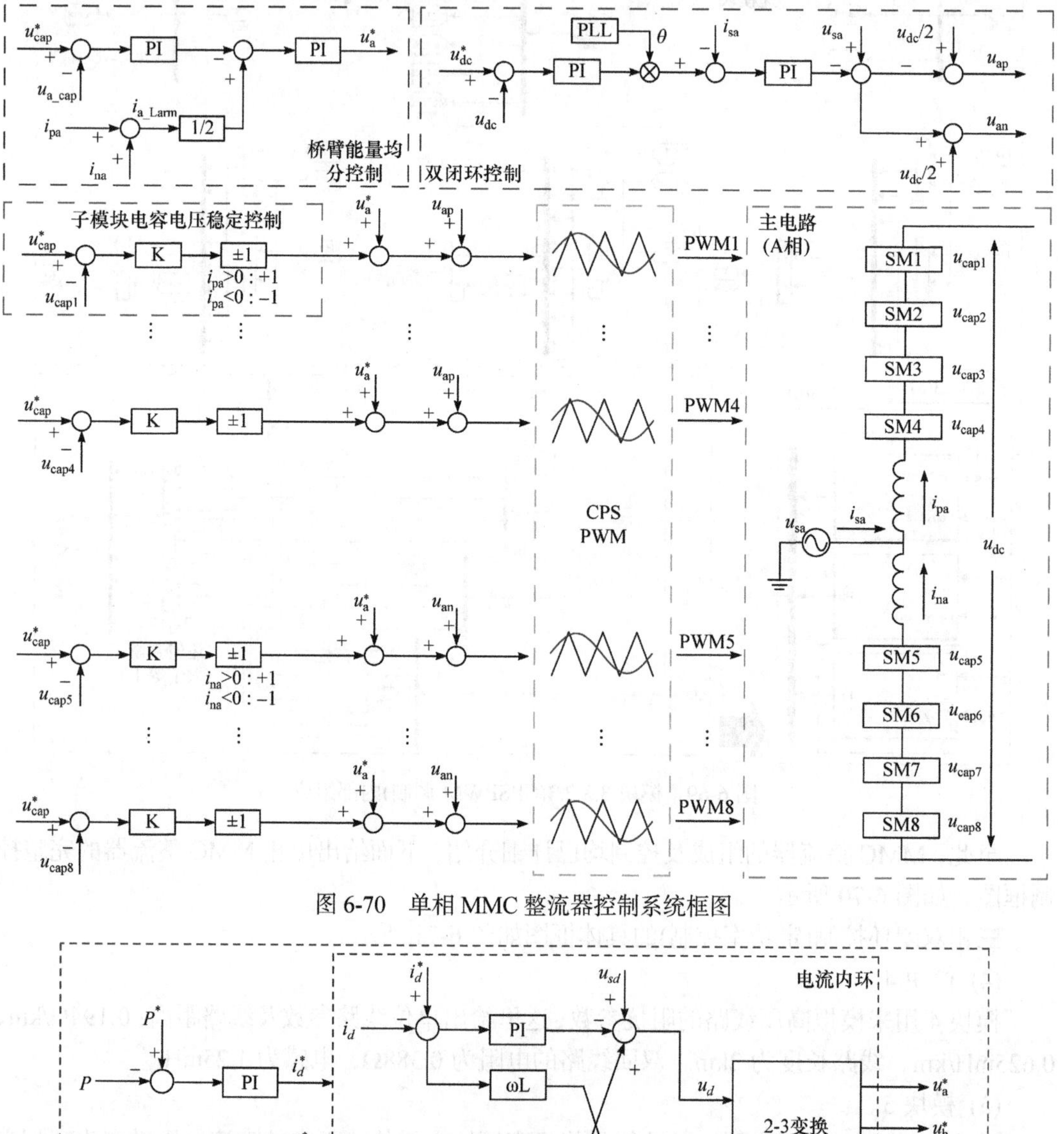

图 6-70　单相 MMC 整流器控制系统框图

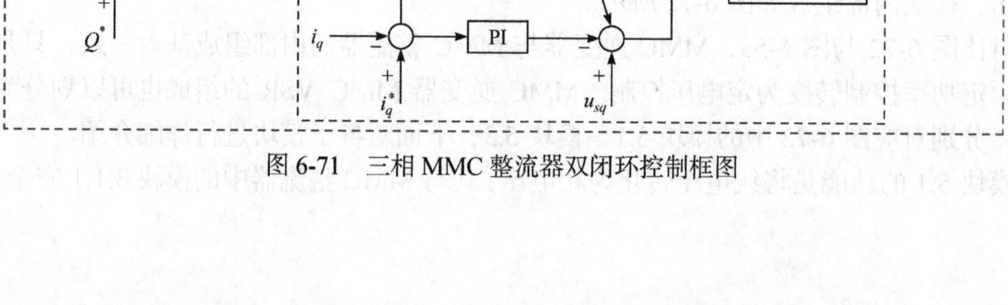

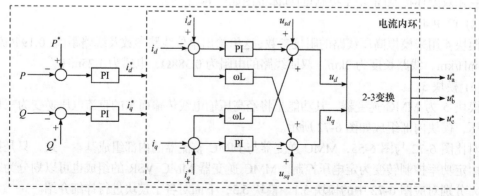

图 6-71　三相 MMC 整流器双闭环控制框图

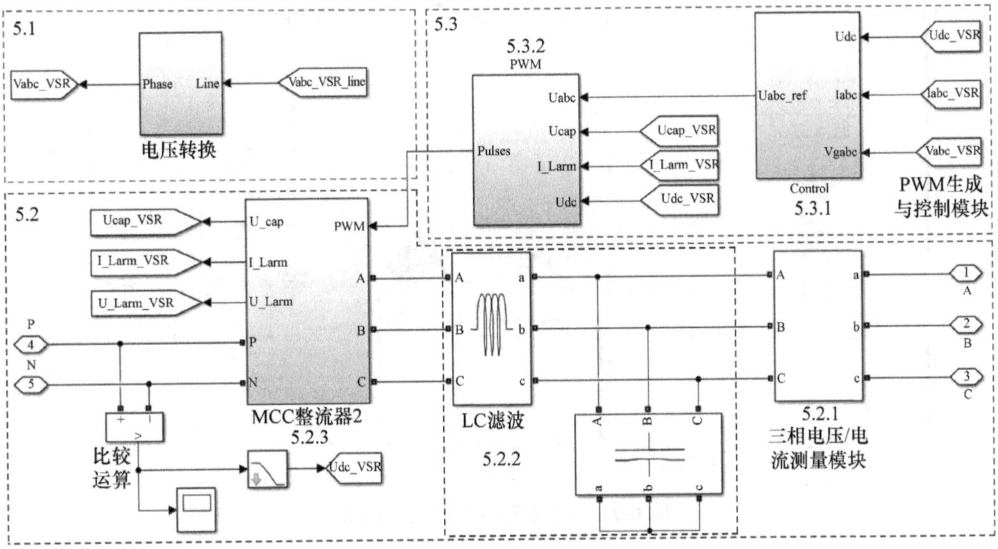

图 6-72　模块 5(MMC 逆变器)内部组成

致，仅仅一个是 AC-DC 变换，另一个是 DC-AC 变换，因此这里不做重复介绍，相关模块功能等参考前面对模块 3.2.3 的介绍。

模块 5.3 为 MMC 逆变器的定电压控制及 CPSPWM 调制电路，这里根据两种功能将其划分为两部分，分别对应模块 5.3.1 和模块 5.3.2。

模块 5.3.1 实现 MMC 逆变器的定电压控制，其内部组成如图 6-73 所示。

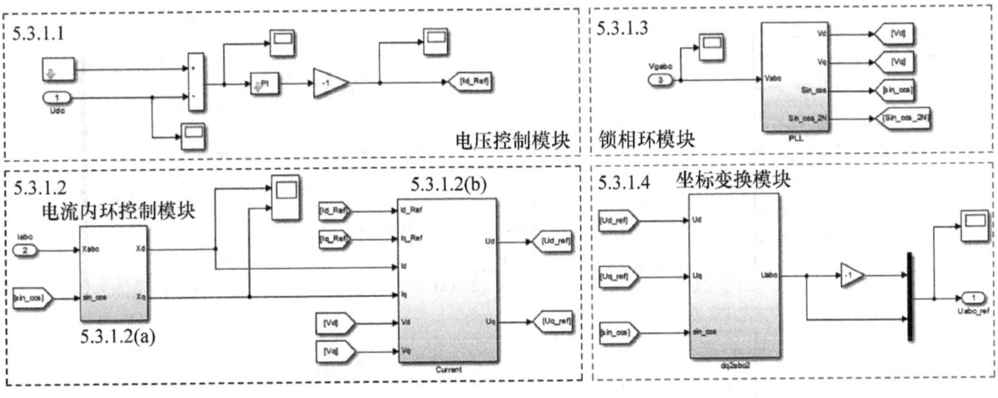

图 6-73　模块 5.3.1(定电压控制器)内部组成

如图 6-73 所示，模块 5.3.1 由四部分组成，下面将仔细介绍每一个子模块。

模块 5.3.1.1 实现定电压控制，将直流母线电压 U_{dc} 的预设值与实测值做差，差值经 PI 调节及反相(逆变与整流相反)后得到有功电流参考 i_{d_Ref}。此处的 PI 参数设置为 $K_p = 1$、$K_i = 5$。

模块 5.3.1.2(a)和模块 5.3.1.2(b)实现电流内环控制，将采得的三相交流电压经过 PLL 锁相环节(对应模块 5.3.1.3)得到旋转角，然后对采样的三相瞬时电流先做 abc-$\alpha\beta$ 变换，再做 $\alpha\beta$-dq 变换得到 dq 坐标系下的 i_d、i_q 分量，之后再与模块 5.3.1.1 输出的参考 i_{d_Ref}(i_{q_Ref} 设为 0)进行电流解耦控制，得到 dq 坐标系下的 u_{d_Ref}、u_{q_Ref} 分量。模块 5.3.1.2 的内部组成如图 6-74 所示，其电流环控制(模块 5.3.1.2(b))中的 PI 参数为 $K_p = 5$、$K_i = 300$。

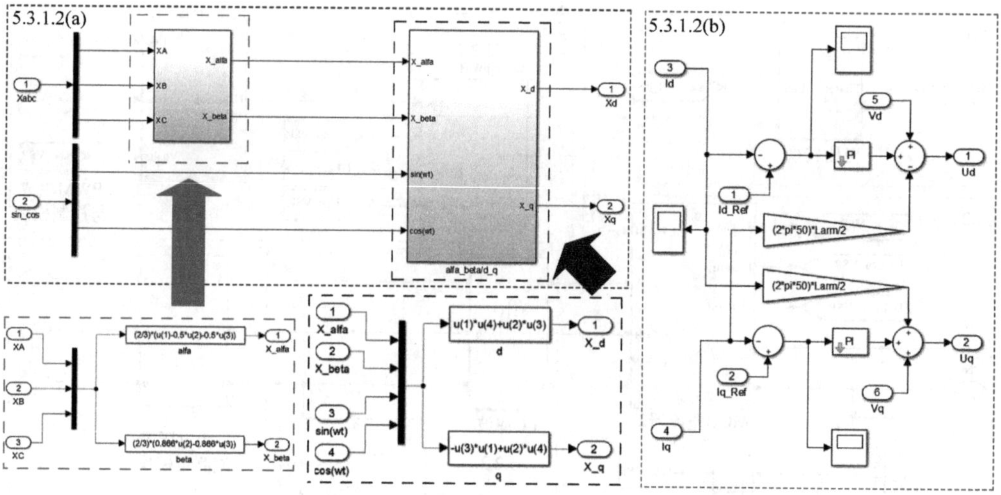

图 6-74　模块 5.3.1.2 的内部组成

模块 5.3.1.3 为锁相环，其内部组成和前面 MMC 整流器中的锁相环一致，参考图 6-64。

模块 5.3.1.4 实现 2-3 变换，将电流内环得到的 u_{d_Ref}、u_{q_Ref} 和 PLL 锁相得到的旋转角，经 2-3 变换得到三相调制波，与给定的三角载波比较就可得到三相 PWM 信号。模块 5.3.1.4 和前面 MMC 整流器中的模块 5.3.1.4 完全一致，其内部组成参考图 6-65。

模块 5.3.2 的内部组成如图 6-75 所示，其实现了桥臂能量均分、子模块电容电压稳定控制以及载波移相调制，各功能实现分别对应图 6-75 中的模块 5.3.2.1～模块 5.3.2.3。

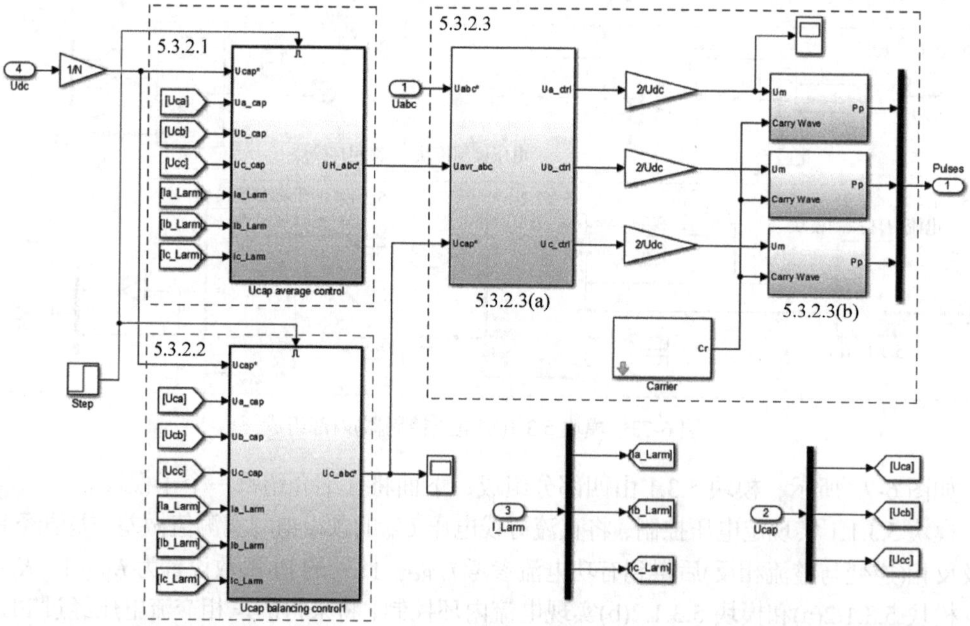

图 6-75　模块 5.3.2 的内部组成

图 6-75 所示的模块 5.3.2 和 MMC 整流器中的模块 5.3.2 完全相同，因为整流器和逆变器的控制在本质上是没有区别的，不管是 MMC 整流器还是 MMC 逆变器，其均需要实现桥臂能量均分、子模块电容电压稳定控制以及 CPSPWM 调制。因此，这里的子模块 5.3.2.1～

子模块 5.3.2.3 与前面 MMC 整流器中的子模块 3.3.2.1～子模块 3.3.2.3 完全相同。

在控制方面，MMC 逆变器与整流器不同，其采用定电压控制，其系统控制框图相较于图 6-70 所示的 MMC 整流器的控制系统框图而言，仅仅是将其中的双闭环控制(定功率控制)改为定电压控制即可，这里给出定电压控制的框图，如图 6-76 所示。

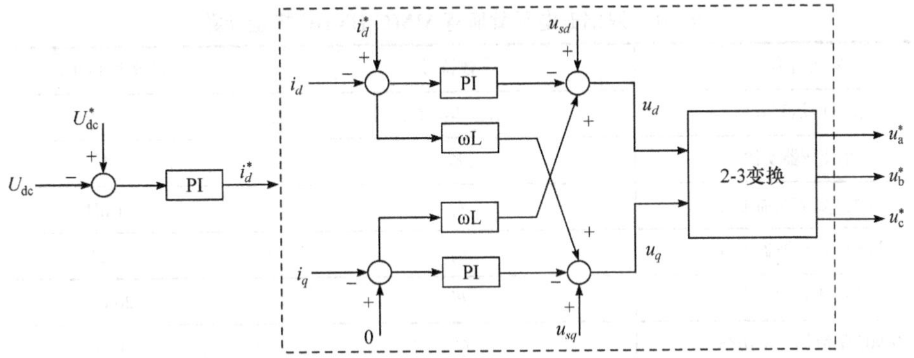

图 6-76　三相 MMC 逆变器定电压控制框图

(6) 模块 8 和模块 9。

设置模块 8 和模块 9 是为了便于观察 MMC 整流器和 MMC 逆变器的直流电压波形、电网电压及并网电流波形、有功功率及无功功率波形、桥臂电压波形及子模块电容电压波形等，模块 8 和模块 9 的组成如图 6-77 所示。

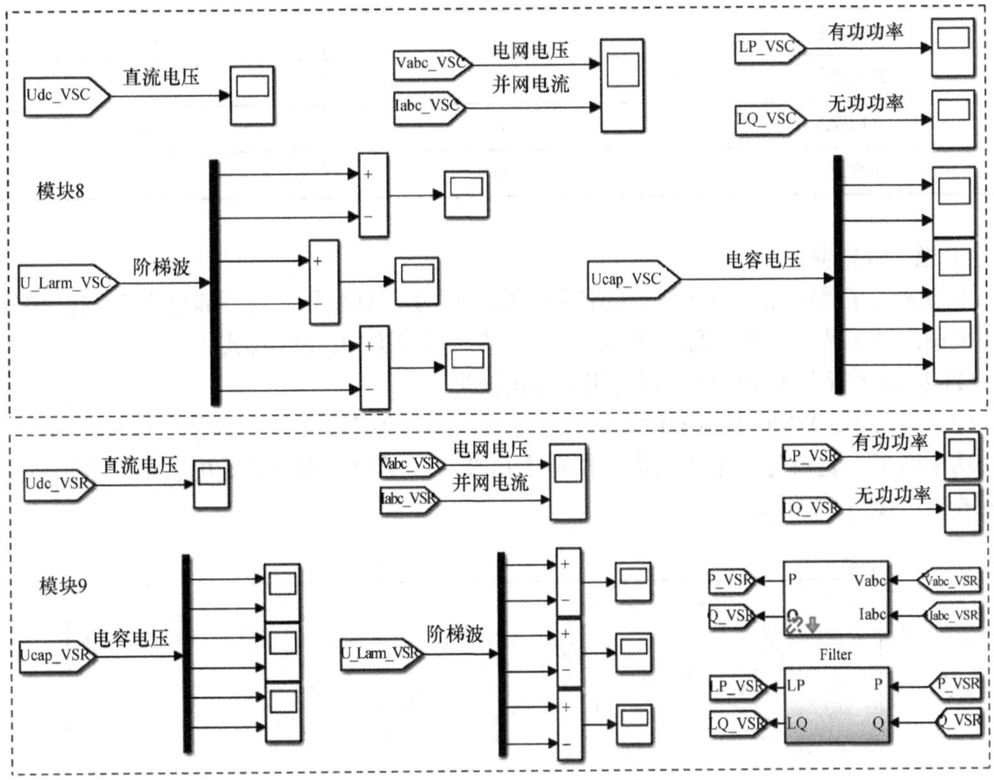

图 6-77　模块 8 和模块 9 的内部组成

3. 仿真模型测试与分析

为了检验前面所述的基于双端五电平的背靠背 MMC-HVDC 模型的控制方式的可行性和性能，本章基于 MATLAB/Simulink 仿真软件对仿真模型做了仿真测试及分析。表 6-1 给出了双端五电平背靠背 MMC-HVDC 模型的仿真参数。

表 6-1 双端五电平背靠背 MMC-HVDC 模型参数

参数名称	参数符号	参数大小(单位)
三相线电压有效值	U_{ab}、U_{bc}、U_{ca}	10kV
三相变压器变比	K	1
交流侧 LC 滤波器电感	L_f	1mH
交流侧 LC 滤波器电容	C_f	10μF
MMC 整流侧有功功率参考	P^*	20MW
MMC 整流侧无功功率	Q^*	0var
MMC 逆变侧直流电压参考	U_{dc}^*	20kV
MMC 逆变侧无功功率参考	Q_1^*	0var
单相半桥臂子模块数目	N	4
桥臂电感	L_{arm}	10mH
子模块直流储能电容	C_{cap}	10mF
电网频率	f	50Hz
载波频率	f_c	4kHz
仿真步长	T_s	5μs
调制比	m	(−1,1)

1) 稳态性能测试

本节测试了系统在稳态运行下的各种波形，可分为两部分：第一部分为 MMC 整流器的相关输出波形测试，第二部分为 MMC 逆变器的相关输出波形测试。

(1) 稳态运行下 MMC 整流器的相关输出波形。

稳态运行下，MMC 整流器的输入三相电压及电流波形、调制比波形、瞬时有功功率及无功功率波形、直流母线电压波形、桥臂电压波形、子模块直流储能电容电压波形等分别如图 6-78～图 6-83 所示。

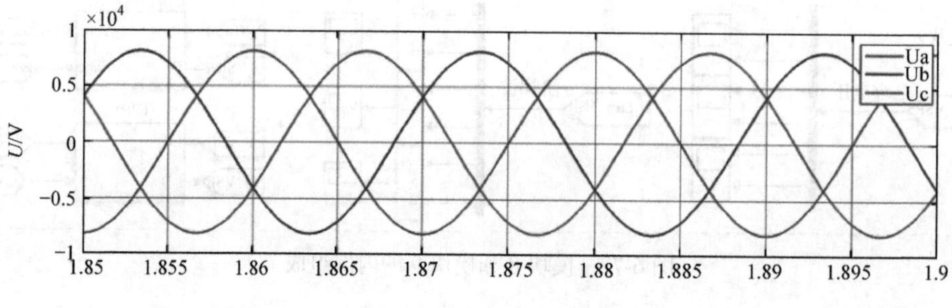

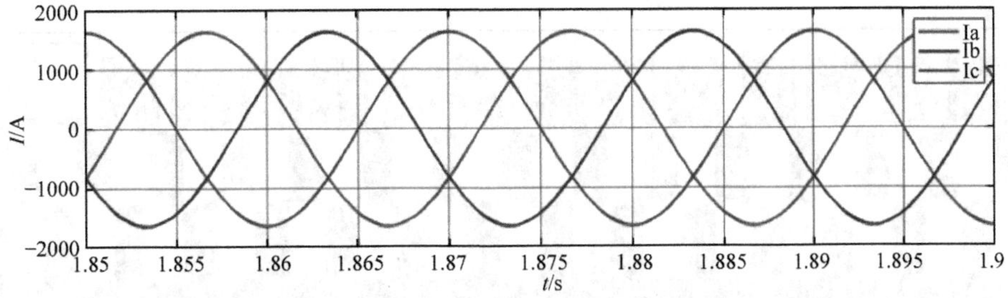

图 6-78　稳态运行下 MMC 整流器的输入三相电压及电流波形

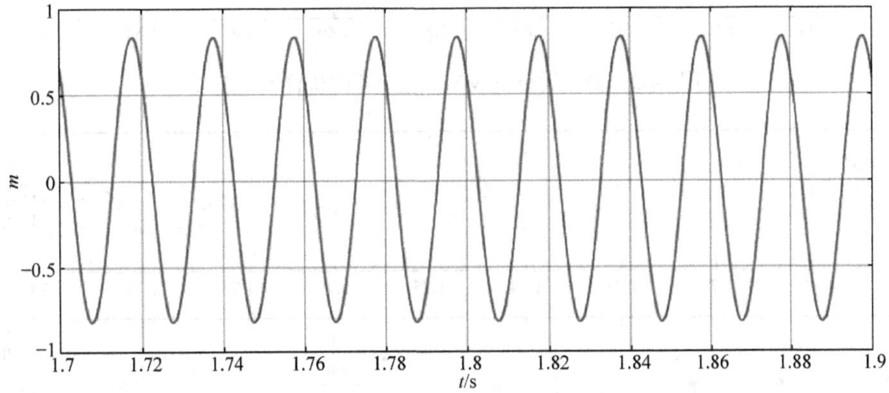

图 6-79　稳态运行下 MMC 整流器的调制比波形

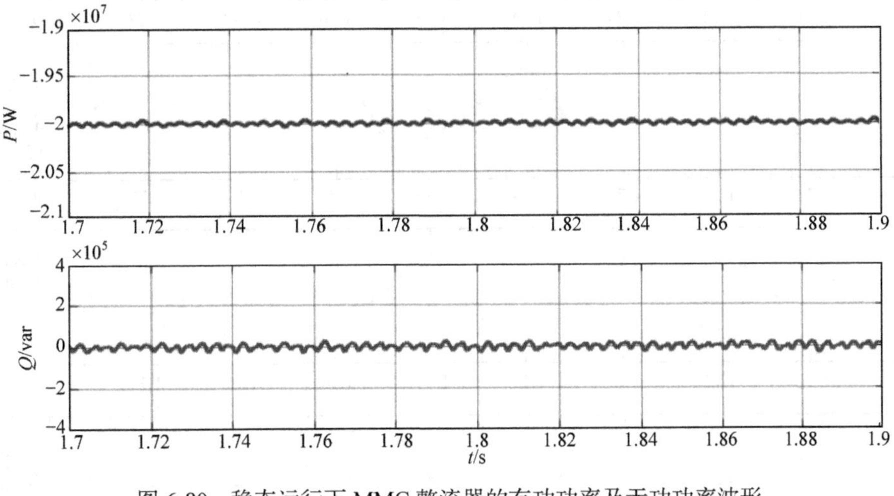

图 6-80　稳态运行下 MMC 整流器的有功功率及无功功率波形

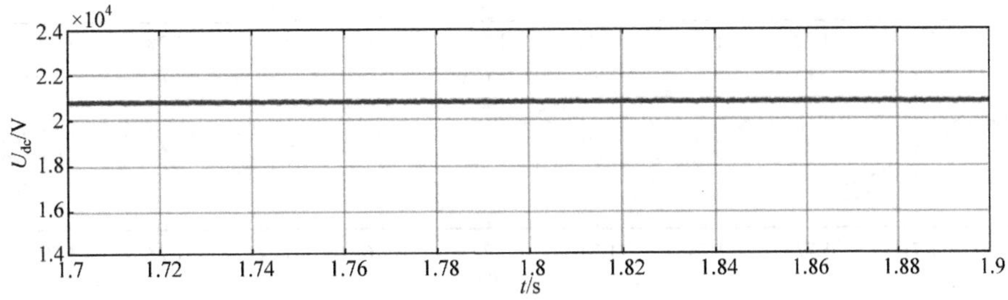

图 6-81　稳态运行下 MMC 整流器的直流母线电压波形

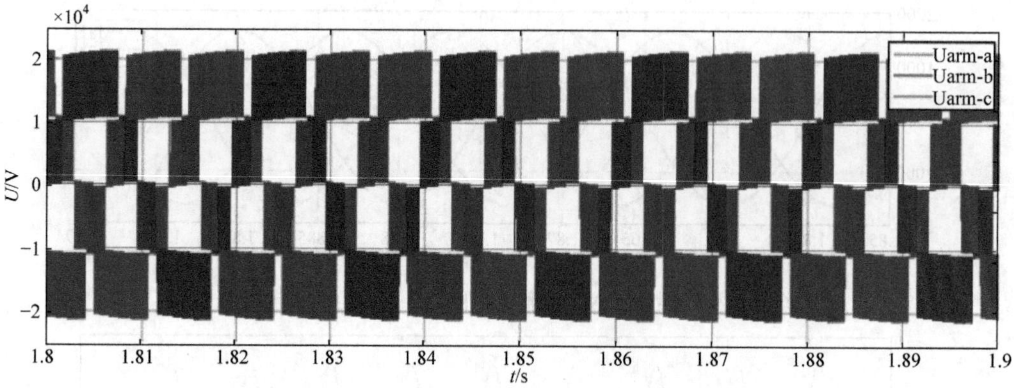

图 6-82　稳态运行下 MMC 整流器的桥臂电压波形

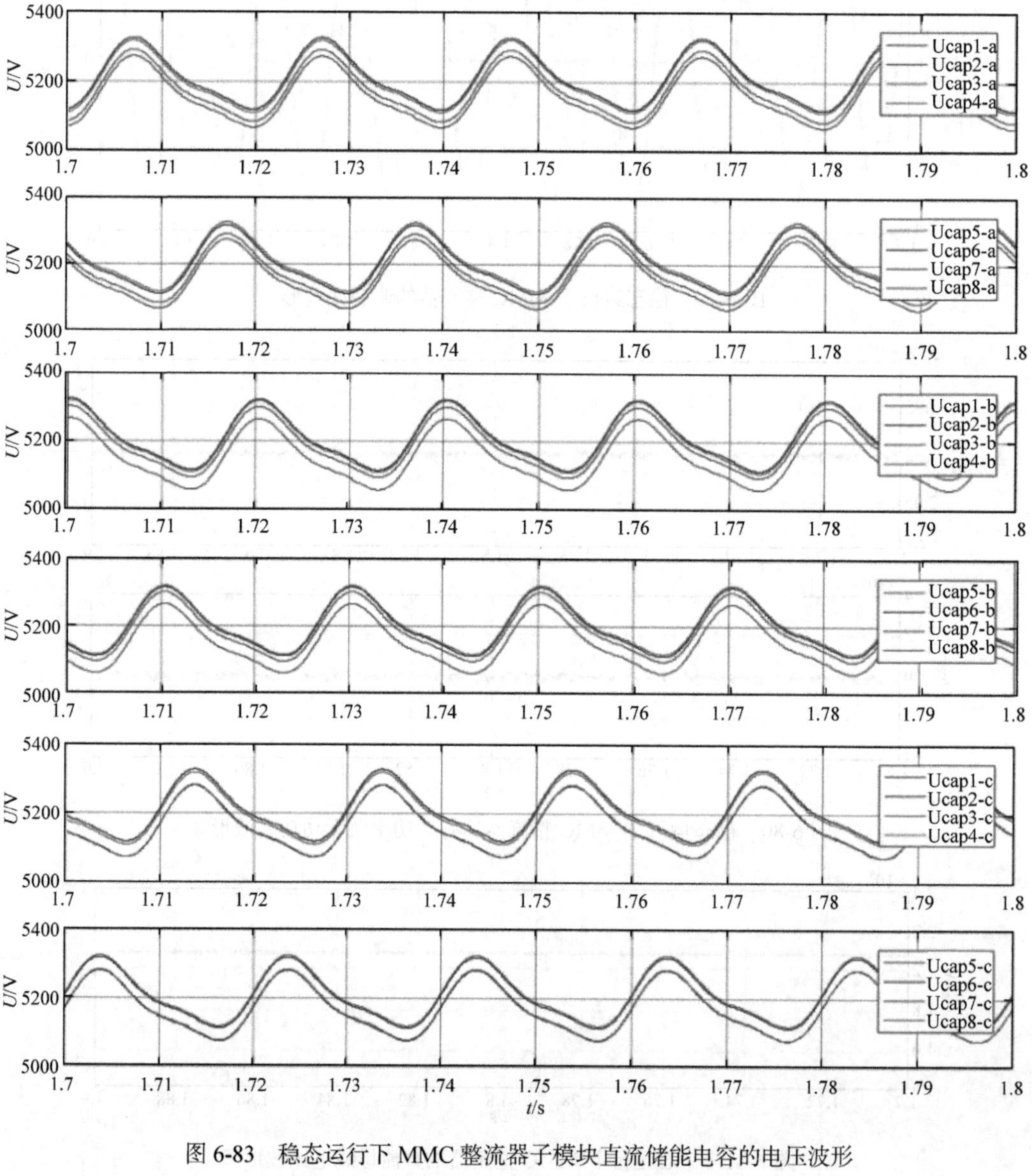

图 6-83　稳态运行下 MMC 整流器子模块直流储能电容的电压波形

图 6-78 所示的三相电压及电流波形中，电压的峰值在 8kV 左右，这是因为要求线电压有效值为 10kV，则换算至相电压有效值约为 5.77kV，峰值约为 8.165kV，与波形相符；图 6-79 是调制比波形，调制比 m 始终在(−1,1)范围内，满足要求；图 6-80 为 MMC 整流器的瞬时有功功率及无功功率波形，可以发现稳态运行下，其有功功率稳定在 20MW，无功功率稳定在 0MW，与预设值相等，表明系统实现了定功率控制，且效果较好；图 6-81 为 MMC 整流器直流侧母线电压波形，其稳定在约 21kV；图 6-82 为 MMC 整流器的桥臂电压波形，每相桥臂电压包含 5 个电平，整体波形呈现阶梯波状，相与相之间存在 120°的相位差，即表示系统实现了 CPSPWM 调制；图 6-83 为每相桥臂子模块直流储能电容电压波形，可以发现各电容电压波形曲线趋近重合，最大误差约 50V，相较于 5200V 的平均值来说效果较好，即实现了子模块电容电压的均衡控制。

(2) 稳态运行下 MMC 逆变器的相关输出波形。

稳态运行下，MMC 逆变器的相关仿真波形分别如图 6-84～图 6-89 所示。

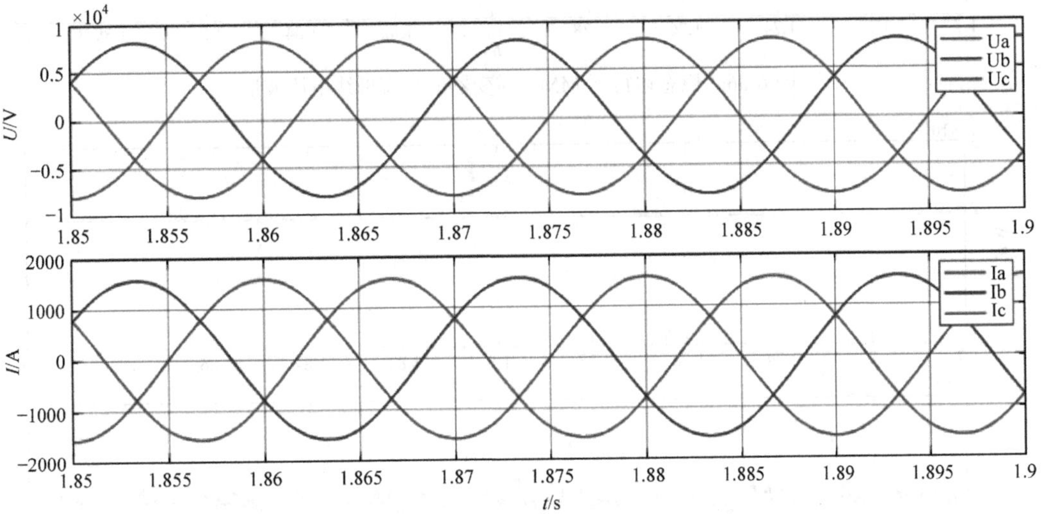

图 6-84　稳态运行下 MMC 逆变器的输出三相电压及电流波形

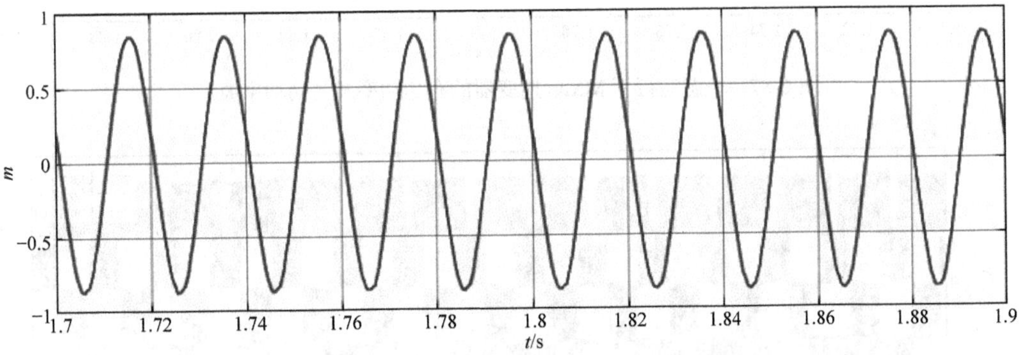

图 6-85　稳态运行下 MMC 逆变器的调制比波形

图 6-84 所示的三相电压及电流波形中，相电压的峰值在 8kV 左右，对应线电压有效值约为 10kV；图 6-85 是调制比波形，调制比 m 始终在(−1,1)范围内，满足要求；图 6-86 为

MMC 逆变器直流侧母线电压波形，其稳定在 20kV，与预设参考值 20kV 相等，表明逆变侧实现了定电压控制，且效果较好；图 6-87 为 MMC 逆变器的瞬时有功功率及无功功率波形，可以发现稳态运行下，其有功功率近似 20MW，无功功率近似 0MW；图 6-88 为 MMC 逆变器的桥臂电压波形，每相桥臂电压包含 5 个电平，整体波形呈现阶梯波状，相与相之间存在 120°的相位差，即表示系统实现了 CPSPWM 调制；图 6-89 为每相桥臂子模块直流储能电容电压波形，可以发现各电容电压波形曲线趋近重合，最大误差约 50V，相较于 5000V 的平均值来说效果较好，即实现了子模块电容电压的均衡控制。

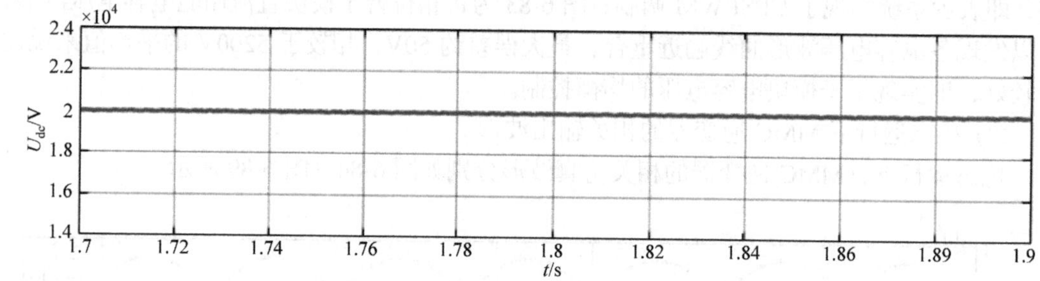

图 6-86　稳态运行下 MMC 逆变器的直流母线电压波形

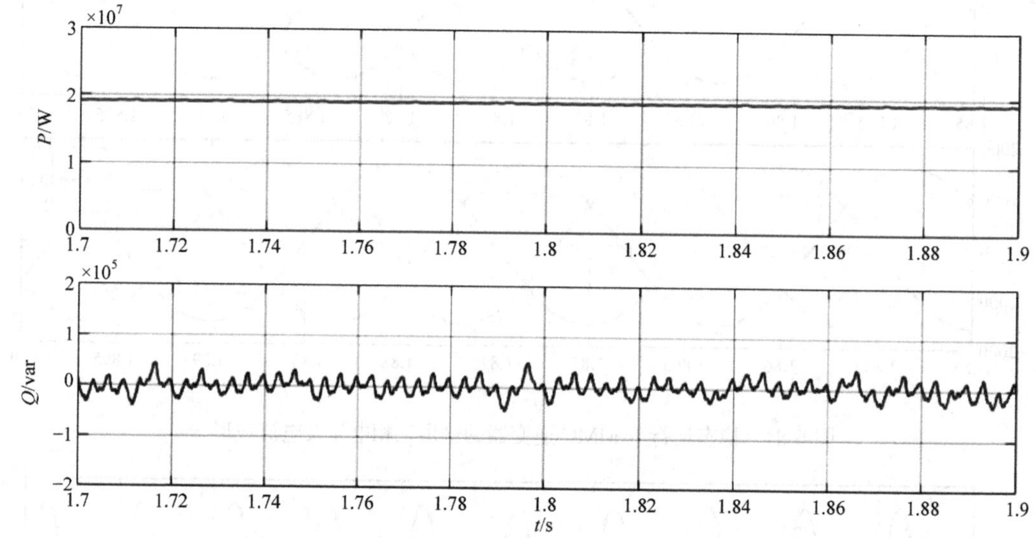

图 6-87　稳态运行下 MMC 逆变器的有功功率及无功功率波形

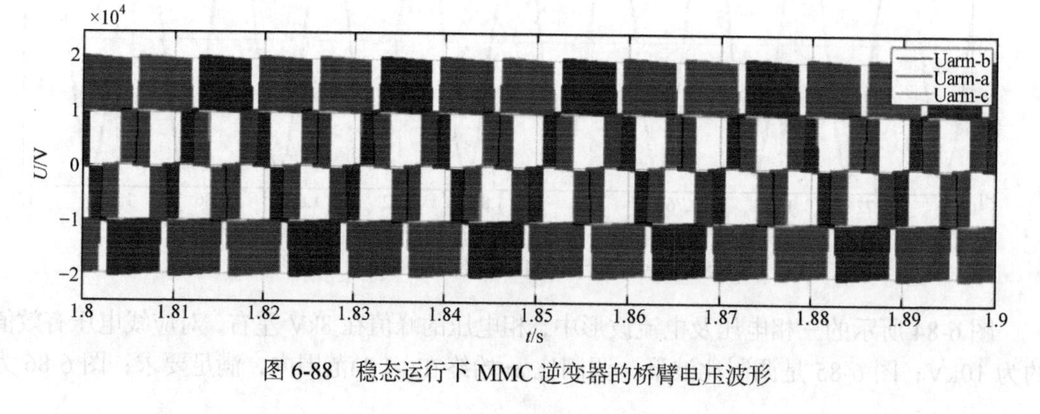

图 6-88　稳态运行下 MMC 逆变器的桥臂电压波形

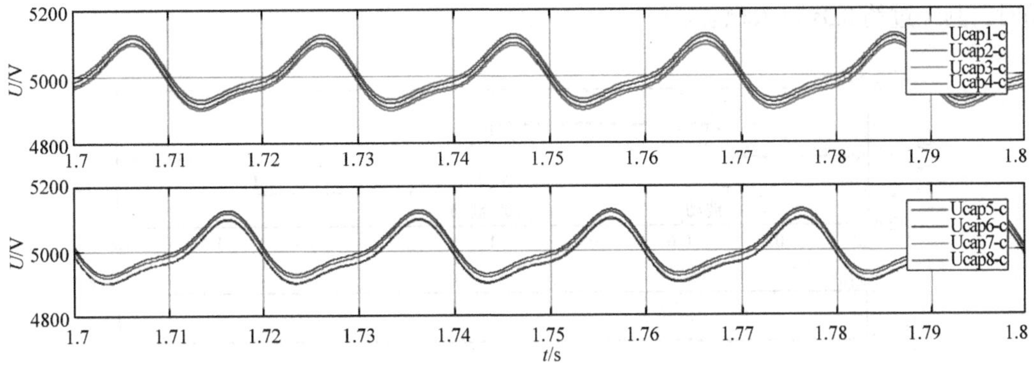

图 6-89　稳态运行下 MMC 逆变器子模块直流储能电容的电压波形

2) 动态性能测试

本节测试了所搭建系统在直流电压或有功功率有 10%波动时，系统的响应情况，并给出了相关仿真结果，如图 6-90 和图 6-91 所示。

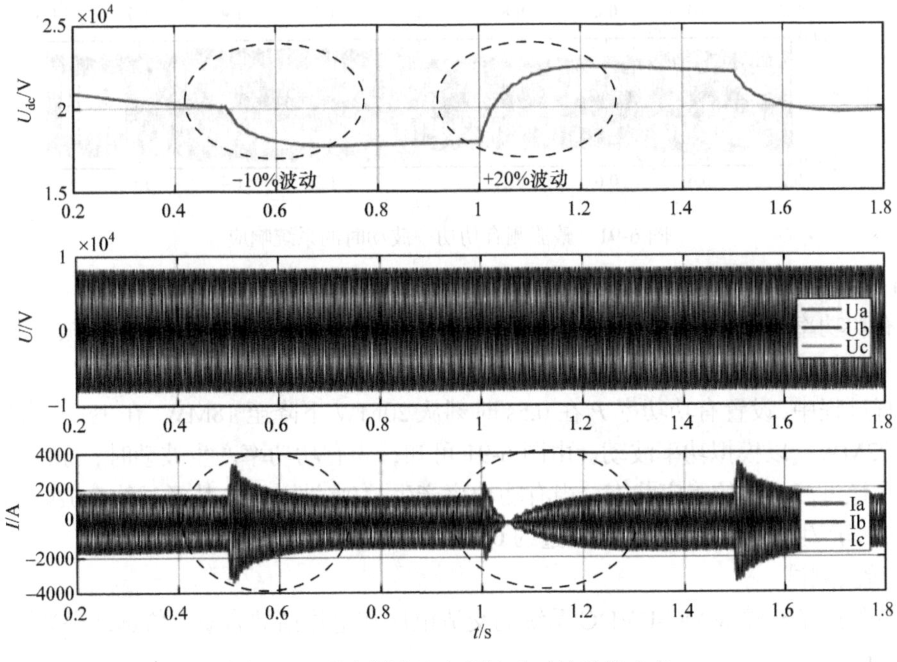

图 6-90　逆变侧直流电压波动时的系统响应

(1) 直流电压存在 10%波动。

当直流电压存在±10%波动，即直流电压在 18～22kV 波动时，相关仿真波形如图 6-90 所示。

仿真过程中，设置直流电压 U_{dc} 在 0.5s 时刻从 20kV 下降至 18kV，在 1s 时刻从 18kV 上升至 22kV，以模拟直流电压波动。由图 6-90 可知，当电压产生波动时，系统能够快速响应且平稳过渡到新的稳定状态。直流电压本身变化缓慢，这是由直流储能电容的支撑作用引起的。当直流电压产生−10%波动时，其经过约 0.2s 进入稳态；当直流电压产生+20%波动时，其经过约 0.3s 进入稳态。

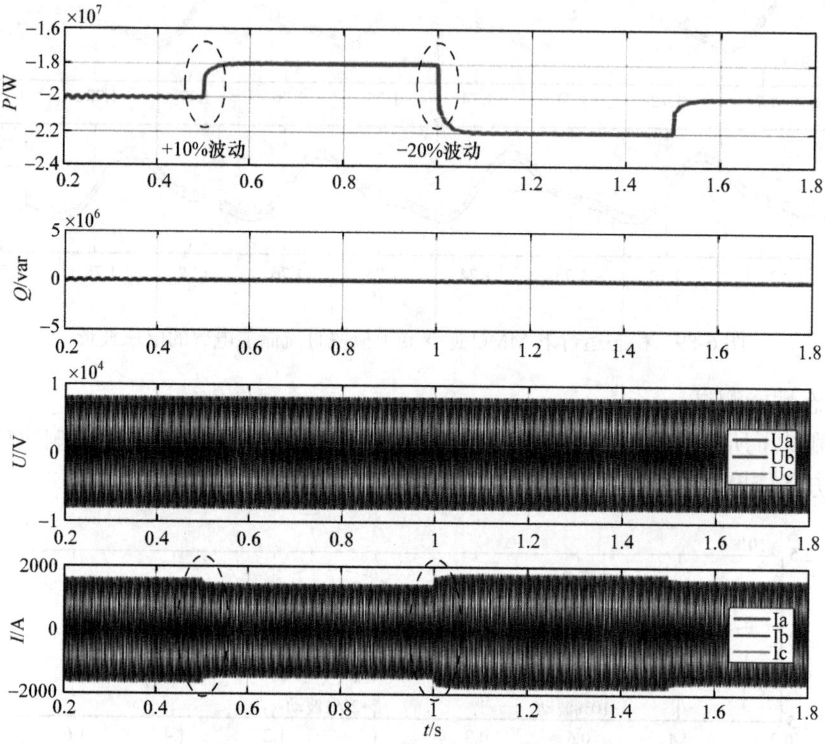

图 6-91　整流侧有功功率波动时的系统响应

(2) 有功功率存在 10%波动。

当有功功率存在±10%波动，即有功功率在 18～22MW 波动时，相关仿真波形如图 6-91 所示。

仿真过程中，设置有功功率 P 在 0.5s 时刻从 20MW 下降至 18MW，在 1s 时刻从 18MW 阶跃至 22MW，以模拟功率波动。由图 6-91 可知，当有功功率产生波动时，系统能够快速响应且平稳过渡到新的稳定状态。当有功功率产生+10%波动时，其经过约 0.02s 进入稳态；当有功功率产生−20%波动时，其经过约 0.03s 进入稳态。

3) 谐波测试

本节测试了双端 MMC-HVDC 系统的交流电压和电流谐波含量，仿真结果如图 6-92 和图 6-93 所示。

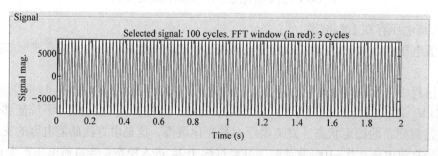

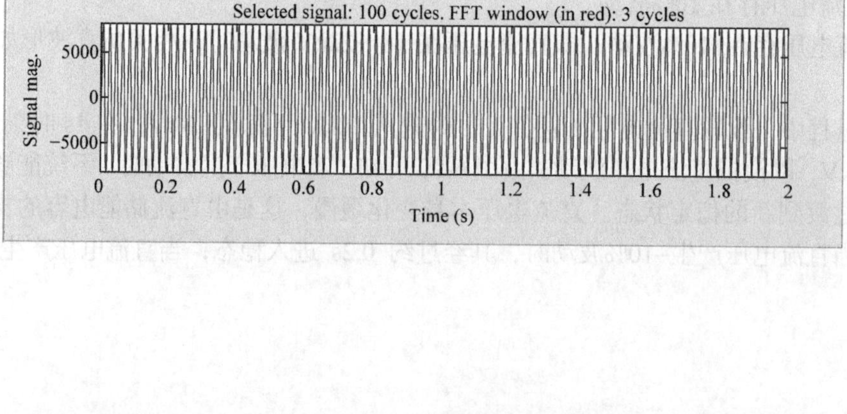

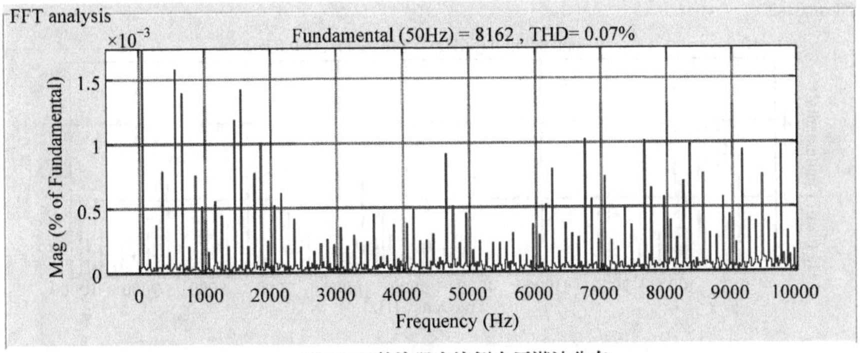

(a) MMC整流器交流侧电压谐波分布

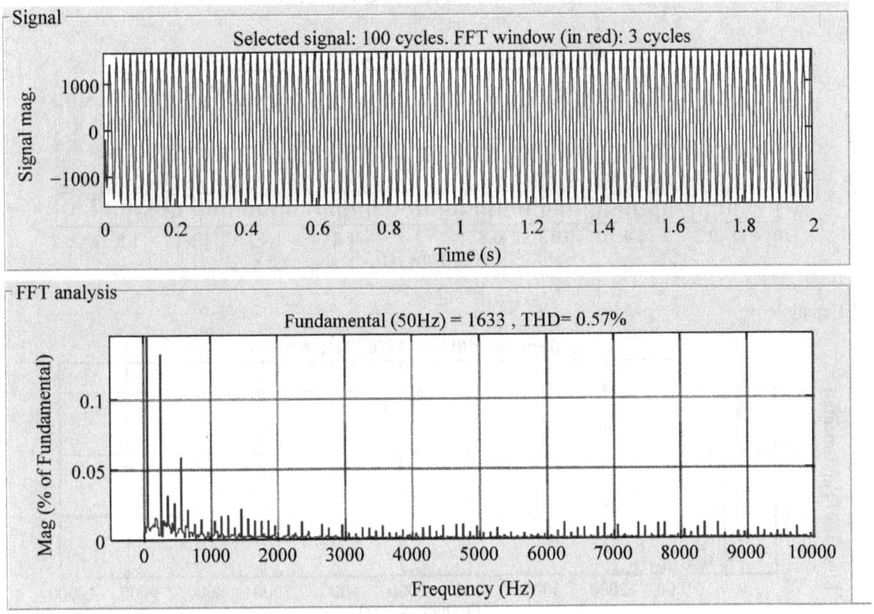

(b) MMC整流器交流侧电流谐波分布

图 6-92　稳态运行下 MMC 整流器的交流电压、电流谐波分布

根据图 6-92 和图 6-93 所示的仿真结果，稳态运行下，MMC 整流器交流侧电压谐波含量为 0.07%，电流谐波含量为 0.57%；MMC 逆变器交流侧电压谐波含量为 0.02%，电流谐波含量为 0.53%，满足小于 5%的要求。

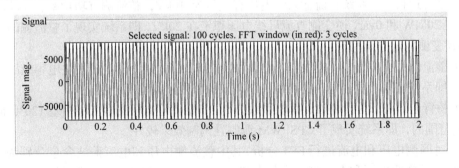

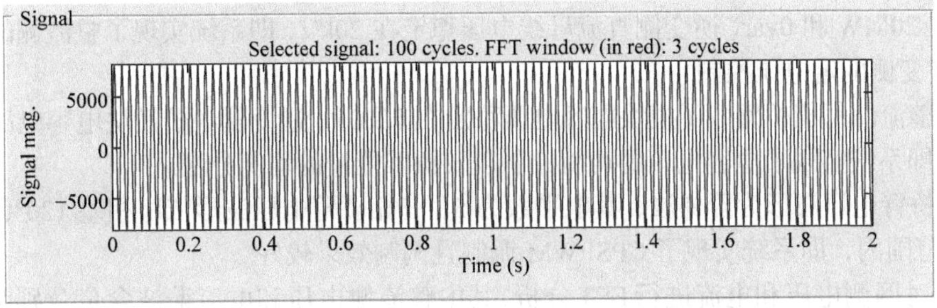

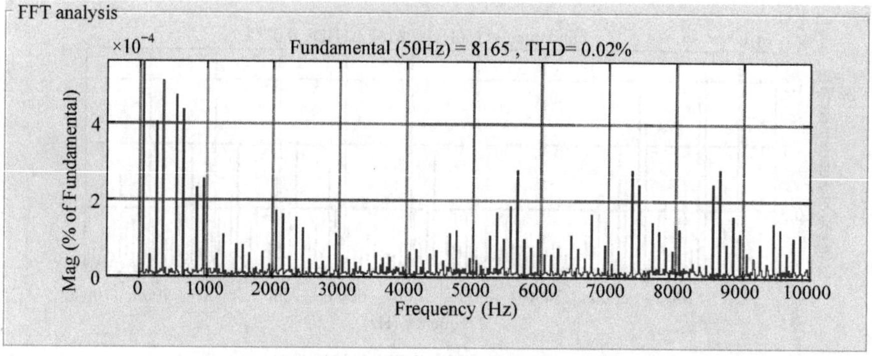

(a) MMC逆变器交流侧电压谐波分布

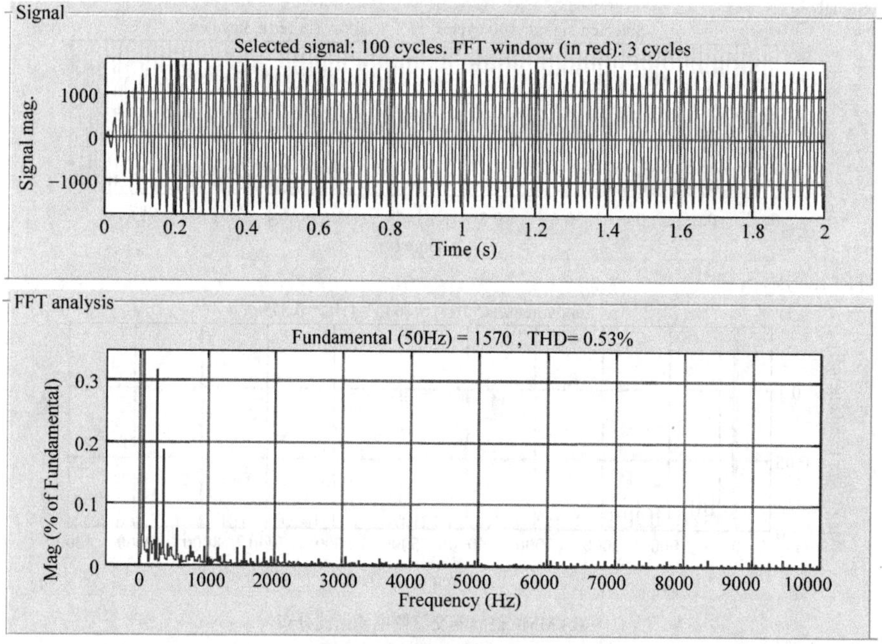

(b) MMC逆变器交流侧电流谐波分布

图 6-93　稳态运行下 MMC 逆变器的交流电压、电流谐波分布

4. 总结

本节搭建了双端五电平背靠背 MMC 型直流配电系统模型，仿真测试数据显示：

(1) 稳态运行下，系统交流输入线电压有效值为 10kV，整流侧有功功率和无功功率分别稳定在 20MW 和 0var，逆变侧直流母线电压稳定在 20kV，即系统实现了整流侧的定功率控制和逆变侧的定电压控制。

(2) 整流侧每相桥臂各子模块电容电压稳定在 5200V，逆变侧各子模块电容电压稳定在 5000V，即系统实现了电容电压的均衡控制以及桥臂能量的均衡分配。

(3) 桥臂电压波形为阶梯波，其电平数为 5，三相桥臂电压波形依序相差 120°，调制波在(−1,1)范围内，即系统实现了 CPSPWM 调制且调制效果较好。

(4) 对网侧电压和电流进行 FFT 分析，其中整流侧电压和电流谐波含量分别为 0.07%和 0.57%，逆变侧电压和电流谐波含量分别为 0.02%和 0.53%，谐波含量满足小于 5%的要求。

(5) 当整流侧有功功率产生±10%波动时，系统经过约 0.02s 进入稳态；当逆变侧直流电压产生±10%波动时，系统经过约 0.2s 进入稳态，表明系统在直流电压或有功功率产生±10%波动时，能够快速响应且平稳过渡到新的稳定状态，动态性能满足要求。

6.4　含 VSC-HVDC 馈入的 IEEE-39 节点系统仿真

1. 实验概述

随着中国经济的发展，国家用电需求逐年增大。现代电力系统的规模越来越大，复杂性越来越高，对电力系统的运行及控制也越发重要。电网规模的扩大带来巨大经济效益的同时，也出现了新的技术问题，例如，长距离弱联络线并列运行，形成输电瓶颈，降低了系统的稳定裕度，动态特性更加复杂多变。研究表明，诸多大停电事故是由于暂态失稳而引发的，并且用电量的增加带来的是传统能源的长期大量开发。火电这一发电形式因为能源限制，发展受到了一定影响。因此随着国家越来越重视对环境的保护，可再生能源的发电技术得到重视。而风能作为目前最具商业化大规模开发潜力的非水能可再生能源，其大规模开发利用是解决能源紧缺和环境污染问题的有效途径，同时对优化能源消耗量分布、保证国民经济健康可持续发展具有重大意义。

然而由于风力出力本身固有的随机性、间歇性、波动性等特征，大规模风电并网将会增加电力系统的扰动产生概率，对电力系统的调峰、电压、稳定性和电能质量产生严重影响。因此，迅速准确地识别线路故障对保证电力系统正常运行，提升电力系统传输稳定性具有重要意义。IEEE 39 节点系统是一种常见的电力系统仿真模型，它由 39 个节点组成，包括 3 个发电机节点、6 个变电站节点和 30 个负载节点，代表了一个典型的电力系统。该系统的仿真可以用于研究电力系统的稳态特性，例如电压稳定性、负载流量控制和灵敏度分析等。

2. 实验仿真模型搭建

1) 模型概况

图 6-94 为 IEEE-39 节点系统 MATLAB 仿真模型图，图中模型具有 39 条母线、19 个负载和 10 台发电机。该电力系统中，线路的阻抗值由图 6-95 所示的矩阵设定，其中，第一列表示线路的首端所连接的母线，第二列表示线路末端所连母线，第三列～第五列分别代表线路上的电阻、电抗以及损耗且数值均为标幺值，第六列表示所连接变压器抽头的变化比率，第七列表示线路的额定容量(MV·A)，第八列表示线路的额定电压(kV)。例如，第一行所表示的线路 1，该线路为母线 1 与母线 2 之间的输电线路，其电阻标幺值为 0.0035，电抗标幺值为 0.0411，线路损耗标幺值为 0.6987，额定容量为 100MV·A，额定电压为 345kV。

2) 发电机控制结构

在该电力系统中，发电机的参数由如图 6-96 所示的矩阵设定，第一列为发电机编号，电力系统中共有十个发电机组，因此矩阵为 10 行，第二列与第十九列为发电机所在母线的编号，第三列为发电机的额定容量(MV·A)，第四列和第五列为发电机的漏电抗 x_l 与电阻 r_a，第六列～第八列为 d 轴同步电抗 x_d、d 轴电抗 x_d'、d 轴瞬态电抗 x_d''，第九列与第十列分

别为 d 轴开路时间常数 T'_{do}，d 轴开路子瞬变时间常数 T''_{do}，第十一列～第十三列为 q 轴同步电抗 x_q、q 轴瞬变电抗 x'_q、q 轴次瞬变电抗 x''_q，第十四列与第十五列为 q 轴开路时间常数 T'_{qo} 与 q 轴开路瞬态时间常数 T''_{qo}，第十六列～第十八列为惯性常数 H、阻尼系数 d_0、阻尼系数 d_1，其中，第四列～第十八列均为标幺值。

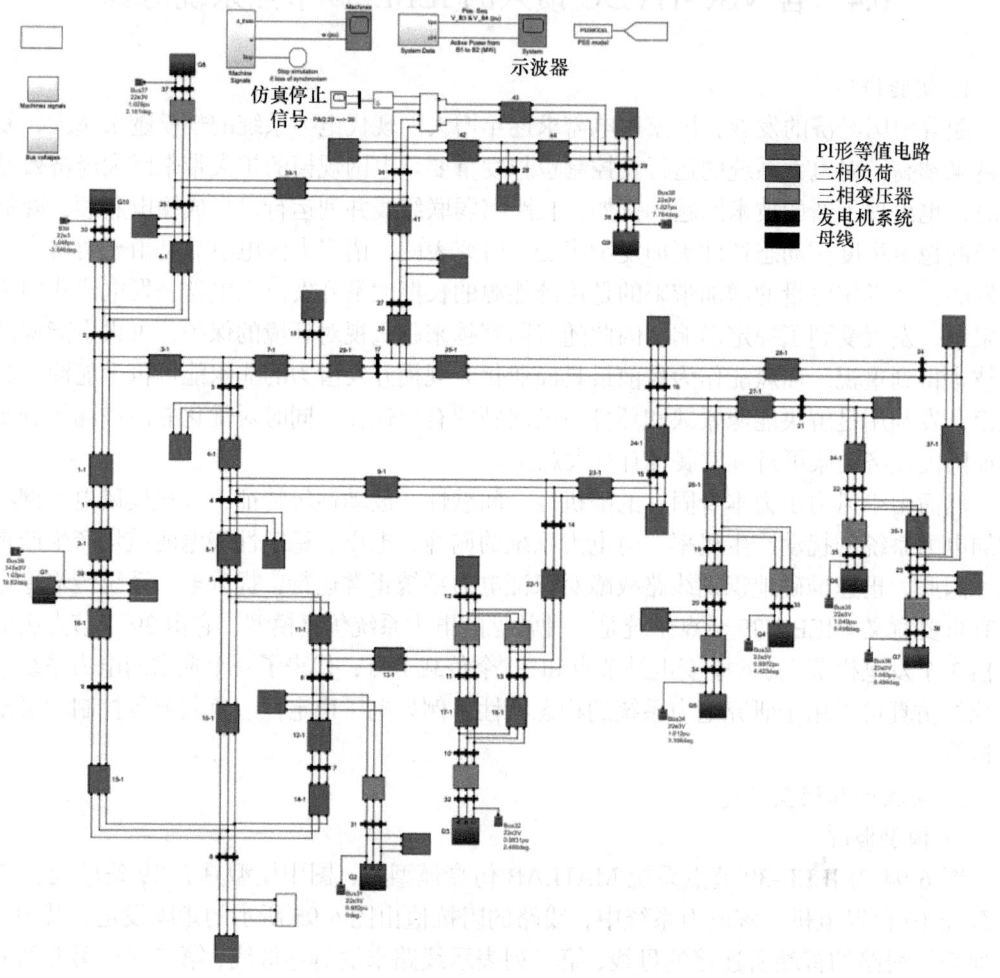

图 6-94　IEEE-39 电力系统仿真模型图

```
line=[...
   1   2   0.0035  0.0411  0.6987  0     100 345
   1   39  0.001   0.025   0.75    0     100 345
   2   3   0.0013  0.0151  0.2572  0     100 345
   2   25  0.007   0.0086  0.146   0     100 345
   2   30  0       0.0181  0       1.025 100 22
   3   4   0.0013  0.0213  0.2214  0     100 345
   3   18  0.0011  0.0133  0.2138  0     100 345
   4   5   0.0008  0.0128  0.1342  0     100 345
   4   14  0.0008  0.0129  0.1382  0     100 345
   5   8   0.0008  0.0112  0.1476  0     100 345
   6   5   0.0002  0.0026  0.0434  0     100 345
   6   7   0.0006  0.0092  0.113   0     100 345
   6   11  0.0007  0.0082  0.1389  0     100 345
   7   8   0.0004  0.0046  0.078   0     100 345
   8   9   0.0023  0.0363  0.3804  0     100 345
   9   39  0.001   0.025   1.2     0     100 345
   10  11  0.0004  0.0043  0.0729  0     100 345
   10  13  0.0004  0.0043  0.0729  0     100 345
   10  32  0       0.02    0       1.07  100 22
   12  11  0.0016  0.0435  0       1.006 100 345
   12  13  0.0016  0.0435  0       1.006 100 345
   13  14  0.0009  0.0101  0.1723  0     100 345
   14  15  0.0018  0.0217  0.366   0     100 345
   15  16  0.0009  0.0094  0.171   0     100 345
   16  17  0.0007  0.0089  0.1342  0     100 345
   16  19  0.0016  0.0195  0.304   0     100 345
   16  21  0.0008  0.0135  0.2548  0     100 345
   16  24  0.0003  0.0059  0.068   0     100 345
```

图 6-95　线路参数图

```
ıc_con=[
1  39  1000.0 0.030 0.0010  0.200 0.060 0.01  7.000 0.003 0.190 0.080 0.03  1.500 0.005 50.00 0.000 0.00 39 ;
2  31  1000.0 0.350 0.0270  2.950 0.697 0.01  6.560 0.003 2.820 1.7   0.03  1.500 0.005 3.030 0.000 0.00 31 ;
3  32  1000.0 0.304 .00386  2.495 0.531 0.01  5.700 0.003 2.370 0.876 0.03  1.500 0.005 3.580 0.000 0.00 32 ;
4  33  1000.0 0.295 .00222  2.620 0.436 0.01  5.690 0.003 2.580 1.66  0.03  1.500 0.005 2.860 0.000 0.00 33 ;
5  34  1000.0 0.540 0.0014  6.700 1.320 0.01  5.400 0.003 6.200 1.66  0.03  0.440 0.005 2.600 0.000 0.00 34 ;
6  35  1000.0 0.224 0.0615  2.540 0.500 0.01  7.300 0.003 2.410 0.814 0.03  0.400 0.005 3.480 0.000 0.00 35 ;
7  36  1000.0 0.322 .00268  2.950 0.490 0.01  5.660 0.003 2.920 1.86  0.03  1.500 0.005 2.640 0.000 0.00 36 ;
8  37  1000.0 0.280 .00686  2.900 0.570 0.01  6.700 0.003 2.800 0.911 0.03  0.410 0.005 2.430 0.000 0.00 37 ;
9  38  1000.0 0.298 0.0030  2.106 0.570 0.01  4.790 0.003 2.050 0.587 0.03  1.960 0.005 3.450 0.000 0.00 38 ;
10 30  1000.0 0.125 0.0014  1.000 0.310 0.01  10.20 0.003 0.690 0.08  0.03  1.500 0.005 4.200 0.000 0.00 30 ]
```

图 6-96　电力系统发电机参数图

在该系统中,发电机的具体结构与控制器仿真构成以图6-97所示10号发电机模型为例,发电机子系统由两部分构成，分别为上面发电机本体与下面原动机仿真模型。其中发电机本体输入端为机械功率 P_m 与参考电压 V_f,输出端为三相电压接线,m 端口为数据测试端口。

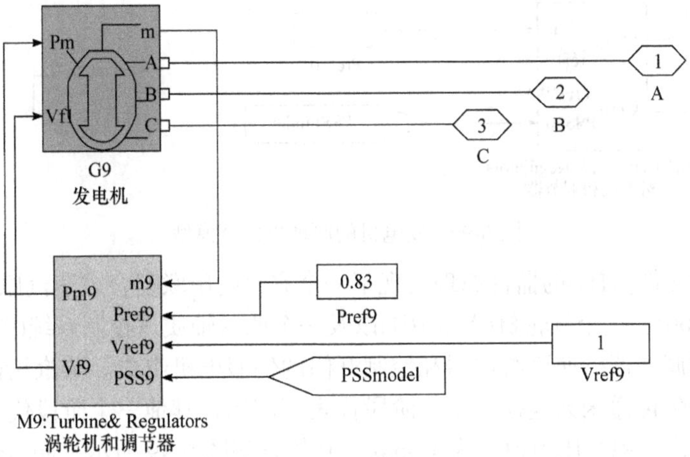

图 6-97　发电机(10 号)子系统图

发电机本体的参数设置如图 6-98 所示，其以发电机或电动机模式运行。操作模式由机

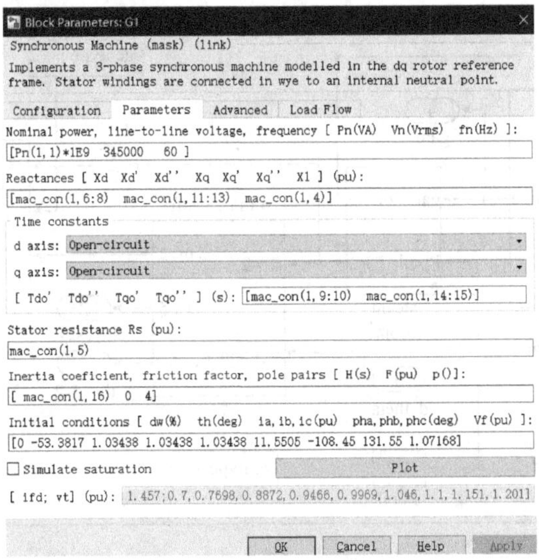

图 6-98　发电机参数设置图

械功率的符号决定(对于发电机模式为正，对于电动机模式为负)。机器的电气部分由六阶状态空间模型表示，机械部分与“简化同步机器”模块中的相同。

发电机的原动机仿真模型如图 6-99 所示，其包括蒸汽机动力元件(Steam Turbine and Governor，STG)、同步电机提供励磁系统 EXCITATION、多频段电源系统稳定器 MB-PSS，以及两个基本机械模块 Delta w PSS 与 Delta Pa PSS。

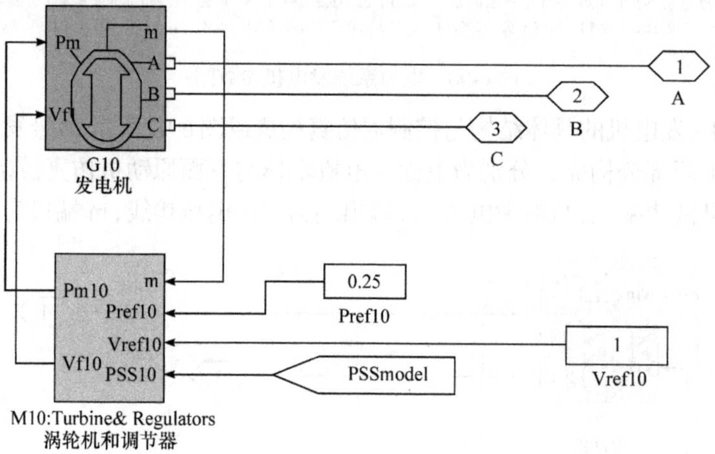

图 6-99　发电机的原动机仿真模型

蒸汽机动力元件(STG)的器件原理实现了一个完整的串联复合式蒸汽原动机，包括一个调速系统(图 6-100)、一个汽轮机(图 6-101)以及一个四对轴质量控制系统(图 6-102)。其中，调速系统由比例调节器、速度继电器和控制开门的伺服电机组成。蒸汽轮机有四个阶段，每个阶段都由一阶传递函数建模，第一阶段代表蒸汽箱，其他三个阶段代表再热器或交叉管道，锅炉未建模，锅炉压力恒定为 1.0p.u.，其仿真如图 6-99 所示。四对轴质量控制系统与同步机模型中的质量耦合，机器的质量标记为质量 1，最接近机器质量的汽轮机和调速器块中的质量为质量 2，而距离机器最远的质量为质量 5，该系统具有质量惯性 H，阻尼系数 D 和刚度系数 K 的特征。

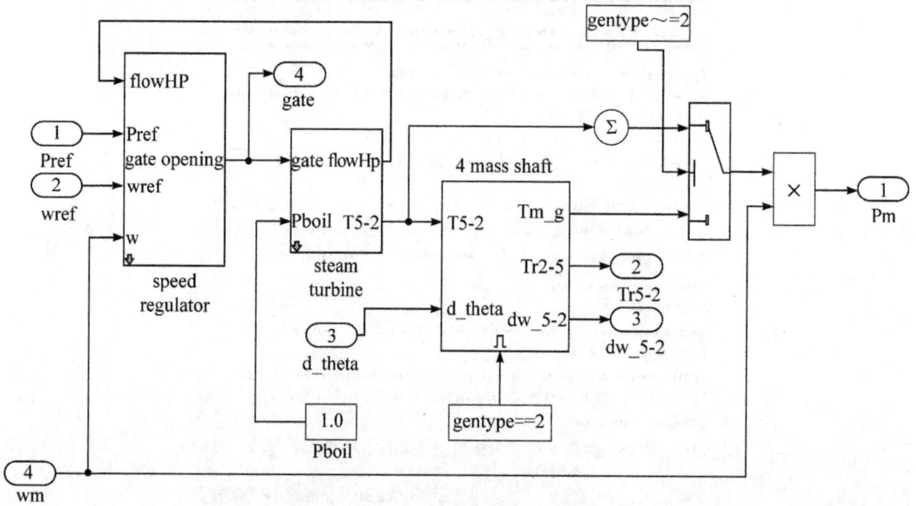

图 6-100　调速系统仿真模拟图

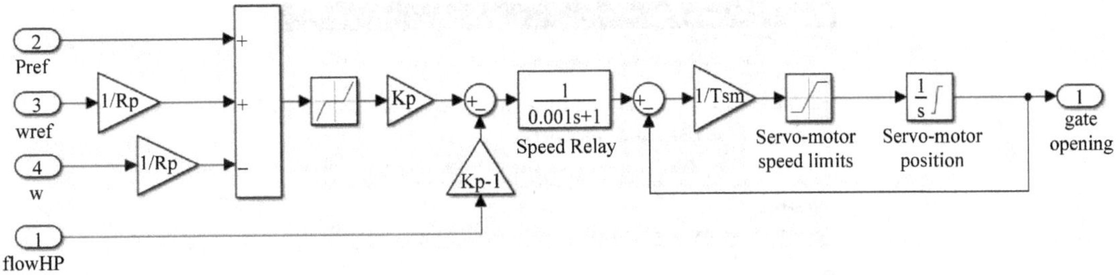

图 6-101 汽轮机仿真模拟图

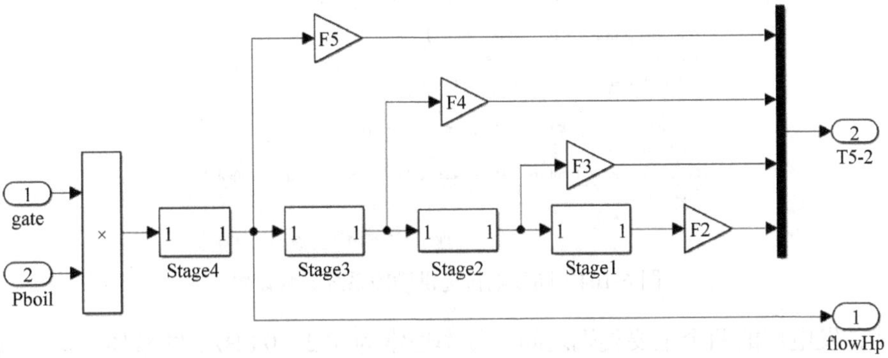

图 6-102 四对轴质量控制系统仿真模拟图

同步电机提供励磁系统 EXCITATION 实现了对直流励磁机的仿真模拟，但没有励磁机的饱和功能，构成励磁系统模块的基本元素是稳压器和励磁机，其仿真模型如图 6-103 所示。

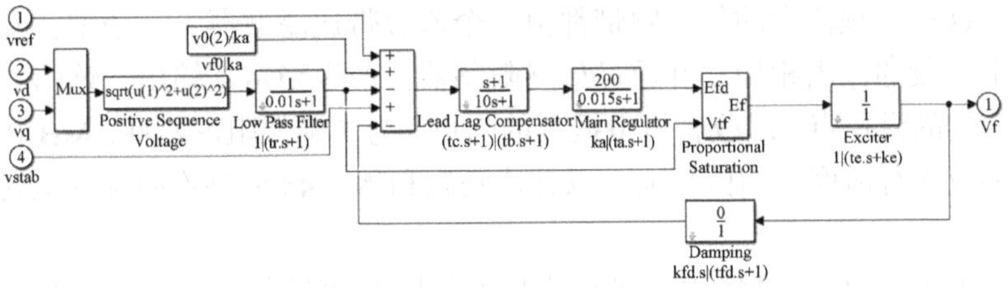

图 6-103 励磁系统模块仿真模型

EXCITATION 参数设置如图 6-104 所示，其中低通滤波器时间常数为定子端子电压变送器的一阶系统的时间常数 T_r(以秒为单位)；调节器增益和时间常数为主调节器的一阶系统的增益 K_a 和时间常数 T_a(以秒为单位)；激励参数为激励器的一阶系统的增益 K_e 和时间常数 T_e(以秒为单位)；瞬态增益为超前滞后补偿器的一阶系统的时间常数 T_b(以秒为单位)和 T_c(以秒为单位)；阻尼滤波器增益和时间常数为微分反馈的一阶系统的增益 K_f 和时间常数 T_f(以秒为单位)；稳压器输出限制和增益等于整流定子端子电压 V_{tf} 乘以比例增益 K_p。如果 K_p 设置为 0，则前者适用。如果 K_p 设置为正值，则后者适用。

电力系统中发生的干扰会引起发电机的机电振荡。必须有效地衰减这些振荡(也称为功率摆幅)，以维持系统的稳定性。机电振荡可分为四个主要类别：①局部振荡，在单元与发电站的其余部分之间以及在发电站的其余部分与电力系统的其余部分之间。它们的频率通常为 0.8～4.0Hz。②装置间振荡，在两个电力关闭的发电装置之间。频率为 1～2Hz。③区

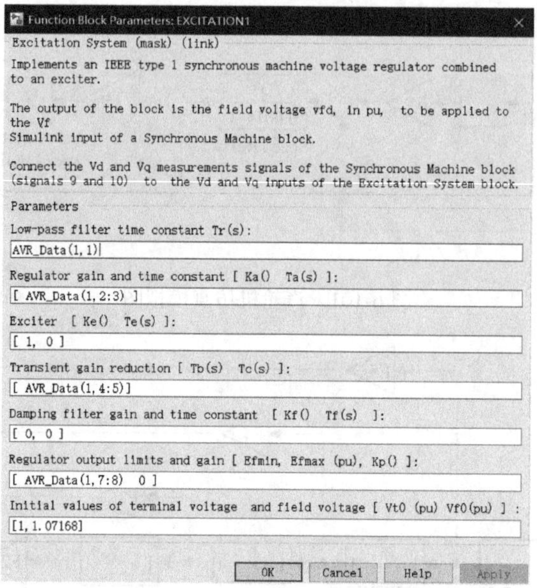

图 6-104　同步电机提供励磁系统参数设置

域间振荡，发电厂的两个主要类别之间。频率通常为 0.2～0.8Hz。④整体振荡，以孤立系统中所有发电机的同相振荡为特征。这种全局模式的频率通常低于 0.2Hz。

为实现有效衰减振荡干扰，因此引入多频段电源系统稳定器 MB-PSS。顾名思义多频段电源系统稳定器 MB-PSS 使用三个单独的频带，分别用于振荡的低频、中频和高频模式，低频模式通常与电力系统全局模式关联，中频模式与区域间模式关联，高频模式与本地模式关联模式。这三个频段中的每个频带都由一个差分带通滤波器、一个增益和一个限制器组成。将三个频段的输出相加，并通过最终限制器，产生稳定器输出，该信号然后调制发电机电压调节器的设定点，以改善机电振荡的阻尼。为了确保阻尼刚性，MB-PSS 在所有设置的频率上都应含有适度的相位超前，以补偿励磁和 MB-PSS 动作引起的电转矩之间的固有滞后。

多频段电源系统稳定器 MB-PSS 的仿真模型如图 6-105 所示，参数设置如图 6-106 所示。

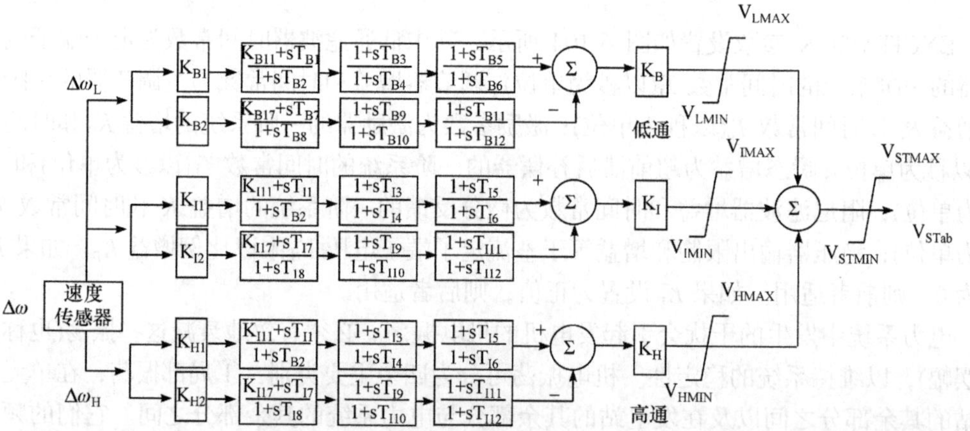

图 6-105　多频段电源系统稳定器 MB-PSS 的仿真模型图

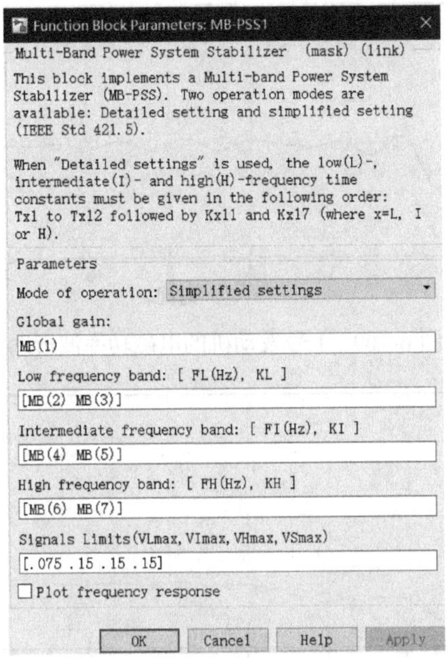

图 6-106　多频段电源系统稳定器 MB-PSS 的仿真参数图

3. 仿真模型测试与分析

1) 系统的稳定运行仿真

运行系统，运行时间设置为 5s，发电机功角波形如图 6-107 所示，可以看出发电机输出功率稳定、平滑。

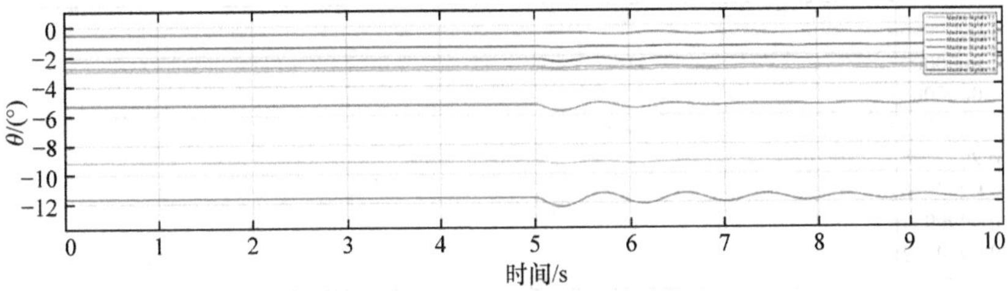

图 6-107　发电机的功角波形

图 6-108 为发电机的功率脉动波形，可知发电机功率脉动很小，反应十分迅速。

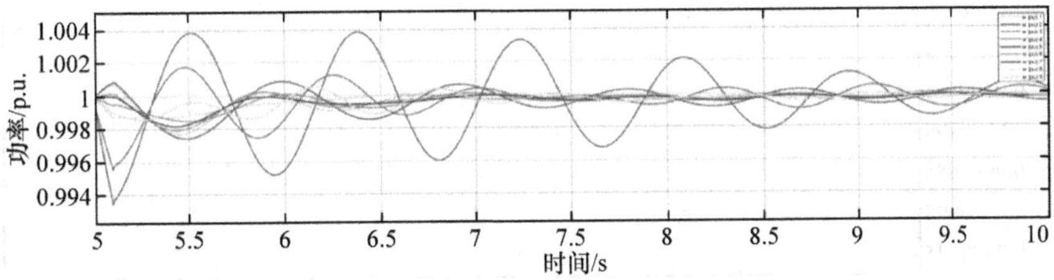

图 6-108　发电机的功率脉动波形

图 6-109 与图 6-110 分别为 1 号发动机的电磁功率以及输出无功功率波形图，可知，两者稳定在一个具体数值，其中有功功率稳定在 1 附近，为额定输出。

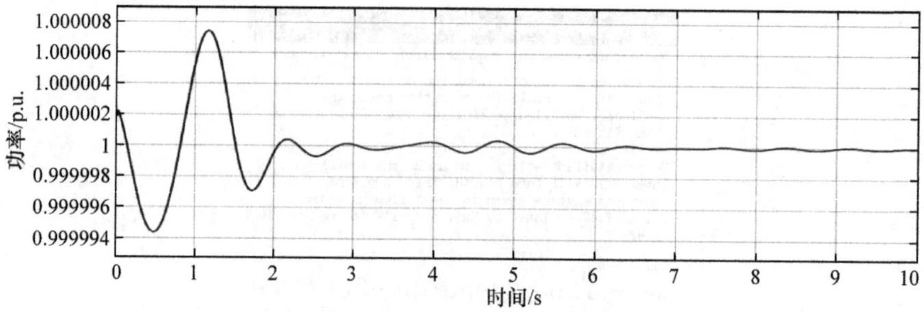

图 6-109　1 号发动机的电磁功率波形图

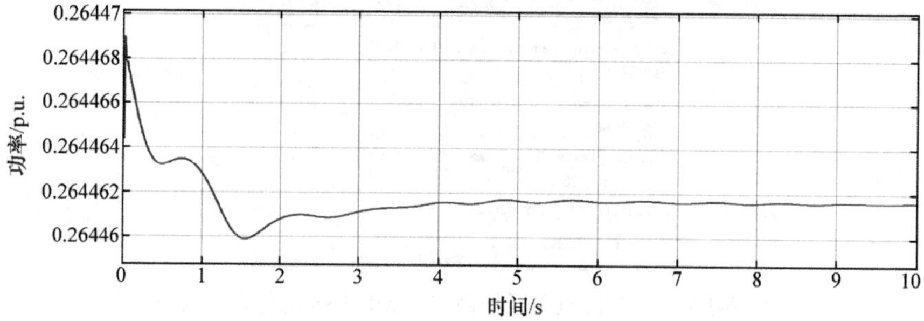

图 6-110　1 号发动机的输出无功功率波形图

母线电压以 8 号母线、30 号母线以及 39 号母线为例，其中，8 号母线仅连接负载，30 号母线仅连接发电机，39 号母线连接发电机与负载。其电压波形分别如图 6-111、图 6-112 以及图 6-113 所示，其均稳定在某一数值，其中，30 号母线与 39 号母线电压稳定在 1。

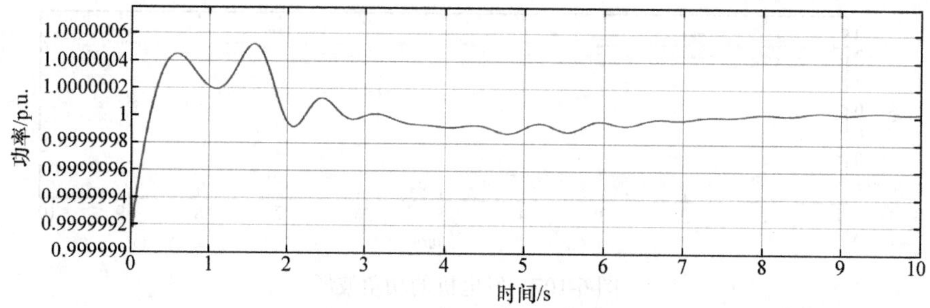

图 6-111　8 号母线电压波形

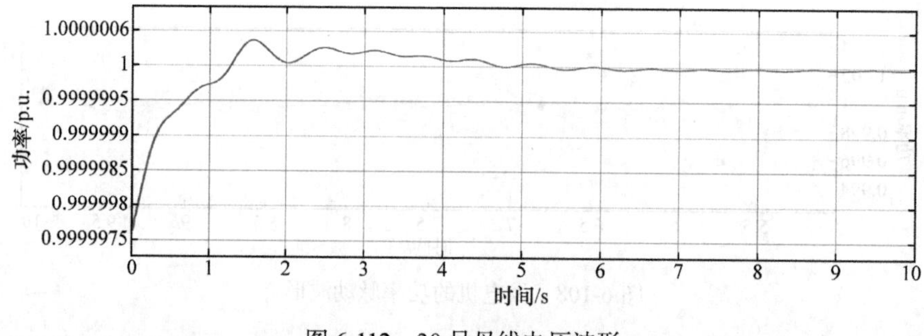

图 6-112　30 号母线电压波形

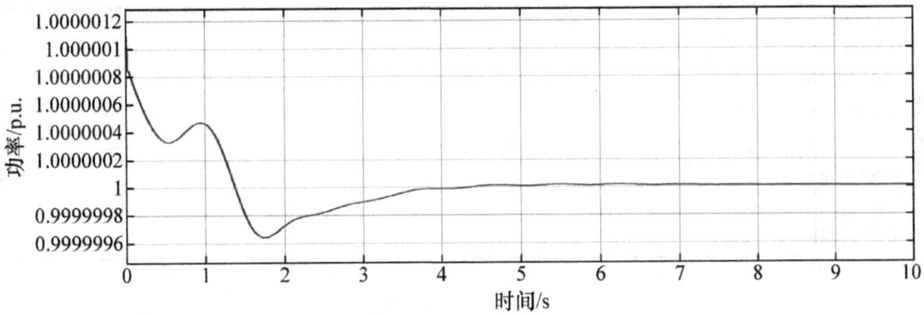

图 6-113　39 号母线电压波形

2) 系统负荷变化小扰动测试

在 8 号母线所连接负载的接线上设置开关，使其在 5～5.1s 时间段内闭合，模拟负荷突增 2 倍的情况下的扰动，如图 6-114 所示。

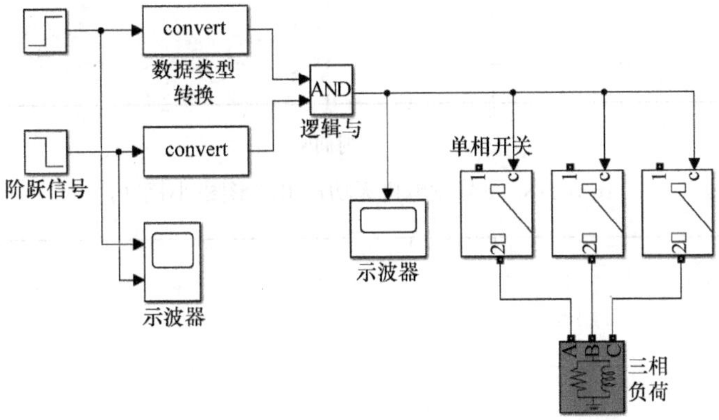

图 6-114　小干扰信号仿真图

仿真结果如图 6-115～图 6-121 所示。可见在 5s 时，发电机的旋转角度、功率、无功功率以及母线电压都会产生一定程度的波动。

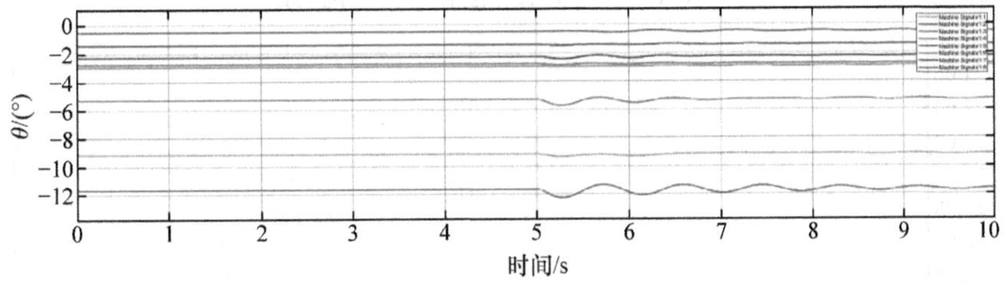

图 6-115　发电机功角波形图(小扰动)

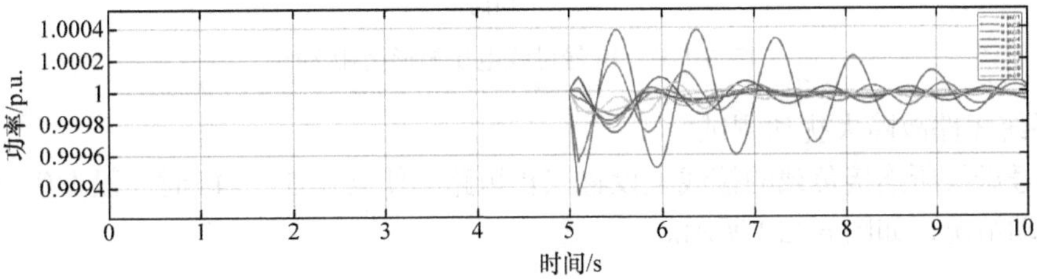

图 6-116　发电机功率波动图(小扰动)

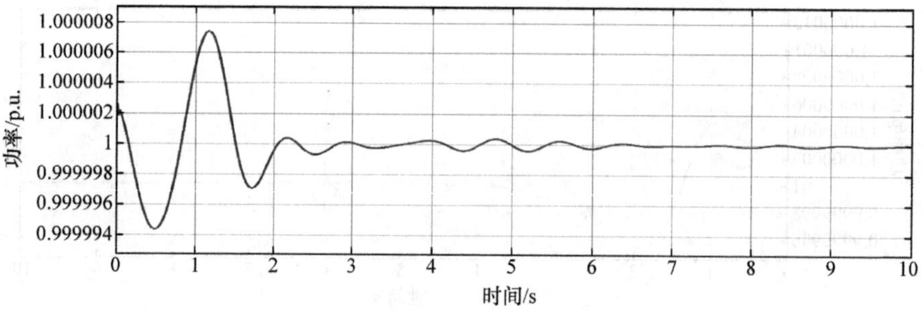

图 6-117 1 号发电机有功输出波形图(小扰动)

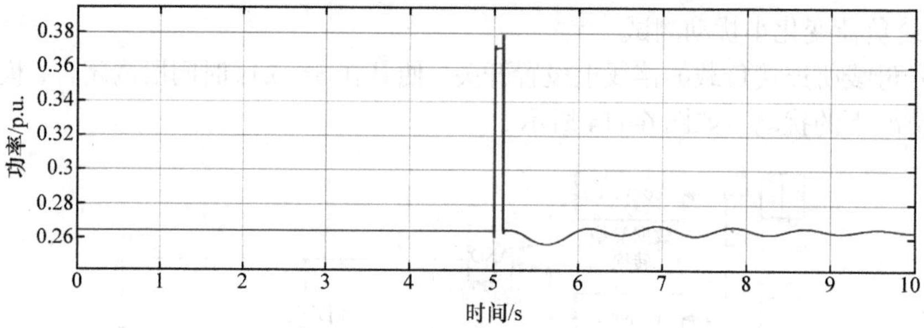

图 6-118 1 号发电机无功输出波形图(小扰动)

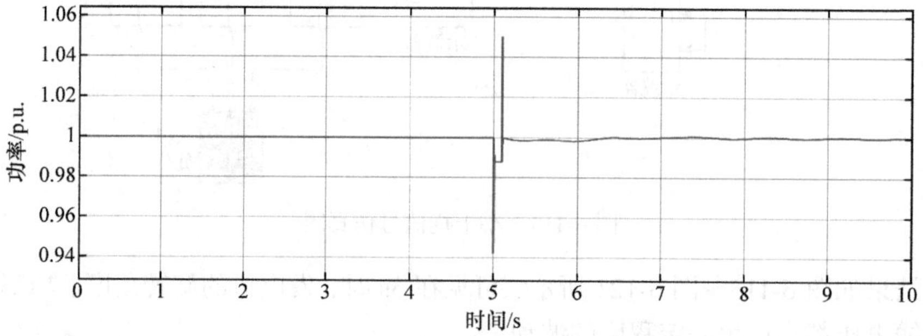

图 6-119 8 号母线电压波形(小扰动)

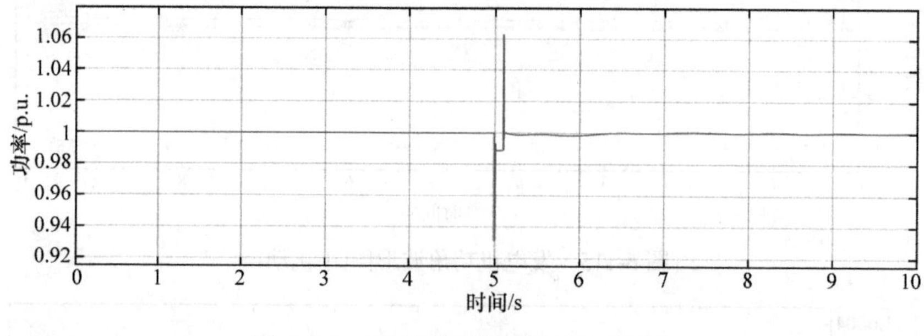

图 6-120 30 号母线电压波形(小扰动)

3) 系统短路故障大扰动测试

在 8 号母线所连接负载的接线上设置三相短路，使其在 5～5.1s 时间段发生三相短路，模拟大扰动情况，如图 6-122 所示。

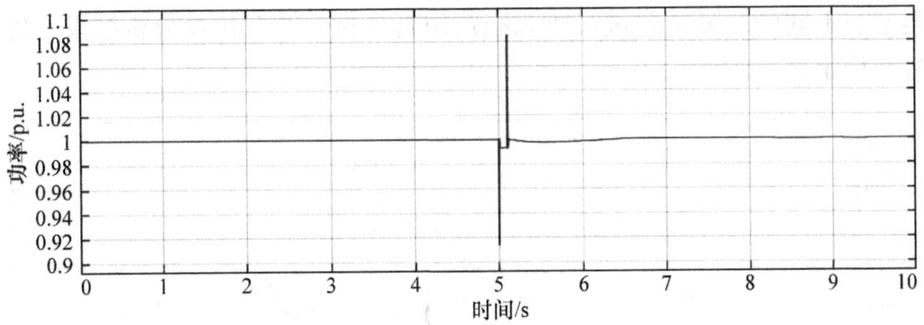

图 6-121　39 号母线电压波形(小扰动)

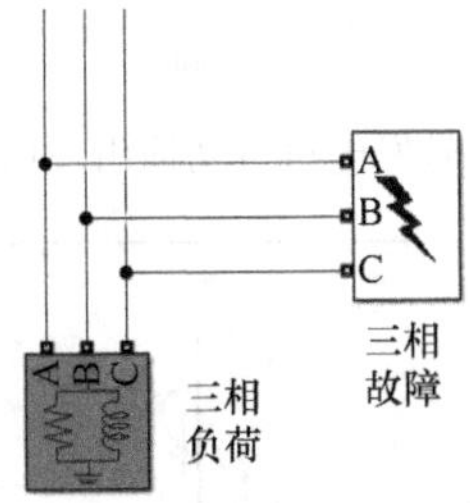

图 6-122　大扰动仿真模拟图

大扰动仿真结果如图 6-123～图 6-129 所示。相比于负荷小扰动的情况，发电机的角度、功率、有功功率输出明显发生了更大的波动，而线路上面的电压尖峰幅值更高。因此大扰动(三相短路)对整个电力系统造成了较为严重的影响。

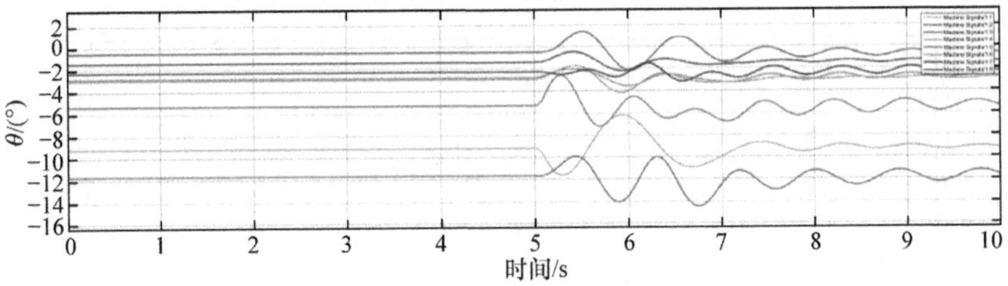

图 6-123　发电机功角波形图(大扰动)

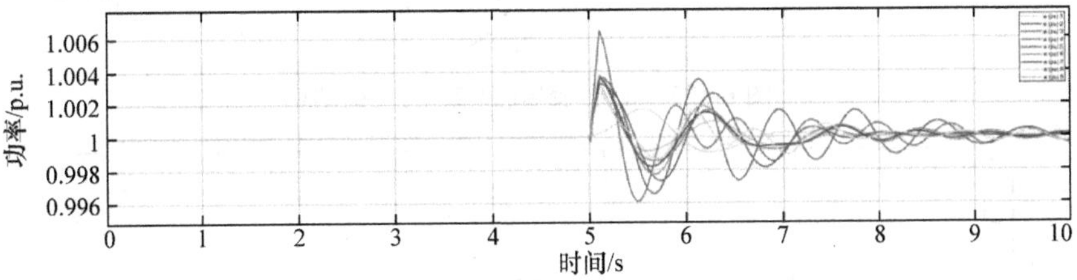

图 6-124　发电机功率波动图(大扰动)

从仿真结果可以得出，当系统发生三相短路故障时，系统的振荡程度更为剧烈，恢复稳定所需要的时间更长，但最终系统也可以恢复稳定。

4. 总结

本节通过深入研究电力系统暂态稳定分析理论，了解和掌握电力系统暂态稳定分析的基本理论。运用 MATLAB 分析软件针对 IEEE 39 节点系统进行暂态稳定仿真分析。设定不同的故障类型、不同的故障位置进行暂态稳定仿真分析，结合仿真分析结果，提炼 IEEE39 节点系统暂态稳定规律。

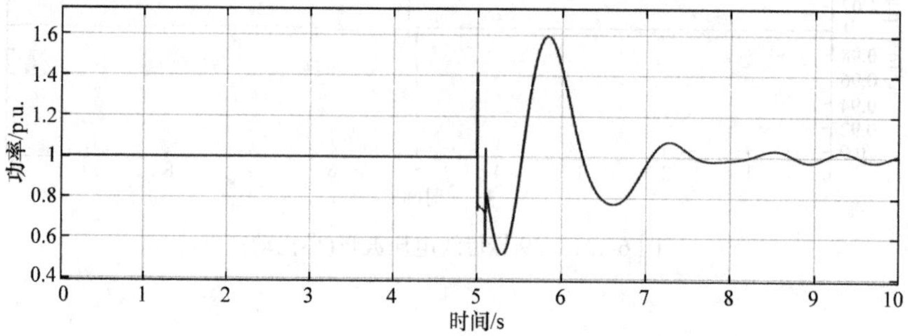

图 6-125　1 号发电机有功输出波形图(大扰动)

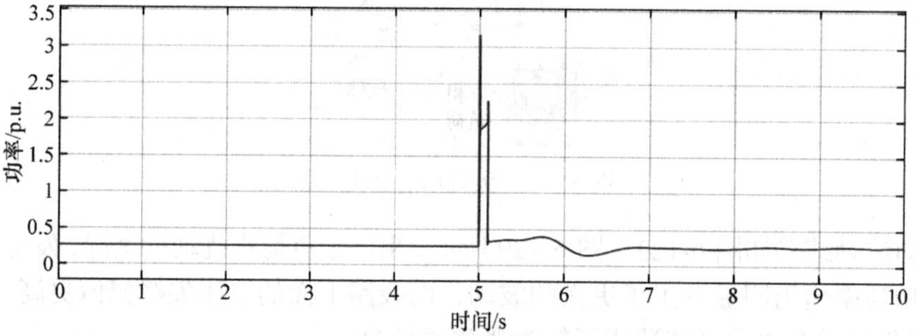

图 6-126　1 号发电机无功输出波形图(大扰动)

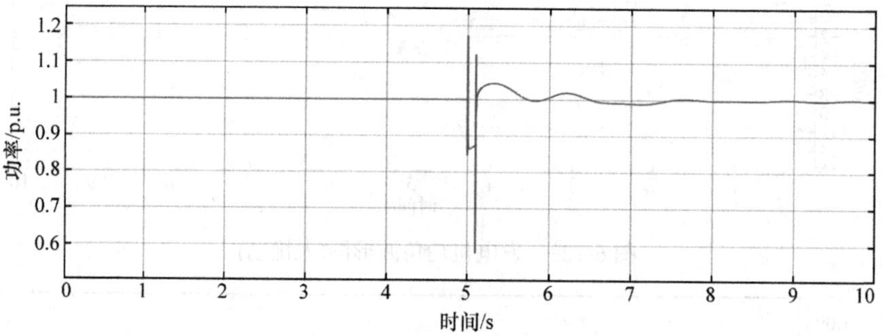

图 6-127　8 号母线电压波形(大扰动)

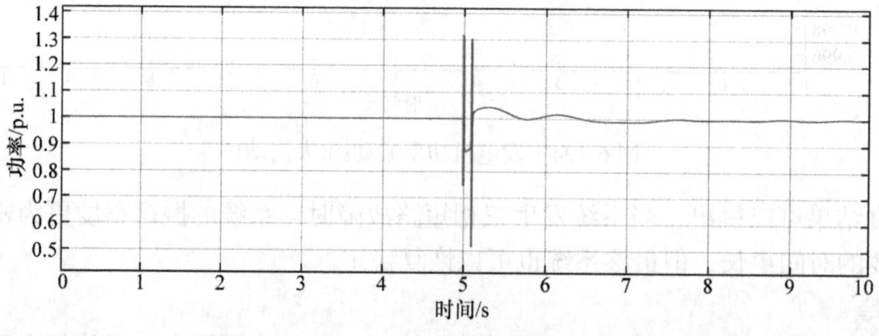

图 6-128　30 号母线电压波形(大扰动)

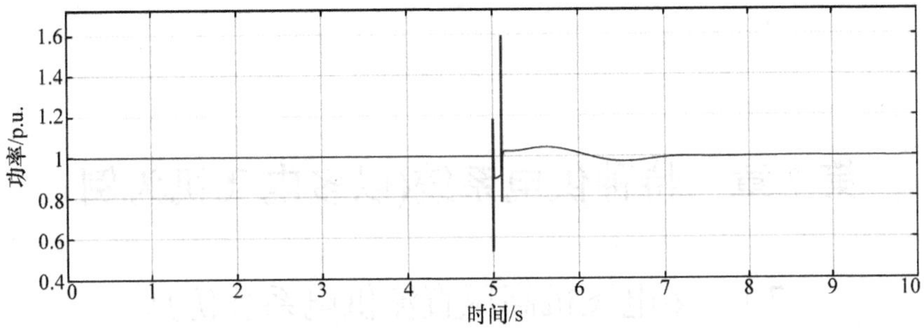

图 6-129　39 号母线电压波形(大扰动)

PSS 模块是其中的重点，它的存在增加了系统阻尼振荡的效果，使系统更快地回复稳定。即使在系统发生扰动的时候，也能使整个系统趋于稳定。

仿真部分验证了在电力系统中小扰动(如线路短路)以及负载的小规模变化对系统的影响，与大扰动(如线路的三相短路)相比，对电力系统的影响更小，电力系统恢复时间更短。

第 7 章　特种供电系统(以多电飞机为例)

多电飞机简介

7.1　多电飞机高压直流供电系统仿真

1. 实验概述

多电飞机技术(More Electric Aircraft，MEA)，是将飞机的发电、配电和用电集成在一个统一的系统内，实行电能统一规划、统一管理和集中控制。多电飞机技术是航空科技发展的一项全新技术，其核心是：飞机系统化的研究理念和集成化的技术思想。这一理念在航空电力系统平台顶层设计领域正引发一场深刻的变革。它改变了传统的飞机设计理念，是飞机技术发展史的一次革命。在多电飞机技术中，电能成为飞机上唯一的二次能源，极大提高了飞机的可靠性、可维护性以及地面支援能力。

2. 实验仿真模型搭建

1) 模型概况

多电飞机高压直流供电系统仿真模型如图 7-1 所示，其分为三个部分：直流发电机模块，270V 转 28V 隔离型 DC/DC 模块，270V 转 50Hz、220V DC/AC 模块。直流发电机模块可以输出 270V 稳定的直流电压；270V 转 28V 隔离型 DC/DC 模块可以实现隔离与 28V 稳定直流电压输出；270V 转 50Hz、220V DC/AC 模块可以输出频率为 50Hz、最大电压为 220V 的交流电。

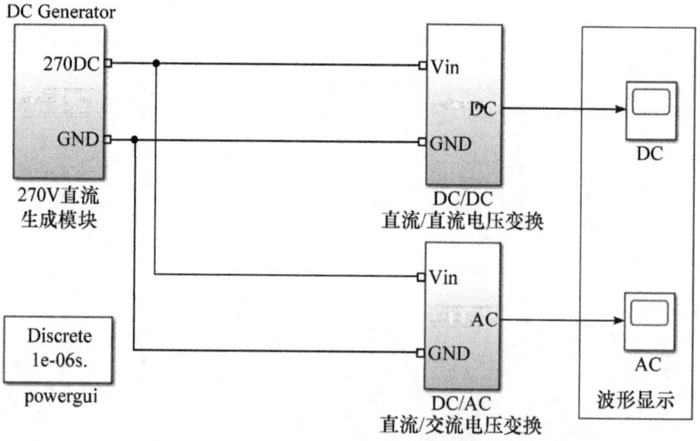

图 7-1　多电飞机高压直流供电系统仿真模型

2) 直流发电机模块

直流发电机模块如图 7-2 所示，有两个输出端子：270DC 与 GND。

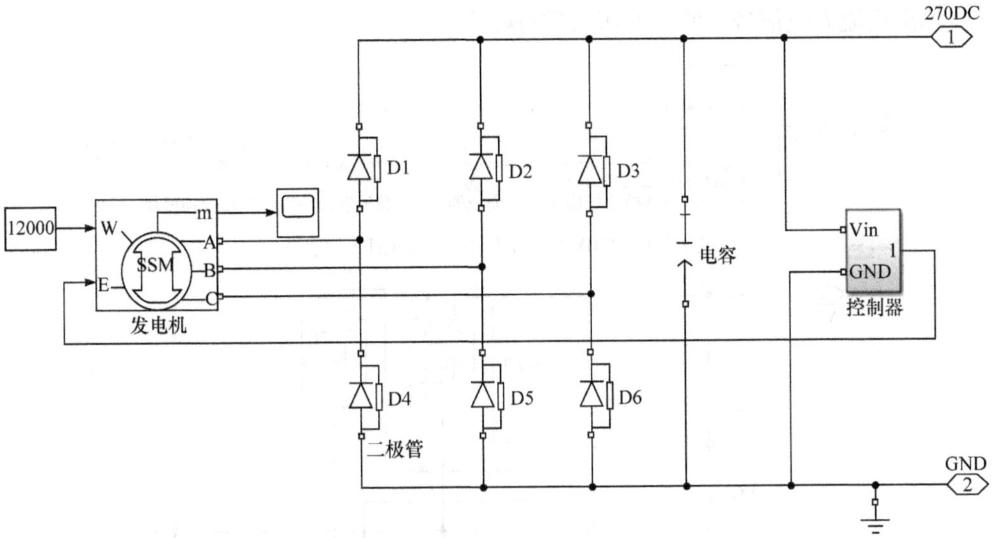

图 7-2 直流发电机模块

直流发电机模块采用三相同步发电机，将三相同步发电机的输出电压通过三相不控整流后得到直流电压输出。

其控制器如图 7-3 所示。由于是发电机，所以转速无法控制，恒定为 12000rad/s，只可以控制其励磁电流，通过采集整流的输出电压，与基准电压比较之后，将误差通过 PI 调节器调节之后，控制三相同步发电机的激磁电流，调节三相同步发电机的输出电压，实现输出电压的控制。

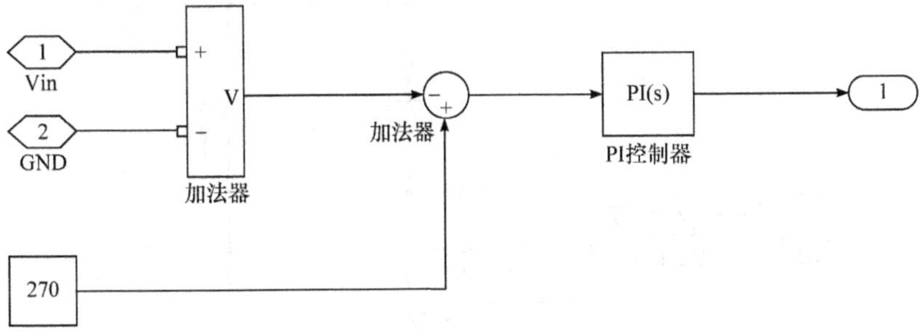

图 7-3 直流发电机控制器

3) 270V 转 28V 隔离型 DC/DC 模块

(1) 270V 转 28V 隔离型 DC/DC 模块简介。

270V 转 28V 隔离型 DC/DC 模块如图 7-4 所示，270V 转 28V 的电压变比较大，且要实现隔离，所以选取不控全桥加 Buck 的拓扑。270V 转 28V 隔离型 DC/DC 模块由不控全桥、变压器、整流器、Buck 模块组成。

不控全桥的拓扑模块如图 7-5 所示，全桥的同一桥臂的两个管子互补导通，对角线上的开关管同时导通，开关管的占空比为 0.5。输入由滤波电容滤波，滤除输入的高频噪声。桥臂中点输出交流方波信号，使用变压器进行隔离。

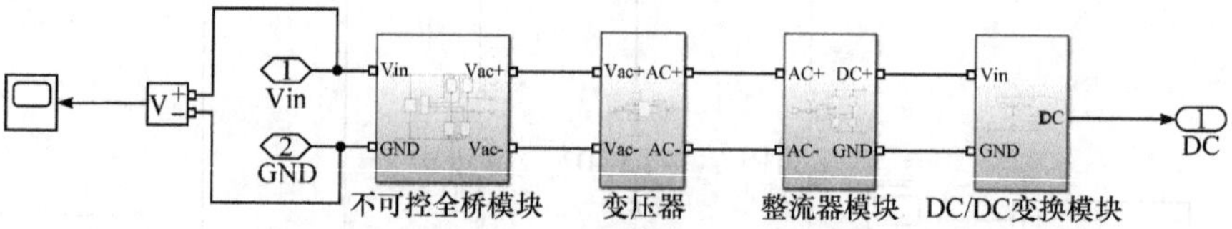

图 7-4　270V 转 28V 隔离型 DC/DC 模块

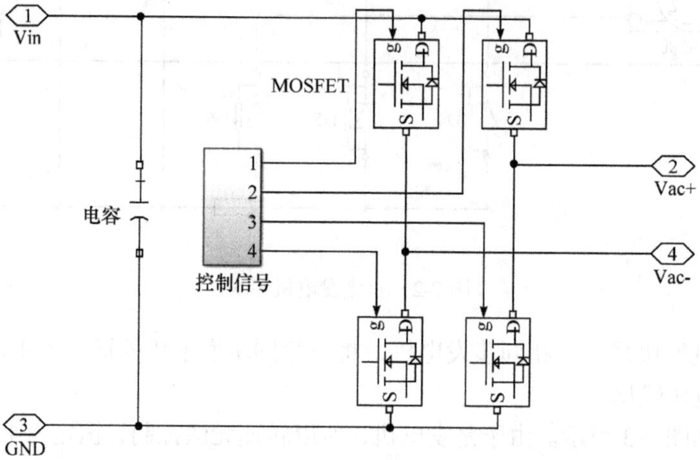

图 7-5　不控全桥拓扑模块

图 7-6 所示的桥式整流电路将从原边传递到副边的交流电压整流成直流电压。

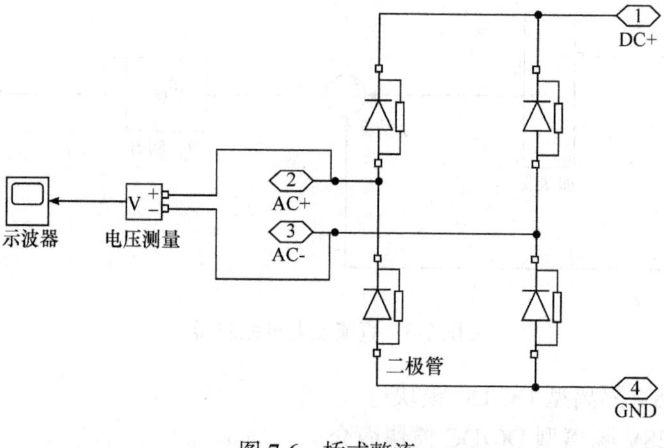

图 7-6　桥式整流

图 7-7 所示的 Buck 电路，采用电压、电流双环控制的方式，控制输出电压稳定在 28V。

(2) 270V 转 28V 隔离型 DC/DC 模块技术指标。

270V 转 28V 隔离型 DC/DC 主要技术指标如表 7-1 所示。

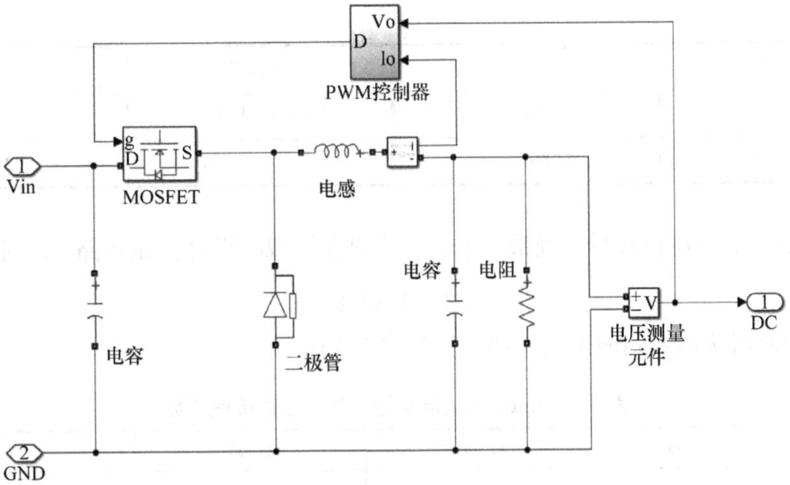

图 7-7　双环控制 Buck 电路

表 7-1　270V 转 28V 隔离型 DC/DC 主要技术指标

技术指标名称	具体数值	技术指标名称	具体数值
输入电压 V_{in}	270V	最低输出功率 P_{omin}	100W
输出电压 V_o	28V	全桥开关频率 f_{s1}	10kHz
额定输出功率 P_o	800W	Buck 开关频率 f_s	10kHz

(3) 270V 转 28V 隔离型 DC/DC 模块参数设计。

① 变压器设计。

考虑到 Buck 的调节能力与效率曲线，选择 Buck 电路在额定功率工作时开关管的占空比为 0.5 左右，由此可知，Buck 的输入电压为 28/0.5 = 56V 左右，由此可知变压器变比 N=270/56=4.82，取整之后的变压器变比 N=5，从而可知变压器输出电压为 54V。

② Buck 电路设计。

图 7-8 为双环控制 Buck 电路模型，要求最大输出功率为 800W，最小输出功率为 100W，取输出电压纹波为 5%，电感电流脉动为 20%。输出电压为 28V，综合电路参数设计可知，所设计的 Buck 参数如表 7-2 所示。

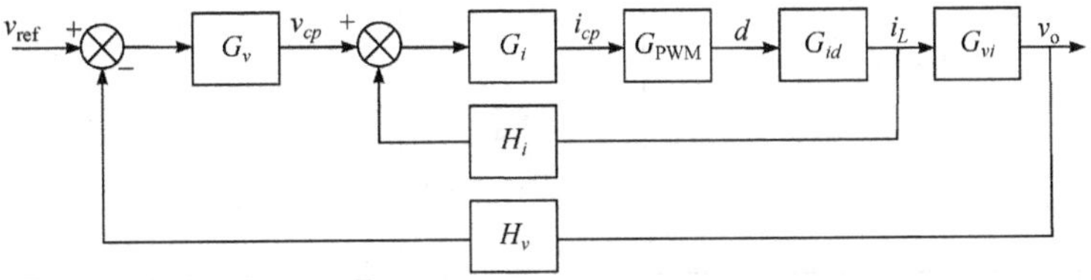

图 7-8　双环控制 Buck 电路模型

表 7-2　Buck 电路参数

参数名称	具体数值	参数名称	具体数值
输入电压 V_{in}	54V	最低输出功率 P_{omin}	100W

续表

参数名称	具体数值	参数名称	具体数值
输出电压 V_o	28V	输出滤波电容 C_f	51μF
额定输出功率 P_o	800W	输出滤波电感 L_f	236μH

由于 Buck 电路在轻载时工况最为恶劣，所以在轻载时设计控制环路，此时负载电阻为

$$Z_o = 7.84\Omega$$

Buck 变换器从输入到输出的传递函数如表 7-3 所示。

表 7-3　Buck 变换器从输入到输出的传递函数

	$G_{vd}(s)$	$G_{vg}(s)$	$G_{vi}(s)$	$G_{id}(s)$
Buck 变换器	$\dfrac{V_{in}}{1+\dfrac{L_f}{Z_o}s+L_fC_fs^2}$	$\dfrac{D}{D^2+\dfrac{L_f}{Z_o}s+L_fC_fs^2}$	$\dfrac{1+\dfrac{L_f}{Z_o}s+L_fC_fs^2}{Z_oC_fs+1}\dfrac{Z_o}{D^2}$	$\dfrac{DV_{in}(C_fZ_os+1)}{C_fL_fZ_o\left(C_fL_fs^2+\dfrac{L_f}{Z_o}s+1\right)}$

采取的电压调节器的三角波幅值为 2V，采用电压、电流双环控制，电压采样系数为

$$H_v(s)=0.1 \tag{7-1}$$

电流采样系数为

$$H_i(s)=0.1 \tag{7-2}$$

先设计电流调节器，采用 PI 调节器，其传递函数为

$$G_i(s)=K_p+\frac{K_i}{s} \tag{7-3}$$

补偿前环路增益为

$$T_{oric}(s)=\frac{H_i(s)}{V_M}G_{id}(s) \tag{7-4}$$

补偿前环路幅相曲线如图 7-9 所示。

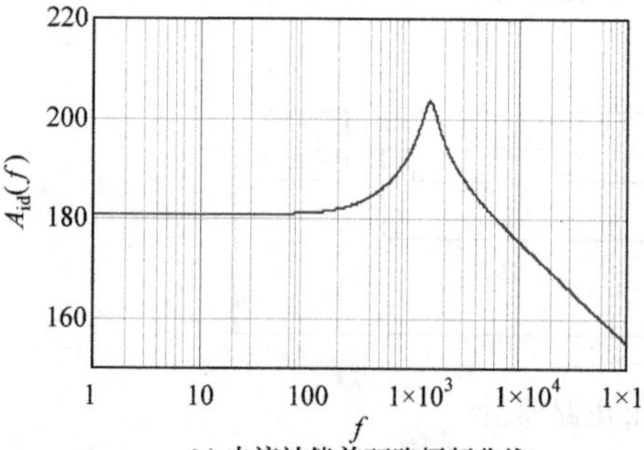

(a) 电流补偿前环路幅频曲线

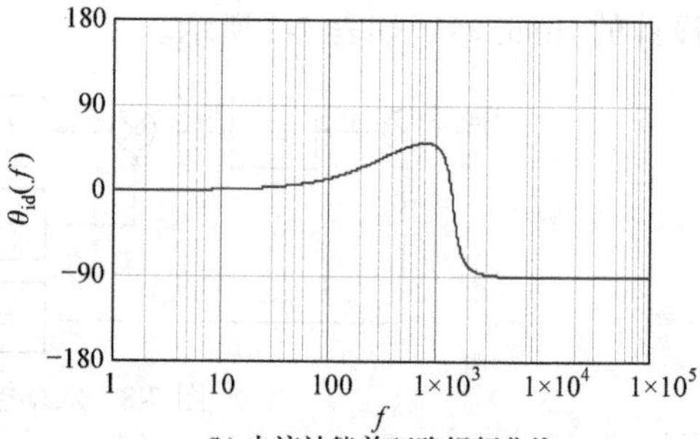

(b) 电流补偿前环路相频曲线

图 7-9　电流补偿前环路幅相曲线

根据经验可以选取电流环 PI 调节器参数为 $K_p = 1$，$K_i = 20000$。其幅相曲线如图 7-10 所示。

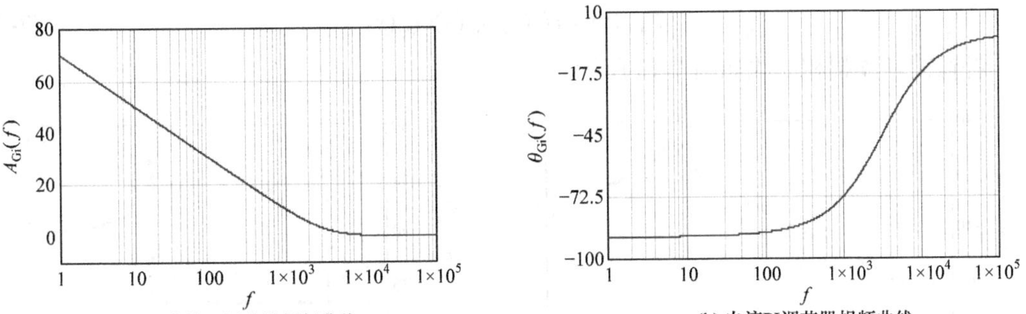

(a) 电流PI调节器幅频曲线　(b) 电流PI调节器相频曲线

图 7-10　电流 PI 调节器幅相曲线

加入电流环后，环路幅相曲线如图 7-11 所示。

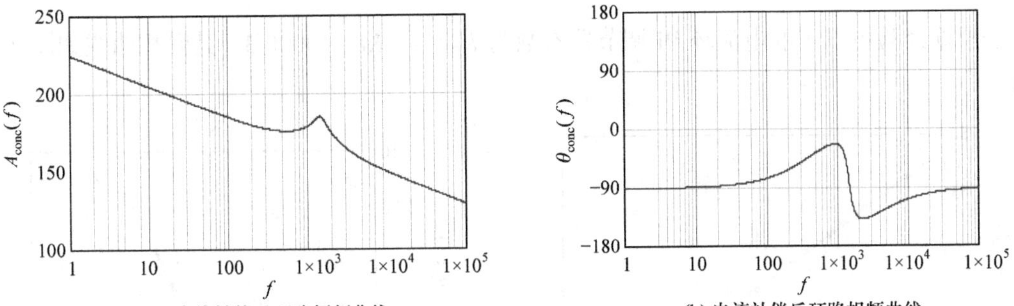

(a) 电流补偿后环路幅频曲线　(b) 电流补偿后环路相频曲线

图 7-11　电流补偿后环路幅相曲线

加入电流环之后，相角裕度为90° 。

接下来设计电压环，电压调节器也采用 PI 调节器，其传递函数为

$$G_v(s) = K_p + \frac{K_i}{s} \tag{7-5}$$

由于前面已经设计好了电流环，所以可以把加入电流环后的 Buck 电路等效为一个功率等级，那么等效之后电路的框图如图 7-12 所示。

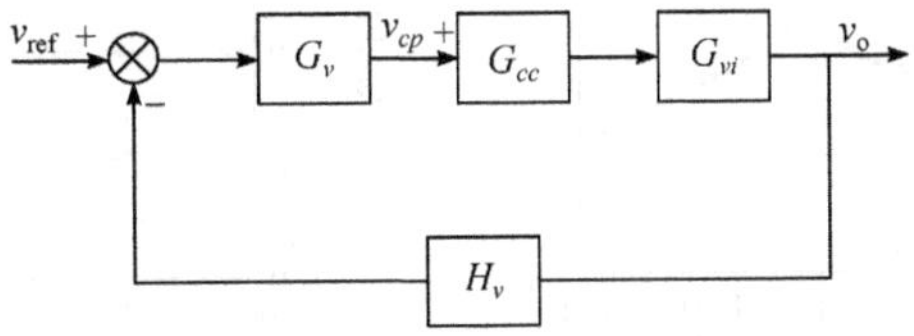

图 7-12　等效后电路框图

等效的额功率等级的传递函数为

$$G_{cc}(s) = \frac{\dfrac{1}{V_M} G_{id}(s)[1 + G_i(s)]}{1 + \dfrac{H_i(s)}{V_M} G_{id}(s) G_i(s)} \tag{7-6}$$

补偿前环路增益为

$$T_{\text{oriv}}(s) = H_v(s)G_{vi}(s)G_{cc}(s) \tag{7-7}$$

补偿前环路幅相曲线如图 7-13 所示。

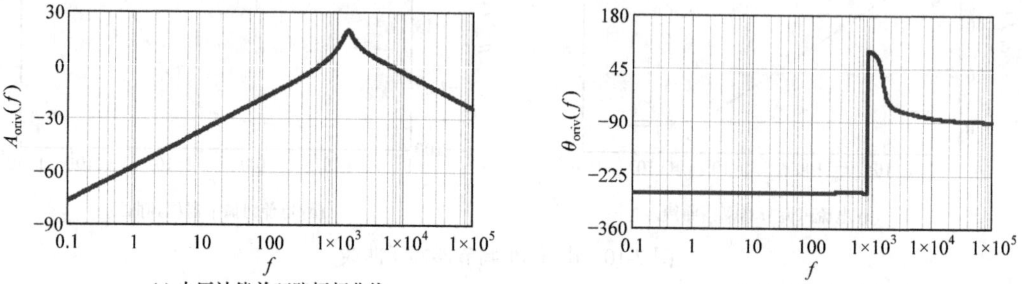

(a) 电压补偿前环路幅频曲线　　(b) 电压补偿前环路相频曲线

图 7-13　电压补偿前环路幅相曲线

根据经验可以选取电流环 PI 调节器参数为 $K_p = 1$，$K_i = 10000/3$。其幅相曲线如图 7-14 所示。

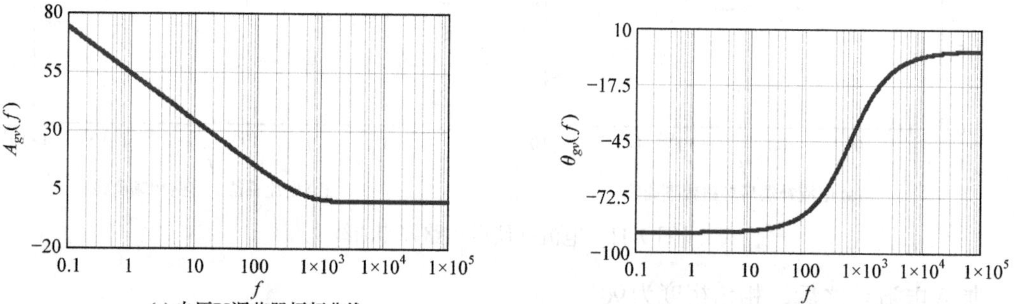

(a) 电压PI调节器幅频曲线　　(b) 电压PI调节器相频曲线

图 7-14　电压 PI 调节器幅相曲线

加入电压环后，环路幅相曲线如图 7-15 所示。

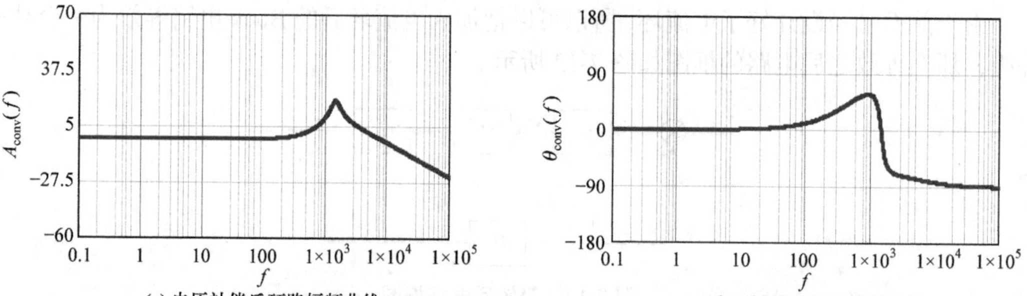

(a) 电压补偿后环路幅频曲线　　(b) 电压补偿后环路相频曲线

图 7-15　电压补偿后环路幅相曲线

加入电流环之后，环路的截止频率为 $f_{cv} = 719.565\text{Hz}$，相角裕度为102.762°。

4) 270V 转 50Hz、220V DC/AC 模块

(1) 270V 转 50Hz、220V DC/AC 模块简介。

270V 转 50Hz、220V DC/AC 模块如图 7-16 所示，由四个部分组成，分别为全桥模块、滤波器模块、负载模块、PWM 控制器。这个模块可以实现输出一个 220V、频率为 50Hz

的交流电。基本原理是采用双极性 SPWM 调制的方式，通过全桥模块产生一个正负交替的方波，方波的周期相同但脉宽不同，通过滤波器模块，将方波的高频分量滤除，输出 50Hz 交流量。

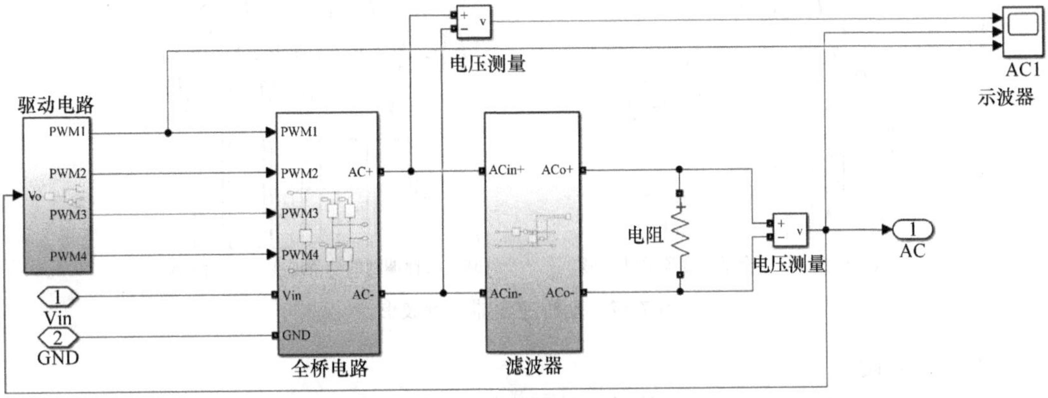

图 7-16　270V 转 50Hz、220V DC/AC 模块

(2) 270V 转 50Hz、220V DC/AC 模块技术指标如表 7-4 所示。

表 7-4　270V 转 50Hz、220V DC/AC 技术指标

参数名称	具体数值	参数名称	具体数值
输入电压 V_{in}	270V	额定输出功率 P_o	2.5kW
输出电压 V_o	220VAC	全桥开关频率 f_s	50kHz

(3) 270V 转 50Hz、220V DC/AC 模块参数设计。

① 全桥开关频率设计。

270V 转 50Hz、220V DC/AC 模块输出的电压频率为 50Hz。在可控全桥输出的方波中，除了频率为 50Hz 的基波频率外，还有频率为开关频率及其加上或是减去整数倍输出电压基波频率的谐波，其中的高次谐波要由滤波器滤除。所以，为了减小输出的滤波器容量，应当尽量提高开关频率。考虑到实际中，逆变器的功率往往较大，所使用的开关管为 IGBT，而其开关频率不够高。综上考虑，选择开关频率为 50kHz。

② 调制方式的选择。

针对单相逆变器，其调制方式有很多种，其中常用的有滞环控制、单极性调制、双极性调制等。滞环控制的单相逆变器是变频控制，其不利于滤波器设计，所以很少使用。单极性调制的全桥逆变器相应的波形图如图 7-17(a)所示。

可以发现这种调制方法中，开关管 S1 与 S2 的开通时间较长，而开关管 S3 与 S4 的开关频率较高，这意味着 S1 与 S2 要承受较大的功率，发热严重，影响开关管的寿命。

双极性调制的全桥逆变器关键波形如图 7-17(b)所示。观察波形可以发现，S1～S4 的开关频率相同，不会出现一根管子常开的状况，所以开关管的使用寿命长。综上所述，选用双极性调制的方式。

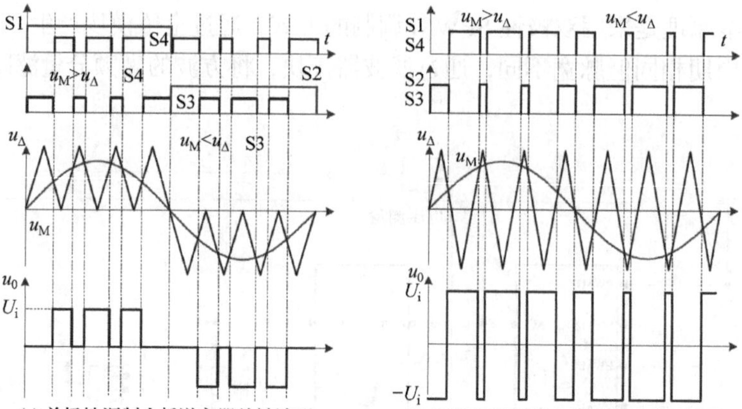

(a) 单极性调制全桥逆变器关键波形　　(b) 双极性调制的全桥逆变器关键波形

图 7-17　全桥逆变器关键波形

③ 滤波器设计。

270V 转 50Hz、220V DC/AC 模块的滤波器模块如图 7-18 所示。本节采用 LC 滤波的形式。

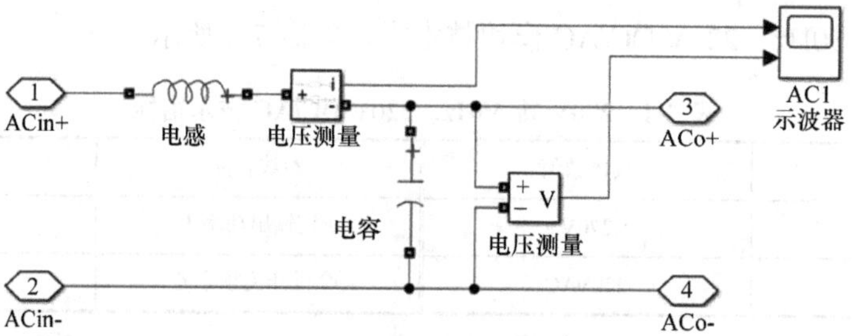

图 7-18　滤波器模块

对于单相全桥逆变器而言，由于开关频率为 50kHz，远大于输出电压频率 50Hz。所以在任意瞬间，可以把单相全桥逆变器等效为一个 Buck 电路。这也意味着，单相全桥逆变器的滤波器设计与 Buck 滤波器的设计相同。与 DC/DC Buck 电路不同的是，单相全桥逆变器是一个固定输入电压、变输出电压的一个变换器。由此可知，在输出电压的峰值(谷值)时是电感电流与输出电压脉动最大的时候，所以在峰值(谷值)时设计滤波电感与滤波电容。

对于滤波电感设计，输出电压峰值为 220V，此时，开关管的占空比为

$$D=\frac{220}{270}\approx 0.81 \tag{7-8}$$

由于是阻性负载，所以此时输出电流瞬时值为 $i_o = 22.73\text{A}$。允许的电流脉动为 5%，所以电感电流的最大值为

$$\Delta i = 5\% i_o \approx 1.14\,\text{A} \tag{7-9}$$

从而可知滤波电感的感值为

$$L_f=\frac{V_{in}D(1-D)}{\Delta i f_s}\approx 7.29\times 10^{-4}\text{H} \tag{7-10}$$

对于滤波电容设计，在输出电压达到峰值时，允许的最大电压脉动为 $\Delta v = 5\text{V}$，由此可

以得知，输出滤波电容的容值为

$$C_f = \frac{\Delta i}{8 f_s \Delta v} \approx 5.7 \times 10^{-7}\text{F} \tag{7-11}$$

对于调节器设计，单相全桥逆变器采用单电压控制和 PI 调节器。单电压环的设计流程与 Buck 双环控制的设计相同,所以这里不再赘述。最终得到 PI 调节器的 $K_{\rm p} = 1, K_{\rm i} = 60000$。

3. 仿真模型测试与分析

1) 直流发电机输出电压

直流发电机的输出电压如图 7-19 所示，发电机的输出电压可以稳定在 270V，建压过程迅速，为 4.5s。符合要求。

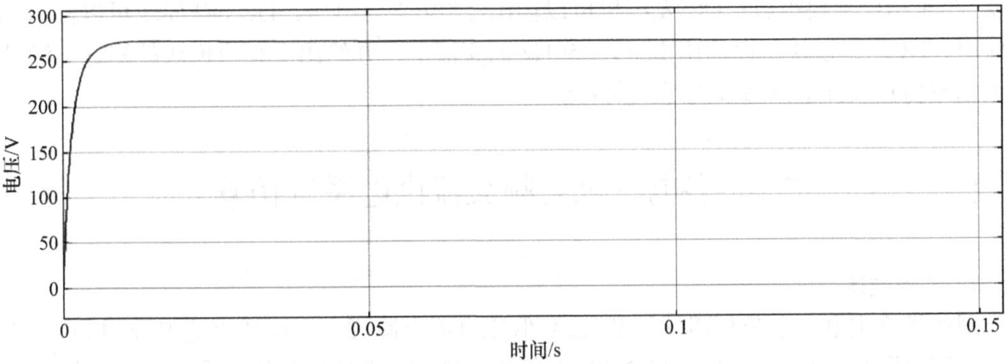

图 7-19　直流发电机输出电压

2) 270V 转 28V DC/DC 模块输出电压

270V 转 28V DC/DC 模块输出电压如图 7-20 所示，输出电压稳定在了 28V，并且输出电压纹波为 1.393V，小于设计时所设计的 1.4V，满足要求。

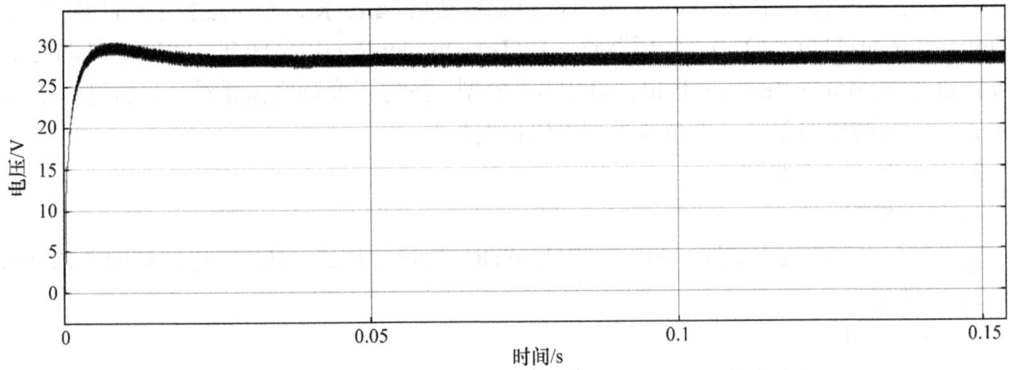

图 7-20　270V 转 28V DC/DC 模块输出电压

3) 270V 转 50Hz、220V DC/AC 模块输出电压

270V 转 50Hz、220V DC/AC 模块输出电压如图 7-21 所示，可以发现输出为电压最大值是 220V 而频率为 50Hz 的交流电，满足要求。

4. 总结

本节搭建了一个多电飞机高压直流供电系统仿真模型，该模型由 DC 发电机、DC/DC

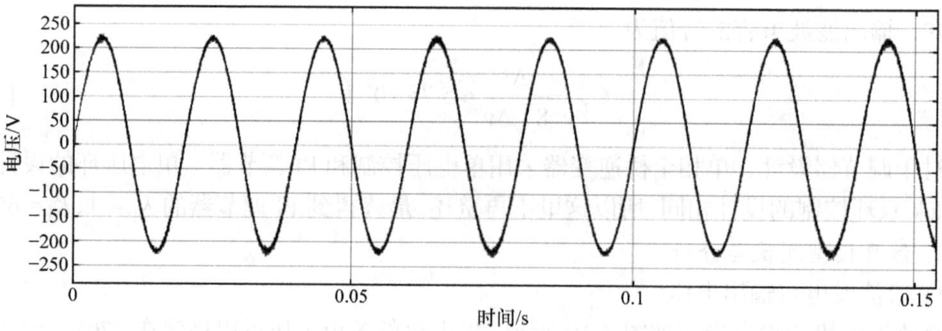

图 7-21　270V 转 50Hz、220V DC/AC 模块输出电压

模块与 DC/AC 模块组成，DC 发电机可以输出 270V 直流电压，DC/DC 模块可以输出 28V 直流电，DC/AC 模块可以输出 220V、50Hz 的交流电，并给出了相应模块的测试。测试结果表示本仿真设计电路参数满足预期要求。

7.2　多电飞机变频交流供电系统仿真

1. 实验概述

现代飞机主电源系统有四种类型：28V 低压直流电源、270V 高压直流电源、400Hz/115V 恒频交流电源和 360～800Hz、115/200V 变频交流电源。随着飞机电力系统容量的增加，28V 低压直流电源的应用范围进一步缩小，现阶段主要以 115V 交流电源为主。由于恒频电源系统的容量限定以及发电运行效率和维护性、可靠性等方面的问题，未来大容量飞机电源系统中将很少采用该系统。因此目前具有体积小、重量轻、控制简单等优点的变频交流供电系统引起人们越来越多的关注，成为飞机电源系统的发展方向之一。

本节首先按照设计要求，后根据飞机供电负载要求，分别建立了自耦变压器(Autotransformer Unit，ATU)、变压器整流器(Transformer Rectifier Unit，TRU)、自耦变压整流器(Autotransformer Rectifier Unit，ATRU)等模型，搭建了变频交流系统。最后进行了仿真验证，证明所搭建的变频交流系统模型可以稳定运行。

2. 实验仿真模型搭建

1) 模型概况

仿真模型主要由发电电路、ATU、TRU、ATRU 等部分构成，其仿真电路如图 7-22 所示。

2) 部件建模

(1) 主发电机。

主发电机主要用来产生 230/400V 的三相变频交流电，本仿真采用 Simulink 中的理想电压源，模拟电机产生的交流电作为多电飞机主电源，设置相电压 $V_n = 400V$。

(2) 自耦变压器。

自耦变压器是输出和输入共用一组线圈的特殊变压器，原理图如图 7-23(a)所示，原边绕组中抽出一部分线匝作为二次绕组。

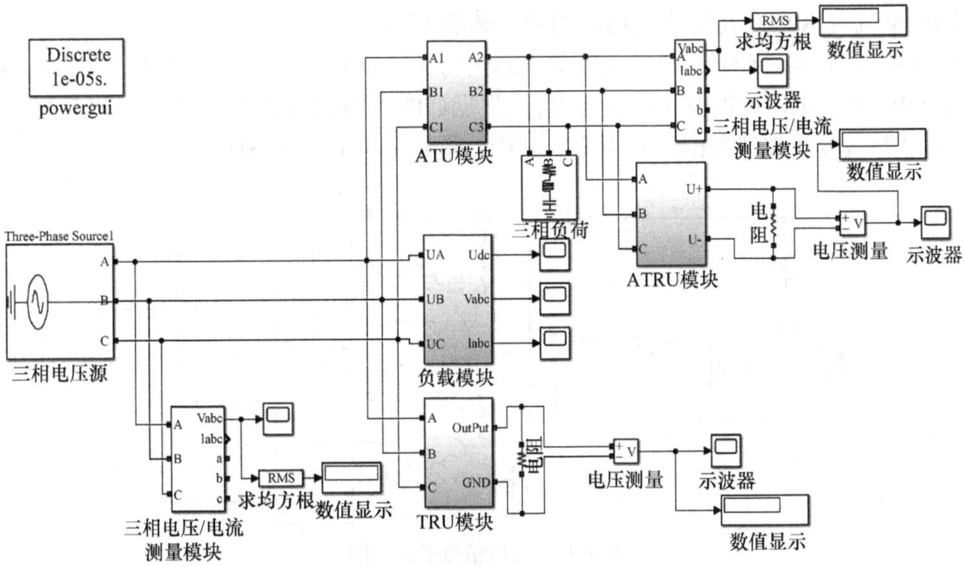

图 7-22　变频交流供电系统仿真电路图

宽体客机电源系统中的 ATU 是双向变压器，作用是将 230/400V 三相交流电变换成 115/200V 同频率三相交流电，降压比为 2∶1；也可以将 115/200V 三相交流电变换成 230/400V 同频率三相交流电，升压比为 1∶2。利用 Simulink 中的 SimPowerSystem 库的元件搭建电路级模型，如图 7-23(b)所示，A1、B1、C1 为高压端，A2、B2、C2 为低压端。

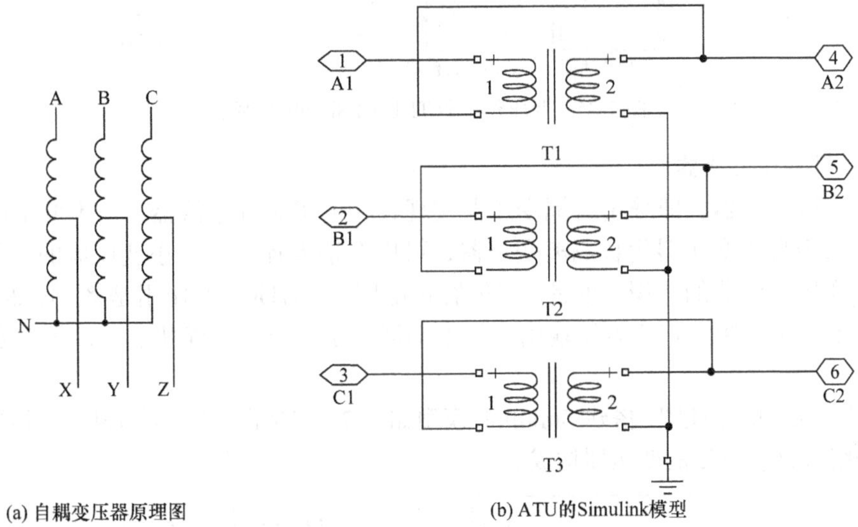

图 7-23　自耦变压器原理与仿真图

(3) 变压整流器。

由于飞机电网中采用交流电源，因此需要利用变压整流器将 230V 三相交流电转换为 28V 直流电，给飞机上的直流负载提供电能。飞机电源系统的变压整流器通常采用带均衡电抗器的 12 脉波整流电路，这种电路结构可以降低波形的畸变，保证输出直流电压的平稳。该电路由移相变压器和两个三相桥式整流电路组成，由于变压器二次绕组采用不同的接法，因此可以使得两组三相交流电源间相位错开 30°，分别经过整流桥后由均衡电抗器并联，从

而使输出整流电压 u_d 在每个交流电源周期中脉动 12 次。

通过对带均衡电抗器的 12 脉波整流电路进行分析,利用 MATLAB 软件提供的 Simulink 中的 SimPowerSystem 库的基本电路元器件,根据如图 7-24 所示的 TRU 原理图建立起图 7-25 所示的 12 脉波变压整流器的仿真模型。其中,电感 $L_1 = L_2 = 0.05\text{H}$。

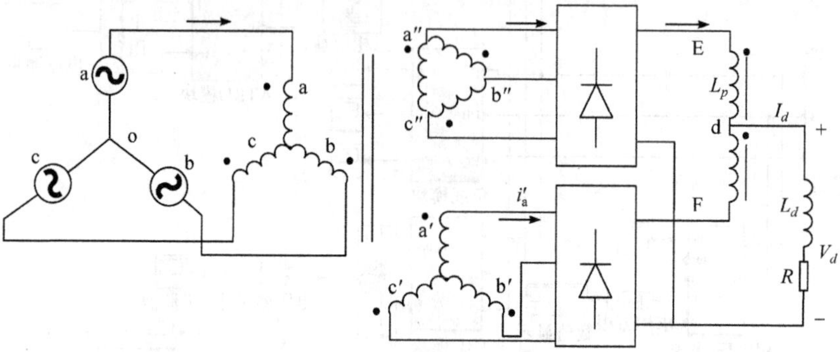

图 7-24　变压整流器原理图

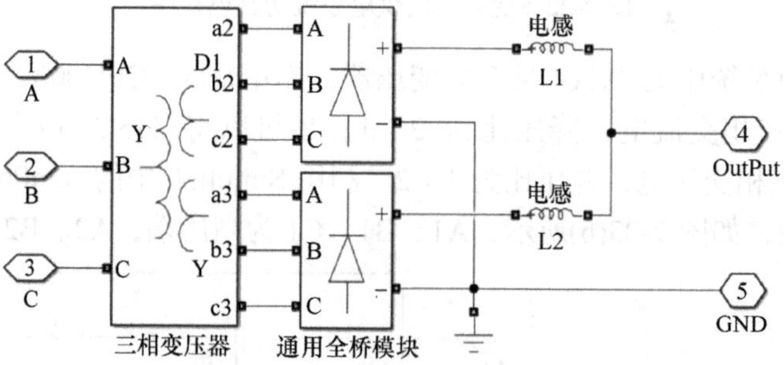

图 7-25　变压整流器 TRU 的 Simulink 模型

(4) 自耦变压整流器。

自耦变压整流器,即采用自耦变压器实现移相的多脉冲整流器。在不要求电气隔离的场合,采用自耦变压器代替隔离变压器,可以在很大程度上减小变压器的等效容量,从而减小变压整流器的体积、重量。宽体客机电网中,ATRU 的作用是将 115/200V 交流母线电压变换为 270V 直流电压输出,给电动液压泵、空气压缩机、作动器等负载装置供电。

根据图 7-26 的原理图,搭建 Simulink 模型如图 7-27 所示,其三项自耦变压器模块内部主要由绕组 $N_1/N_2 = 1/2$ 的变压器构成。

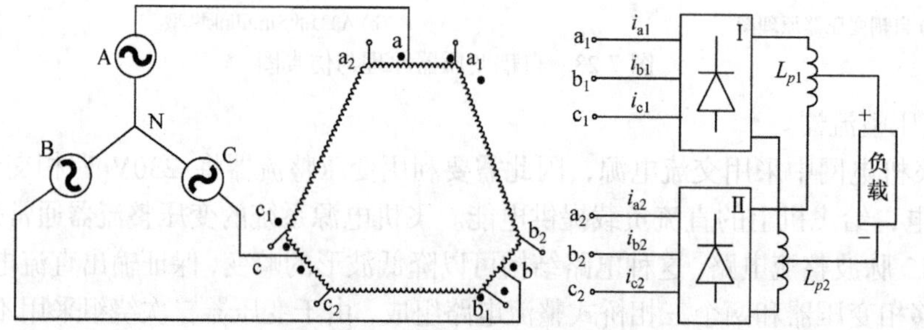

图 7-26　ATRU 原理图

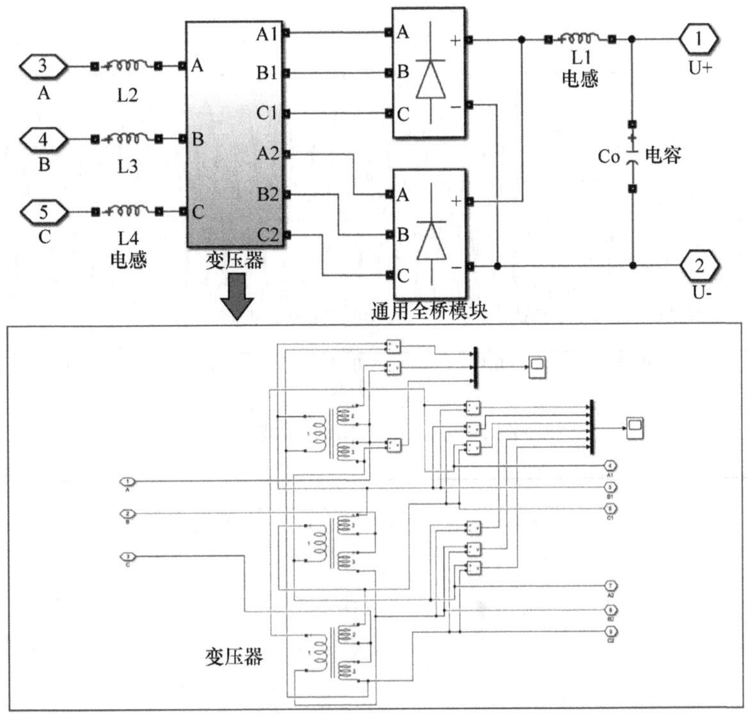

图 7-27　ATRU 系统模型

3. 仿真模型测试与分析

1) 主发电机输出电压

模拟主发电机输出的电压波形如图 7-28 所示，其输出相电压有效值为 230V。

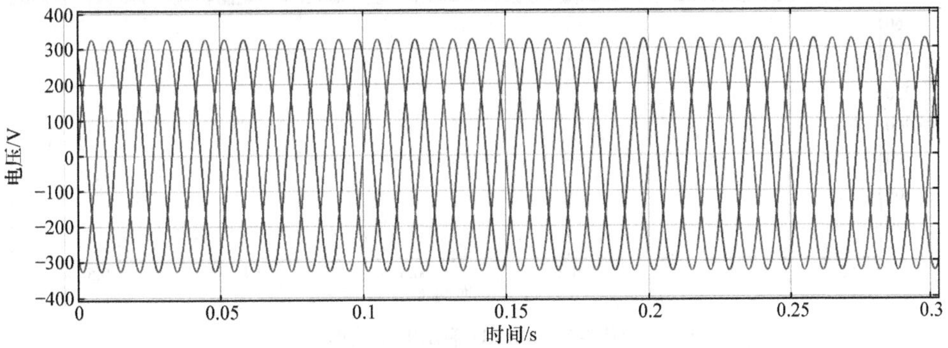

图 7-28　主发电机输出电压波形

2) ATU 输出电压

经过 ATU 后，其输出电压波形如图 7-29 所示，输出相电压有效值为 115V，与理论分析吻合。

3) TRU 输出电压

经过 TRU 后，其输出电压波形如图 7-30 所示，输出电压为 28V，与理论分析吻合。

4) ATRU 输出电压

经过 ATRU 后，其输出电压波形如图 7-31 所示，输出电压在 270V 左右波动，与理论分析吻合。

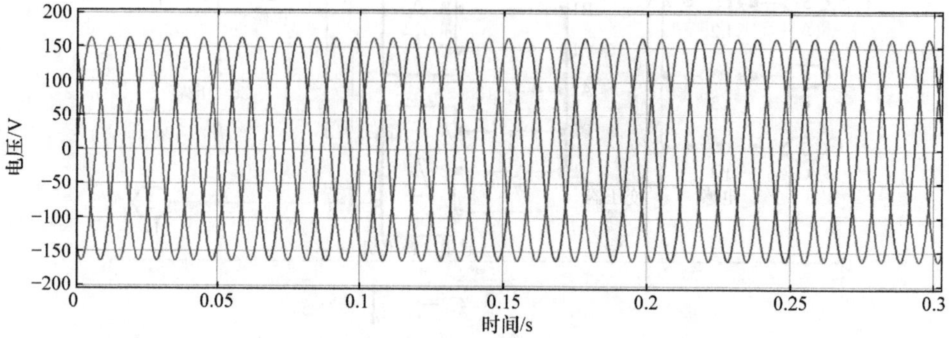

图 7-29　ATU 输出电压波形

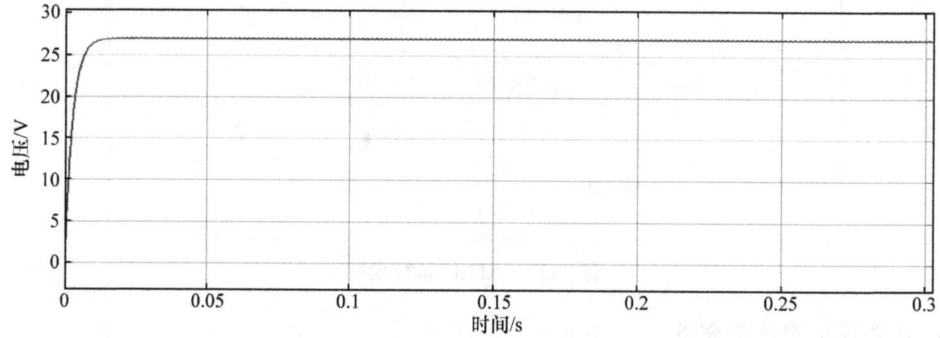

图 7-30　TRU 输出电压波形

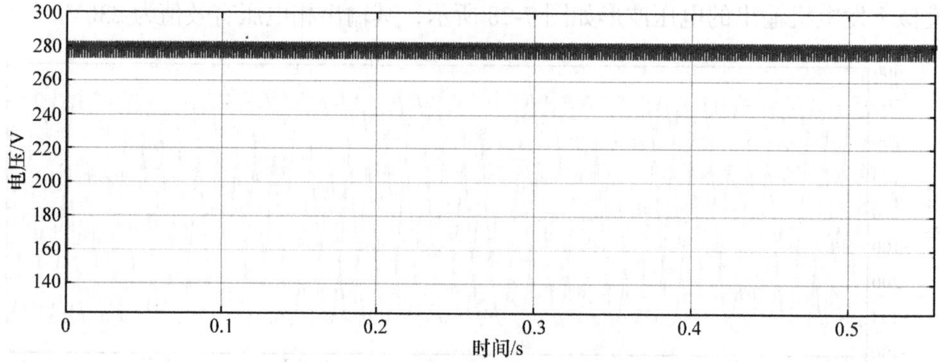

图 7-31　ATRU 输出电压波形

以上仿真结果说明，所搭建的交流电源系统可以稳定运行，与理论分析吻合。

4. 总结

本节根据飞机变频交流电网结构，首先分别建立了电网中的主发电机、电能变换器等部件的模型，然后根据电网拓扑完成了系统集成，建立了整个飞机变频交流系统的 Simulink 仿真模型，最后对整个电网进行了系统仿真，其结果表明各部件模型以及整个系统模型均实现了所要求的功能，说明建立的模型是合理的、有效的。

附　录

附录A　WDJS-8000D型电力系统综合自动化教学实验装置

A.1　装置简介

WDJS-8000D 型电力系统综合自动化实验装置，是为了适应现代化电力系统对宽口径“复合型”高级技术人才的需要而研制的电气类专业型教学实验系统。该系统除用于教学以外，还可用于本科生、专科生的课程设计，也可作为研究生、科研人员的开发平台，还可作为电力系统技术人员的培训工具。

WDJS-8000D 型综合自动化实验教学系统主要由发电机组、实验操作台、无穷大系统等三大部分组成。

1) 发电机组

发电机组由同在一个轴上的三相同步发电机($S_N = 3\text{kV}\cdot\text{A}$，$V_N = 400\text{V}$，$n_N = 1500\text{r/min}$)、模拟原动机用的直流电动机($P_N = 4\text{kW}$，$V_N = 220\text{V}$)以及测速装置和功率角指示器组成。

直流电动机、同步发电机经弹性联轴器对轴联结后组装在一个活动底盘上构成可移动式机组。其具有结构紧凑、占地少、移动轻便等优点，机组的活动底盘有四个螺旋式支脚和三个橡皮轮，将支脚旋下即可开机实验。

2) 实验操作台

实验操作台由输电线路单元、微机线路保护单元、功率调节、同期单元、仪表测量和短路故障模拟单元等组成。

(1) 输电线路采用双回路远距离输电线路模型，每回线路分成两段，并设置中间开关站，使发电机与系统之间可构成四种不同联络阻抗，便于实验分析比较。

(2) 微机线路保护装置具有过流跳闸、自动重合闸功能，备有事故记录功能，有利于实验分析。在实验中可以观测到线路重合闸对系统暂态稳定性的影响以及非全相运行状况。

(3) 微机调速装置能最大限度地满足教学科研灵活多变的需要，具有测量发电机转速、测量电网频率、测量系统功角、手动模拟调节、手动数字调节、微机自动调速以及过速保护等功能。

(4) 微机励磁调节器控制方式可选择恒电压、恒励流、恒功率因数、恒无功功率等四种；设有定子过电压保护和励磁电流反时限延时过励限制、最大励磁电流瞬时限制、欠励限制、伏赫限制等励磁限制功能；设有按有功功率反馈的电力系统稳定器(PSS)；励磁调节器控制参数可在线修改，在线固化，灵活方便，并具有实验录波功能，可以记录UF、IL、UL、P、Q等信号的时间响应曲线，供实验分析用。

(5) 微机准同期控制装置，它按恒定越前时间原理工作，主要特点如下：

① 可选择全自动准同期合闸；

② 可选择半自动准同期合闸；

③ 可测定合闸误差角；

④ 可改变频差允许值，电压差允许值，观察不同整定值时的合闸效果。

(6) 仪表测量和短路故障模拟单元由各种测量表计及其切换开关、各种带灯操作按钮和各种类型的短路故障操作等部分组成。

实验操作台的“操作面板”上有模拟接线图，操作按钮与模拟接线图中被操作的对象结合起来，并用灯光颜色表示其工作状态，具有直观的效果。

实验数据可以通过测量仪表得出，还可得出同步发电机功率角、可控硅角等量。同时可以通过数字存储示波器，观测到发电机电压、系统电压、励磁电压以及准同期时的脉动电压等电压波形，甚至可以观测各可控硅上的电压波形以及各种控制的脉冲波形，还可以同时观测到同步发电机短路时的电流和电压波形等。

3) 无穷大系统

无穷大电源是由 20kV·A 的自耦调压器组成的。通过调整自耦调压器的电压可以改变无穷大母线的电压。

实验操作台的“操作面板”上有模拟接线图、操作按钮和切换开关以及指示灯和测量仪表等。操作按钮与模拟接线图中被操作的对象结合在一起，并用灯光颜色表示其工作状态，具有直观的效果。红色灯亮表示开关在合闸位置，绿色灯亮表示开关在分闸位置。在实验操作台的“操作面板”左上方有一个“电源开关”，此开关向整个台体提供操作电源和动力电源。

因此，在下面叙述的各部分操作之前，都必须先投入“电源开关”，并按下“启动”按钮。此时反映各开关位置的绿色指示灯亮，同时微机装置上电、数码管均能正确显示；在结束实验时，其他操作都正确完成之后，同样必须先按下“停止”按钮，再断开操作电源开关(向下扳至 OFF)。

A.2 一次接线

本装置可以测量稳态电流、潮流、有功功率、无功功率、短路电流，可以开展发电机励磁特性、空载特性、负载特性等实验，还可以用于同步发电机准同期并列实验、同步发电机励磁控制实验、微线线路保护相关实验、单机无穷大系统稳态运行方式实验、电力系统功率特性和功率极限实验、电力系统暂态稳定实验、复杂电力系统运行方式实验和电力系统调度自动化实验等。

WDJS-8000 型电力系统综合自动化实验装置中有两条模拟输电线路，可以选择单回路或者双回路模式，通过断路器的投入与否来控制。其一次接线拓扑如图 A.1 所示，图中有Ⅰ母线、Ⅱ母线、电抗器 XL1～XL4、线路断路器、发电机断路器和无穷大系统断路器；发电机由微机调速装置控制，而微机准同期装置和同期表用于并网操作；线路上配有功率因数表，有功/无功功率表一应俱全，还有电流互感器用于测量 A、B、C 三相电流。

A.3 图标和表记注释

WDJS-8000D 型电力系统及综合自动化教学实验装置中涉及电力系统运行控制的典型图标，包括电流互感器、电压互感器和变压器等，可参阅表 A.1；涉及电力系统中电气参量

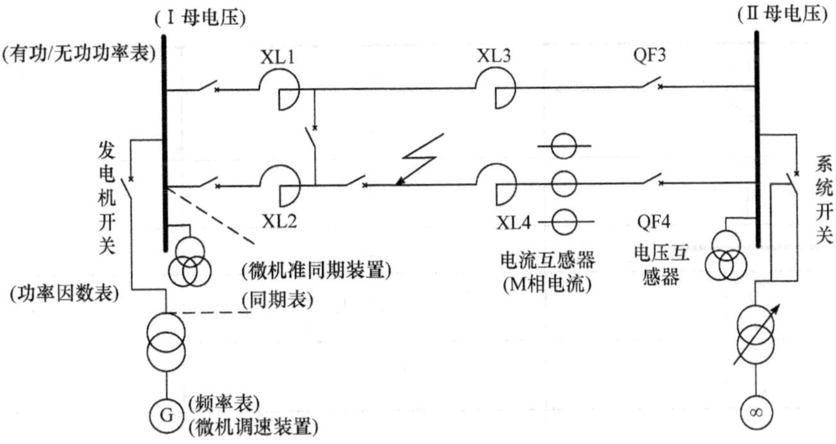

图 A.1　一次系统接线图

测量的表计和元件，包括电压表、频率表和功率因数表等，具体信息可参阅表 A.2。WDJS-8000 型电力系统综合自动化实验装置表计注释可参照表 A.3。

表 A.1　发电机和微机励磁控制系统相关参数

参数名称	单位	最小值	最大值	缺省值
发电机额定电压	V	380	10500	380
发电机额定 PT	V	100	105	100
发电机额定电流	A	2	50	5
额定励磁电流	A	2	90	3
额定励磁电压	V	20	900	70
发电机极对数	对	1	10	2
额定功率因数		0.6	0.95	0.8
发电机额定有功	kW	不可设定，由程序自动计算生成		

说明：

① 发电机额定 PT 值是指发电机额定电压的 PT 值，由于接入了 380/100V 的电压互感器，当一次侧电压值为 380V 时，二次侧电压值为 100V。

② 发电机额定有功功率不可设定，由程序根据发电机额定电压、发电机额定电流、额定功率因数自动计算生成。

表 A.2　WDJS-8000D 型电力系统综合自动化实验装置图标注释

图标	名称	符号
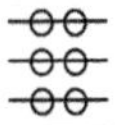	电流互感器	TAM0N
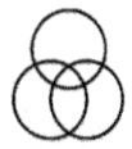	电压互感器	TV
	断路器	QFM0N
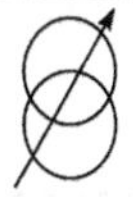	有载调压器	T

续表

图标	名称	符号
	故障点	dX
	电抗器	XL
	母线	
	发电机	G
	无穷大系统	∞

说明：

① 电流互感器、电压互感器、断路器符号中 M 代表元件电压等级，10kV 取 1，35kV 取 3，110kV 取 7；N 代表元件编号，可取 1, 2, 3, …。

② 故障点中的 X 代表故障点编号，本装置中取 0、1、2。

表 A.3　WDJS-8000D 型电力系统综合自动化实验装置表计注释

图标	名称	简介
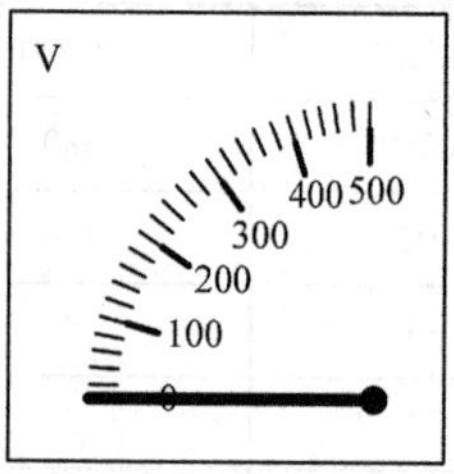	电压表	本实验配有三只电压表，分别测量Ⅰ母电压、Ⅱ母电压、系统电压。量程均为 500V，可以通过表计下方旋钮调整零位
	功率因数表	本套实验配有一只功率因数表，测量发电机出线端处的功率因数。该功率因数表额定电压为 380V，额定电流为 5A，分为超前和滞后两个工作区，量程为超前 0.5～1，滞后 0.5～1。不工作时指针指向 1 处
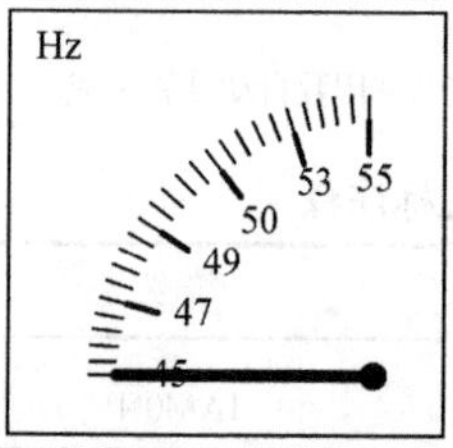	频率表	本套实验配有一只频率表，测量发电机出线端处的频率。量程为 45～55Hz。额定电压为 380V
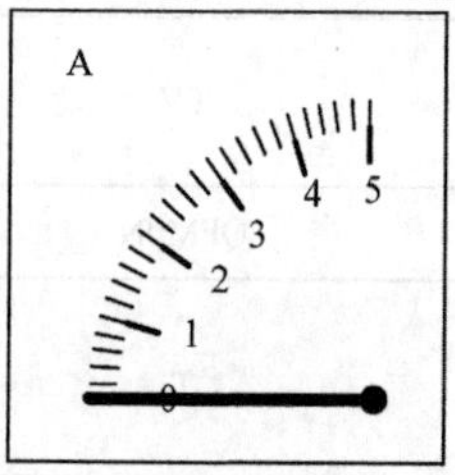	电流表	本套实验配有三只电流表，分别测量线路中 A 相、B 相、C 相电流。量程为 10A

续表

图标	名称	简介
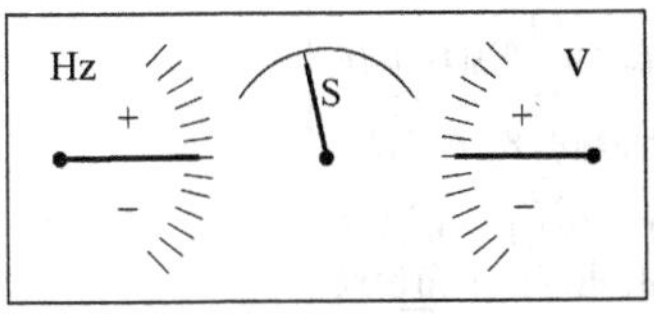	同期表	“同期表”中反映两侧电压差的电压表，若为“+”值，则表示发电机电压高于系统电压；若为“−”值，则表示发电机电压低于系列电压。“同期表”中反映两侧频率差的频率表，若为“+”值，则反映两侧电压相角差瞬时值的指针会作顺时针旋转，这表示发电机频率高于系统的频率；若频率表为“−”值，指针会逆时针旋转，则表示发电机的频率低于系统的频率
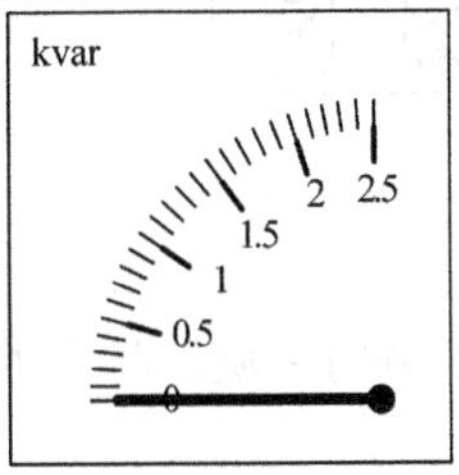	无功功率表	本套实验配有一只有功功率表，测量 I 母处流入线路的无功功率，量程为 2.5kvar，额定电压为 380V，额定电流为 5A
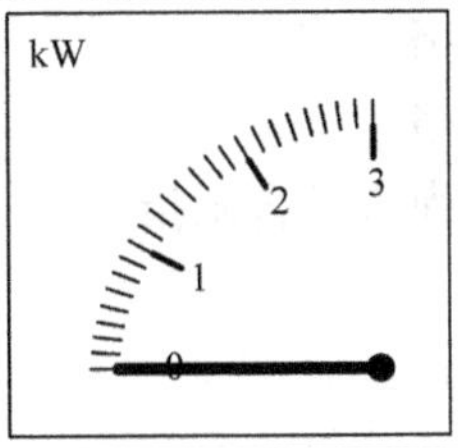	有功功率表	本套实验配有一只有功功率表，测量 I 母处流入线路的有功功率，量程为 3kW，额定电压为 380V，额定电流为 5A

A.4 微机保护装置简介

1) ZDK-08 直流电动机调速控制器

ZDK-08 直流电动机调速装置控制面板如图 A.2 所示，其主要用于额定电枢电压小于 300V，电枢电流小于 30A 的直流电动机，采用电枢电压和励磁电压独立控制输出方式，进行转速调节。其中，电枢电压输出可设定大小，励磁电压则采用固定大小的直流电压输出。

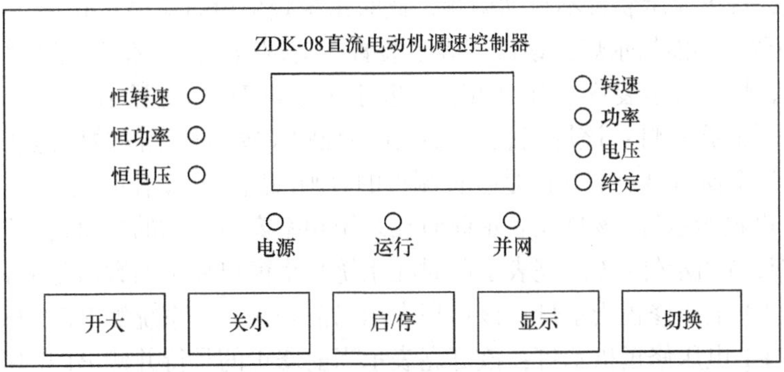

图 A.2 ZDK-08 直流电动机调速控制器面板

2) DZZB-502 微机自动准同期装置

DZZB-502 微机自动准同期装置面板如图 A.3 所示，其是新一代微机型数字式全自动并网装置，它以 DSP 高速数据处理芯片为核心，以高精度的时标计算频差、相位差，以毫秒级的精度实现合闸提前时间，可实现快速全智能调频、调压。

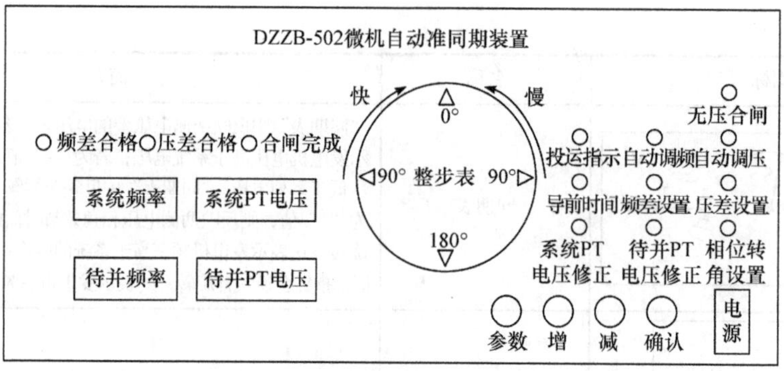

图 A.3　DZZB-502 微机自动准同期装置面板

面板说明如下。

(1) 整步指示灯：用于模拟整步表，反映相位差的大小，当红灯顺时针旋转时表示待并侧频率高于系统侧频率，逆时针旋转时则反之。

(2) 频差合格指示灯：灯亮表示频差合格，灯灭表示频差不合格。

(3) 压差合格指示灯：灯亮表示压差合格，灯灭表示压差不合格。

(4) 合闸完成指示灯：灯亮表示装置已发合闸指令，灯灭表示尚未发合闸指令。

(5) 系统频率数字表：显示当前系统侧频率。

(6) 待并频率数字表：显示当前待并侧频率。

(7) 系统 PT 电压数字表：显示当前系统侧 PT 电压。

(8) 待并 PT 电压数字表：显示当前待并侧 PT 电压。

(9) 无压合闸指示灯：该灯闪烁表示处于无压状态，只有系统侧或待并侧有一侧无电压或两侧均无电压时该指示灯才会发亮，由程序自动控制，不能人为设定。

(10) 投运指示灯：该灯亮表示此时装置处于投运状态，灯灭表示此时处于实验状态，虽然程序正常运行，但无真正的合闸输出。

(11) 自动调频功能指示灯：该灯亮表示装置自动调频，此时在系统频率窗口显示的数字是调频系数；灯灭表示装置不自动调频，此时系统频率窗口应显示 0。

(12) 自动调压功能指示灯：该灯亮表示装置自动调压，此时在系统频率窗口显示的数字是调压系数；灯灭表示装置不自动调压，此时系统频率窗口应显示 0。

(13) 导前时间指示灯：该灯亮表示此时在系统频率窗口显示的数值是装置设定的导前时间。在待并频率窗口显示的数值是装置测得的合闸回路实际动作时间。

(14) 频差设置指示灯：该灯亮表示此时在系统频率窗口显示的数值是装置设定的频差。

(15) 压差设置指示灯：该灯亮表示此时在系统频率窗口显示的数值是装置设定的压差。

(16) 系统 PT 电压修正指示灯：该灯亮表示当前修正的是系统侧 PT 电压。

(17) 待并 PT 电压修正指示灯：该灯亮表示当前修正的是待并侧 PT 电压。

(18) 相位转角设置指示灯：该灯亮表示此时在系统频率窗口显示的数值是当前装置设置的转角度数。

(19) “参数”按键：用于进入参数设置状态及参数设置项目的切换。

(20) “增”按键：用于参数设置时增加参数值。

(21) “减”按键：用于参数设置时减少参数值。

(22) “确认”按键：参数设置时，若有对参数的修改，该键用于确认这种修改，使该参数生效；若没有参数的修改或已确认，则退出参数设置状态。

附录B　WGJS-800型工厂供配电教学实验装置

B.1　装置简介

实验系统有35kV高压配电所、工厂变电所及负荷的模拟接线图，形象直观。设备配有输电线路微机保护装置、高压电动机微机保护装置、备用电源自动投入装置、无功补偿装置、电动机组、塑壳断路器、微型断路器等工业现场广泛使用的部件，功能强大，涵盖面广，能逼真地模拟工业现场实际的电气投切操作、倒闸操作、投入运行操作及各种运行方式的调整操作，提供一个良好的实验实践平台。本装置综合了智能测量、微机继电保护等微机智能检测控制的相关技术，构建成集控制、保护、测量和信号为一体的综合自动化实验平台，体现了当前自动化技术给供配电领域带来的深刻变革。

该实验系统能完成工厂高压线路、厂用电、电动机的微机继电保护实验和供电系统自动化装置实验等多个实验项目，是工厂供配电专业相关课程实验的理想选择。

B.2　一次接线

本实验装置由两路进线构成，两路电压等级分别为10kV、35kV，负载包括一台电动机和模拟的三个车间，此外还有无功补偿装置进行功率因数的调整。本套实验装置可以进行各种实验；包括三段式过流保护、过流加速保护、三相一次重合闸、备自投等。通过实验装置面板上的微机保护装置进行整定进而进行各种实验的模拟，使学生对实验原理有更加具体的认识。一次接线图如图B.1所示。

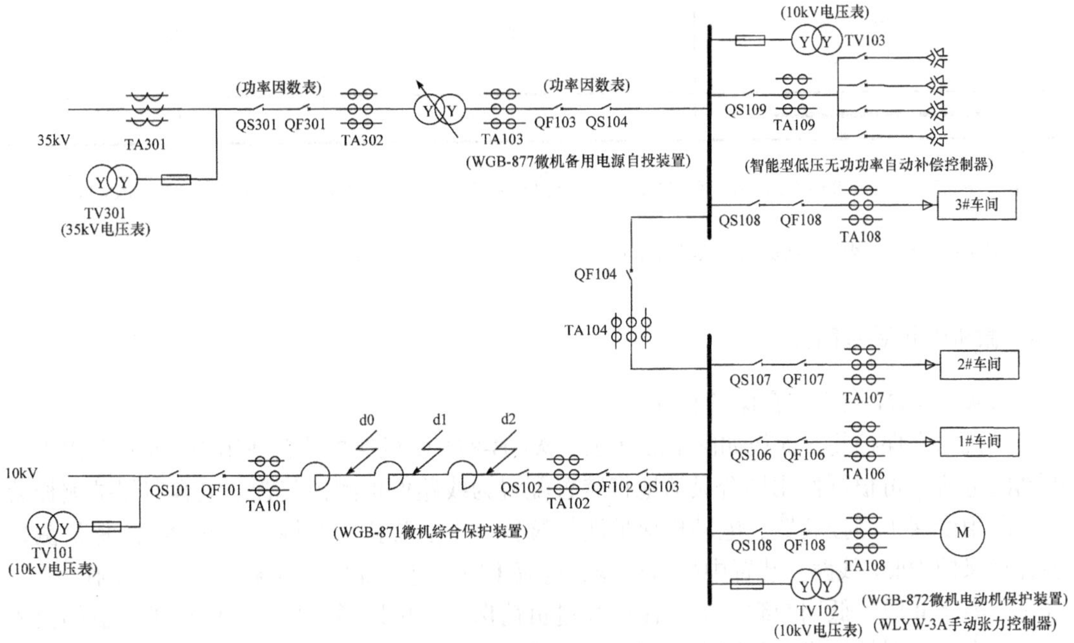

图B.1　工厂供配电教学实验装置一次接线图

B.3 图标和表记注释

WGJS-800 型工厂供配电教学实验装置中涉及电力系统运行控制的典型图标，包括电流互感器、电压互感器、变压器等，可参阅表 B.1。

表 B.1 WGJS-800 型工厂供配电教学实验装置图标注释

图标	符号	名称
	TAM0N	电流互感器
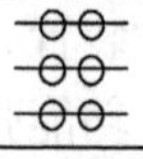	TAM0N	电流互感器
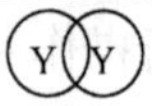	TVM0N	电压互感器
	QSM0N	隔离开关
	QFM0N	断路器
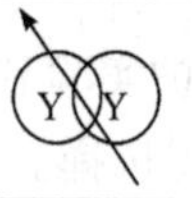	T	可调式变压器
	dX	故障点
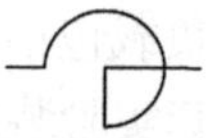	XL	电抗器
	M	电动机
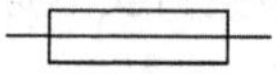	R	电阻器
	C	电容器组
		母线

说明：

① 电流互感器、电压互感器、隔离开关、断路器符号中 M 代表元件电压等级，10kV 取 1，35kV 取 3，110kV 取 7；N 代表元件编号，可取 1, 2, 3, …。

② 故障点中的 X 代表故障点编号，本装置中取 0、1、2。

B.4 微机保护装置简介

1) WGB-871 微机综合保护装置

微机综合保护装置面板如图 B.2 所示，WGB-871 微机保护装置适用于 10kV 及以下变电站配电所，可根据使用场合灵活地将装置配置为线路保护测控装置、电容器保护测控装置、所用变保护测控装置、电动机保护测控装置。本套装置主要将其配置为线路保护测控装置来保护 10kV 线路。装置中配有检修、过流Ⅰ段、过流Ⅱ段、过流Ⅲ段、重合闸、零序过流、零序Ⅱ段、低周减载、失压保护和过负荷保护。可以通过控制不同保护压板的投入和退出来实现保护的投入和退出。同时本装置可以通过设置各个保护的整定值来实现各个保护的可靠动作以及保护间的合理配合。

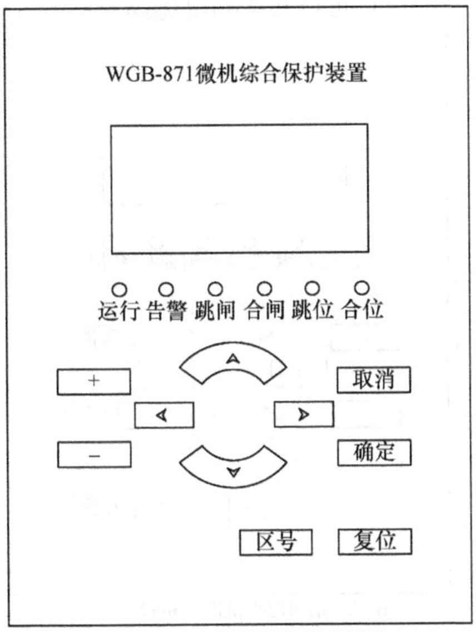

(a) WGB-871微机综合保护装置

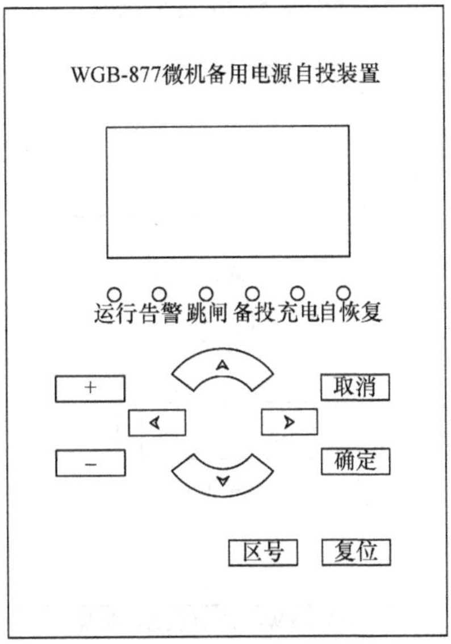

(b) WGB-877微机备用电源自投装置

图 B.2　微机综合保护装置面板

2) WGB-877 微机备用电源自投装置

WGB-877 微机备用电源自投装置是功能完善先进的微机型备用电源自投装置，主要应用于 10kV 及以下各电压等级的进线开关、分段(桥)开关的自投中。在本套实验装置中，配有 I 母线失压自投、II 母线失压自投、进线一自投、进线二自投、进线一自恢复和进线二自恢复。可以通过保护压板的投入和退出实现保护的投入和退出。同时，本装置可以设定保护整定值使保护可靠动作。

3) WLYW-3A 手动张力控制器

张力控制器和微机保护装置面板如图 B.3 所示，本套设备装有三相异步电动机，参数如下：功率为 3kW，额定电流为 6.8A，额定转速为 1430r/min，额定电压为 380V，星形接法，额定频率为 50Hz，B 级绝缘。电动机工作时接近空载，为了模拟带负载，接入磁粉制动器，其参数如下：额定转矩为 50N·m，重量为 20kg，滑差功率为 4kW，激磁电流为 0.8A。可以通过手动张力控制器调节制动转矩，模拟负载。

4) WGB-872 微机电动机保护装置

WGB-872 微机电动机保护装置适用于 10kV 及以下电动机保护。装置中配有检修、差流速断、比率差动、FC 闭锁、过流 I 段、过流 II 段、过流 III 段、反时限过流、负序 I 段、负序 II 段、零序过流保护、起动超时保护、过热保护、过电压保护、低周减载、低电压保护、过负荷保护、非电量 1 保护、非电量 2 保护、非电量 3 保护和非电量 4 保护。可以通过控制不同保护压板的投入和退出来实现保护的投入和退出。同时，本装置可以设置各个保护的整定值来实现各个保护的可靠动作以及保护间的合理配合。

5) NWK1-G 智能型低压无功功率自动补偿控制器

无功补偿器和电能表面板如图 B.4 所示，NWK1-G 智能型低压无功补偿控制器与低压并联电容屏装置配套，适用于额定电压 380V、交流 50Hz 的配电系统，控制并联电容器自

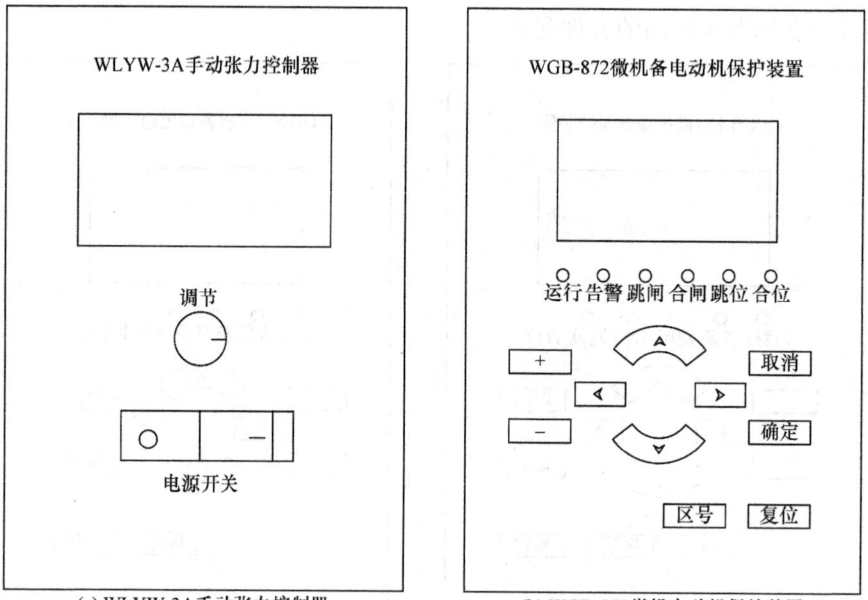

(a) WLYW-3A手动张力控制器　　(b) WGB-872微机电动机保护装置

图 B.3　张力控制器和微机保护装置面板

动投切，改善电压质量，减少电能损失。控制器投切电容器组回路数有 4、6、8、10 四种可供选择。补偿控制器参数如下：额定工作电压为交流 380V；取样电流为 5A；额定频率为(50±5%)Hz；最小取样电流为 200mA；工作模式分为自动和手动循环投切；本设备控制组数选择 4；输出触点容量为交流 380V、3A(阻性)或交流 220V、5A(阻性)。

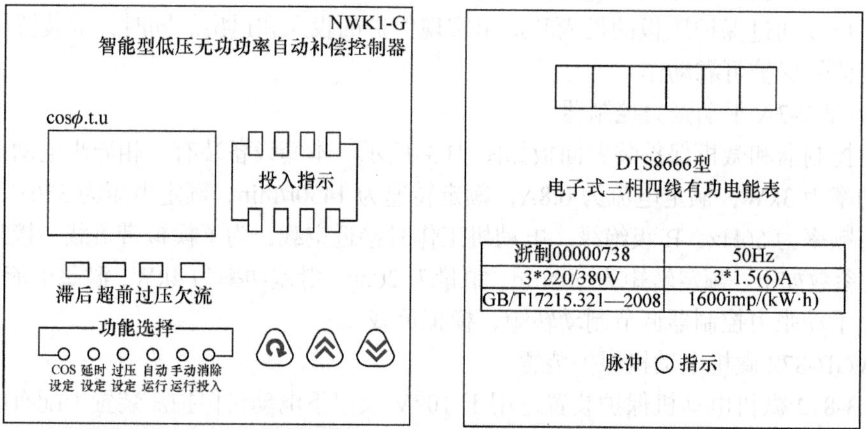

(a) 智能型低压无功功率自动补偿控制器　　(b) DST8666型电子式三相四线有功电能表

图 B.4　无功补偿器和电能表面板

6) DST8666 型电子式三相四线有功电能表

DST8666 型有功电能表用于计量额定频率为 50Hz 的三相交流有功电能，其参数如图 B.4(b)所示。额定频率 50Hz，额定电压为三相四线 3×220/380V，额定电流为 3×1.5(6)A，计数方式为 1600 个脉冲计 1kW·h，符合国家标准《交流电测量设备 特殊要求 第 21 部分：静止式有功电能表(1 级和 2 级)》(GB/T 17215.321—2008)中对电子式三相电能表的规定。

参考文献

曹立杨, 2019. 模块化多电平换流器控制策略研究[D]. 沈阳: 沈阳工业大学.

陈珩, 2015. 电力系统稳态分析[M]. 4 版. 北京: 中国电力出版社.

陈世元, 2008. 电机学[M]. 北京: 中国电力出版社.

范程华, 张忠祥, 鲁世斌, 2020. 同步发电机励磁控制教学中的 Matlab/Simulink 应用实例[J]. 电脑知识与技术, 16(25): 28-30.

郭春平, 高晓芳, 2019. 同步发电机励磁系统基本理论与设计[M]. 南京: 东南大学出版社.

胡敏强, 黄学良, 黄允凯, 2014. 电机学[M]. 3 版. 北京: 中国电力出版社.

李光琦, 2007. 电力系统暂态分析[M]. 3 版. 北京: 中国电力出版社.

李华, 吴建华, 王安娜, 2016. 电路原理[M]. 3 版. 北京: 机械工业出版社.

李亚楠, 2011. 三级式同步电机变频交流起动/发电系统的研究[D]. 南京: 南京航空航天大学.

刘白杨, 唐杰, 高士然, 等, 2016. 基于 MATLAB 的电压跌落建模仿真分析[J]. 电子测试(21): 28-29.

刘平, 李辉, 刘鹏龙, 2009. 基于 Matlab 的发电机并网过程仿真分析[C]//中国自动化学会系统仿真专业委员会,中国系统仿真学会仿真技术应用专业委员会. 2009 系统仿真技术及其应用学术会议论文集. 合肥: 中国科学技术大学出版社.

刘兴茂, 张广溢, 2004. 励磁调节器 SIMULINK 仿真[J]. 四川工业学院学报, 23(3): 22-24.

卢继平, 沈智健, 2019. 电力系统继电保护[M]. 北京: 机械工业出版社.

陆文周, 1997. 工程材料及机械制造基础实验指导书[M]. 南京: 东南大学出版社.

罗先觉, 2006. 电路[M]. 5 版. 北京: 高等教育出版社.

秦钟全, 2019. 高压电工实用技能全书[M]. 北京: 化学工业出版社.

任晓丹, 李蓉娟, 2014. 电力系统继电保护运行与调试[M]. 北京: 北京理工大学出版社.

沈沉, 陈颖, 黄少伟, 等, 2022. 新型电力系统仿真应用软件设计理念与发展路径[J]. 电力系统自动化, 46(10): 75-86.

孙浩, 张志远, 徐天启, 2018. 输电线路三段式电流保护的 MATLAB 仿真与分析[J]. 数字技术与应用, 36(5): 98-99.

田芳, 黄彦浩, 史东宇, 等, 2014. 电力系统仿真分析技术的发展趋势[J]. 中国电机工程学报, 34(13): 2151-2163.

王丹阳, 2017. 宽体客机电网实时仿真技术研究[D]. 南京: 南京航空航天大学.

王晶, 翁国庆, 张有兵, 2008. 电力系统的 MATLAB/SIMULINK 仿真与应用[M]. 西安: 西安电子科技大学出版社.

王君亮, 2010. 同步发电机励磁系统原理与运行维护[M]. 北京: 中国水利水电出版社.

王姗姗, 周孝信, 汤广福, 等, 2011. 模块化多电平 HVDC 输电系统子模块电容值的选取和计算[J]. 电网技术, 35(1): 26-32.

王薛洲, 张晓斌, 潘荻, 2013. 飞机三级发电机的建模与仿真[J]. 计算机仿真, 30(4): 59-62.

王宇, 2013. 基于 Matlab/Simulink 的 12 脉波整流电路谐波分析[J]. 电气技术(10): 25-27.

吴斌, 2007. 同步发电机励磁控制系统的仿真研究[D]. 南昌: 南昌大学.

徐开军, 张李坚, 2018. 单机无穷大系统暂态稳定性仿真及分析[J]. 信息化研究, 44(6): 31-35.

徐政, 肖晃庆, 张哲任, 2017. 柔性直流输电系统[M]. 2 版. 北京: 机械工业出版社.

许克路, 谢宁, 王承民, 等, 2017. 多电飞机变速变频电力系统建模与仿真[J]. 电光与控制, 24: 88-94.

杨德先, 陆继明, 2010. 电力系统综合实验——原理与指导[M]. 2 版. 北京: 机械工业出版社.

于群, 曹娜, 2015. 电力系统继电保护原理及仿真[M]. 北京: 机械工业出版社.
于永源, 杨绮雯, 2007. 电力系统分析[M]. 3 版. 北京: 中国电力出版社.
袁荣湘, 2011. 电力系统仿真技术与实验[M]. 北京: 中国电力出版社.
袁小峰, 2017. MMC 整流器关键技术研究[D]. 南京: 南京航空航天大学.
詹红霞, 2008. 电力系统及自动化实验指导书[M]. 重庆: 重庆大学出版社.
张保会, 尹项根, 2005. 电力系统继电保护[M]. 北京: 中国电力出版社.
张保会, 尹项根, 2010. 电力系统继电保护[M]. 2 版. 北京: 中国电力出版社.
张俊峰, 2016. 发电厂励磁系统现场试验[M]. 北京: 中国电力出版社.
张卓然, 于立, 李进才, 等, 2021. 多电飞机变频交流供电系统[M]. 北京: 科学出版社.
赵成勇, 胡静, 翟晓萌, 等, 2013. 模块化多电平换流器桥臂电抗器参数设计方法[J]. 电力系统自动化, 37(15): 89-94.